地震と活断層の科学

加藤碵一 著

朝倉書店

まえがき

　地震の発生は，その大部分が地殻の断層運動によるものであるから，地表ないし地下浅所で地質学的に新しい時代に活動した断層（地震断層・活断層）を直接観察して研究することは，地震の解明にあたって，現時点における機器観測や理論・実験的な研究と相互補完的な意義をもつといえよう．

　断層（運動）そのものは，構造地質学の基本的な研究課題の一つであり，その形成過程・形成機構の解析をもとに，地質構造発達史の解明がいわゆる地質学的な方法を主としてなされ，多くの成果をあげてきたことは周知の事実である．これを土台に，さらに近年，地形学・第四紀学・考古学をはじめ地球物理学・地球化学など関連諸分野の協力のもとに，地震・活断層・地震断層やその背景をなす（数百万年前以降現在に至る）新しい時代の地殻変動，ネオテクトニクスを対象とした，いわば地震地質学という新たなパラダイムが生まれようとしている．

　本書は，以上の点を踏まえて，かつ入門書的に地震・地震断層・活断層・第四紀地殻変動の記述・紹介を試みようとしたものである．

　すでに多くの優れた地震・活断層関係の解説書が出版されており，屋上屋を重ねる愚は避けたいが，たとえば活断層のトレンチ発掘調査はここ数年著しく行われ，また歴史・考古記録の調査も進み，多くの新知見が得られてきたが，これらの充分な紹介はいまだなされていないように思える．さらに，世界の地震・活断層の総括的なレビューもあまり目にしていない．もとより，著者の浅学から完全というにははるかに遠いできとなることは容易に予想されるが，ともあれ第一歩をしるし，読者の方々の御鞭撻を得て，機会があればよりよいものを出していきたいと願っている．

　本書の構成は，大きく分けて第Ⅰ部 地震・地震断層・活断層の科学，および第Ⅱ部 世界の地震・地震断層・活断層からなる．

　第Ⅰ部，「1. 地震」では，断層運動と地震の関係を理解するうえで必要な最小限の事項に絞った．「2. 地震断層」では，日本の地震断層を時代ごとに総覧し，かつ最近のトレンチ発掘調査の成果や考古学上の新知見を，できるかぎり紹介した．「3. 活断層」では，その定義・分類などの基本的な記述から始まって，最近の研究成果を地震地質学的な観点から記述しようと試みた．

第Ⅱ部では，日本以外の世界各国の，おもに陸域における活断層・地震断層，およびそれらに関連する地震についてレビューし紹介した．

本書の性格上，巻末の文献類から多くの資料を引用させていただいた．ここに，関係各位に深く感謝の意を表する次第である．

また，本書の出版にあたっては，朝倉書店にはその企画の段階から御世話をいただき，大変御迷惑をおかけした．ここに記して，心から謝意を表する次第である．

1989年5月

加藤碵一

目　次

I. 地震・地震断層・活断層の科学 ……………………………………………… 1

1. 地　　震 …………………………………………………………………………… 2
   1.1 地 震 発 生 ………………………………………………………………… 2
   1.2 地震のメカニズム …………………………………………………………… 3
      1.2.1 発震機構 ……………………………………………………………… 3
      1.2.2 震源過程 ……………………………………………………………… 4
   1.3 地 震 規 模 ………………………………………………………………… 5
      1.3.1 マグニチュード ……………………………………………………… 5
      1.3.2 地震モーメント ……………………………………………………… 6
      1.3.3 震度階 ………………………………………………………………… 7
      1.3.4 異常震動域と異常震域 ……………………………………………… 7
   1.4 地 震 活 動 ………………………………………………………………… 8
      1.4.1 地震の発生様式 ……………………………………………………… 8
      1.4.2 震源移動 ……………………………………………………………… 10
      1.4.3 地震空白域 …………………………………………………………… 10
      1.4.4 地震活動と深部構造 ………………………………………………… 10
   1.5 地震性地殻変動 ……………………………………………………………… 12
      1.5.1 地震に伴う垂直・水平変動 ………………………………………… 12
      1.5.2 地震性地殻変動の範囲 ……………………………………………… 13
   1.6 地 震 予 知 ………………………………………………………………… 14

2. 地 震 断 層 ……………………………………………………………………… 16
   2.1 歴史・考古記録に現れた地震断層（日本）……………………………… 17
      2.1.1 昭和時代の地震断層 ………………………………………………… 21
         a. 伊豆大島近海地震　21　　d. 松代群発地震　25
         b. 伊豆半島沖地震　23　　　e. 新潟地震　27
         c. 岐阜県中部地震　24　　　f. 弟子屈地震　29

目 次

   g. 二ツ井地震　29　　　　　k. 屈斜路地震　35
   h. 福井地震　30　　　　　　l. 北伊豆地震　36
   i. 三河地震　31　　　　　　m. 北丹後地震　38
   j. 鳥取地震　33
  2.1.2　大正時代の地震断層……………………………………………41
   a. 但馬地震　41　　　　　　c. 大町地震　42
   b. 関東大地震　42　　　　　d. 羽後仙（秋田仙北）地震　43
  2.1.3　明治時代の地震断層……………………………………………44
   a. 江濃（姉川）地震　44　　c. 庄内地震　46
   b. 陸羽地震　45　　　　　　d. 濃尾地震　48
  2.1.4　江戸時代の地震断層……………………………………………50
   a. 飛越地震　50　　　　　　e. 文化男鹿地震　56
   b. 安政東海地震　50　　　　f. 金沢地震　57
   c. 伊賀上野地震　52　　　　g. 会津地震　58
   d. 善光寺地震　53
 2.2　考古・地質記録に現れた地変・地震断層………………………………59
  2.2.1　遺跡に現れた地震跡・地変……………………………………60
   a. 琵琶湖西岸地域　60　　　d. 荒神山遺跡　65
   b. 誉田山古墳　62　　　　　e. 深谷バイパス遺跡　67
   c. 加茂遺跡　64　　　　　　f. 大久保遺跡　68
  2.2.2　地震の化石………………………………………………………69
 2.3　地震断層の諸特性…………………………………………………………72
  2.3.1　地震断層の地表形態……………………………………………72
   a. 横ずれ地震断層の地表形態　72　b. 縦ずれ地震断層の地表形態　75
  2.3.2　地震と地震断層の規模…………………………………………78

3. 活　断　層………………………………………………………………………80
 3.1　活断層の定義………………………………………………………………80
 3.2　活断層の分類………………………………………………………………81
  3.2.1　相対変位による分類……………………………………………81
  3.2.2　平均変位速度による分類………………………………………82
  3.2.3　最終活動時期による分類………………………………………83
  3.2.4　反復性による分類………………………………………………84
  3.2.5　確実度による分類………………………………………………85

- 3.2.6 その他の分類 …………………………………………………… 89
- 3.3 活断層の形態と組織 …………………………………………………… 89
  - 3.3.1 活断層の地表形態 …………………………………………… 89
    - a. 活断層の形態要素と応力場　89
    - b. 断層変位地形　92
    - c. 活断層に伴う褶曲　94
    - d. 活断層末端部の形態　96
  - 3.3.2 活断層の深部形態 …………………………………………… 97
  - 3.3.3 活断層の破砕帯 ……………………………………………… 98
- 3.4 活断層の運動様式 ………………………………………………… 100
  - 3.4.1 活断層の変位様式 ………………………………………… 100
  - 3.4.2 活断層の活動様式 ………………………………………… 103
    - a. 地震性間欠急性変位型　103
    - b. 非地震性クリープ型　103
    - c. 中間型　105
  - 3.4.3 活動位置の変遷 …………………………………………… 106
  - 3.4.4 活断層の活動時期 ………………………………………… 107
    - a. 活断層の相対活動年代　107
    - b. 活断層の絶対活動年代　109
- 3.5 日本の活断層諸例 ………………………………………………… 110
  - 3.5.1 横ずれ活断層諸例 ………………………………………… 110
    - a. 糸魚川-静岡構造線活断層系　112
    - b. 中央構造線活断層系　114
    - c. 阿寺断層　116
    - d. 跡津川断層　120
  - 3.5.2 逆活断層諸例 ……………………………………………… 124
  - 3.5.3 正活断層諸例 ……………………………………………… 127
  - 3.5.4 海域の活断層諸例 ………………………………………… 130
- 3.6 活断層とネオテクトニクス ……………………………………… 131
  - 3.6.1 活構造区 …………………………………………………… 131
    - a. 第四紀地殻変動区　132
    - b. 活断層区　133
  - 3.6.2 活構造単元 ………………………………………………… 137
    - a. 西頸城-大峰活傾動地塊　137
    - b. プルアパートベイスン　143
  - 3.6.3 第四紀地殻変動 …………………………………………… 146
    - a. 第四紀広域造構応力場　146
    - b. 第四紀地殻変動とプレートテクトニクス　148

II. 世界の地震・地震断層・活断層 ……………………………………………… 153

4. アジアの地震・地震断層・活断層 ………………………………………… 154
- 4.1 バイカル・モンゴルおよび周辺地域 ………………………………… 155
  - 4.1.1 バイカル地域 …………………………………………………… 155
  - 4.1.2 モンゴル-アルタイ地域 ……………………………………… 157
- 4.2 中国北東部地域 …………………………………………………………… 159
  - 4.2.1 オルドス地塊地域 ……………………………………………… 159
  - 4.2.2 華北平原および周辺地域 ……………………………………… 163
- 4.3 チベット地域 …………………………………………………………… 164
  - a. チベット高原　165
  - b. チベット地域東部　166
  - c. チベット地域南東部　167
- 4.4 ヒマラヤ・天山・キルギス-パミール地域 ………………………… 168
  - 4.4.1 ヒマラヤ地域 …………………………………………………… 168
  - 4.4.2 天山地域 ………………………………………………………… 169
  - 4.4.3 キルギス-パミール地域 ……………………………………… 170
- 4.5 ビルマおよび周辺地域 ………………………………………………… 171
  - 4.5.1 ビルマ北部およびインド北東部地域 ……………………… 171
  - 4.5.2 ビルマ中・西部および中国南西部（雲南）地域 ………… 173
  - 4.5.3 ビルマ-アンダマン-ニコバル地域 ………………………… 176
- 4.6 台湾地域 ………………………………………………………………… 178
- 4.7 フィリピン・インドネシア地域 ……………………………………… 180
  - 4.7.1 ルソン島地域 …………………………………………………… 180
  - 4.7.2 スマトラ島地域 ………………………………………………… 182
- 4.8 インド地域 ……………………………………………………………… 184

5. 中近東・アフリカ地域の地震・地震断層・活断層 ……………………… 188
- 5.1 アフガニスタン・パキスタン地域 …………………………………… 189
  - a. アフガニスタンの地震活動　190
  - b. パキスタンの地震活動　191
- 5.2 イラン地域 ……………………………………………………………… 192
  - 5.2.1 イランの活構造区 ……………………………………………… 192
    - a. Zagros 活褶曲帯　192
    - b. 中央イラン地域　193
    - c. Alborz 山脈地域　194
    - d. Koppeh Dagh 山脈地域　194

	5.2.2	イランの活断層 …………………………………………………………	194
	5.2.3	イランの地震断層 ………………………………………………………	197
5.3	イラク・紅海周辺地域 ………………………………………………………	202
	5.3.1	イラク地域 ………………………………………………………………	202
	5.3.2	紅海周辺地域 ……………………………………………………………	202
5.4	アフリカ地域 ……………………………………………………………………	205
	5.4.1	アフリカ北西部地域 ……………………………………………………	205
	5.4.2	ガーナ地域 ………………………………………………………………	208
	5.4.3	東アフリカ地溝帯（アフリカ大地溝帯）地域 ……………………	209

6. ヨーロッパ地域の地震・地震断層・活断層 …………………………………… 212
- 6.1　トルコ地域 ……………………………………………………………………… 212
- 6.2　地中海東岸地域 ………………………………………………………………… 220
- 6.3　スペイン南東部地域 …………………………………………………………… 221
- 6.4　イタリア地域 …………………………………………………………………… 224
- 6.5　ドイツ地域 ……………………………………………………………………… 227
- 6.6　アイスランド地域 ……………………………………………………………… 230

7. 北・中アメリカ地域の地震・地震断層・活断層 ……………………………… 233
- 7.1　アラスカ地域 …………………………………………………………………… 233
- 7.2　アメリカ西部地域 ……………………………………………………………… 237
  - 7.2.1　アメリカ太平洋岸地域 …………………………………………………… 237
  - 7.2.2　ベーズンアンドレンジ地域 ……………………………………………… 239
- 7.3　メキシコ地域 …………………………………………………………………… 241
- 7.4　中央アメリカ地域 ……………………………………………………………… 242
  - 7.4.1　グアテマラ地域 …………………………………………………………… 242
  - 7.4.2　エルサルバドル地域 ……………………………………………………… 246

8. 南アメリカ・オセアニア地域の地震・地震断層・活断層 …………………… 248
- 8.1　南アメリカ北部地域 …………………………………………………………… 248
  - 8.1.1　ベネズエラ北部地域 ……………………………………………………… 248
  - 8.1.2　コロンビア・エクアドル地域 …………………………………………… 250
- 8.2　南アメリカ西部地域 …………………………………………………………… 251

8.2.1　ペルー地域 ……………………………………………………… 251
　　　8.2.2　チリ地域 ………………………………………………………… 252
　　8.3　ニュージーランド地域 ……………………………………………… 255

文　　献………………………………………………………………………… 259
付記（スピタク地震，タジク地震） ………………………………………… 276
索　　引………………………………………………………………………… 277

I. 地震・地震断層・活断層の科学

丹後半島における活断層のトレンチ調査（地質調査所，佃 栄吉氏撮影）

1. 地震

　ホメロスの叙事詩「イーリアス」で歌われ，シュリーマンの発掘で有名なトロイの遺跡は何層もの文化遺跡層の重なりからなり，そのうちの一つは地震によって壊滅したといわれている．また，世界の7不思議の一つに数えられる万里の長城も，地震によってずれているところが知られている．洋の東西を問わず，いにしえの人々にとって地震はまさに天変地異の最たるものとして畏怖の念をもって語られたに違いない．また，中世から近代にかけても枚挙にいとまないほどの地震災害の記録が残されており，われわれも日常生活の中で一度ならず大地の震える様を実感しているはずである．

　現在のわれわれは，地球が，その誕生以来約45億年にも及ぶ長期間のさまざまな地殻変動の結果形成され，今も活動していること，そしてその現れの一つが自然現象としての地震活動であることを知っている．

　近代地震学の発達により，われわれの地震に関する科学的知識は急速に蓄積され，さらに地震予知の実用化に向けて多くの研究が実施されつつある．

　しかしながら，これらの成果を網羅することは，著者の力の及ぶところではなく，また意図するところでもない．本章では，地震地質学の入門的立場から地震（活動）を理解するうえで最小限の基礎的事項をまとめるにとどめている．したがって，地震波の解析や地震の観測など地球物理学的な視点からの知識により深く興味をもつ方は，それぞれの専門書を参照されたい．

1.1 地震発生

　地震とは，地下に蓄積されたひずみエネルギーによる応力レベルが，そこの破壊強度をこえたとき，断層を生じ，衝撃波（弾性波）として放出・伝播していく現象をいう．地震による地表部のゆれは，地震動といわれるが，日常生活においては両者は混用されることが多い．

　さて，地震時に破壊された領域を震源域と呼び，その中で最初に地震波を発生した点を震源とする．震源は，必ずしも震源域の中央にあるわけではない．震源直上の地表に位置する点を，震央と呼ぶ．日常生活において震源地と呼ばれるのは，震央および周辺の地（域）名である．また，本震発生後，比較的近い時間

（たとえば1日以内）に生じる余震は，本震と同じ原因をもつと考えられるから，余震域（余震の発生する領域）は震源域にほぼ等しいとみなせる．もちろん，最終的な余震域は，実際の震源域より広くなる傾向を示す（1.4.1項参照）．

自然界で通常生じている自然地震のほかに，地中における火薬や原子爆弾の爆発などによって生じる人工地震，ダムの貯水や地下への水の強制的な注入によってその近辺に起こる誘発地震などもある．

地震が発生したとき，岩石や地殻などの弾性固体を伝わる地震波（弾性波）には，実体波（body wave）と表面波（surface wave）がある．実体波には，波の進行方向と振動方向が一致する縦波（P波）と両者が直交する横波（S波）がある．表面波には，半無限弾性固体表面上を伝わるラブ波やレイリー波がある．P波の速度は $V_P=\sqrt{(\lambda+2\mu)/\rho}$，S波の速度は $V_S=\sqrt{\mu/\rho}$ で与えられる（ここで λ, μ は弾性体のラメの定数，ρ は密度を表す）．地震波の場合は $V_P > V_S$ であるから，地震のとき，最初に小さくゆれるのは（地震波の初動）P波によるもので，次に大きくゆれるのがS波によるものである．S波の到着時刻とP波の到着時刻の差，すなわち初期微動継続時間は震源距離に比例する．これが大森公式と称される式で，比例定数は4〜9程度で場所によって変化する．

P波到達に伴う初動の動きやその分布から，震源断層の向きや型についてのデータが得られる（1.2.1項参照）．

1.2 地震のメカニズム

地震波，とくに実体波の初動の向きや振幅は規則的な方向分布（放射パターン）を示し，震源断層の様子を知る重要な手がかりを与える．また，震源断層を適当にモデル化することによって，地震の観測記録をうまく説明し，その発生メカニズムを明らかにすることができる．

1.2.1 発震機構

振動方向が波の進行方向と一致する縦波であるP波は，横波であるS波より速いから，地震波の初動とはP波の観測点への到達時における最初の動きを指す．震源に向かう方向の動きを引き（dilatation），逆に震源から離れる方向の動きを押し（compression）という．この押し引きの分布は，震央を中心とし直交する二つの節線によって4象限に区分される．相対する二つの象限では同じ向きを示す．初動分布は，等積投影によって示され，押しの領域は黒く表現されることが多い．こうした押し引き分布とくい違い，すなわち断層の型との関係は図1.1に示されている．もちろん実際には，これらの中間の型もあるのは，地質断層と同

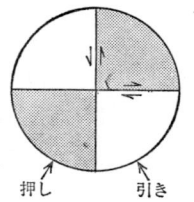 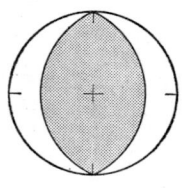 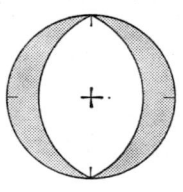

(a) 横ずれ(水平ずれ)断層型　　(b) 縦ずれ逆断層型　　(c) 縦ずれ正断層型

図 1.1　等積投影による初動分布と断層の型

様である．

1.2.2　震源過程

地震波の発生源に関する過程，すなわち破壊の速さや向き，すべりの量など，震源断層の運動に関する過程を総称して震源過程と呼ぶ．地震学では，震源断層面を平面（変位を考慮すればせん断面）で近似し，破壊速度も一定と仮定して簡略化した断層モデルを用い，地質学でいう断層または断層面とはやや意味を異にする．したがって，断層面の幾何学的形状は面の走向 Φ_s，傾斜角 δ およびすべり角 λ という三つのパラメータによって表される．

また断層の大きさ，つまり断層面積 S を表すには，長方形で近似して長さ L ×幅 W で表現する．すべりの量，つまりくい違い量は D で表す．一般には，D は断層面上の位置によって異なるが，第一近似的には断層面全体にわたっての平均値を取り扱う（図 1.2）．

このほかの断層パラメータとしては，くい違い速度（すべり速度），破壊速度やすべりの継続時間（ライズタイム）などがある．以上に述べたパラメータは原理的に独立に求められ，地震波形の理論的計算に用いて，その地震の断層運動の特徴を記述する．

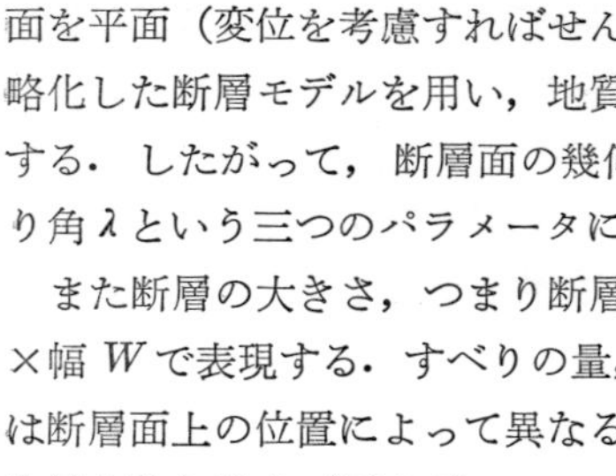

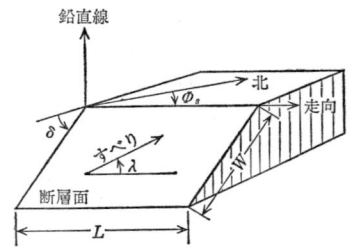

図 1.2　震源断層の幾何学的要素
Φ_s：走向，δ：傾斜角，λ：すべり角，
L：長さ，W：幅．

また，断層面に作用するせん断応力が，地震（断層）活動の前後で $\Delta\sigma$ だけ減少したと仮定し，これを応力降下 (stress drop) と呼ぶ．$\Delta\sigma$ は地震モーメント M_0 と断層面積 S に関係し，$\Delta\sigma=2.5M_0/\sqrt[3]{S^2}$ という関係式が近似的に与えられる．海底の地震の応力降下量は，約 30 bar 前後で，内陸部の地震は約 100 bar 程度であることが経験的に知られ，多くの地震では応力降下量はほぼ一定とみな

すことができる．

1.3 地震規模

地震の大きさを表現する方法はいろいろ提案されているが，広く使われているのはマグニチュード（M）と地震モーメント（M_0）である．わが国では $M \geqq 7$ 以上を大地震，$7 > M \geqq 5$ を中地震，$5 > M \geqq 3$ を小地震，$3 > M \geqq 1$ を微小地震，$1 > M$ を極微小地震といいならわしている．

1.3.1 マグニチュード

マグニチュード（M）は，震度と異なってある条件下で観測された地震波の最大振幅を使って地震そのものの大きさを定めた尺度ではあるが，地震波の全エネルギー量などの物理量と直接対応するものではない．しかし，簡便で実用性に富むため地震の基本パラメータの一つとして多用されている．地震計による記録がなかった時代の地震（歴史地震など）や，記録の精度が悪い時代や地域の地震についても種々の方法で暫定的に M が推定されているが，M そのものが対数表示であることもあわせて考えて，たとえば後述するように活断層（地震断層）の長さなどと，それによって発生する地震の M とをあまり厳密に対応させるのは適当ではない．また，以下のように代表的な4種のマグニチュードの間でも値は一致せず，その表現に限界があることや，系統的なずれがあることに注意すべきである．

i) ローカルマグニチュード（M_L） Richter (1935) によって最初に定義されたマグニチュードで，震央距離 100 km において，当時よく用いられていたウッド-アンダーソン式地震計による記録（1成分の記録紙上の最大振幅を μm 単位ではかり，その常用対数をとった値）をもとにして決められる．浅発地震（60 km 以浅）を，比較的近くで観測した場合に適用される．

ii) 表面波マグニチュード（M_S） Gutenberg (1945 a) によって定義されたマグニチュードで，浅発地震を遠方で観測した場合（周期 20 s 程度の表面波が卓越する）に適用される．記録上の表面波の振幅を，地動の振幅に換算して求める．M_S は，事実上 8 程度で頭打ち（すなわち，8 以上の M を正しく表現できない）になることに注意すべきである．

iii) 実体波マグニチュード（M_B：1945年定義，m_b：1956年再定義）
Gutenberg (1945 b ; c) によって最初に定義されたマグニチュードで，深い地震について適用される．P波，PP波の上下動振幅と，S波の水平動振幅の最大振幅とその周期，および半経験的に求められた震央距離を震源の深さの関数をも

とに決められる．最近では，短周期地震波（周期約1sの実体波振幅）に基づく実体波マグニチュードを用いる．

iv) モーメントマグニチュード (M_W)　マグニチュードが8以上の大きい地震のエネルギーレベルを適切に表わすのに用いられるマグニチュードで，後述する地震モーメントによって定義される．

種々の地震カタログに表示されているマグニチュードを引用するにあたっては，その目的によって地震の観測方式や算出方式を吟味する必要がある．

v) 気象庁マグニチュード (M_J)　気象庁では，中周期変位型地震計と短周期速度型地震計を用い，前者によるマグニチュードを M_m，後者によるマグニチュードを m_s とすると，震源の深さ 60 km 以浅の地震については，$M_m<5.5$ かつ $M_m-m_s\geqq 0.5$ または $M_m\geqq 5.5$ ならば $M_J=M_m$，$M_m<5.5$ かつ $M_m-m_s<0.5$ ならば M_J は M_m と m_s の加重平均に相当する．とくに，浅い地震について M_J と M_S は系統的にずれがあることが知られており，$M_S=4$ 付近では，$M_J-M_S=0.5\sim 1$ 程度の差があることは注意すべきである．

vi) 歴史地震のマグニチュード　地震計による観測記録のない歴史地震の規模を知るには，被害記録から震度分布を求め経験的にマグニチュードなどを推定する．

日本における震度Ⅳ，ⅤおよびⅥ以上の地域の面積 $S_{\text{Ⅳ}}$，$S_{\text{Ⅴ}}$ および $S_{\text{Ⅵ}}$ (km²) とマグニチュードの関係式は，次のように提案されている（$S_{\text{Ⅳ}}$：勝又・徳永，1971；$S_{\text{Ⅴ}}$，$S_{\text{Ⅵ}}$：村松，1969）．

$$\log S_{\text{Ⅳ}}=0.82\,M-1.0$$
$$\log S_{\text{Ⅴ}}=M-3.2$$
$$\log S_{\text{Ⅵ}}=1.36M-6.66$$

これらの震度分布地域は必ずしも円形ではないが，第一近似として円形を仮定すると，その半径 $r_{\text{Ⅳ}}$，$r_{\text{Ⅴ}}$ および $r_{\text{Ⅵ}}$(km) は次のように表される（宇佐美，1975）．

$$\log r_{\text{Ⅳ}}=0.41\,M-0.75$$
$$\log r_{\text{Ⅴ}}=0.5\,M-1.85$$
$$\log r_{\text{Ⅵ}}=0.68\,M-3.58$$

1.3.2　地震モーメント

震源断層を長方形と仮定し，断層面上の変位を均一とみなせば，断層面の面積 S（=断層の長さ L×断層の幅 W）と変位量 D および剛性率 μ の積が地震モーメント（M_0，単位：dyn・cm）である．M_0 は，マグニチュードと異なって断層運動の大きさに直接関与する．

M_S が同じでも，M_0 の値は大きく異なる．すなわち，前述したように M_S に 8 をこえると，地震の大きさを正しく表していないことになる．

また，中国における歴史地震に関しては，地震モーメントと震度Ⅵおよび震度Ⅷ地域の面積 (km²) との関係式として，次の式が提案されている (Wesnousky, et al., 1984)．

$$\log M_0 = 14.35 + 1.16 \log S_\text{Ⅵ}$$
$$\log M_0 = 16.66 + 0.91 \log S_\text{Ⅷ}$$

1.3.3 震度階

ある場所の地震によるゆれの強さ（震度）を，体感や室内の家具・物品の動き，建物などの損壊の程度および自然界への影響の度合によって判断する地震の大きさの区分法である．ゆれの大きさは，地盤や建造物の違いなどに影響されるから厳密ではなく，また古い資料はその信頼度に注意しなければならないが，簡便であり，また地震計による観測体制が整備されていない時代や場所において，震度分布から地震の大きさ，震央位置の推定に有効であるため利用度は高い．

わが国では気象庁震度階（8 階級）が用いられているが，他の国々ではロッシーフォレル震度階（10 階級），改正 Mercalli 震度階（12 階級：以下 MM）および MSK 震度階（12 階級）が用いられている．

一般に，震央や地震断層から遠ざかるにつれて震度が小さくなることが予想されるが，実際には沖積層の層厚分布や基盤の地質構造を反映して，震度が異常に高くなる異常振動域を生ずることがある（次節参照）．

1.3.4 異常震動域と異常震域

一般に，浅発地震の震度や被害は，震央近傍で大きく，そこから遠ざかるにつれて減少していく．局所的な地盤の性状の違いなどによって正確ではないが，おおむね同心円状の等震度曲線が描かれるが，一方，直線状〜帯状の被害分布があることもしばしば気付かれてきた．これは，地殻内部の特殊性，たとえばブロックごとに異なる地質構造による特異な振動現象と考えられ，異常震動域と呼ばれるようになってきた（角田・堀口，1981）．

たとえば，松田・柴野（1965）は，1965 年 4 月 20 日の静岡・清水付近の地震（$M=6.1\pm0.2$，震源の深さ約 20 km）の被害分布の特徴として

（1）表層地質の性状や地盤の良否では説明しにくい被害分布・程度の急変部があること，

（2）主被害地区が既存の断層で区切られた地質学的地塊の反映であること，

などを指摘し，地震に対する応答の差異による「地震学的地塊」の概念を提唱し

ている．

また，新井 (1984) も 1982 年 3 月 21 日の浦河沖地震 ($M=7.1$，震源の深さ 17～35 km) において，既存断層線に沿う被害の線状分布と地質構造に関係する被害率の地域差 (地層の平均走向，褶曲軸の平均方向と主震源断層の走向が平行に近い地域で被害が大きい) を指摘し，前述の地震学的地塊はこの浅発地震特有の現象の一つと理解した．

関東平野西部地域においても，浅発の有感地震時に横ゆれの強さに関係なく，最初に下から突き上げられるようなショックを感じる異常震動域が帯状に分布し，地形の急遷するところ・断層・地質系統の境界などと一致することが多いことが明らかとなってきた (角田・堀口，1981)．

いずれにしても，既存の地質構造と厳密に対応するとはかぎらないが，地震の規模，震央の位置，震源の深さ，発震機構や基盤の形態に影響され応答する地塊が異なるものと考えられている．

一方，千島-東北日本-伊豆小笠原弧の深発地震では，震央付近では無感にもかかわらず，東日本の太平洋側で 100 km^2 にわたって高い震度を示すことが知られている．こうした島弧地域の上部マントルの異常構造に起因する地殻の広域な異常域は，異常震域と呼ばれている．

1.4 地震活動

地震の発生やその活動はまったく不規則というわけではなく，いくつかのパターンに区分される．また，それは周期性，続発性，間欠性，偶発性，震源移動，空白域など一見矛盾するような時間空間的特徴をもつ場合がある．

1.4.1 地震の発生様式

典型的な地震の起こり方としては，本震-余震型，前震-本震-余震型および群発地震型に分けられるが，本震-余震型が最も多い．

余震とは本震発生後，引き続いて生じる数多くの小地震のことで，余震の発生する範囲を余震域と呼ぶ．余震活動は，本震からの時間経過に伴って初めは急速に，それから後はゆっくりと減衰することが普通である．その継続期間は，地震によってさまざまである．

余震活動の活発さを表すには，本震のマグニチュードと最大余震のマグニチュードの差を用いるのが便利であるが，最大余震の大きさは，本震の大きさに比べてきわめて小さいので，厳密な取扱いには向かない．また，一連の地震活動中では，大きな余震ほど数が少なく，小さくなるほど数が多くなる傾向をもち，余

1.4 地震活動

震の大きさ分布はグーテンベルク-リヒター式と呼ばれる経験式，すなわち $\log N(M) = a - bM$ (M：余震のマグニチュード，$N(M)$：余震の累積頻度) が成り立つ．これは，一般の地震の大きさ分布にも成り立つ．b 値は 1 前後，ないしそれより少し小さい値を示す．

こうした余震活動は，大局的には岩石の破壊現象という意味で，本震と同じ原因とみなせるとしても，余震現象の特徴を完全に説明できるモデルは，まだ提出されておらず，本質的に主震と余震は異なる性格をもつらしいといわれており，今後さらに検討されるべき課題である．

前震とは，本震に先立って生ずる小地震のことで，前震の発生する範囲を前震域と呼ぶ．前震域は，余震域と異なって比較的範囲が狭く，本震時の破壊開始点はここに近接することが多い．しかし，前震を伴う地震は必ずしも多くなく，その活動期間の長さと本震の大きさとの間にも，明らかな関係は知られていない．

群発地震は，本震と呼べるような顕著な地震を含まず，したがって，前震・本震の区別がしにくい一連の多数の小地震群に対して，便宜的に表現した用語である．最近のわが国の例としては，1965 年から始まった長野県の松代群発地震が有名である．内陸部に発生する群発地震は，震源の深さは数 km 以内とごく浅く，そのマグニチュードもほとんど 6 以下であるが，海洋プレートの沈み込みに伴う群発地震では，7 クラスのものもある．

また，ほぼ同規模な大地震が続けて発生する場合は，双発 (双子) 地震と称されることもある．わが国では，安政東海地震 (1854 年 12 月 23 日，M 8 クラス) と安政南海地震 (1854 年 12 月 24 日，M 8 クラス) の例が有名である．

茂木 (Mogi, 1963) は，地震の発生様式を地殻の不均一さと関連づけ，均一な地殻では本震-余震型，やや不均一な地殻では前震を伴う型，そして，著しく不均一な地殻では群発型の地震が発生すると解釈した．

地震活動に周期性があるかどうかは，古くから論じられてきた．代表的な例は，東京および鎌倉付近の過去 1000 年間ほどの震度データから，震度 5 以上の大地震発生に 69 年周期が認められるとする河角説 (河角，1970 ほか) である．このほか，1 日周期や 1 年周期などさまざまに議論されているが，いずれも統計的な有意性やデータの信頼性など未解決の問題点も多く，定説化されていない．これとは別に，ある特定の断層の活動に起因した地震発生の周期性は，より確からしい．たとえば，San Andreas 断層 (7.2 節参照) 沿いのパークフィールド付近では，M 6 程度の地震が約 22 年周期で発生していることが指摘されている．

1.4.2 震源移動

地震発生のかぎられた時間空間的関連性をとらえて，地震活動の移動を議論することが行われているが，小縮尺の白地図上におけるみかけの震央位置の変遷や，恣意的なタイムスケールのみを根拠に震源移動を云々するのは客観性に乏しい．唯一の確からしい例が，トルコの北アナトリア断層 (6.1 節参照) に関連する震源移動で，これは対象とする地震の発生が，同一の大断層の活動に起因するためである．ここでは，北アナトリア断層東端付近で 1939 年に生じたエルジンジャン地震 (M 7.9) 以後，毎年～数年おきに大局的に西方に震源が移動している．しかし，この例でも，同断層西部のマルマラ海南岸部の空白域は埋まっていないにもかかわらず，最近の地震はトルコ東部で，しかも北アナトリア断層と無関係の位置に生じている．震源移動に関しては，地震の発生原因の吟味などを十分に考慮したうえで論じられるべきである．

1.4.3 地震空白域

周囲で地震が発生し，そこでも地震が生じうると考えられる地域であるにもかかわらず，地震活動が低調であり，それゆえ将来地震が発生する可能性が強い地域を地震空白域 (サイスミックギャップ) と呼ぶ．第1種と第2種を区別することがある．

第1種の地震空白域とは，大地震を起こしうる可能性が高いにもかかわらず最近 (数年～10 数年間) 大地震が発生していない地域で，根室半島沖の地震の例 (図 1.3) や中・南アメリカ太平洋沿岸域の例などがよく知られている．

第2種の地震空白域とは，大地震発生前に，その震源域付近の地震活動がきわめて低調になる地域である．周辺では逆に (微小～小) 地震活動が活発化することもある．一種の前兆的地震活動としてとらえることもできる．以上の空白域の概念は，M 7～8 クラスの地震について適用されるべきで，あまり小さな地震に適用するのは適当ではない．

1.4.4 地震活動と深部構造

日本列島および周辺の地震活動を含むネオテクトニクスは，太平洋プレート，フィリピン海プレート，北アメリカプレートおよびユーラシアプレートの相対的な相互運動，すなわちプレートテクトニクスによって説明される．地球の表層を数十～数百 km の厚さを

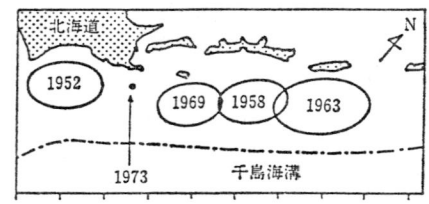

図 1.3 北海道-南千島 の 地震活動の経過 (宇津, 1972)
1972 年以前 50 年間に起きたとくに大きな地震の震源域．1973 年にその第1種空白域内で M 7.4 の地震が発生．

もっていくつかに分割するリソスフィアと呼ばれる部分は，巨視的には剛体的な挙動をなし毎年数cm程度の速さで移動し，プレートとも呼ばれている．太平洋プレートは，日本海溝と伊豆-小笠原海溝で沈み込み，フィリピン海プレートは南海トラフから琉球海溝にかけて，さらに西方に沈み込み，相模トラフでは右横ずれ運動が卓越する．北アメリカプレートとユーラシアプレートの境界は，従来北海道を南北に通ると考えられていたが，東北地方の日本海側を通り，糸魚川-静岡構造線に連なるとする説も提案されている．深発地震面の等深線（図1.4）をみると明らかなように，太平洋側から日本海側に向かって深くなっていく．これは，深発地震がもぐり込むプレート中に発生するためである．そして，朝鮮半島から中国華北地方，ソビエト沿海洲に至る深発地震活動をも規制している．またプレート（≒リソスフィア）の地震波速度は下位のアセノスフィアよりやや大きく，このことから日本列島～日本海下のユーラシアプレートは，大陸プレート

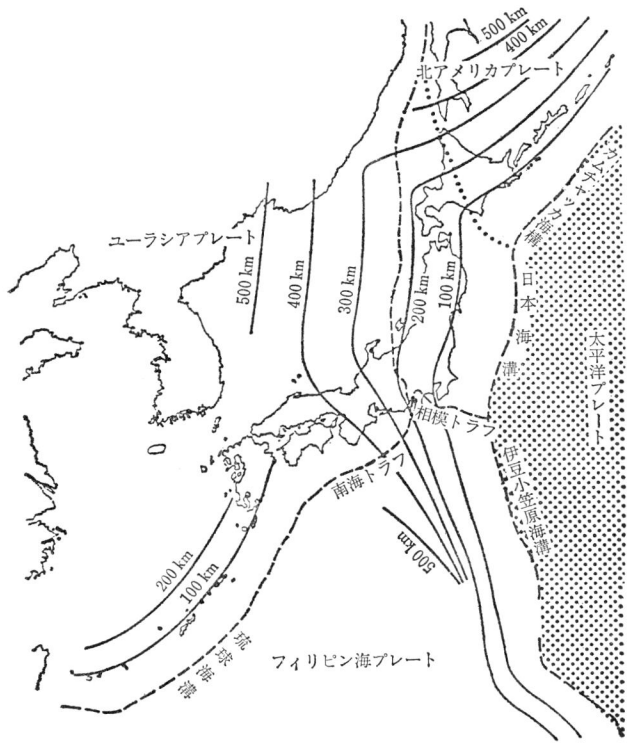

図1.4　日本周辺の深発地震面の等深線（宇津ほか，1937）

としては約 30 km と薄いことがわかっている．

1.5 地震性地殻変動

ここでは，地質学的な長期にわたる累積的な地殻変動ではなく，地震に伴う地表部の変位（ひずみ）を取り扱う．

1.5.1 地震に伴う垂直・水平変動

地震による土地の隆起・沈降（陥没を含む）は，とくに海岸地域で海水準をもとに気付かれやすく，古くから報告されている．現在では，水準測量や検潮作業によって記録されている．

わが国の太平洋岸のプレート境界域で発生した地震による陸域の急激な地殻変動では，一般に海側ほど隆起量が大きく，隆起域の背後（内陸側）には沈降域が存在する．これは，プレートの沈み込みに伴う海域における陸側に傾斜した逆断層（震源断層）の運動によると解釈される．関東大地震 (1923)，東南海地震 (1944) や南海地震 (1946) などに伴った陸地の上下運動の例が有名である（図 1.5）．地震時以外では，反対に地震時の隆起部は緩やかに沈降し，沈降部は隆起する．

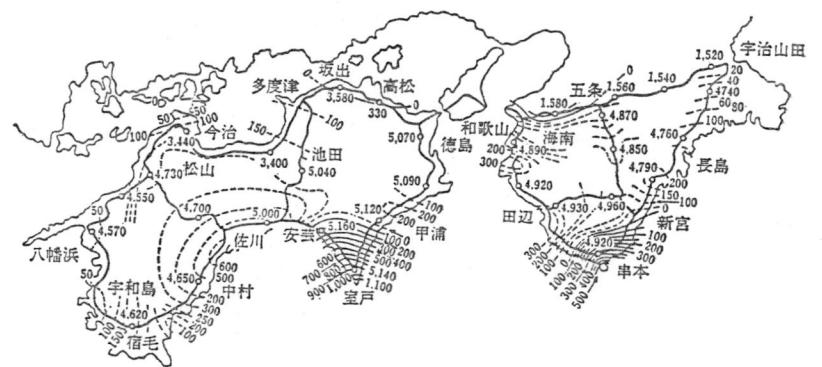

図 1.5 1944 年東南海地震と 1946 年南海地震に伴った上下変動 (Miyabe, 1955)
実線は隆起，破線は沈降．変動の単位は mm．○は，おもな水準点でその脇の数字は水準点番号．

地殻の水平変動は，地震の前後で三角測量を繰り返すことによってわかる．とくに，地震断層周辺の精密な三角測量結果は，震源断層のモデルを推定するのに役立つ．例として，関東地震に伴う水平変動が図 1.6 に示されている．ここでは，水平変動は変位ベクトルで表されている．相模湾以北が全体に南東へ移動し，半島先端部ほど変位量が大きいことがわかる．

福井地震 (1948 年 6 月 28 日，$M7.1$，震源の深さ 20 km) では，地表の沖積層が厚いため地震断層は認められなかったが，地震後の水準・三角測量によって，

最大沈降93cm，最大（左ずれ）水平移動205cmが測定され，長さ約25kmに達する南北性潜在断層の存在が，明らかとなった（2.1.1項参照）．

土地のひずみや傾斜を連続観測して地震による地殻変動（前兆も含めて）を記録するために，各種の観測機器（水管傾斜計・水晶管伸縮計—横穴式，単振り子型傾斜計・体積ひずみ計—縦穴式）が全国各地に設置されている．地震時に観測記録がステップ状に変化することがよく知られるようになったが，前兆現象としてとらえることは，まだ難しい面がある．

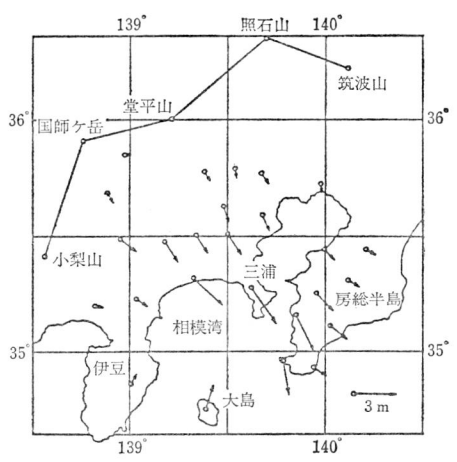

図 1.6 関東大地震に伴った水平変動 (Sato, 1973)

最近，従来の測地・測量技術に代わって，人工衛星などを用いた新しい長距離基線の測定法が開発され，広域地殻変動連続観測が実用化されつつある．

その代表例がGPS (Global Positioning System, 汎地球測位システム）で，アメリカが開発したGPS衛星から送られる2種類の電波を利用して，地上のGPS測地受信機間の距離を1cm以下の誤差で求めようとするものである．

さらに同様の原理で，銀河系外の準星の出す電波を利用して，二つの観測点間の距離を測定しようとするVLBI (Very Long Baseline Interferometry, 超長距離基線干渉法）も実用化がはかられており，プレートの動きを直接，観測することが可能となってきている．

1.5.2 地震性地殻変動の範囲

一般に，地震の規模が大きいほどより広範囲に地震性地殻変動が生ずることが期待される．坪井忠二は1950年代に，震源を現象論的にとらえて地震の規模はエネルギーを蓄える容積（地震体積）によって決まるとする「地震体積説」を提唱した．

これを受けて檀原 (1966) は，地震の規模（マグニチュード）は地殻変動を受けた地域の広がり（半径 r km の円と仮定）と相関すべきであることを示唆した．そして過去に発生した19の地震の上下変動資料から，経験的に $1.53M+8.18=\log r^3$ を求めた．後に檀原 (1979) はこれを修正し，$\log r=0.51M-2.26$, $M=1.96\log r+4.43$ とした．マグニチュード8の地震による地殻変動の範囲は，半

径約 66 km の円内ということになる．これは厳密なものではないが，地震予知のための観測網の設置，また前兆現象の解釈に有効である．

1.6 地震予知

　地震発生を予知すること，すなわち起こりうる地震の規模・場所・時期について可能なかぎり詳細なデータを速やかに提供することは，わが国のような地震多発国にとって，地震災害を軽減するうえで緊急かつきわめて重要な課題であることはいうまでもない．地震予知の研究・観測面においては，地震の前兆現象の検出，その発現機構様式の解明，高密度・高頻度の観測・測量，収集データの迅速処理が求められ，地震予知体制の整備・拡充をはじめ，地震災害予防対策を含めた一貫した施策がとられつつある．しかし，わが国のみならず諸外国においても地震予知の成功例といえるものはきわめて少なく，次にあげるような困難な要素をもっているといえよう．

　（1）　地震は，すでに述べてきたように地殻の破壊現象であるから，これ自体が確率現象かつ非線型現象であり，地震発生の時期を厳密に特定することが本質的に難しいこと．

　（2）　地震発生個所（震源断層など）を直接観察・観測できないこと．

　（3）　地殻を構成する岩石の性質や分布，既存の地質構造の複雑さなどからわかるように，おもに地震が生じる地殻の物理的性質がきわめて不均質なこと．

　（4）　地震予知の実用化にあたっての経験不足，すなわち天気予報のように毎日毎日予報とその結果の対応を検討することができず，データの蓄積も不十分なこと．

　また，予報の責任の所在についても明確な合意がないことも，地震予知実用化の妨げとなっている．

　地震予知を可能にするためには，本震発生に先行する前兆現象をとらえることが必要であることはいうまでもない．しかし，前兆の現れる範囲や期間は規則性に乏しく，また地震によって異なり，その発現機構（本震との因果関係）も必ずしも明らかでなく，未解決の問題が多い．したがって，各前兆現象は単独でとらえるのではなく，地震予知のためには総合的に判断されるべきである．現在，知られている前兆現象は，いずれも地震前の先駆的破壊の結果として生ずる地震活動や地殻変動の変化，さらにそれらに関連した地下水の諸性質や地殻内の地球電磁気的性質の変化であるが，異常変化であるか否かの判断は難しい．

　わが国の地震予知体制は，現在次の四つの機能に集約される．

1.6 地震予知   15

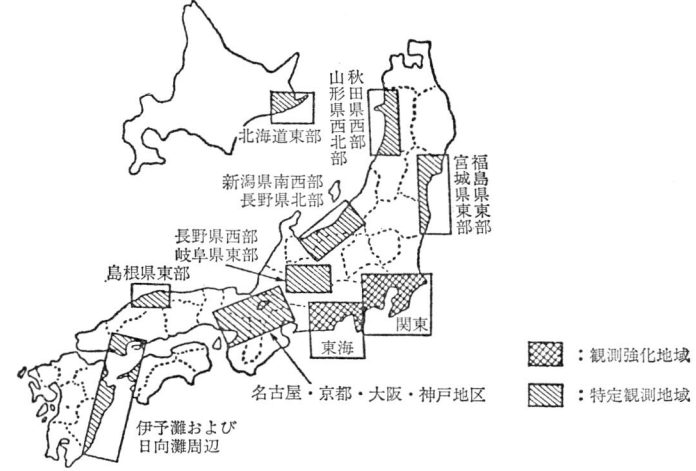

図 1.7 観測強化地域および特定観測地域 (1978.8改定)

(1) 計画機能 …… 測地学審議会
(2) 調整機能 …… 地震予知推進本部
(3) 評価機能 …… 地震予知連絡会
(4) 判定機能 …… 地震防災対策強化地域判定会

とくに，$M8$クラスの地震の発生が懸念され，地震防災対策強化地域に指定されている東海地方については，関係各機関が地震，地殻変動，潮位，地下水などの観測を集中的に実施し，データをテレメータで気象庁に集中・監視している（図 1.7）．

2. 地震断層

　歴史記録あるいは考古記録のある断層，すなわち地震断層は広義の活断層に含まれ，あくまで便宜的な区分にすぎないが，地震活動および活断層運動の過去の事例として，より精度の高い活動周期や活動位置などを推定するうえで必須の研究対象である．

　地震断層の研究にあたっては，断層そのものの地形・地質学的な研究と地震古記録の史料学的な研究が，合わせて必要とされることはいうまでもない．

　前者においては，近年，トレンチ発掘調査[†]によって人工的に断層の地質断面を得てその詳しい活動史を推測することが盛んに行われるようになり，飛躍的に知識が深まってきた．後者についても，わが国においては，明治時代初め頃の近代地震学の黎明期から史料の収集が進められてきており，現在も未発掘史料の探索，既存史料の再検討が地震学・地質学・地形学の研究者と史学者との共同研究によって精力的に行われており，地震の歴史について多くの新事実が明らかにされてきた．

　以上の成果を踏まえて，本章ではわが国の地震断層をその疑いのあるものまで含めて総括的にレビューしようと試みた．

　ここでは，特定の（発生時と場所を明示しうる）地震に際して地表で変位を生じた記録のある断層を，便宜的に活断層と区分して（地表）地震断層と称している．一般に，地震断層を次の四つの様式に分類する（Bonille，1970；岡田・安藤，1979 など）．

　（1）狭義の地震断層（主断層）：震源断層が直接に地表まで達したもの．必ずしも単一の断層面ではない．

　（2）副断層：震源断層（主断層）から分岐または並走したり，その動きに誘発されたと考えられる相対的に小規模な地震断層．

　（3）2次的断層：地震に伴う地殻変動，あるいは強い地盤変動によって破壊

[†] 断層を直接観察・調査しようとしても，天然の断層露頭は偶然で，しかもまれにしか現れていない．そこで，活断層の活動性を評価するために断層を横切った溝（トレンチ）を，土木機械を用いて人工的に掘削して活断層およびそれに伴う変形構造を意図的に露にし，必要な試料を採取できるようにする調査方法をトレンチ発掘調査と呼び，近年，地震断層・活断層調査によく適用されるようになった．

され，重力の作用で変位した断層．正断層型が多い．
　（4）測地学的地震断層：地表では確たる断層が観察されなくとも，測量によって変位が地表に到達していることがわかる断層．
　（1）は，震源断層を反映するからその形状などは，地震の規模やタイプと相関し，わが国の内陸部の浅発地震では，$M \geqq 6.5$ の地震に伴って生じやすいことが経験的に知られている．

2.1　歴史・考古記録に現れた地震断層（日本）

ここでは，わが国の歴史・考古記録に現れた地震断層および地震に関連した地変について，時代をさかのぼりながら紹介する．わが国で知られた地震断層の概要については，疑わしいものまで含めて表2.1に示されている．近年，発掘調査によって，地震断層の実態が飛躍的に明らかとなってきた．それらの成果を中心に以下に述べる．

表 2.1　日本の地震断層リスト

番号	年月日（日本暦）	地震名（地域）	M	D km	地震断層・活断層	走向	L km	変位量 V m	変位量 H m	型(†)
1	830.2.3（天長7.1.3）	天長地震（秋田県西部）	7.4		秋田断層 高清水断層	N 80°E N 80°E	10	+N +N	+R +R	
2	841.…（承和8）	伊豆地震（伊豆半島）	7.0		丹那断層	N-S		+E	+L	
3	868.8.3（貞観10.7.8）	播磨国地震（兵庫県西部）	7.1		山崎断層	N 55°W				
4	1586.1.18（天正13.11.29）	天正13年白山地震（岐阜県北部）	7.9 (8.1)		白川断層 （跡津川断層）	N 20°W N 60°E	70			
5	1611.9.27（慶長16.8.21）	会津地震（福島県）	6.7		（会津活断層系）					
6	1662.6.16（寛文2.5.1）	琵琶湖西岸の地震（滋賀県）	7.6 (7.3～7.5) (7.8)		比良断層 （または花折断層）	NE-SW		2-3 NW		
7	1799.6.29（寛政11.5.26）	金沢地震（石川県）	6.4		森本断層	NE-SW	12			
8	1810.9.25（文化7.8.27）	文化男鹿地震（秋田県西部）	6.6		鮪川断層 浜間口断層	N-S NW-SE	10+ 10+	0.9 E +SW	+L	
9	1847.5.8（弘化4.3.24）	善光寺地震（長野県北部）	7.4		善光寺地震断層 小松原(野口)断層 飯山	N 12°E N-S NNE-SSW	1 0.3	1.5～ 2.4 W 1.8 W 2.7 W		T T T T

(表 2.1 続き)

番号	年月日（日本暦）	地震名（地域）	M	D km	地震断層・活断層	走向	L km	変位量 V m	変位量 H m	型 (†)
10	1854.7.9（安政1.6.15）	伊賀上野（安政元年夏）地震	6.9			E-W		1.5 N		
11	1854.12.23（安政1.11.4）	安政東海地震	8.4 (8.3)		駿河トラフ	N 10°E		W	L	
12	1858.4.9（安政5.2.26）	飛越地震（岐阜県北部）	6.9 (6.8)		跡津川断層	N 60°E			+R	
13	1891.10.28（明治24）	濃尾地震（岐阜県北西部）	8.0		濃尾地震断層系	(N 45°W)	(80)			LS
					（温見断層）	N 50°W	20	1.8 SW	3 L	LS
					（根尾谷断層）	N 25～35°W	35	4 SW	8 L	LS
					（梅原断層）	N 50°W	25	2.4 SW	5 L	LS
					（黒津断層）	N 17°W	1	3 W	+L	
					（水鳥断層）	N 35°W	1	6 NE	4 L	LN
					（水鳥大将軍断層）	E-W	0.5	5 S		
					（古瀬断層）	N 60°W	<1	+S	1.2 L	
14	1894.10.22（明治27）	庄内地震（山形県北西部）	7.0		矢流沢断層	N 55°E	1.5 (10)	+SE		
15	1896.8.31（明治29）	陸羽地震（秋田-岩手県境）	7.2		千屋断層	(N 20°E)	36	E		T
					（生保内断層）	N 30°E	5.5	2 E		T
					（白岩断層）	N-S	5	2.5 E		T
					（太田断層）	N-S	3.5	2.5 E		T
					（千屋断層）	N 30°E	12	3.5 E		T
					川舟断層	N 45°E	6+	2 W		T
16	1909.8.14（明治42）	江濃(姉川)地震（滋賀県）	6.8		柳ヶ瀬断層	NW-SE		0.1 E		
17	1914.3.15（大正3）	羽後仙地震（秋田仙北地震）（秋田県・強首仙北）	7.1		地震断層	N 75°W	6	0.12 S	0.12 L	
18	1918.11.11（大正7）	大町地震（長野県北部）	6.1		寺海戸断層	N 30°E	1.1	0.15 NW		
						N 73°W	0.4	0.06 SSW		
19	1923.9.1（大正12）	関東大地震（南関東）	7.9	10～20		N 70°W (N 45°W)	130 (85)	0.65 N 3 N	2 R 6 R	
					下浦断層	E-W	1	1.5 N		
					新川断層	N 30°W	1	?		
					延命寺断層	E-W	4	1.9 N	1.2 L	
					宇戸断層	N 70°E	0.7	1.0 N		
					滝川断層	N 70°E	2.5	1.0 N		
					初島断層	N 30°W	0.6～1.0	1.0 NE		
20	1925.5.23（大正14）	但馬地震（兵庫県北部）	6.8		田結断層	N 30°E	1.6	1.0 E	+L	

2.1 歴史・考古記録に現れた地震断層

(表2.1続き)

番号	年月日(日本暦)	地震名(地域)	M	D km	地震断層・活断層	走向	L km	変位量 V m	変位量 H m	型(†)
21	1927.3.7 (昭和2)	北丹後地震 (京都府北部)	7.3	0	郷村断層	NNE-SSW	18		3 L	LS
					(浅茂川断層)	N 25°W	1.5	0.2 E	0.2 L	
								0.3 W	0.05 L	
					(下岡断層)	N 20°W	2+	0.6 W	1.6 L	
								0.5 W	1.6 L	
					(郷村断層)	N 10°W	2+	0.5 W	3 L	
								0.76 W	3.28 L	
					(生野内断層)	N 15°W	2+	0.5 W	1.06 L	
								0.7 W	1 L	
					(安断層)	N 10°W	1.5	0.63 W	L	
								0.4 W	2 L	
					(新治断層)	N-S	2.5	1.57 W	0.48 L	
								1.2 W	1 L	
					(上菅断層)	N 10°W	1.0	0.33 W	0.53 L	
								0.6 W		
					(長岡断層)	N 20°W	0.3	0.36 W	0.69 L	
								0.26 W	0.7 L	
					(善王寺断層)	N 10°W	1~	0.7 W	0.2 L	
					(口大野断層)			+W		
					(三重断層)	N 60°W	0.3	0.4 W	0.3 L	
					(杉谷断層)	N 66°W	0.9	0.4 NE		
					山田断層	ENE-WSW	8	0.7 N	0.8 R	
22	1930.11.26 (昭和5)	北伊豆地震 (伊豆北部)	7.3	0	北伊豆地震断層系				3 L	LS
					(箱根町断層)	N 20°E	1.5	0.5 E	0.3 L	
					(茨ヶ平断層)	N 18°W	0.5	0.2 W	0.5 L	
					(丹那断層)	N 5°W	7	1.8 W	3.5 L	
								0.8 E		
					(浮橋中央断層)	N 15°E	4	2.4 W	3.0 L	
								0.7 E		
					(浮橋西方断層)	N 20°E	3.5	+W	2.0 L	
								0.5 E		
					(大野断層)	N 30°E	2.5	115 W	1.5 L	
								0.6 E		
					(加殿断層)	N 45°E	2.5	0.5 W	2.0 L	
								0.6 E		
					(姫ノ湯断層)	N 70°W	3	0.87 N	1.2 R	RS
					(田原野断層)	N 65°W	1	+N	0.4 R	RS
23	1938.5.29 (昭和13)	屈斜路地震 (北海道)	6.1	0	屈斜路断層	N 40°W	20	0.85 S	2.6 L	

2. 地震断層

(表2.1続き)

番号	年月日（日本暦）	地震名（地域）	M	D km	地震断層・活断層	走向	L km	変位量 V m	変位量 H m	型(†)
24	1943.9.10（昭和18）	鳥取地震（鳥取県）	7.2	0		N 80°W	33~	1.1	2.5 R	
					鹿野断層	N 80°W	8	0.5 N 0.75 S	1.5 R	RS
					吉岡断層	E-W	4.5	0.5 S	0.9 R	RS
25	1945.1.13（昭和20）	三河地震（愛知県南東部）	6.8	0		N-S	12	(2.2) 2 W	1 R	
					深溝断層	N-S	5	2 S	1.3 L	
						E-W		2 W	1.5 R	
					横須賀断層	E-W	4	1.2 W	0.2 L	
						N-S		0.5 S	0.6 L	
26	1948.6.28（昭和23）	福井地震	7.1	0	福井地震断層	N 10°W	25	0.7 E	2 L 2.0 L	
27	1955.10.19（昭和33）	二ッ井地震（秋田県）	5.9	0	地震断層	N-S	?	0.14 W		
28	1959.1.31（昭和34）	弟子屈地震（北海道）	6.3 6.1	0 20	地震断層	NW-SE	2	0.1	?	
29	1964.6.16（昭和39）	新潟地震	7.5	40		N 20°E		3.3		
					S_1 断層	NNE-SSW		+NW		
					S_2 断層	NNE-SSW		+NW		
					S_3 断層	N 30°E	20+	6 NW		
30	1965~1968	松代群発地震（長野県北部）	~5.4	2~8	松代地震断層	N 55°W	4	0.15 W	0.57 L	RS
31	1969.9.9（昭和44）	岐阜県中部地震	6.6	0	畑佐断層	N 27°W 90°	23		0.7 L	
32	1974.5.9（昭和49）	伊豆半島沖地震	6.9	10	石廊崎断層	N 43°W 75°NE	(25)		1 R	RS
					（石廊崎主断層）	N 55°W 75~90°N	5.5	0.25 S	0.45 R	
					（石廊崎北断層）	N 55°W 80°N	1	0.05 S	0.1 R	
					（石廊崎南断層）	N 56°W 87°N	1		0.05 R	
					（子浦断層）	N 75°W 70°S	0.1		0.02 R	
33	1978.1.14（昭和53）	伊豆大島近海地震	7.0	0~10		E-W	17	0.26	1.83 R	
					稲取-大峰山断層	NW-SE	4	0.35 W	1.15 R	RS
					根木の田断層	N 40°W	0.07		0.1 R	

† T：逆断層，RN：右横ずれ変位を伴う正断層，LN：左横ずれを伴う正断層，RS：右横ずれ断層，LS：左横ずれ断層．

2.1.1 昭和時代の地震断層

a. 伊豆大島近海地震〔昭和53年(1978年)1月14日,震央:34.77°N,139.25°E,$M7.0$〕

この地震は,伊豆大島と伊豆半島のほぼ中間の海底下に発生し,伊豆大島および横浜で震度V(強震)を記録した.前日から前震活動が顕著であり,また余震分布も大島付近から稲取付近にかけてほぼEWに延び,陸上部でWNW方向に向きを変えている.本震の震源断層は,EW性で右横ずれ性である.伊豆半島東部の稲取地区にいくつかの地震断層が生じたが,周囲の活断層との明瞭な一致はみられない.

この地区の基盤岩類は,おもに中新~鮮新世の玄武岩質~安山岩質溶岩火山砕屑岩類からなる.この上に広く分布する浅間山-大峰山安山岩類は,天城火山本体安山岩類下位に対比される.さらに,これらをおおって分布する稲取泥流は,25000年前後で天城火山群起源の安山岩礫をおもに含み,天城火山本体末期の爆発で流下した堆積物からなる.稲取泥流をおおって更新世末~完新世の寄生火山をなす玄武岩類(溶岩~スコリア)が,浅間山南方などに分布する.地震断層は,一部安山岩類と稲取泥流の境界に発達し,大部分は両者を切っている(倉沢・加藤,1979)(図2.1).

稲取-大峰山断層は幅数十cm~数m,長さ100m程度の右ず

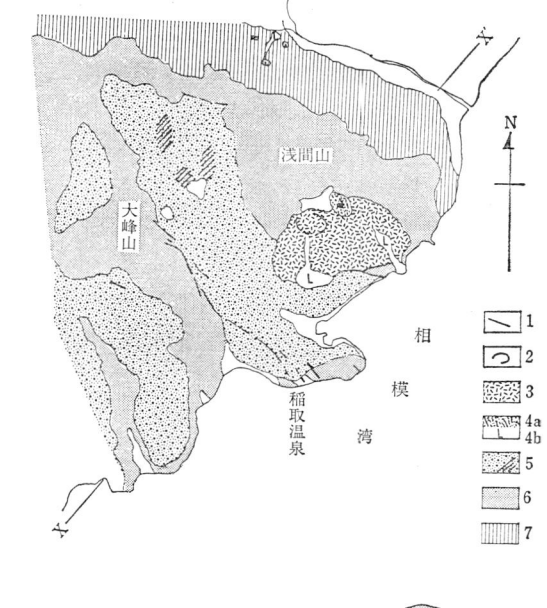

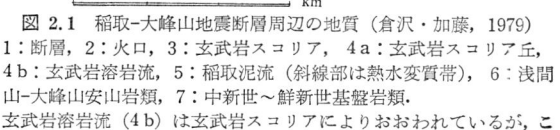

図2.1 稲取-大峰山地震断層周辺の地質(倉沢・加藤,1979)
1:断層,2:火口,3:玄武岩スコリア,4a:玄武岩スコリア丘,4b:玄武岩溶岩流,5:稲取泥流(斜線部は熱水変質帯),6:浅間山-大峰山安山岩類,7:中新世~鮮新世基盤岩類.
玄武岩溶岩流(4b)は玄武岩スコリアによりおおわれているが,この図では溶岩流の分布をそのまま表してある.

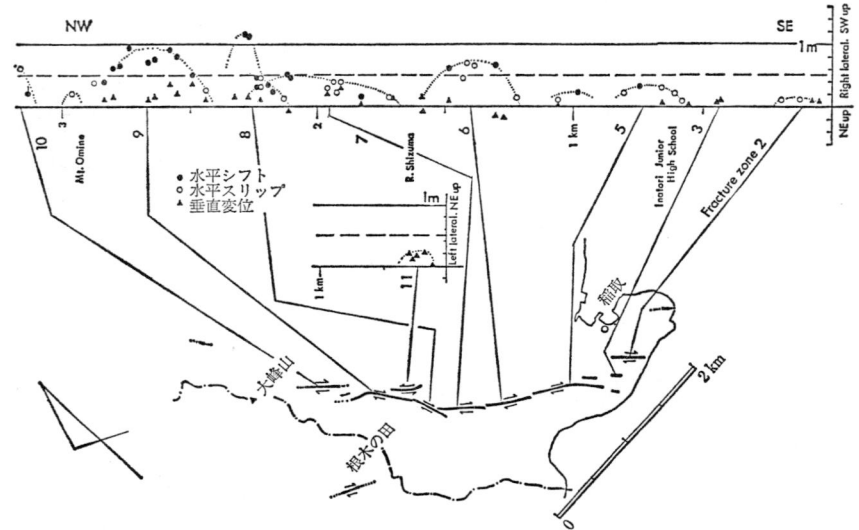

図 2.2 稲取-大峰山地震断層の変位量分布図（山崎ほか，1979）

れ雁行する亀裂帯の集合よりなる．各亀裂帯はさらに，幅数十 cm，長さ数 m〜10 数 m の右ずれ雁行する亀裂の集合よりなり，各亀裂の西側が東側に対し相対的に隆起しているのが目立ち，雁行する二つの亀裂間にはプレッシャーリッジといわれる盛り上りがみられることもある．亀裂の右横ずれの最大変位量は約 1.15 m，垂直方向の最大変位量は約 35 cm である．

　変位量分布をみると，本断層北西末端部で大きく，震源に近い東側で小さくなる傾向があるが，各セグメントでは中央部の変位量が相対的に大きい(山崎ほか，1979)（図 2.2）．

　稲取-大峰山断層は，本震および余震域を結ぶ断層の一部で構造性の断層であるが，浅間山南斜面に生じた浅間山断層（小出ほか，1978）は局所的な地すべりの滑落崖とみなされる．なお，稲取-大峰山断層（北側沈下，右ずれ）と浅間山断層（南側沈下，左ずれ）とがほぼ平行しながら変位の向きが異なることから，両者は東方へ移動した巨大な地すべりの側壁であるとの見方があったが，否定的な意見が強い（山崎ほか，1979 など）．根木の田断層は，既存のかなり明瞭なリニアメント（線状構造）に沿っているが，地表に変位が認められたのは根木の田部落付近のみである．

b. 伊豆半島沖地震〔昭和49年(1974年)5月9日，震央：34.57°N，138.80°E，$M 6.9$〕

伊豆半島南端部に被害を生じさせ，活断層である石廊崎断層の活動による地震といわれる．

伊豆半島沖地震に際して出現した断層はNW-SE性で，とくに岩盤上で断層露頭が数多く観察されることが特徴的である．いずれの露頭も右ずれ変位を示し，かつ大部分は北側落ちの垂直変位成分を有する．このうち，南伊豆町石廊崎東海岸から中木北方を通り，入間に抜けるものが最も規模も大きく，これを石廊崎（地震）断層と呼ぶ．石廊崎断層は，すでに村井・金子(1974)によって指摘されていた明瞭な活断層地形に沿って生じたが，入間付近から西方では，明瞭な断層変位は

図 2.3 石廊崎地震断層例（石廊崎集落・稲葉氏宅）

この活断層地形からは北寄りに外れて三坂富士付近まで追跡された．この部分を入間断層と呼ぶ．ただし入間断層のほかに，入間西方における石廊崎断層の延長部の一部にも，断層変位を示唆する右ずれ亀裂が認められている．石廊崎寸近では，主断層に平行して北側と南側にやや顕著な副断層，すなわち石廊崎北断層と石廊崎南断層が生じた．

このほか，東子浦の神社の境内を横切って右ずれ約2cmの微小変位を示す亀裂線があり，子浦断層（松田・山科，1974）と名付けられている．一般方向はN80°Wで100mほど続く．この断層は，他の地震断層のように既存断層が再活動した部分のほかに，伊豆半島沖地震で新たに生じた部分もある．石廊崎（地震）断層と入間断層の右ずれ変位量は最大約45cmで，北落垂直変位量はその半分程度であった．帯状に分布する余震域のうち，北西半部では明瞭な活断層地形を示している部分に生じなかったが，石廊崎・入間両断層の位置は余震域と一致し，変位のセンスも発震機構と調和的であることから，本地震の主断層と考えられる．

石廊崎（地震）断層は，石廊崎（活）断層の中でも最も明瞭な活断層地形を示している部分に生じた．活断層は全体として200m以上の右横ずれ累積変位を

図 2.4 伊豆半島沖地震と断層 (垣見ほか, 1977)

示すものの，地表では一続きの単一な断層として発達しておらず，中小の活断層群からなる活断層帯を形成している．さらに石廊崎(活)断層の両側の地質学的変位量は場所により大きく異なり，地質学的には別々の発達過程をたどった局地的な断層が，第四紀後期に同一センスの運動に転じ活断層として発達したものと解釈されている (垣見ほか, 1977). 地震断層露頭の一例を図 2.3 に示す．安山岩質角礫岩からなる人工的に切り取られた崖を変位させている．断層の走向・傾斜は N 76°W, 80°SW，右ずれ水平変位量 32 cm，北落ち垂直変位量 13 cm である．厚さ 1 cm 程度の断層粘土上に "へ" の字形に屈曲した条線がみられ，断層が初め水平に近い変位を示し，その後垂直成分を増すような運動をしたと思われる．また，この場所 (測点網A) および石廊崎集落の西端部の断層露頭 (測点網B) で，地震後繰り返して行われた精密測量結果から，石廊崎 (地震) 断層は，本震時の変位センスと同じ右ずれ北落ちの余効的変位を続けていることがわかった．垂直成分は，測定期間 (1976 年 3 月まで) を通じて測点網Aで 6.9 mm, Bで 2.5 mm，水平ずれ成分はAで 23.6 mm, Bでは 15.7 mm である．

　　c.　**岐阜県中部地震**〔昭和 44 年 (1969 年) 9 月 9 日，震央：35°47′N, 137°04′E, M 6.6〕

前震は観測されず，余震が N 25°W 方向に長さ 25 km にわたって細長く分布

している．震源の深さは 0 km であり，M 6.6 程度の地震では地表に断層が現れる可能性はあるものの，直後の調査では発見されなかった．余震域のごく近傍を並走する畑佐断層周辺には，美濃古生層とそれを不整合に被覆する白亜紀後期の濃飛流紋岩および新期火山岩類が分布する．畑佐断層は，岐阜県郡上郡明方村畑佐の北北西 3.5 km の地点から和泉村下土京の南南東まで N 25°W 方向に約 17 km 続き，断層地形は明瞭であるが，活断層としては地形的に明白でない．地形的に求められた左ずれ変位量は，300 m 程度と見積られる（恒石，1976）．断層モデルの研究から平均変位量は 70 cm 程度と推定されるが（Mikumo，1973），畑佐断層の地震時の動きはそれほど明瞭ではなく，地震断層とすることには検討の余地がある．

d. 松代群発地震〔昭和 40～43 年（1965～1968 年）〕

長野市松代町皆神山付近を中心に，1965 年 8 月 3 日から数年間にわたって発生した多数の微小～小地震群（1970 年末までに有感地震総計 62821 回，全地震数 711341 回）を松代群発地震と称する．地震活動の経過は，おおよそ次のとおりである（相原，1967；気象庁，1968 など）．

第 1 期（1965 年 8 月～1966 年 2 月）：皆神山を中心とする半径約 5 km の範囲内に震源が集中した．この時期の最大地震は，M 5.0 ないし M 5.1 で震度Vに及んだ．

第 2 期（1966 年 3 月～7 月）：震源域は NE-SW 方向に拡大し，地震活動・地殻変動は最も活発で湧水・地割れなども生じはじめた．

第 3 期（1966 年 8 月～12 月）：皆神山周辺の地震活動は減少したが，震源域はさらに拡大した．ほぼこの時期（1966 年 7 月～12 月）に皆神山は約 90 cm 隆起したが，以後，旧に復しつつある．牧内地区では湧水を起因とする大規模な地すべりが発生した．

第 4 期（1967 年 1 月～5 月）：活動は減少傾向にあったが，震源域はさらに拡大し，北東-南西約 34 km，北西-南東約 18 km の範囲となる．

第 5 期（1967 年 6 月～）：活動は減衰し，震源域は第 4 期より減少し，1970 年末頃までに主要な活動を終了したと考えられる．涌井（1976）によれば，さらに 1974 年末頃までも散発的に発生し，発生以来の放出地震波エネルギー総量は 2.6×10^{21} erg で，M 6.4 の地震 1 個に相当する．この間の最大地震は M 5.4 であった．また，地震初動の押し引き分布や皆神山を中心とした距離変化の観測から，震源域には東西方向に圧縮力，南北方向に引張り力が加わっていることが明らかとなった．また断裂系統の調査から，松代地域では地質時代から現在まで応力系

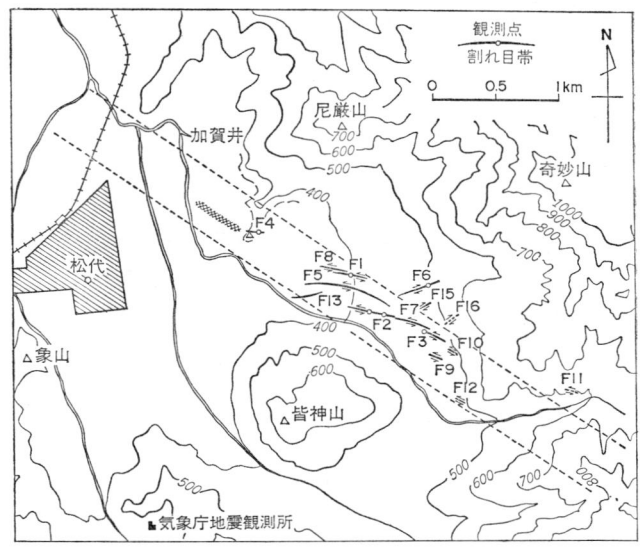

図 2.5 地表部における松代地震断層の裂か帯の分布 (Tuneishi and Nakamura, 1970)

の転換が何回かあったが，主応力軸は一貫して EW，NS および鉛直の3方向を示していた（星野・村井，1967；村井，1967）．

断層運動による地割れ帯が第2期に皆神山北東方に4本発生し，第3期に10数本となった．松代地震断層は，地表部では雁行配列した地割れの集合，あるいは人工構造物の系統的な変形として表現される (Nakamura and Tsuneishi, 1966; 1967; 恒石，1968; Tsuneishi and Nakamura, 1970)．NW-SE 方向に延びる幅500m ほどの狭い帯状地帯に雁行配列する地割れ群は左ずれを示し，帯状地帯の北東に分布する地割れ群は右ずれを示す．これらは，基盤に生じた左ずれ地震断層に対応すると考えられる．この地震断層の走向は N 55°W，傾斜はほぼ垂直で長さは約5km (～7 km)，深さは5km にまで達し，変位量は左横ずれ 50 cm，断層に沿う開口量 30 cm，北落ちの鉛直変位 15 cm と推定された（図 2.5）．

また，彼らによって行われた地割れのいくつかについての変位観測の結果，次のことが明らかとなった．

すなわち，時期は異なるものの各割れ目帯の変位の方向の変化は開口→横ずれ→閉塞の順に起こること，各割れ目群を含む地震断層（活断層を含む）が存在しない場所に，ある意味で新たに生じたという点である．既存の大断層と地震断層との密接な対応関係がみられないことが，群発型地震の一般的な特徴である

か否かは，今後検討されるべきであろう．

また本群発地震の震源域は，北部フォッサマグナの主要活構造単元（3.6.2項参照）の一つである中央隆起帯（狭義）に位置する．

飯島（1962）は，信州内村地方から上越水上地方にかけて，大略，NE-SW方向に延びる中新世初期のグリーンタフ火成活動を伴う地帯を，広義の中央隆起帯と呼んだ．これには，彼のいう小諸堆積区，吾妻堆積区，狭義の中央隆起帯および荒船隆起区を含んでいる．この陸起帯は中新世中期に（半）深成岩体の迸入を伴い，鮮新世には深成岩体に沿った外側の地域に陸成層（小諸層群など）を堆積して溶結凝灰岩の活動を伴うことで特徴づけられる．とくに，中新世に貫入した石英閃緑岩-ひん岩類および鮮新世-第四紀の火山岩類の分布する隆起の顕著な帯状の地域は，狭義の中央隆起帯と称される．

中央隆起帯は全般に中期中新世以降，NE-SW方向に帯状に隆起してきたと考えられるが，全域にわたって一様に隆起してきたわけではない（Kato, 1979）．この地域においても，沢村ほか（1967）が指摘するように，更埴市森を中心にNW-SE方向を長軸とし幅7 km，長さ10 km以上に達する半ドーム状の箱形隆起が知られ，さらに北東方の若穂町を中心とする同様のドーム状隆起も推定される．したがって，両者にはさまれた松代区域は相対的な沈降区である．すなわち，中央隆起帯は全体としてNW方向に傾動し隆起しつつも，隆起帯内部では隆起の程度に差異があり，ブロック化され相対的な上昇・沈降域が生じていたといえよう．

中央隆起帯の地表下約1 km前後の浅所まで，6 km/s層が存在することが注目される．国民宿舎松代荘における深層ボーリングの結果（高橋，1970；長野県建築士会，1973など）によれば，深度約1680 m以深（標高1300 m以深）は石英閃緑岩で，この位置は6.0 km/s層の最上部とされるから，少なくとも中央隆起帯の松代付近地下の6.0 km/s層は，地表で観察されるのと同様の中期中新世以降に貫入した石英閃緑岩-ひん岩類である（加藤・赤羽，1986）．

中央隆起帯には，有史以来群発地震（ないし鳴動）が多数発生しているが，M 7クラス以上の大地震は発生していない．貫入岩類や断層の発達によって，地殻表層部の構造的な均一性が失われたため，大地震発生に要する歪エネルギーの蓄積が困難なためかもしれない．

- **e. 新潟地震**〔昭和39年（1964年）6月16日，震央：38.35°N, 139.18°E, M 7.5〕

この地震は新潟沖の日本海海底下40 kmに生じた地震で，地震動による砂層の液化現象（これに伴う噴砂・噴水）が広範囲に生じ，重い鉄筋コンクリート建

造物が，それ自身構造的被害は少ないのに沈下・傾斜・転倒するなど，新しい型の震害が特徴的であった．

震源断層は幅を 20 km と仮定すると，長さは 80〜100 km，変位量は 4〜5 m と計算されている．

震央付近海底の音波探査（鎌田ほか，1966）によると，NE-SW(NNE-SSW) 性の断層が数本分布している（図2.6）．その中で，S_3 断層は新潟県粟島南方の海底に生じた地震断層で海上保安庁水路部による測深で発見され，地質調査所の音波探査によって確認された．沖積層（V_1）と洪積層（V_2）の指交部分に位置し，走向は約 N 30°E，長さ約 20 km で付近の地質構造の一般方向と調和的であるが，水深変化の傾向とは逆に西側が 5〜6 m 隆起している．地震発生時の断層による

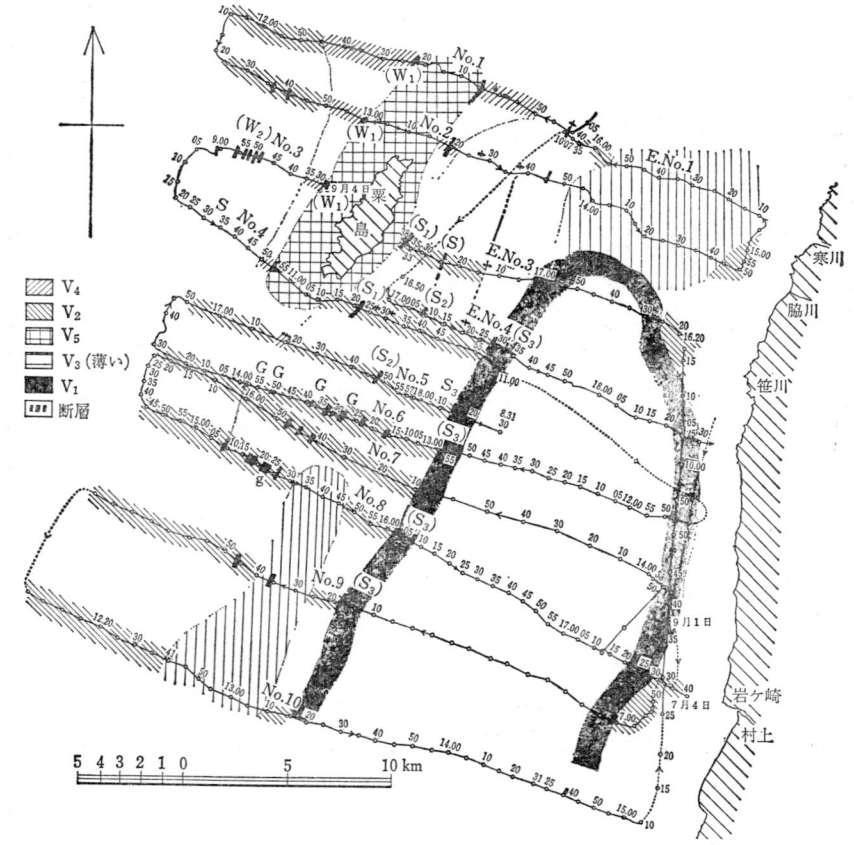

図 2.6　新潟地震の地震断層（S_3）と周辺の音波探査総括図（鎌田ほか，1966に加筆）

海底の地形変化は，海流や潮流により平滑化され2ヵ月半後にはほとんど認められなくなった．

粟島内陸部に地震時に発生した断層が存在し，内浦断層と名付けられた（中村ほか，1964）．走向N 30°E，東落ち，最大落差70 cm，全長500 mぐらいといわれるが，現在では地すべり性のものとみなされている．

粟島自体は，地震直後に0.8～1.5 m隆起し，東南部ほど隆起が大きく，粟島の長軸方向を軸として北西方向に約50″傾動している．

f. 弟子屈地震〔昭和34年（1959年）1月31日，震央：43.35°N, 144.4°E；43.43°N, 144.48°E, M 6.3, M 6.1〕

1938年の屈斜路湖地震の約20 km南方で北海道釧路支庁弟子屈町付近を震央とした地震が続発し，若干の被害を与えた．1月31日5時38分の地震はM 6.3, 深さ0 km，同7時16分の地震はM 6.1, 深さ20 kmと推定される．同月22日にM 5.7の前震があった．余震は10 km以浅に分布している．融雪後発見された地変は，釧路気象台によれば次のとおりである．

「弟子屈地震に伴い弟子屈町奥春別第四部落ペケレ山南東山麓付近に，西北西から東南東に延長2 kmにわたり地割れを生じた．地割れの大きなものは幅25～30 cm，深さ40 cm，垂直のずれは約10 cmであるが，全体としては幅の狭い電光型に小さく屈曲し，ある部分では分岐し，また合一し，奥春別西岸まで達している．」

松本（1959）は，この地割れ付近が地形的に傾斜がきわめて緩やかで，2 kmの長さをもつことから地震断層と解釈し，これより北側にのみ余震が集中したことを指摘している．

g. 二ツ井地震〔昭和30年（1955年）10月19日，震央：40.27°N, 140.18°E, M 5.9〕

秋田県山本郡二ツ井町付近を中心とした本震-余震型地震で，後述する福井地震とともに水準測量により推定された地震断層を生じた．震央地域は，北秋田地方における第一級の隆起帯に位置し，南北性の七座背斜をはじめとする活褶曲の発達が知られている地域である（大塚，1942）．本地域に分布する新第三紀～第四紀層は，下位より岩谷層（女川層相当層），藤琴川層（船川層相当層），小比内沢層（天徳寺層相当層），前山川層および段丘堆積物からなり，大部分が砕屑堆積物で構成され，七座背斜東翼，今泉北西部に安山岩の貫入がみられる．七座背斜の隆起開始時は，藤琴川層最上部堆積時と考えられている（伊藤，1977）．大塚（1942）は，1938年の褶曲軸に直交する方向の水準測量結果から，隆起沈降部が

褶曲形態と調和的であること, すなわち活褶曲の可能性を指摘し, 以後, 精密水準測量が繰り返された. 地震後再測された結果をもとに, B.M. 5856 と B.M. 5857 の両水準点の間に顕著な変動がみられ, 断層の存在が推定された (宮村・岡田, 1956) (図 2.7). 地表では, 断層は確認されず, 断層の推定延長方向の七座方面に若干の地割れや山崩れの連続が認められた. この地震は本地域では有史以来初めての強震で, 地震の主圧縮軸は N 80°W～S 80°E 方向で, 震源はごく浅いと推定されている (島・柴野, 1955). NW-SE 性の地割れが発達したが, 七座営林署天神貯木場では, 米代川岸に沿って ENE-WSW 方向に長さ 50 m, 幅 4 m, 深さ 20 cm くらいの地割れが生じ, これに沿って直径 1～1.2 m, 高さ 10 cm のまんじゅう型小隆起が, 6 m 間隔で 7 個連なったことが報告されている (仙台管区気象台, 1956).

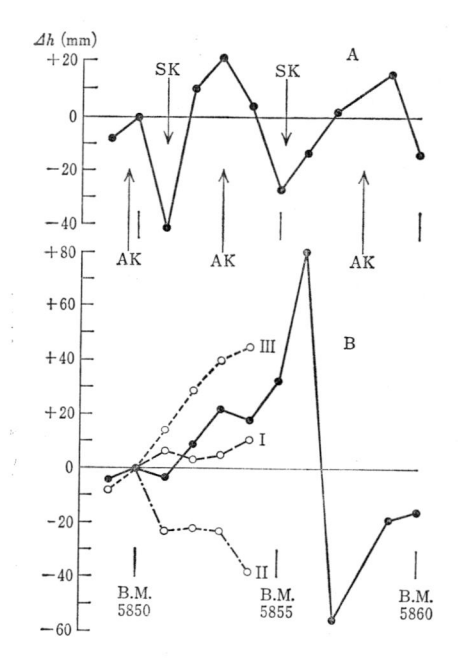

図 2.7 米代川流域二ッ井町付近水準変動 (宮村・岡田, 1956)
A : 1938～1902, B : 1955～1938, I : 1942～1938, II : 1949～1942, III : 1955～1949, AK : Antiklino, SK : Sinklino.

h. 福井地震 〔昭和 23 年 (1948 年) 6 月 28 日, 震央 : 36.17°N, 136.20°E, $M 7.1$〕

福井平野で生じた地震で, 被害は沖積平野部に集中した. ボーリング柱状図によれば, 平野のかなりの部分が, 何枚かの帯水層をはさむ約 100 m 厚の軟弱層からなる. 地表には多くの地割れや亀裂・噴砂が現れ, 横ずれを示すものもあった. たとえば丸岡町北方では延長約 400 m, 深さ 3 m 以上, 幅 2 m に達する地割れが生じ, 変位の水平成分は東側が南に約 10 cm, 垂直成分約 30 cm であった (小笠原, 1949 ; 末廣ほか, 1948). 沖積層が厚いため, 断層は確認されなかった. 地震後, 水準や三角精密測量の改測が行われその結果, 福井平野東部に一部平行し, 断続する南北性の潜在断層 (福井断層) が見出された. 本断層は, 東側が相対的に約 70 cm 隆起し, 西側が南に約 2 m ずれていると推定された (図

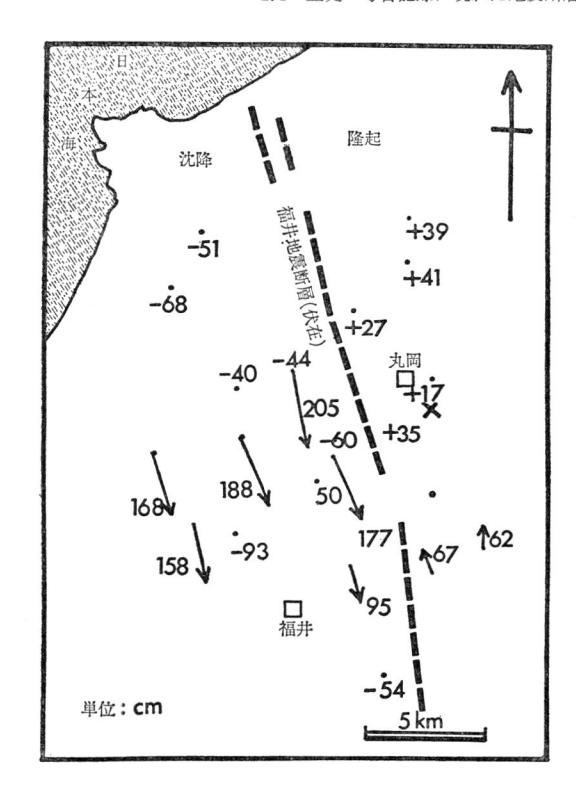

図 2.8 福井地震断層と地殻変動 (Tsuya, ed., 1950 に加筆)
矢印の先の数字は水平変位量 (cm), +は隆起量 (cm), −は沈降量 (cm), ×は震央.

2.8).

　最近，地球物理・化学的手法による福井地震断層の探査が行われ，重力，全磁力，長周期微動，γ線などの測定結果から，被害堆積層下の基盤岩類に 100 m 程度の落差をもつ断層の存在が推定され，過去に繰り返し活動したことも示唆されている（竹内ほか，1983；貞広・見野，1983；古川ほか，1983；天池，1983）．福井平野および周辺地域は，主として新第三紀の緑色凝灰岩と砂岩・頁岩層と，それを貫く火山岩類が基盤の手取統を貫く花崗岩類などを不整合におおっている．第四系は平野部に厚く発達する．敦賀湾から伊勢湾にかけて推定された断層は福井断層に並走し，運動形式も同一とみなされるので，両者に何らかの関係を示唆する意見もある（村井，1954）．

　i. 三河地震〔昭和 20 年（1945 年）1 月 13 日，震央：34.68°N, 137.07°E, $M 6.8$〕

　愛知県南部に生じた極浅発地震で 2 日前頃から前震が記録され，最大で $M 5.7$

32   2. 地震断層

であった．余震も1ヵ月以上続いたが，いずれも震源の深さは15kmより浅い．また，顕著な地震断層も生じた．

深溝断層は，初期の調査（津屋，1946）では愛知県額田郡幸田村深溝を中軸とし，ほぼ東西に走る北翼と，一部S字状となるがほぼ南北に走る南翼とからなり，鉤の手状になった断層である．岩盤を切るところでは傾斜は50°以上になるが，段丘礫層などを切る地表付近では15〜20°程度の緩傾斜を示したり，地割れ，階段状地崩れやとう曲となる．南西側を上盤とする衝上断層で，水平ずれは多くの場合みかけ上の変位で，ほとんど水平変動がみられない部分も多い．両翼の変換点付近では，断層の走向は急に直角に折れるのではなく，また東西および南北方向の別々の2断層の交わりを表すのでもなく，雁行状地割れの配列をとって東西から南北に徐々に変化する．井上（1950）のいう形原断層と同じである．

また，井上（1950）によって前述の深溝断層の北西に横須賀断層が発見された．これもほぼ東西に走る南翼と南北に走る北翼からなる．すなわち，宮迫から

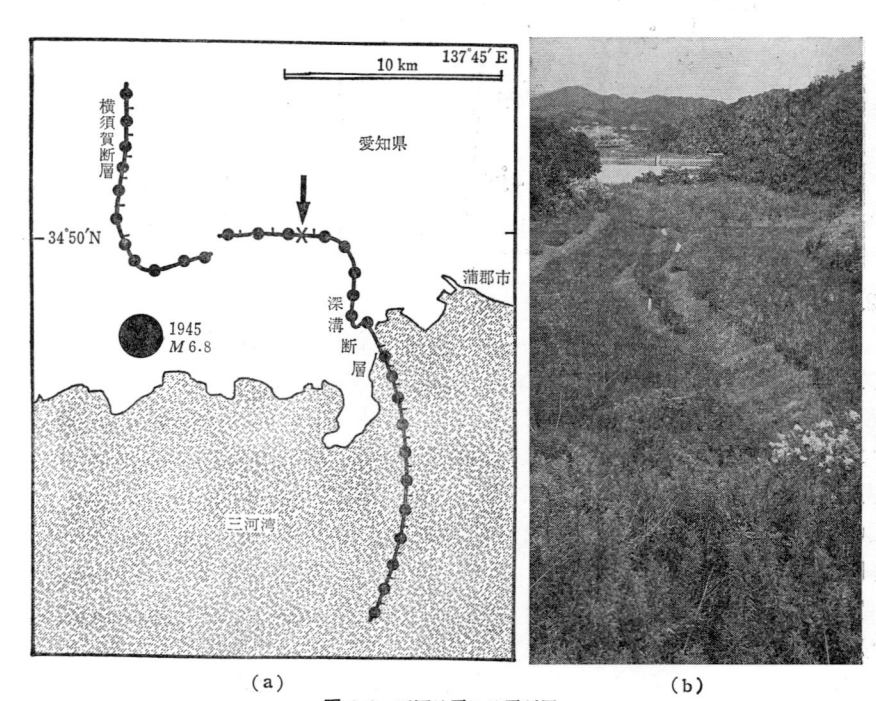

(a)　　　　　　　　　　　　　　　(b)

図 2.9 三河地震の地震断層
(a) 地震断層位置図〔矢印は（b）の位置を示す〕
(b) 深溝（地震）断層の低断層崖（吉岡敏和氏撮影）

西に 2.5 km 進んで津平に至り，北微西へ方向を転じて矢作川まで 7 km ほど延びて消滅する．断層の西側あるいは南側が隆起して，それぞれ南または東へ水平移動した．宮迫-津平間の水平移動は明瞭で，それに伴って断層に斜交する多くの引張り割れ目がみられたという．

最近，深溝断層の再調査が行われ（飯田・坂部，1972；坂部・飯田，1975；1976），井上（1950）の横須賀断層北翼（南北性の部分）は深溝断層の延長とされ，南翼（東西性の部分）は独立した副断層とされ，さらに西方に延長している．また，同断層の垂直落差 210 cm は，過去の何回かの地震による累積した変位と考えられている．さらに深溝断層の南方延長は，渥美湾内に及ぶとされている．すなわち三河地震による渥美湾の海底地形の急変線が，形原町袋川川口から南南西に走り，姫島西方約 6 km 付近で中央構造線に達しており，これが深溝断層の延長と考えられている．また，延長された深溝断層北端東側の西尾市小島町竜宮神社境内でも，北東走向をもつ 3 本の小断層が発見された．これらの断層面はきわめて平滑で，地表では直線状であり，垂直成分をもつ右横ずれ断層といわれ，左横ずれをなす深溝断層北翼延長部と共役とみなされる．

また活断層研究会（1980）は，横須賀断層南翼部に弱い活断層地形を認め津平断層と称している．

j. 鳥取地震〔昭和 18 年（1943 年）9 月 10 日，震央：35.52°N, 134.08°E, M 7.2〕

鳥取市内の被害が全体の 80％ に達し，二つの地震断層が生じた．前兆現象として震央から 60 km 離れた生野鉱山坑内の水平振り子傾斜計が，地震の 6 時間前から震央方向に隆起するような傾動を示した．震源断層は，走向 N 80°E，ほぼ垂直で長さ 33 km，幅 13 km で右横ずれセンスをもつと推定された．

鹿野断層は，鳥取市西南西の鷲峰山北麓から東北東に約 8 km 延びる．断層北側が相対的に東に移動した右ずれ（最大 150 cm）で，垂直変位は東半部が南落ち（一般に 25 cm 以下，最大 50 cm）で，西半部は北落ち（一般に 10〜35 cm，最大 75 cm）である．断層面は 60〜70°N の傾斜をもつから，みかけ上東半部では逆断層センス，西半部では正断層センスを伴うことになる．

地震後の 3 回にわたる精密水準測量によれば，末用では断層北側の隆起，すなわち地震によるずれを回復する向きに動き，南側も断層に近いほどその動きにひきずられるようにみえる（宮村，1943；1944）．

一方，吉岡断層は鹿野断層の北方にやや平行して走り，吉岡町南西の長柄集落南端から東微北方向に約 4.5 km 延びる．北側が南側に対して相対的に最大 50

cm（一般に 10～40 cm）の沈下と，東方に最大 90 cm（一般に 10～40 cm）の右ずれの水平移動を示す．断層面は，ほぼ垂直に近い南傾斜とみなされ逆断層のセンスをもつ．断層は地表部において，一部 50 cm 程度の開口をもったり，並行する割れ目をもつ．震央から約 60 km 離れた生野鉱山坑内に設けられた傾斜計の記録では，地震の約 6 時間前から震央方向隆起の顕著な傾斜が観測されたらしい（荻原，1944；佐々，1944）．

鹿野断層の鳥取県気高郡鹿野町法楽寺地区におけるトレンチ発掘調査結果は，図 2.10 に示してある．A トレンチにおける北落ちの垂直落差は東壁面の $A_4 \cdot A_5$ 層基底面から 70～90 cm で，地震時の垂直変位量とほぼ等しいから，この落差は鳥取地震時に形成されたと考えられる．A_7 層には 130 cm 以上の垂直落差がある

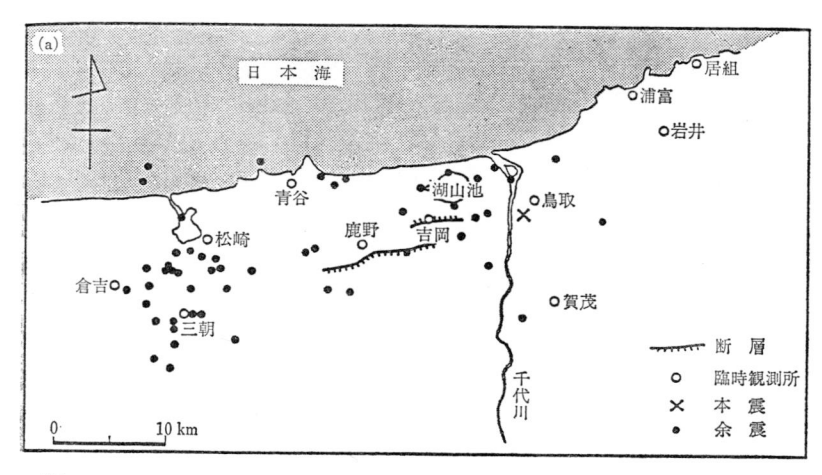

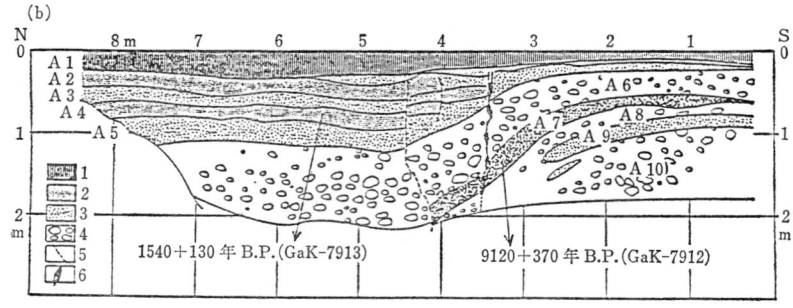

図 2.10 鳥取地震の地震断層
（a）吉岡・鹿野断層の位置と余震分布（表，1944 に加筆）
（b）鹿野断層（法楽寺地区）のトレンチ断面図（岡田ほか，1979）
  1：耕土，2：腐植質層，3：砂層，4：礫層，5：断層，6：空隙．

から，1943年鳥取地震に先行する断層活動が，1540年以前，9120年前以降に少なくとも1回あったことになる（岡田ほか，1981）．

最近の地震活動をみると，吉岡断層沿いにはほとんど発生しないが，鹿野断層沿いには，場所によって地震発生様式は異なるものの微小地震の集中域がみられる（佃，1978）．

k. 屈斜路地震〔昭和13年（1938年）5月29日，震央：43.55°N, 144.45°E，$M 6.1$〕

屈斜路断層は，次に述べるように，全長20 km以上に及ぶ地変を連ねた線である．

屈斜路地震直後の調査（石川，1938；田中館，1938；1939；津屋，1938）によれば，網走郡美幌町古梅部落南方より屈斜路湖南東岸付近のウランコシ河口，和

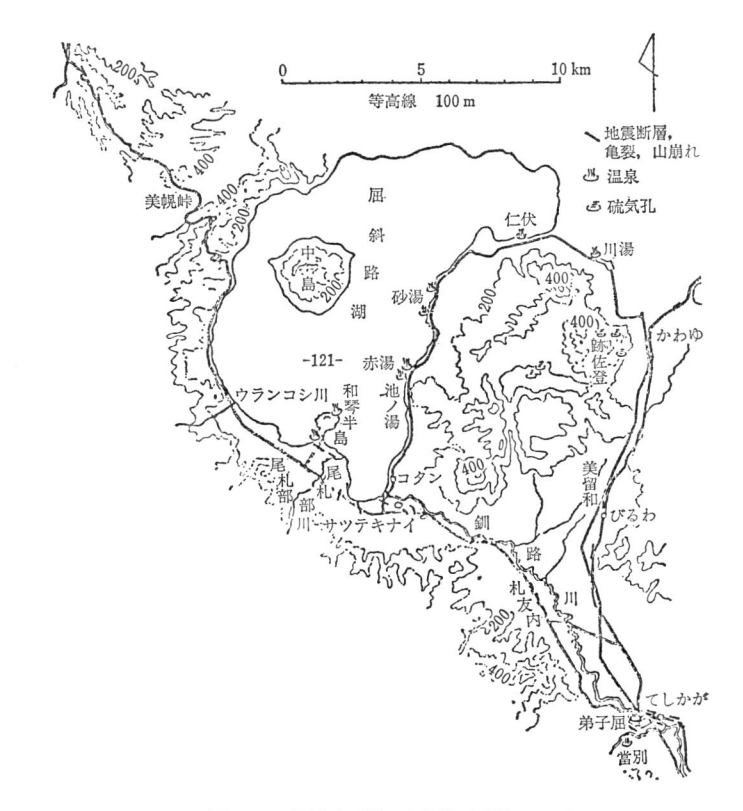

図 2.11 屈斜路地震の地変線（石川，1938）

琴半島の付け根と尾札部河口付近を経て，釧路川河口西側にある丸山とヌプリオンド山を通り，札反内から川上郡弟子屈付近に至る，大略 NNW-SSE ないし NW-SE の線に沿って，地割れ，小断層，陥没，山崩れ，噴砂，温泉湧出や泥火山および家屋の被害が集中して出現した．また，地磁気の垂直分力の局部異常の最大値を結ぶ線とも一致することから，これを主要推定断層線と考えた（加藤，1938）．裂かや小断層の走向は NW-SE 性から EW 性のものが多く，北東ないし北側が数十 cm 落下している．一部 2 m 前後左ずれを示すものもあったという．湖岸で観察された土地の隆起・沈降は，全般的にみると推定主断層以南はほぼ沈降し，尾札部川河口付近が最大で 70〜300 cm，ウランコシ河口で 15 cm，ポント集落付近で 10 cm ぐらい沈降した．断層以北ではやや複雑で，屈斜路湖東岸は隆起しコタン集落付近で 0〜10 cm，集落北部で 20〜25 cm，池の湯で 10〜15 cm で砂の湯付近まで隆起している．一方，湖南西岸は沈降し，トイコイ川河口で 10 cm，和琴半島は全体として 20〜30 cm 沈降した（図 2.11）．

この地震断層は，地震のマグニチュードが 6.0 と中規模であるにもかかわらず長さが長大であり，最大変位量もきわめて大きく，ともにわが国内陸における地震断層の一般的傾向（松田，1975）とは著しく異なっている．本断層線は記載をみると，「地変の分布を連ねた線」というべきものである．震源過程を反映した surface faulting が実際に生じたかどうかはやや疑わしく，生じたとしてもごく狭い地域に限局されているようである．

1. 北伊豆地震〔昭和 5 年（1930 年）11 月 26 日，震央：35.08°N, 139.05°E,
$M7.3$〕

この地震は伊豆半島北部に発生し，著しい前震活動を伴った．とくに 25 日には，$M5.2$ の最大前震が起こった．

この地震に伴って北伊豆断層系の一部が活動し，箱根芦ノ湯付近から修善寺南方まで南北約 30 km の地域に，顕著な地震断層系が発達した．これらは南北性左ずれ断層群と東西性右ずれ断層群に区別され，両者は共役の関係にあると考えられている（図 2.12）．

箱根町断層は，伊原・石井（1932）の野馬ヶ池断層，田山（1931）の芦ノ湖（NE）断層に相当し，芦ノ湖の南東縁をかぎる最も北寄りの断層である．

茨ヶ平断層は箱根峠の切割北端を通り，同様のセンスをもつ箱根旧道断層が同北東の旧道を走るといわれるが，詳しい位置は不明である．

丹那断層は既知の断層に沿って現れ，田代盆地西縁から丹那盆地南縁の間でとくに明瞭である．水平変位が大きいが，垂直変位は丹那盆地南部を蝶番点として

それ以北で東側隆起，以南で西側隆起である．とくに当時工事中であった東海道線丹那トンネル南側第3水平坑を，切断変位させたことで有名である．また近傍には，丹那断層に平行または斜交する滝沢断層（伊原・石井，1932）や滝地山断層（中央気象台，1931）などの局地的な地震断層も知られている．

浮橋中央断層は浮橋盆地南端付近から北方へ深沢川右岸沿いに走り，水平変位は1～2 m で，垂直変位は北半でやや東側隆起，南半では西側隆起である．

浮橋西方断層は南半では西側隆起，北半では東側隆起らしい．この断層のさらに西方に，西側隆起の安野断層（松田，1972）が並走する．

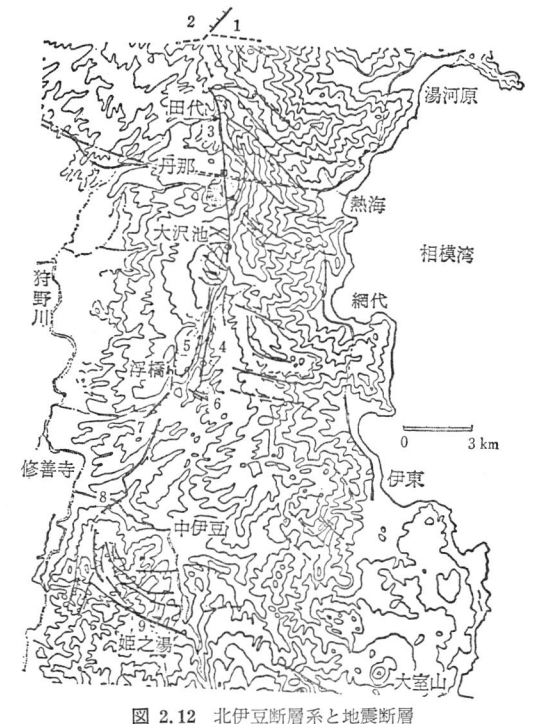

図 2.12 北伊豆断層系と地震断層
1：箱根町断層，2：茨ケ平断層，3：丹那断層，4：浮橋中央断層，5：浮橋西方断層，6：田野原断層，7：大野断層，8：加殿断層，9：姫ノ湯断層．

大野断層は大野集落から堂処集落南へ延び，大部分の垂直変位は西側隆起であるが，南端部では東側隆起である．

加殿断層は，修善寺町東方にあり，加殿付近では西側隆起，南では東側隆起である．また，原保付近でも左ずれ，西側隆起の原保断層が報告されているが，延長部は不明である．

以上が左ずれ断層のおもなものであるが，右ずれ断層としては田野原断層や姫ノ湯断層が知られている．とくに，姫ノ湯断層は中伊豆町原保南方から雲金付近まで続くと推定され，右ずれ衝上断層の性格をもつ．

丹那断層発掘調査研究グループ（1983）によって，丹那盆地北縁柿沢川左岸の名賀地区での丹那断層トレンチが実施された．断層両側に堆積する地層の年代・層厚差や裂け目とその充塡物との関係などから，約9回のイベント（地震発生期）

と約800年の再来周期が推定されている.

地質調査所は, 1980年に浮橋中央断層, 1982年に丹那断層南端部においてトレンチ発掘調査を実施した(図2.13). 前者の調査では, 1930年の活動を含む最近2回の断層変位時期が推定され, 再来周期は約3000年と見積られた. 後者の調査では, 1930年と約2800年前以降の2回の変位時期が推定され, やはり約3000年の再来周期が見積られている. 以上から, 北伊豆断層系を構成する活断層は約800年周期で活動を繰り返すが, 毎回変位するのは丹那断層だけで, 他の活断層は丹那断層の1/3〜1/5の頻度で交代しながら活動していると解釈されている(山崎ほか, 1984).

図2.13 丹那断層(浮橋地区)のトレンチ平面図・断面図(山崎ほか, 1984)

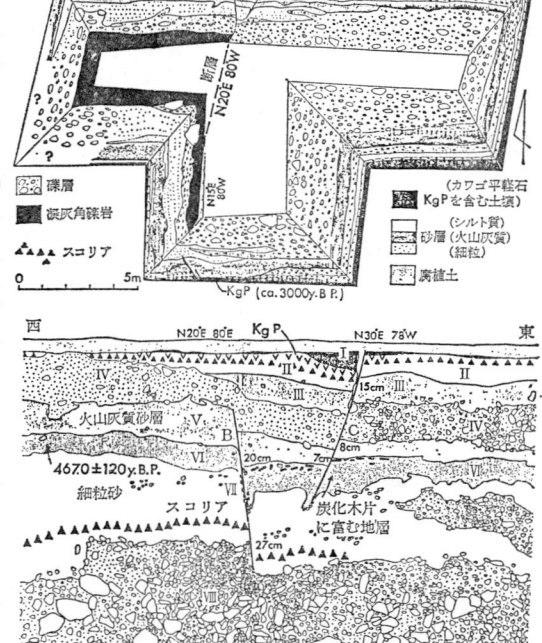

m. 北丹後地震[昭和2年(1927年)3月7日, 震央:35.53°N, 135.15°E, $M7.3$]

この地震は丹後半島の付け根付近に発生し, 震源の深さ約10 kmといわれる. 前震はなかったが, 余震活動は活発で, 4月1日には最大余震を記録した.

丹後半島地域の基盤は, 白亜紀末〜古第三紀初頭の宮津花崗岩からなり, これを新第三系の北但層群が不整合におおう. これは, 主として玄武岩質溶岩・火砕岩類と砕屑堆積岩類よりなる. 第四紀層の分布は狭く点在するにすぎない.

丹後半島の基部を画するように, 二つの活断層系が発達する. 一つは, 網野–峰山地溝西縁の地形的に不明瞭な断層崖に沿う郷村断層をはじめとするいくつかの断層群と, それらの東方約2.5 kmを並走する仲禅寺断層からなるNNW-SSE性

の郷村断層系である．北丹後地震による地震断層としての郷村断層は，網野町海岸部から大宮町付近にかけて約20 kmにわたって数本の雁行断層群〔渡辺・佐藤(1928)によれば12本〕を形成している．最大水平ずれ成分は(2.8 m～)3.28m，最大西側隆起量は79 cmであった．仲禅寺断層は，花崗岩丘陵面を横切って直線状に約4 km延び，明瞭な左横ずれを示す尾根や河谷の屈曲がみられ，最大累積水平変位量はみかけ上200 mをこえる．また，西側隆起で最大累積垂直変位量は50 mをこえるが，有史以来の活動記録は知られていない．郷村断層系の平均垂直変位速度は0.04～0.1 m/10^3年で，活動度はC級である．再来周期は3100～7400年と推定される．

他の一つは，丹後山地南縁に顕著な断層崖を発達させているENE-WSW性の山田断層系で，全長は30 kmに達する．直線状で明瞭な変位地形を示す西半部の中藤断層と，弱いS字状を呈する東半部の山田断層に区分される．中藤断層は，北側隆起・右横ずれを伴う断層地形が発達し，最大累積垂直変位量は400 mに達するが，地震時および過去3万年間には活動していない．山田断層は全体として約17 kmにわたって三角末端面を発達させた断層で，右横ずれ北西隆起を示す．本断層系の平均垂直変位速度は0.08～0.45 m/10^3年でB級である．地震時に活動したのは，郷村断層系との交点付近の約3 kmの部分にすぎない．その最大右水平ずれ成分は80 cm，北西隆起の最大垂直成分は70 cmでほぼ同じ割合であった．地震後も顕著な余効変動が継続した．両断層とも水平変位については，断層を横切る河谷の屈曲量と断層より上流の長さの間に比例関係が成り立ち，比例定数は0.2～0.4を示す．

この地方の大地震はNNW-SSE～NW-SE性の断層に起因し，現在も微小地震活動が活発である (Yamazaki and Tada, 1927a; 植村, 1985)．

地質調査所によって，郷村断層で2個所，仲禅寺断層で1個所，山田断層で1個所トレンチ調査が実施された（佃ほか，1986）．

Aトレンチ（郷村断層）〈京都府竹野郡網野町下岡〉： ここでは明瞭な断層面は見出せなかったが，2000年前より新しい地層を切るため，地震時の噴砂現象に関係すると考えられる砂岩脈や開口亀裂が発達する．砂岩脈が切る最下位の沖積層は約4800年前の堆積物であり，断層運動の累積は認められないから，Aトレンチでは郷村断層の再来周期は4800年以上と推定される．

Bトレンチ（郷村断層）〈同綱野町郷〔図2.14(2)〕〉：N14°W，76°SWの断層面を境にして砂礫層，腐植土層（5300～3800年前，この上位の砂層から縄文前～中期の土器片出土），表土からなる．東側が相対的に落下し，隆起した西側

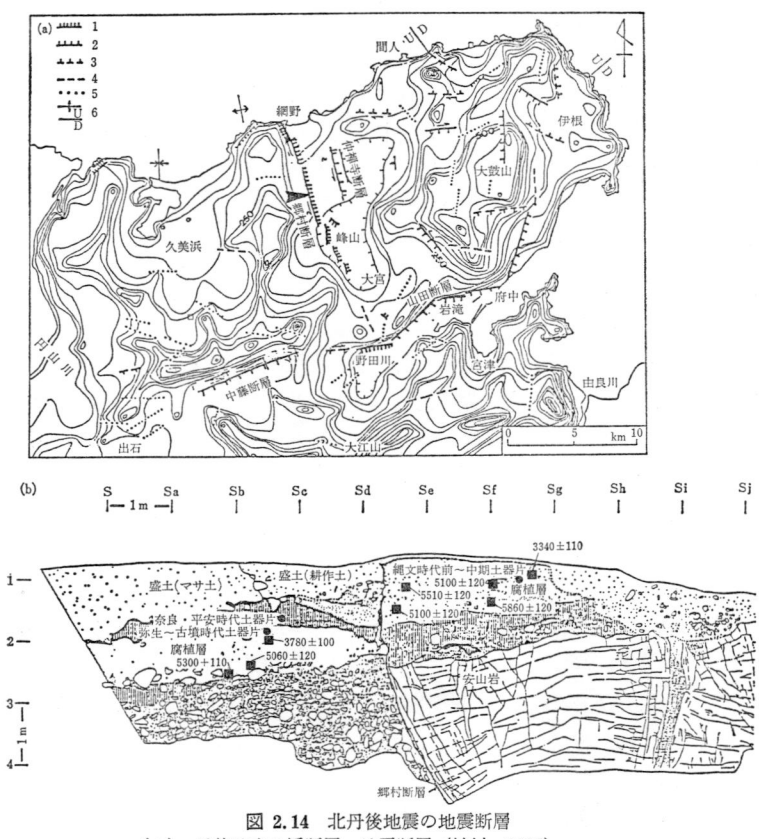

図 2.14 北丹後地震の地震断層
(a) 丹後地方の活断層・地震断層（植村, 1985）
黒三角印は（2）のトレンチ発掘調査地点を示す．
(b) 郷村地震断層のトレンチ断面図（佃ほか, 1986）

は網野累層の安山岩脈，砂礫層，腐植土層（6100～3350年前，この上位の砂層から弥生～古墳時代と奈良～平安時代の土器片の出土）からなる．断層面上の擦痕は，30～35°北落ちで地震断層の運動センスと調和的である．砂礫層上位面の落差65 cmは，北丹後地震時の落差と同様なので，ここでは約6000年前以降1回の活動しかないことになる．

Cトレンチ（仲禅寺断層）〈京都府中郡峰山町矢田〉： トレンチ上部の4本の断層は，下部では1本に収れんするような形をとっている．トレンチ北面は花崗岩，最終氷期後期の帯青粘土質堆積物および完新世の谷埋め堆積物からなり，細分された各地層と断層との関係から，仲禅寺断層は ① 約24000～21000年前の

間，② 約21000〜18000年前の間，③ 約18000〜12000年前の間におのおの1回ずつ活動したが，それ以降（完新世以降）の活動はないことが明らかになった．

Dトレンチ（山田断層）〈京都府与謝郡田川町〉： 山田（地震）断層は，トレンチ東側壁面に逆断層として現れたが，壁面下部では南フェルゲンツの褶曲構造に移化する．断層による落差は約60 cm で，累積変位は認められないことから，活動周期は最下位層の時代である4500年以上と推定される．結局，郷村・山田断層は，郷村断層を主断層とする左横ずれ断層系として1927年に活動し，地震断層部分の山田断層は，左横ずれ断層系末端部の共役的な断層と解釈され，震源位置は両断層の交差部付近と考えられる．

2.1.2 大正時代の地震断層

a. 但馬地震〔大正14年（1925年）5月23日，震央：35.6°N, 134.8°E, M 6.8〕

兵庫県但馬北部の円山川河口城崎付近に生じ，円山川流域の城崎〜川口間の狭い地域で被害が著しかった．久美浜湾東北隅，葛野川川口付近で約10 ha が陥没して海となった．2本の地震断層を生じた（図2.15）．

田結断層は，鉢ケ成山の海岸に面した旧断層線崖に平行して形成された2列の断層からなり，両者の間隔は約400 m である．西側の断層は，ミタノの台地南端より神水西南の丘まで続き，平行する多くの裂かからなる．裂かの幅は20〜30 cm が普通で，落差は10〜50 cm が多い．裂かの発達する部分は幅30 m ほどの階段状地溝をなし，全体として西落ちであるが，一部わずかな水平ずれ（センス不明）がみられる部分もある．断層は，基盤の第三紀流紋岩質凝灰岩に及ぶといわれている．東側の断層は，田結部落背後の堂山西斜面を南端とし，ササヤマより鉢ケ成に至る．一部水平ずれもみられるが，一般に西落ちが明瞭である．鉢ケ成北方で2列に分かれ，その西側の断

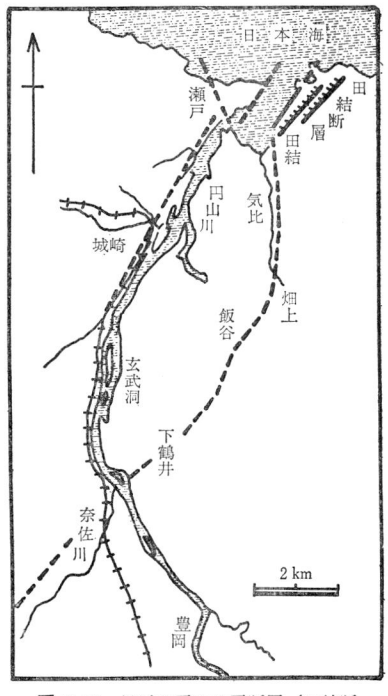

図 2.15 但馬地震の地震断層（田結断層）位置図（山崎，1925）

層は最大変位を示した（今村，1927；山崎，1925；1927）．記載からみて地すべり，地割れの可能性があり，検討を要する．

　b.　関東大地震〔大正12年（1923年）9月1日，震央：35.1°N, 139.5°E, M 7.9〕

相模トラフ北部に生じたプレート境界部の地震で，わが国で最大級の被害を与えた地震の一つである．

震源断層は，NE-SW性の右ずれ逆断層が推定されている．関東大地震の直接の原因となった狭義の地震断層〔杉村（1974）の相模湾断層〕は，相模トラフ沿いの海底にあって地表においては認められないが，副次的な断層や地割れが房総半島南部，三浦半島北部・中部，初島，伊勢原，曽我などで生じたことが報告されている（山崎，1925）．たとえば延命寺断層は，館山湾に注ぐ平久里川の河岸段丘上端付近から東に延び，番場の砂丘，本織を経て延命寺南方に至る．丘陵を横切る部分では，幅10～20m程度の地溝状凹所をつくり，沖積地面では0.3～0.4mの南落ち低断層崖をなし，一部雁行状に配列するところもある．このほか房総半島には，国府〔山崎（1925）の宇戸〕断層や瀧川断層などが報告されている．神奈川県側では，三浦半島中部武山の南東に下浦断層，横浜市磯子付近に新川断層などが知られている．

今村（1929）は，前述した山崎（1925）の記載した断層のほかにも広い地域で多数の断層を認め，その数は合計15に及んでいる．これらは従来，関東大地震の震源過程を，直接反映するものではないと考えられてきた．しかし杉村（1974）は，今村の記載した15の断層のうち，相模湾岸と三浦・房総半島に分布する9条は，いずれも相模湾断層（推定された関東大地震の震源断層）にほぼ平行し，かつ1条を除くすべてが南または南西側落ちであることから，これらは主断層である相模湾断層の枝分かれである可能性を指摘した．

この地震は，同じく相模トラフを震源とする元禄地震（1703年12月31日，元禄16年11月23日，M 8.2）と対をなす地震と考えられ，両地震とも南関東沿岸部で数mの海岸隆起を示した．こうした地震に伴う海岸隆起によって，沖積世の海岸段丘が形成されており（房総半島では4段），その形成年代から，両地震のような相模トラフ起源の地震の再来周期は，800～1300年と推定されている（松田ほか，1974）．

　c.　大町地震〔大正7年（1918年）11月11日，震央：36.5°N, 137.9°E, M 6.1 および M 6.5〕

震央地域は，北部フォッサマグナの第四紀内陸盆地の一つである松本盆地西部

に位置する．本盆地のほぼ中央部を糸魚川-静岡構造線が伏在し，その東方は新第三紀中新世以降の砕屑性堆積岩類や火砕岩類が分布し，西方は古第三紀〜白亜紀花崗岩とジュラ〜二畳紀のホルンフェルス化した堆積岩がおもに分布する．

少なくとも糸静線東方地域では鮮新世末以降，一般的隆起の過程が続いていく中で，大峰面群と称される高位小起伏面が発達する．大峰面群は，現在標高700〜1000m付近にみられる複数の平坦面群で，ほぼ海水準に近い状態で形成されたと考えられるから，それ以降現在まで1000mに近い隆起が想定される．さらに，大峰面群には，大峰礫層（山砂利）と称される花崗岩巨礫が存在することから，それらの礫の供給を絶った松本盆地の陥没は，更新世の中頃に求められ，これら一連の構造運動は大峰変動と呼ばれる．また，糸静線西方の飛驒山地側の隆起も東方地域以上に続いており，東麓部に大規模な複合扇状地を発達させている．このように，本地域は非常に地殻変動の活発な地域である（加藤・佐藤，1983）．

大町地震は，記録によれば1918年11月11日，午前2時58分と午後4時3分の2回，大きなショックがあり，震央は第1回目は大町に近く，第2回目は常盤村に近く，また第2回目の方がやや大きいといわれる．大森（1922）によれば，大町市を中心に同心円状に隆起がみられ，最大約19cmといわれる．

坪井（1922）は，常盤村寺海渡（現大町市海戸）から大崎にかけて，NNE-SSW方向に生じた亀裂線を寺海渡断層と名付けた．これは，第2回目の地震時に生じたもので，幅数cm，長さ約1.1km，最大落差約6cmで南東落ちで震災区域の北西境界にほぼ沿っている．

大森（1921；1922）は，2本の地裂線を報告している．1本は幅6cm以下，最大落差15cm，総延長約1.1kmで，他の1本は幅3cm，総延長約0.4kmに及ぶとしている．しかしいずれも，地震断層とするには疑問が多い．

d. 羽後仙（秋田仙北）地震〔大正3年（1914年）3月15日，震央：39.5°N，140.4°E，$M7.1$〕

秋田県南部に発生した地震で，前震および余震も顕著であった．すなわち，3月2日から13日にかけて前震活動が活発で，また3月28日には最大余震が発生し，若干の被害が生じた．横手盆地中部からその西の雄物川流域で被害が著しかった．山崩れによって一時的に池を生じたところもあり，とくに由利郡大正寺村では雄物川南岸の丘陵が崩壊して北方へ押し出されて河床を押し上げ，高さ約35cm，幅約35m，東西の長さ約160mほどの三日月形の小島を生じた（碧海，1915）．北楢岡村に約6kmに達するWNW-ESE性の地裂線が生じ，西端部で

北側が最大 12 cm 下がり，左ずれ 12 cm という報告（今村，1915）があるが，噴砂や地割れを連ねた線と思われ，地震断層かどうか疑わしく，検討を要する（碧海，1915；大橋，1915）．

2.1.3 明治時代の地震断層

a. 江濃（姉川）地震〔明治 42 年（1909 年）8 月 14 日，震央：35.4°N, 136.3°E, M 6.8〕

この地震は滋賀県長浜市北東部に発生し，琵琶湖岸の陥没が著しかった．みかけ上，その震央は柳ヶ瀬断層の南方延長，または関ケ原断層に並行ないし雁行する潜在活断層上に位置する（岡田，1979）．しかし，本地震は両断層の活動とは直接関係ないものと思われる．滋賀県琵琶湖北東岸姉川河口付近で，地震とともに多くの陥没や亀裂を生じ噴泥がみられた．地震断層は地表では直接観察されなかったが，水準変動から岐阜県との境あたりに潜在断層が推定された．すなわち，相原～今須間で約 6 cm 程度の相対的な東側隆起が認められた（Imamura, 1928）．この地点には大清水断層が走り，その活動形式と測地学的変動とが一致するものの，震央や震度分布などは断層位置とかなり異なり，地震断層と考えるのは難しい（岡田，1979）（図 2.16）．

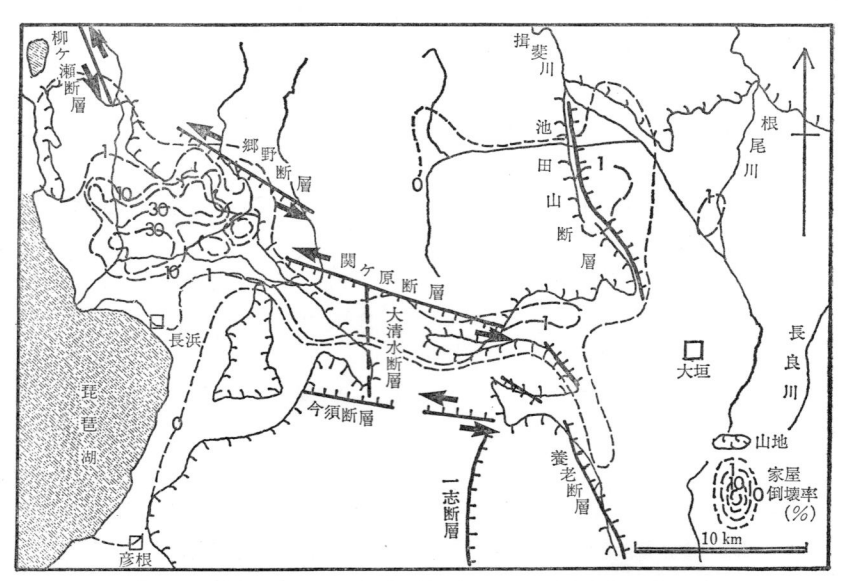

図 2.16 江濃地震による家屋倒壊率と震央付近の活断層（岡田，1979）

b. 陸羽地震〔明治29年（1896年）8月31日，震央：39.5°N, 140.7°E, M 7.2〕

秋田・岩手県境の奥羽山脈真昼岳付近を震央とする内陸地震としては比較的規模の大きな地震で，8月23日頃から前震もたびたびあった．余震は速やかに終息し9月2日には急激に数を減じた．建造物の被害のほか，山体の崩壊，地割れ，噴水，噴砂，温泉の湧出量変化などがみられた．また，逆断層タイプの地震断層が生じた．陸羽地震に伴って秋田県側に千屋断層，岩手県側に川舟断層が現

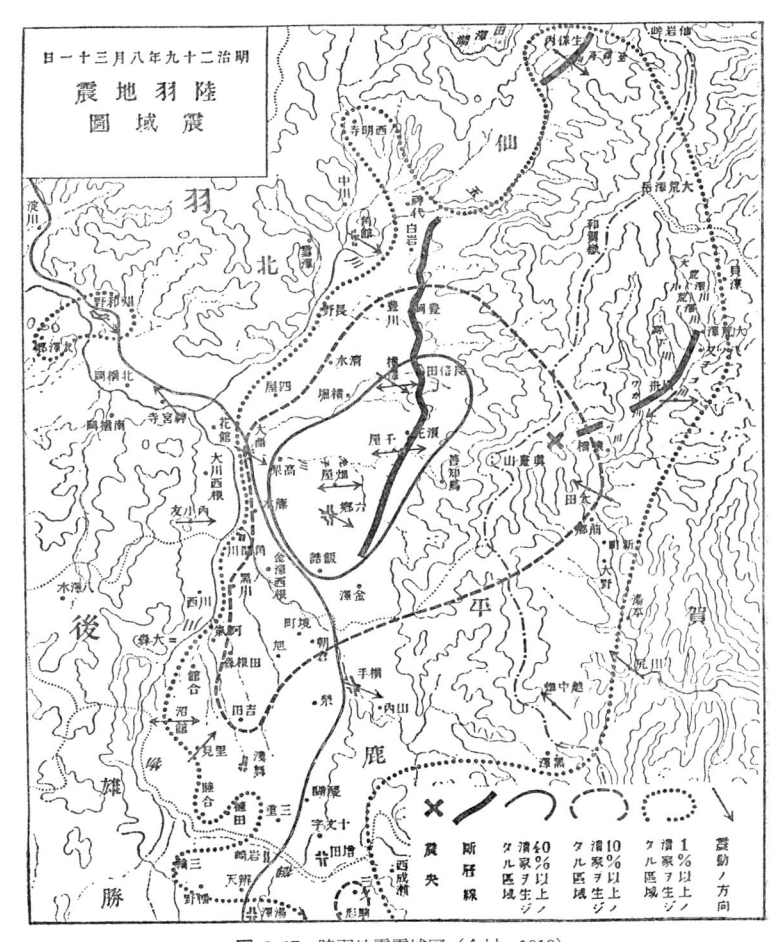

図 2.17 陸羽地震震域図（今村，1913）

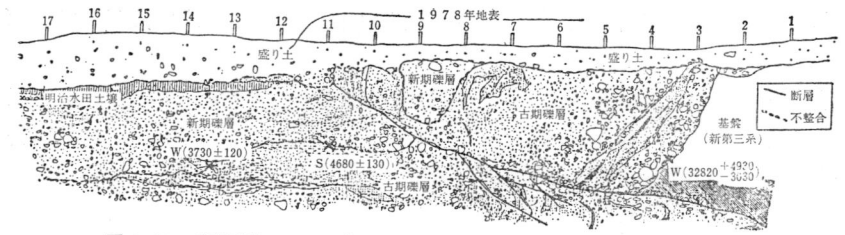

図 2.18 千屋断層トレンチ（Zトレンチ，N壁面）断層図（今泉ほか，1983）
新第三系や古期礫層のくい違い量が新期礫層のそれより大きいことや，陸羽地震の変形を受けた新期礫層がそれ以前に変形した古期礫層を傾斜不整合に覆うことから，陸羽地震以前の断層活動（地震発生）が推定される．

れた．千屋断層は，真昼山地西側の第三紀層と第四紀層の境に位置し，生保内盆地から玉川の峡谷を抜け横手盆地東縁に沿って南下し，金沢村付近にまで達した．断層線は屈曲に富み，断層面は緩傾斜で東側が西側にのしあがる逆断層の性格をもち，横ずれ変位はほとんどみられなかった．もちろんこの断層も連続した1本の断層ではなく，いくつかの断層の集合とみなされる（図2.17）．なお千屋断層の長さ60kmは山崎（1896）によるものであるが，実際に変位が目撃されたのは断続的であり，とくにその南半部は地変や被害を連ねた線というべきものである．松田ほか（1980）は，山崎（1896）の千屋断層（広義）は，狭義の千屋断層を含む4本の地震断層からなることを示した．また，その断層変位の累積性がほぼ全域で認められ，本地震断層は既存の断層崖にほぼ沿う形で生じた．さらに付近の活断層，とくに横手盆地東縁の扇状地や河岸段丘を変位させている白岩・六郷断層群との位置関係から，逆断層活動は隆起側から沈降側へ移動していることが指摘されている．川舟断層は，真昼山地東縁を西和賀郡北川舟の大荒沢付近から和賀谷西縁に沿って南下し，南川舟東方に達した．断層線はかなり屈曲し，西側が隆起し横ずれ変位はほとんどみられなかったが，低角逆断層のため3mほど土地の短縮がみられたところもあった．千屋断層（広義）と共役な断層で，東西圧縮応力場を示唆する．露頭およびトレンチ調査などから，本地震に先立つ地震断層の活動が推定され，逆断層センスで，千屋断層においては2700〜4400年前(ないし3000〜4000年前)，白岩断層においては2600年以前と推定されている（松田ほか，1980；平野，1984）（図2.18）．

c. 庄内地震〔明治27年（1894年）10月22日，震央：38.9°N, 139.9°E, M 7.0〕

山形県北西部，庄内平野に生じた地震で，震央は最上川下流と考えられる．主震発生後3日間で急激に余震回数が減ったことから，局地的な地震と考えられて

2.1 歴史・考古記録に現れた地震断層

いる（岸上，1958）．震央地域を含む酒田図幅地域付近は，最下位の中新世の緑色凝灰岩とその上位の中新-鮮新世の砕屑岩類（一部玄武岩をはさむ）が山地・丘陵部に分布し，鳥海山周辺にその火山噴出物（更新-完新世）がおおっている．震源断層付近は第四紀堆積物におおわれている．本地域は出羽変動と呼ばれ，船川階後期に始まり潟西階前に終わった油田構造運動による NS 性の褶曲と断層によって特徴づけられている．一部更新世庄内層群を切る断層（酒田衝上断層群など）の発達がみられる（図 2.19）．

矢流沢(やだれざわ)断層は最上川上流新堀付近より最上川を横切り，飛鳥および砂越を通って生石から高雄山を経て大平を北東に進み，荒瀬川沿いの上青沢に達し，さらに東進して及位村付近に約 10 km 延長される．大部分は亀裂群で，噴砂および噴水を伴うことも多い．酒田港東方の生石から平林を経た矢流沢の途中，京田山より N 55°E, 北落ちで横ずれのみられない断層（狭義の矢流沢断層）が報告されて

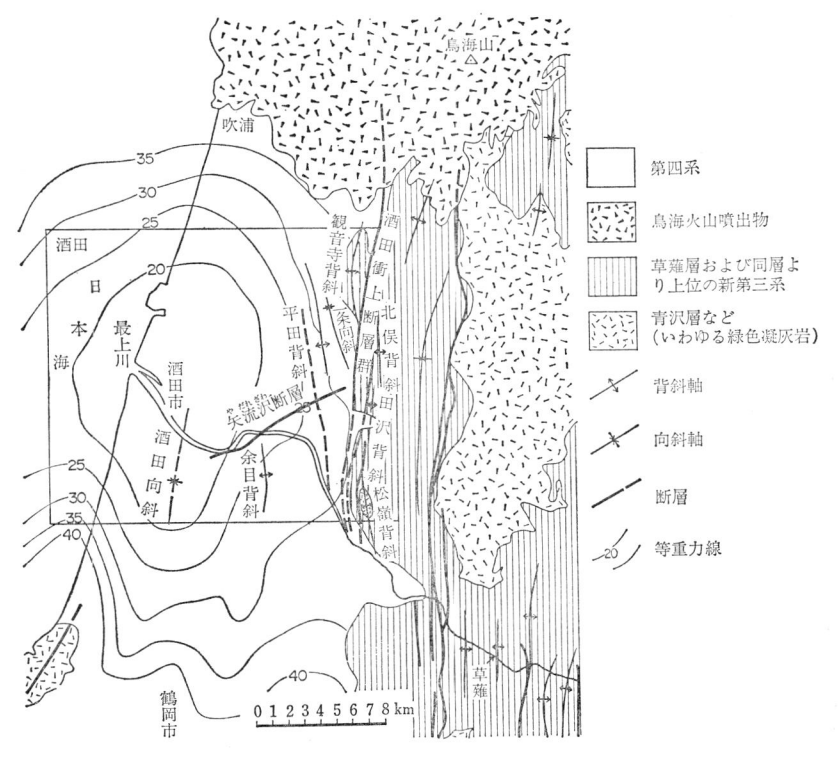

図 2.19 庄内地震の地震断層（矢流沢断層）周辺の地質構造（池辺ほか，1979 に加筆）

いる (小藤, 1895; 大森, 1895).

鶴岡から酒田を経て北に走る一等水準路線の地震後の測定結果 (1901 年および 1934 年) によると, 33 年間に最上川をこえる新堀付近で酒田側が約 10 cm 下がった. この位置は地震断層の通過位置とよく一致し, 一種の余効変動とする意見もある (岸上, 1958).

鈴木ほか (1988) による酒田市北境地区におけるトレンチ調査では, 庄内地震時の地表地震断層は出現しなかったが, 低角逆断層が 2 本確認された. これはその走向が山地前縁とほぼ一致することから, 庄内平野東縁の地下深部の断層から派生したものと考えられた. 断層は, 縄文後期後葉の土器包含層を切ることから, 約 3500 年前以降の活動があったと推定される.

d. 濃尾地震〔明治 24 年 (1891 年) 10 月 28 日, 震央: 35.6°N, 136.6°E, M 8.0〕

岐阜県中部に発生したわが国の最大規模の内陸地震である. 本地震前の数年間に地震活動が活発化し, $M 6.0$ を最大とする 3 回の前震が生じている. 本震後 2 年間で余震は岐阜で 3365 回に及び (大森, 1899), その後は一定の割合で減少した. とくに, 明治 27 年 1 月 10 日に $M 6.9$ の強い余震が発生した.

濃尾平野部では地盤の液状化による噴砂・噴水も著しく, 震害の線状分布や水準測量結果から伏在断層がいくつか推定された (村松, 1963; 松田, 1974 など).

根尾川沿いに出現した地震断層は, 全体としてほぼ NW-SE 方向を示し, 全長は約 80 km に達する. 以下に述べるようないくつかの断層セグメントからなる. いずれも既存活断層に沿って出現したが, 活断層全域ではなくその一部に発達したにとどまる.

温見断層は最も北に位置し, 一般に N 50〜55°W (一部 N 20°W) の走向をもち, 北部で南西側, 南部で北東側が落下する. 部分的に横ずれ (左ずれ) が認められた.

黒津断層は根尾谷上流黒津集落付近に位置し, 東落ちで若干の左ずれがあったらしい.

根尾谷断層も大部分既存断層に沿って連続して出現した. 左ずれが卓越し最大約 8 m に達したほか, 東側が若干落下した.

さらに根尾村水鳥付近には, 走向 N 35°W で西落ちの垂直ずれが卓越し, 横ずれの少ない水鳥断層が現れた. このほかにもほぼ東西に走る北落ちの水鳥大将軍断層が生じ, 水鳥村の一部はこれら根尾谷, 水鳥, 水鳥大将軍断層によって取り囲まれ, 島状の地形を呈した.

根尾谷断層南端部の川内村付近では,地変線は連続せず梅原断層が雁行状に配列する.この断層は東西性で,長さ約25km,左横ずれ,南東側隆起だが垂直変位が卓越する.

結局,これらの断層群は木曽川べりに達したと思われる.これら以外にも,小規模であるが地震断層らしい亀裂がいくつか報告されている(図2.20).

京大防災研 (1983) による高富町高田における梅原断層のトレンチ調査では,3.3万年間に5回の変位が認められたが,アカホヤ火山灰(6300年前に降下)以後の断層変位は,1891年の1回だけと推定されている.年代測定結果の吟味から梅原断層の再来周期は約2万年とみなされるが,濃尾地震断層系全体は,その断層地形の明瞭さからみてもっと頻繁に活動したと考えられている.

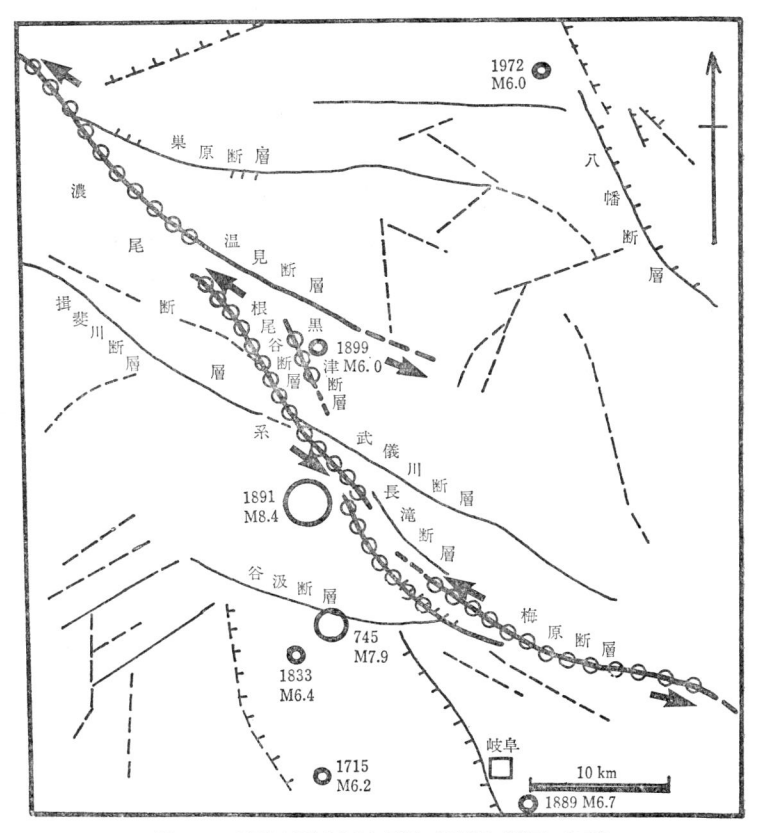

図 2.20 濃尾地震断層系と周辺の活断層(岡田,1979)

2.1.4 江戸時代の地震断層

a. 飛越地震〔安政5年（1858年）2月26日，震央：36.2°N, 136.3°E, M 6.9〕

飛騨北部〜越中で被害大．常願寺川流域で山崩れやそれに伴うせき止めがあった．富山城でも石垣門などの破損，地割れ，噴水があった（宇佐美，1975）．

宇佐美ほか（1979）は，本地震による家屋倒壊の被害率が50％以上の村が跡津川断層近傍に集中していること，断層線北西側で被害が遠方まで及び，被害率分布が断層線の両側で非対称になっていることなどが，跡津川断層の第四紀後期以降の活動（右横ずれ，北西側の相対的隆起）と調和的であることから，少なくとも本断層の一部が飛越地震の地震断層である可能性を指摘した（図2.21）．

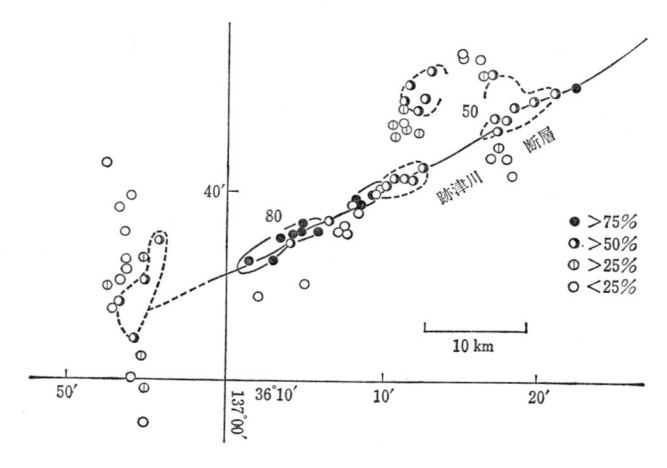

図2.21 飛越地震による跡津川断層近傍の各集落の被害率
（宇佐美ほか，1979）

b. 安政東海地震〔安政1年（1854年）11月4日，震央：34.1°N, 137.8°E, M 8.4〕

駿河湾，遠州灘から紀伊半島南東沖一帯を震源域とする巨大地震で，多くの被害を出した．とくに震度Ⅵの範囲が東海地域に東西に広がるのはもとより，駿河湾から北北西へ長野県松本・長野まで延びていることが特徴的である．有感の余震が，翌年1月まで続いたといわれる地域もあるが，とくに本震後数日間は著しく，9日には最大余震があった．本震発生の32時間後の11月5日に，南海道沖でやはりM8.4の安政南海地震が発生したことが注目される．地割れ，陥没，

噴水・噴砂・噴泥，斜面崩壊などの地変が広い地域に発生し，とくに愛鷹山山麓斜面末端に位置する静岡県沼津市内黄瀬川右岸では，長さ360m，幅100mにわたって深さ9mほどの陥没が生じた（門村ほか，1983）．また地震に伴う富士川本流の河床の隆起によって，高さ3～3.6mの地震山が蒲原および富士市松岡に形成され，流れが東方に押しやられるようになった．

この地震に伴う（陸域における）地震断層として，駿河湾断層の北方延長とみなされる富士川断層が想定されている（恒石・塩坂，1981）．富士川断層は，本

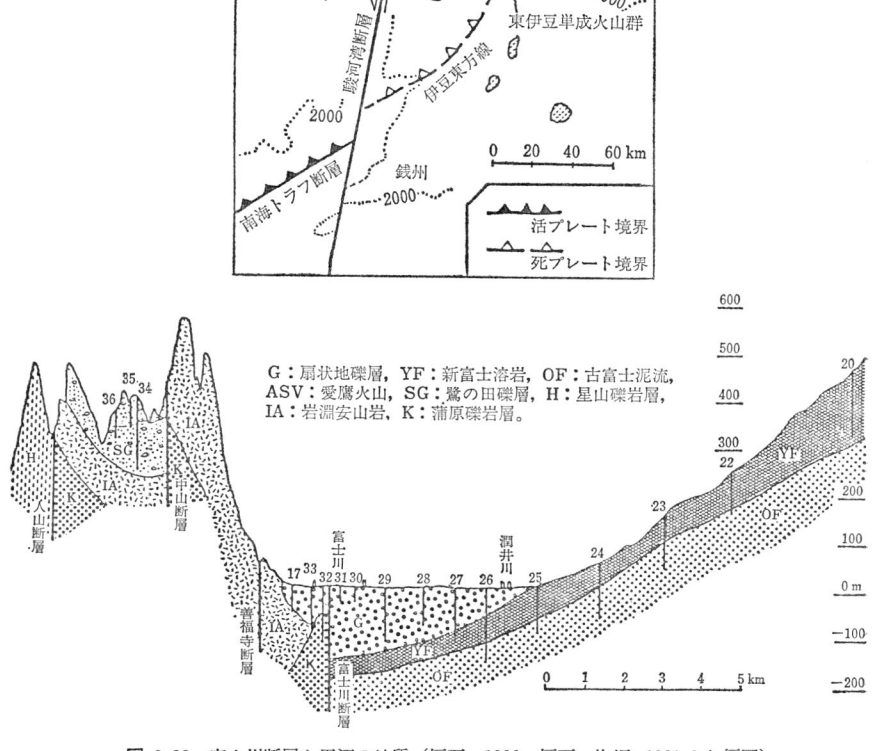

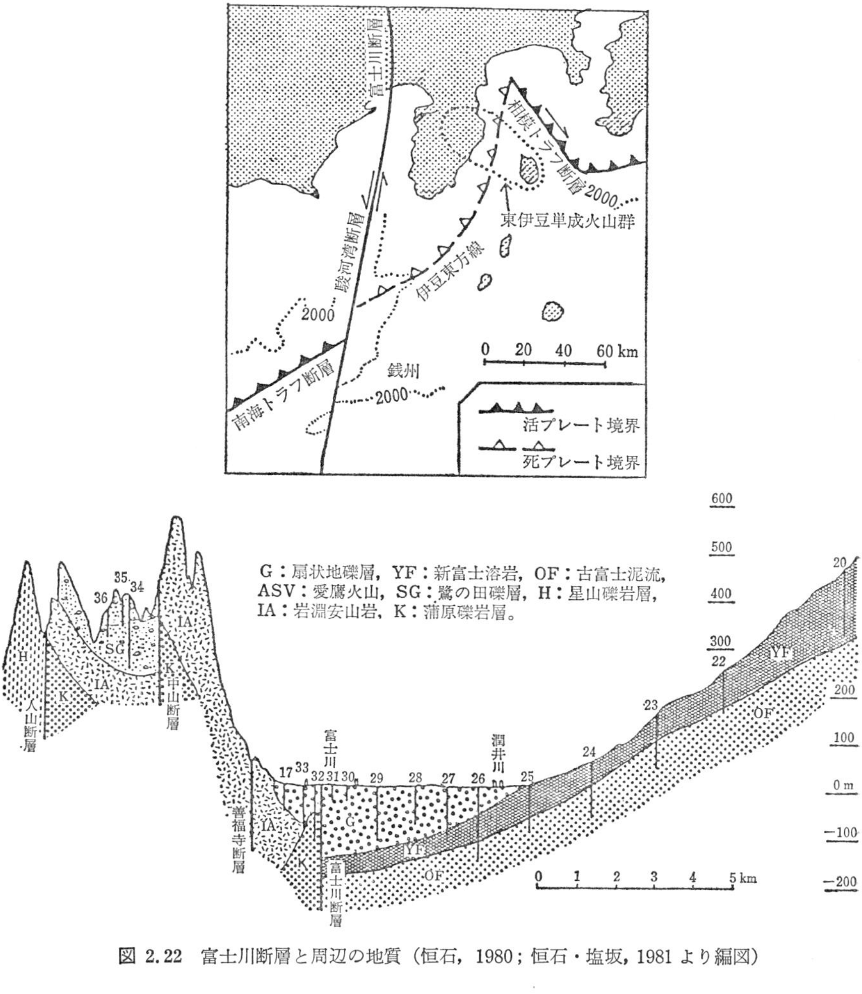

図 2.22　富士川断層と周辺の地質（恒石，1980；恒石・塩坂，1981 より編図）

州弧と伊豆・小笠原弧との会合部にあたるフォッサマグナ南部に位置するほぼNS性の活断層である．本断層周辺に分布する最下位の地層は，凝灰質砂岩・泥岩からなる中新世の城山層である．これを，鮮新-洪積世の礫岩・安山岩からなる庵原層群が傾斜不整合におおう．さらにその上位に層厚200mをこえる河成堆積物からなる鷺の田礫層，おもに火山泥流堆積物からなる古富士泥流がそれぞれ不整合に重なる．この上位に新富士溶岩（最下部の大淵溶岩は13760±300年B.P.）が整合に載っている（図2.22）．

富士川断層は駿河湾へとつながる富士川扇状地においては，扇状地堆積物を地表においては変位させていないが，ボーリング資料から東側に100m以上下がっていることがわかっている．一方，富士山西斜面では西下がりの断層崖様地形がみられる．断層面は，東傾斜の高角断層面（一部で70°）と考えられ，左ずれ3.3cm/年，縦ずれ1.0cm/年というきわめて大きな平均変位速度が得られている．地震時の動きは必ずしも全域にわたって明瞭ではないが，1615～1681年にかけて松岡地震山南方に築堤された雁堤の10m程度の左ずれ変位の残存などから，その活動がうかがわれる．

c. **伊賀上野地震**〔安政1年（1854年）6月15日，M 6.9〕

震央地域付近は領家帯北縁部に位置し，6月12日頃前震があり，本震後数時間で最大余震が発生した．一般に，基盤の花崗岩は鮮新世古琵琶湖層群に不整合におおわれているが，木津川に沿うEW性の木津川断層によって接するところもある．本地域の西方の京都府山城村では，N80°E，56°Nの逆断層で，古琵琶湖層群堆積後の累積垂直変位量は250～300mと推定されている（横田ほか，1975）（図2.23）．

古記録によれば，地震に際して三重県の東村の南方，柘植川右岸に大きな陥没が生じ，さらに上流に約1.1kmくらいの間，川岸に沿って亀裂や陥没が断続し，この地域の土地全体が低下したようにみえたという．また東村南境では1.2mの落差をもつ断層が生じ，西方に流れていた用水路がこの境界に沿って南に流れを変えたといわれる．このほかにも，新居村字西の山麓，野間北部高の神社裏，三田村役場裏，野間神社南側などにほぼ東西に走り，0.9～1.5mの落差をもつ断層が生じたといわれる（今村，1911；上治，1936）．これらが一連の地震断層の直接的な地表への現れか否かについては確言しにくいが，近年野間北方の雑木林中の崖錐よりなる斜面上に，幅1.5～2.0m，深さ0.5～1.5mの溝状地形がほぼ東西に延長50～60mにわたり残存しているのが発見された．これは，地震時に近くを通る活断層である木津川断層の断層運動が，地表へ現れた副次的なオープン

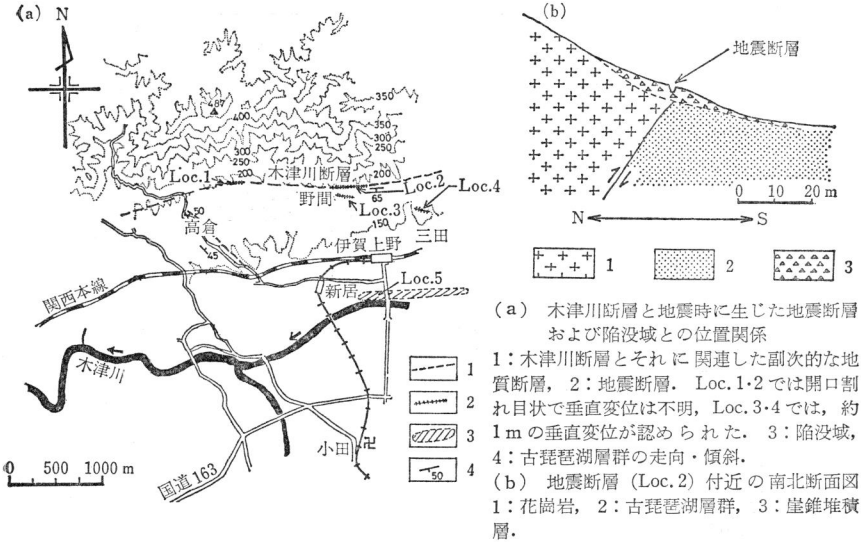

図 2.23 木津川断層と伊賀上野地震断層(横田ほか,1976 より編図)

(a) 木津川断層と地震時に生じた地震断層および陥没域との位置関係
1:木津川断層とそれに関連した副次的な地質断層,2:地震断層.Loc.1・2 では開口割れ目状で垂直変位は不明,Loc.3・4 では,約 1 m の垂直変位が認められた.3:陥没域,4:古琵琶湖層群の走向・傾斜.
(b) 地震断層(Loc.2)付近の南北断面図
1:花崗岩,2:古琵琶湖層群,3:崖錐堆積層.

クラック状の地震断層であろうと考えられている(横田ほか,1976).

d. 善光寺地震〔弘化 4 年(1847 年) 3 月 24 日,$M 7.4$〕

震源は長野市西方だが正確にはわからない.震度Ⅵ〜Ⅶ(気象庁震度階)の地域が,長野市西方の山地から東方の飯山盆地にかけて広がった(佐山・河角,1973).

この地震の特色の一つに,各種の地盤変動の多発がある.この地変には山抜けと古称される山崩れや地すべりのほかに,地震断層や地割れ,これらに伴う河川のせき止めなどがある.最大のものは虚空蔵山の崩壊による犀川のせき止めで,日に 15〜18 cm ずつ水位が上がり長さ 23 km の湖を生じ,19 日後決壊し,鉄砲水となって下流域に 2 次被害を与えた.この洪水は長野盆地平坦部を広くおおい,24 時間後信濃川下流新潟から日本海へ流入した(武者,1943).

一方,山崩れによってできた窪地に水がたまり,現在まで残存しているものもあり震生湖と称される.上水内郡信州新町の柳久保池や長野市信更町の湧池がこれにあたる.

地震に伴って多くの砂泥や水の噴出を伴う地割れを生じたが,いわゆる地震断層とみなされるのは,長野市西方,現在の県庁および信州大学教育学部辺を通る断層と,更級郡川中島共和村の犀川に近いところを通る断層の二つである.

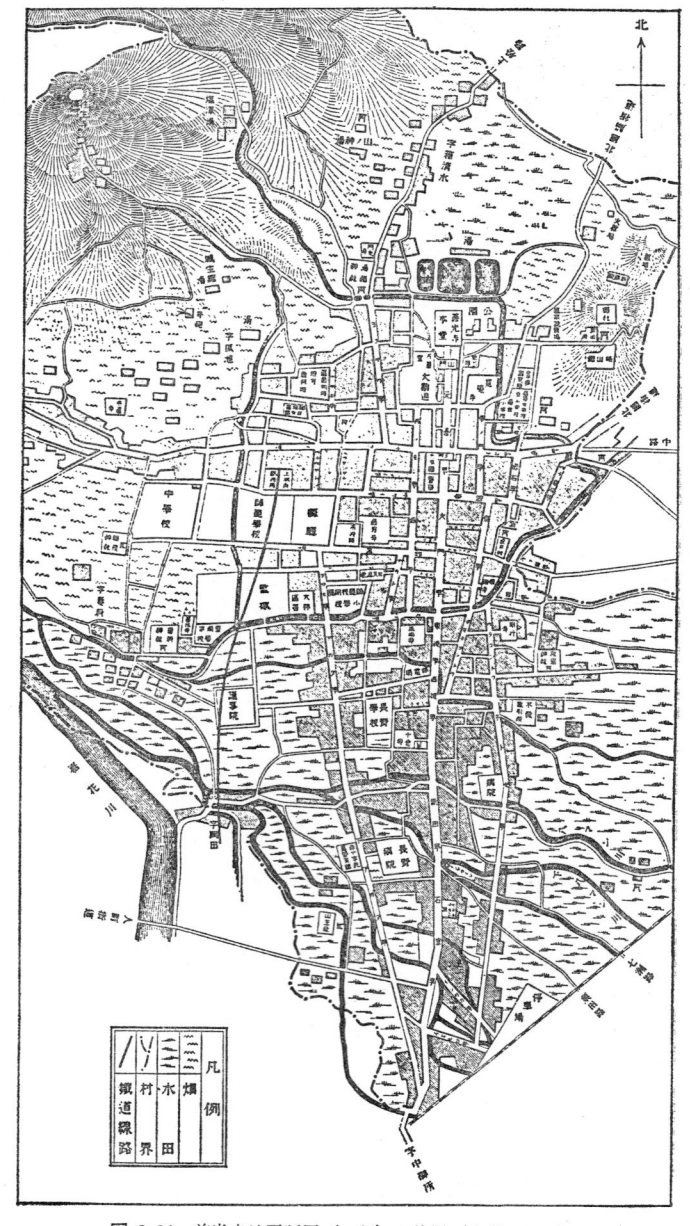

図 2.24 善光寺地震断層（一部）の位置（大森，1924）

前者は，市内現県庁の南岡田の八幡川分水点から妻科幅下沖を通って，ほぼ N 12～22°E の方向に北進し，県庁，議事堂，信州大学教育学部を通って裁判所に達し，少なくとも相対的に東落ちで 1.5～2.7 m の垂直落差を生じた．長さは約 1 km で，八幡川を横切る地点で小瀑布ができた．裁判所より北では，三輪より別に一，二の裂け目を生じて，同じく北進したらしい（図 2.24）．

後者は野口断層または小松原断層線と呼ばれ，長野盆地西縁部の犀口南の小松原から段の原光林寺門前まで，西側山地の麓に沿ってほぼ N 10°E の方向に通り，長さは約 1.5 km で相対的に東落ちで約 1.8 m の垂直落差をもつ．

いずれにしても地震の規模の割には地震断層は短すぎる．両者の間に伏在している可能性，さらに長野市より NE ないし ENE 方向に飯山市付近に延びる可能性がある．粟田ほか（1987）は，長野盆地西縁活断層系の狭義の活断層に沿って，北から南へ長峰丘陵東縁断層および同西縁断層のいずれかもしくは両方，飯山断層，長丘断層，城山断層，善光寺断層，安茂里断層，小松原断層の諸断層セグメントが同時に活動したと考え，善光寺地震断層系と総称している．

県庁北側〔図 2.25（a）〕および勤労者福祉センター北側〔図 2.25（b）〕における善光寺地震断層を横切る東西測線での，α トラック法によるラドン (Rn) 相対濃度測定が実施された（加藤ほか，1986）．

α トラック法はラドンの放射する α 線の飛跡密度を求めることによって，断層を被覆する土壌中のラドンの相対濃度分布を知る方法である．断層運動によって破壊された基盤岩中のウランの壊変によって生ずるラドンは，被覆層直下まで達する断層を通って表土中に浸透・拡散すると想定される．一方，ラドンの半減期は 3.8 日と短いため，断層運動とは直接関係なく，何らかの機構で運搬・集積されたラドンが，断層破砕帯を利用して浸透するにすぎない場合もある．したがって，α トラック法は必ずしも活断層の認定に決定的ではないが，いずれにしても断層直上ないし近傍において，α 線の飛跡密度が増大することが経験的に期待されるから，断層の通過位置を推定するのに有効である．また，繰り返して測定を実施すれば経年変化がわかり，活動性の評価にも資する可能性がある．

通常は，長さ 80 cm，直径 6 cm ほどの塩化ビニール製パイプを垂直に埋設し，頂部のゴム栓から硝酸セルロースフィルム片を糸でつり下げる．さらに簡便な方法として，次のようにカップを埋設する方法がある．すなわち，測線上に一定間隔（2～5 m）で径 10 cm，高さ 12 cm ほどの円筒状プラスチックカップを，地表下 10 cm に埋設する．カップの下底部は切り取られており，上底部（蓋の部分）内側に縦約 2 cm，横約 2.5 cm の直方形状の硝酸セルロースフィルム片をビニー

ルテープで端部を固定し放置する．1〜2週間後にフィルムを回収し，60°C，10%濃度の水酸化ナトリウム溶液中でエッチングをした後，光学顕微鏡でエッチピットを測定し，飛跡密度（T.D.：トラック数/cm²·day）を求める．

本調査では図2.25（a）ではパイプ，（b）ではカップを使用した．トラック密度の分布は，ほぼ類似したパターンを示し再現性はよい．各測定値の絶対値が異なるのは，気象条件（降雨）などによると考えられる．地震断層上でトラック密度のピークがみられるほか，並走する副断層の存在を暗示するピークもみられる．

e. 文化男鹿地震〔文化7年（1810年）8月27日，$M\,6.6$〕

この地震は，同年5月頃より鳴動が続き，8月中旬より地震が頻発していた．地割れや泥の噴出の著しい地震であった．

鮪川(しびかわ)断層は男鹿半島の付け根に位置し，大橋（1928）によれば

「鮪川断層は五里合村申川の西から，正南に向かい橋本の東をすぎ，中石の西，鮪川の東を経て瀧ノ頭の東を横切り，脇本村岩倉を経て田谷澤に至るもので，延長は陸上のみで約10 km，北方は海中に連続し相当の長距離に達するものと思われる．東側上りの押上断層であって，その南端の田谷澤において時代の新しい濱間口断層のために切断せられ，東南にすべりて行方がわからなくなっているが，多分その続きは脇本の海岸にあるものと思われる．この断層の落差は北方においてすこぶる大きく，五里合村海岸では脇本砂質頁岩帯の落差は少なくとも2000 mに達するらしい．（一部字句訂正）」

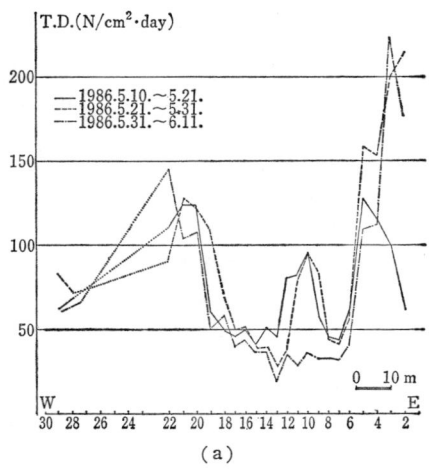

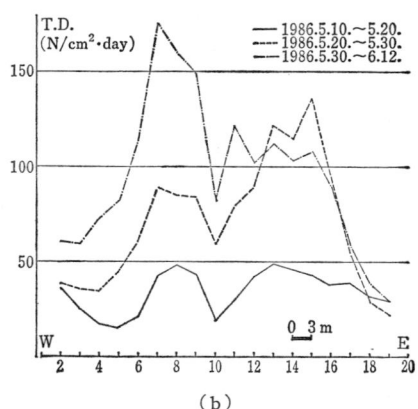

図 2.25 善光寺地震断層のαトラック法によるラドンの相対濃度分布（加藤ほか，1986）

2.1 歴史・考古記録に現れた地震断層

とあり，被害分布から，文化地震は主として本断層に沿って東側地盤がずり上がった運動と考えた．今村（1921）は火山地震と考えている．大橋（1928）の記載は地質断層についてのものであり，男鹿地震時における断層変位の記録もないところから，本断層が地震断層であるか否かは疑わしい．

濱間口断層は男鹿半島の根元に位置し，大橋（1928）によれば

「濱間口の海岸から東南に走って中間口の東を通り，田谷澤を経て脇本の中央に達するもので，西南側の上がった押上断層である．……脇本付近においては，濱間口断層が押返し運動を起こして，その西南側が少しくずれ上がったと考えられる節もある．（一部字句訂正）」

としてある．付図によれば，脇本付近で鮪川断層と同様に本断層が地震断層であるかは疑わしい．

f. 金沢地震〔寛政11年（1799年）5月26日，M 6.4〕

金沢市を中心に著しい被害をもたらした．金沢城においても，建造物や石垣の崩壊・破損が著しかった．地面に亀裂が生じた地域も多く，とくに石川門から西へ約50mの範囲で直線的に延びた崖地形（垂直落差40〜45cm，南側隆起）は，この地震によるものと推定されている（寒川，1986b）．また海岸平野の砂丘や後背湿地で，基盤の液状化などによる被害も大きかった（図2.26）．

この地域には，幅10km，長さ約50kmの海岸平野が発達し，NE-SW方向の断層崖によって南東側の丘陵・段丘面群と直線的に境されている．丘陵部を構成するのは高窪泥岩層（鮮新世），大桑砂岩層・卯辰山層（更新世前期）および高位砂礫層（更新世中期）である．断層崖に沿って北西方向に流れる浅野川および犀川沿いには，上位より野田上位面・同下位面・小立野面・泉野面・笠舞上位面・同下位面・沖積面などよく保存された新旧の段丘面が分布する．

本地域には，第四紀中・後期にWNW-ESE方向の主圧縮軸のもとで活動した逆活断層群が発達している．森本断層はNE-SW方向に約12km延び，丘陵地と沖積面をかぎる南東側隆起の断層崖を形成する．野町断層はNS方向に約3km延び，本断層によって泉野方面が西へ急傾斜している．富樫断層はNE-SWないしNS方向に約10km延び，丘陵と沖積面をかぎる南東ないし東側隆起の断層崖を形成する．一部野町断層と雁行配列をなす．

地震の被害の多いのは森本断層沿いで，とくに同断層南西端付近の野町断層との境界付近で被害が著しく，地震は森本断層に起因し，震央は同断層南西端の金沢城付近に推定される（寒川，1986b）．

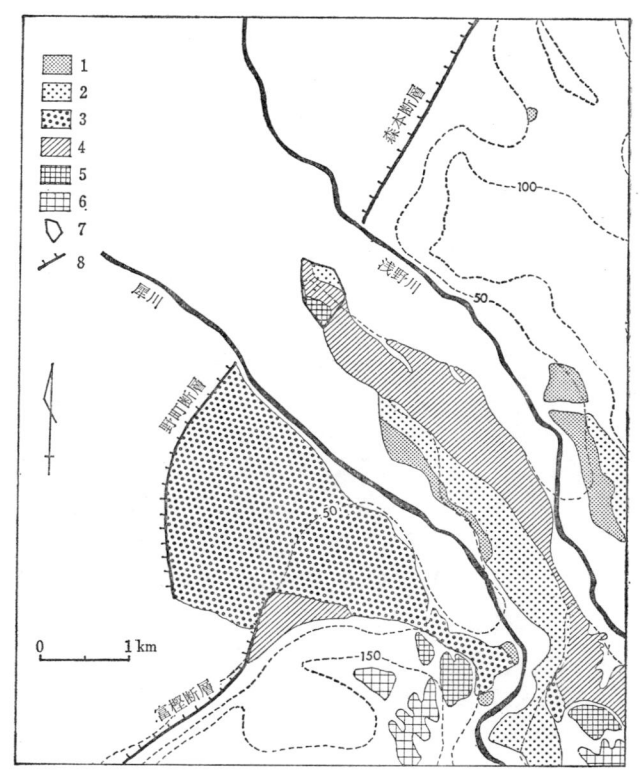

図 2.26 金沢城周辺の段丘面と活断層（寒川, 1986 b）
1：笠舞下位面, 2：笠舞上位面, 3：泉野面, 4：小立野面, 5：野田下位面, 6：野田上位面, 7：金沢城, 8：活断層.

g. 会津地震〔慶長16年（1611年）8月21日, $M6.9$〕

西縁を会津活断層系にかぎられた断層角盆地である会津盆地に発生した本地震は，この活断層系の活動によって生じた可能性が高く，会津盆地周辺に著しい被害をもたらした．会津盆地は南北32km，東西12kmに及び，盆地内には中新世後期から沖積世に至る厚い堆積物が分布する．会津活断層系をはじめ現在の盆地形成に関連する地殻変動は，第四紀中頃に始まったと推定されている（図2.27）．本地震によって，盆地内の河川が1個所に合流する喜多方市慶徳町山崎（図2.27の1）で，下流側が隆起する断層活動によって大川がせき止められ，東西約4km，南北2〜2.5km，深さ3m前後のせき止め湖が生じ家屋が水没した．同町山

崎で，西側隆起の比高約3.4mの断層崖をもつ地震断層が生じた．会津坂下町塔寺（図2.27の3）における沖積世扇状地面上にある会津活断層系に一致する低断層崖があり，垂直変位量は約2.5mに達する．この変位量から推定される地震の規模は$M7.3$となり，震度Ⅵ領域の半径から求められた規模（$M6.9$）より大きくなる（寒川，1987）．〔琵琶湖西岸の地震（1662年）は次節で述べる〕．

図2.27 会津活断層系と会津地震による被害（寒川，1987）
A：会津活断層系，B：地滑り，C：地震前の越後街道，D：地震後の越後街道，E：湖，F：小杉山村．番号は地点名．

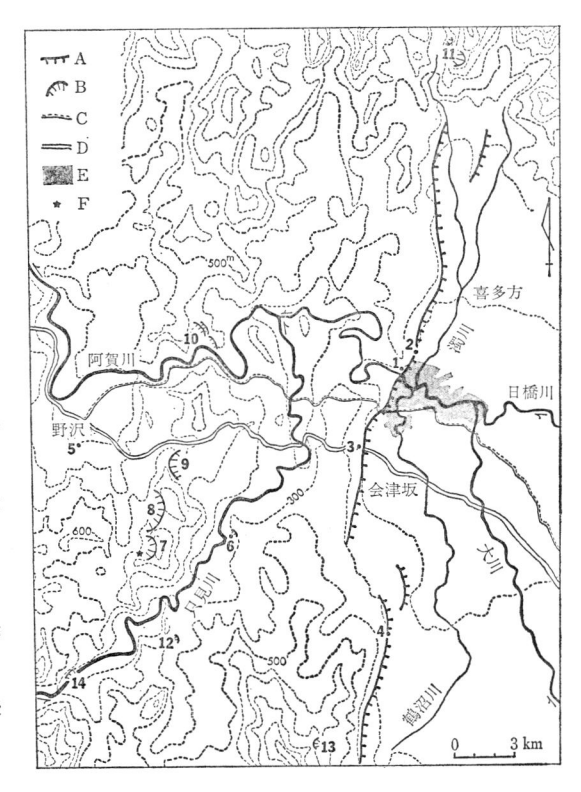

2.2 考古・地質記録に現れた地変・地震断層

近年，遺跡発掘中に地震断層や地震に起因する噴砂・亀裂などの地震跡が発見され，過去の地震活動（古地震）を推定する有力な手がかりとなっている．たとえば，噴砂は気象庁震度階Ⅵ以上の地震動によって地下の砂層の液状化が生じ，地表へ噴出したものである．地表では砂（泥）火山とか噴砂丘と称される形状を呈したり，断面においては砕屑岩脈様の形態を有する．その分布や配列，形成年代などから当該地域の地震動履歴を知るうえで有用である．また，水没や地変に関する古文書などの歴史記録と，現地における地形・地質学的調査結果とを合わせて検討することによって，過去の被害地震の様相を明らかにした事例も増えてきた．ここでは，そのいくつかを紹介する（一部，江戸時代の地震を含む）．

2.2.1 遺跡に現れた地震跡・地変
a. 琵琶湖西岸地域

琵琶湖西岸には，長さ10〜15kmでNS走向をもち東側（琵琶湖側）落ちの活断層群が雁行状に発達し，北から酒波断層，饗庭活断層群，比良断層，堅田断層および比叡断層と称されている．これらは一連の活断層系を構成し，琵琶湖西岸活断層系と呼ばれ，第四紀後半に顕著な活動をして古琵琶湖層群や段丘堆積物に累積的な変位を与え，琵琶湖の西岸の形状を規定している．

i) 寛文2年（1662年）の地震による水没 琵琶湖西岸活断層系の饗庭活断層群の最新期の活動によって寛文2年の地震が発生し，湖岸地域の水没が生じた可能性があることが指摘されている（寒川・佃，1987）．本活断層は三つのセグメントからなり，すべて東落ち（琵琶湖側落ち）で，すなわち西側に位置し，NSないしNE-SW性の日爪断層は約12kmの長さをもち，丘陵と低地の境界を画する．東側北部に位置する今津断層は，南北に約1km延び，南部の五十川断層も南北に約3.5km延びる．これらの断層群は，西方山地から琵琶湖に流入する河川によって形成された新旧の段丘面や古琵琶湖層群を変形させており，その変形構造から逆断層センスであることが示唆されている．とくに，縄文時代中期以降

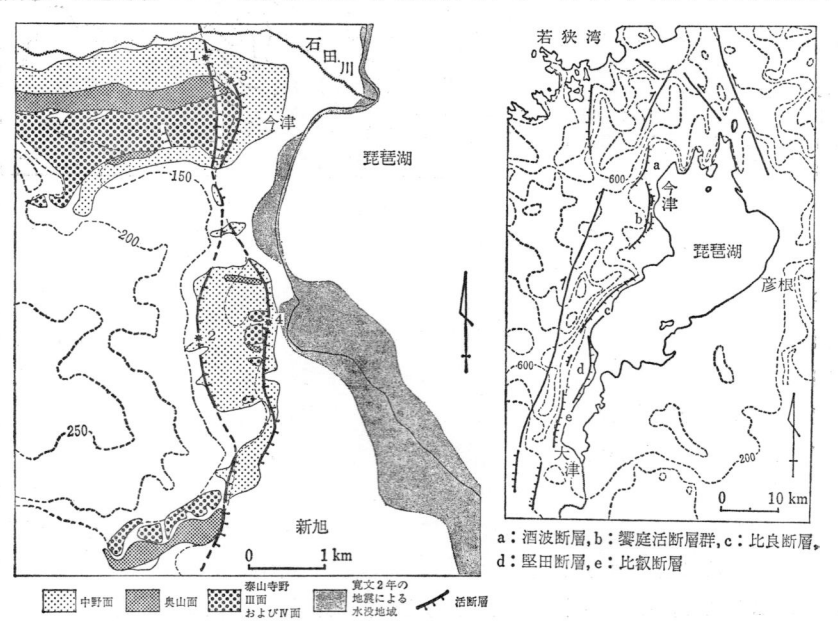

図2.28 琵琶湖西岸活断層系と饗庭活断層群周辺の段丘面（寒川・佃，1987より編図）
a：酒波断層，b：饗庭活断層群，c：比良断層，d：堅田断層，e：比叡断層

(4000〜5000年 B.P. 以降)に形成されたと推定される中野面に，2〜2.7m前後の垂直変位量を与えている(図2.28).

寛文2年(1662年)の大地震は，琵琶湖西岸地域に著しい被害を与え，「圧死者二萬二千三百人，傷者五千六百人(元延実録)」と称されているが，また湖岸地域に顕著な水没(湖面上昇)をもたらしたことが，多くの歴史資料から明らかにされている．それらから，たとえば高島郡の湖岸地域の水没量は3m前後で海抜82.5〜85.5mの範囲が水没し，その水没量は饗庭活断層群による中野面の変位量の6割に達することなどが推定され，本地震は饗庭活断層群，少なくともそれを含む琵琶湖活断層系の活動による可能性が強く示唆される．

ii) 北仰西海道遺跡の地震跡 本遺跡は滋賀県高島郡今津町にあり，縄文時代から弥生時代にかけての大規模な集団墓である．とくに，縄文時代晩期中頃〜終末までの日常生活に使用した土器を転用した土器棺墓は大規模なもので，ほかに土壙墓も多数発見された．さらに，弥生時代中期の円形堅穴住居，同時代中〜後期の方形周溝墓も発見された．さて，これらの遺物包含層中に幅1m前後，長さ31m以上延びる南北性の溝状構造が認められた．溝の側面はほぼ垂直で，地表下50〜100cmの細砂層に達し，溝の内部はそれに由来する混入物のほとんどない細砂で満たされている．この溝状構造は，液状化に伴う噴砂によって形成されたものと推定される．またこの噴砂は，縄文晩期前半代の土壙墓を引き裂い

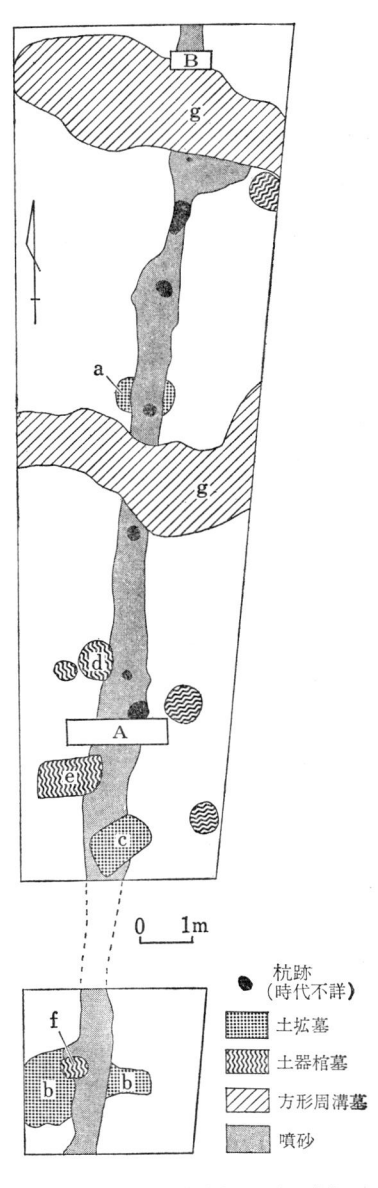

図2.29 北仰西海道遺跡における噴砂の平面形(寒川ほか，1987)

ているが，縄文晩期中頃の土器棺墓，同後年代の土器棺墓および弥生中～後期の方形周溝墓などは噴砂を切ってつくられている．すなわち，噴砂は縄文晩期前半代の中頃（約3000年前頃）に発生した地震により生じたものと推定される（寒川・葛原，1987）（図2.29）．

iii) 螢谷遺跡の地震跡　琵琶湖水の唯一の出口である瀬田川河床にある螢谷遺跡（滋賀県大津市）内で長径2.6m，短径1.5mの楕円形の横断面をもち，深さ1.6m以上の筒状の噴砂が認められた．この噴砂をもたらした地層は，少なくとも地表下1.6m以上の深さにあると推定される．噴砂を構成する細砂は，液状化現象を生じやすい粒度をもつ．また，噴砂は縄文時代早期から平安時代末期までの遺物を含むほぼ水平な各層を垂直に切っており，河床下5cmのヘドロ状の粘質土におおわれている．こうした噴砂の形態や構造および構成物の特徴からみて，地震に伴って発生したと考えられる．琵琶湖西岸地域においてこの噴砂をもたらした可能性の強い地震として，文治元年（1185年），慶長元年（1596年），寛文2年（1662年），文政2年（1819年），嘉永7年（1854年）の5例があげられるが，前述したように琵琶湖南端部に強い地震動をもたらし，噴砂・噴泥の記録も著しい寛文2年の地震の可能性が強いことが，示唆されている（濱・寒川，1987）．

b. 誉田山古墳

大阪平野南東部石川左岸の藤井寺市から羽曳野市にかけて分布する古市古墳群中央部に，全長420mに及びわが国第二の規模をもつ前方後円墳である誉田山古墳（応神天皇陵）が位置する．古市古墳群の多くは河岸段丘面上に構築されているが，誉田山古墳および白鳥神社古墳は，その一部が沖積面上に位置する．石川左岸には，形成時期の古いものより野中面・道明寺面・誉田面と呼ばれる段丘面が発達する．これらの段丘面群上に，誉田山古墳西部を通り西方にやや凸な弧形を描き，ほぼ南北に延びる長さ約4kmの崖地形があり，これに沿って第四紀中・後期層である大阪層群上部層および段丘堆積物が東上りの変形を受けているため，これを誉田断層とした．断層沿いに道明寺面，誉田面の堆積物が変位を受けている．すなわち，誉田面堆積物は約6m東上りの変位を受けており，より古い道明寺堆積物の変位量がより大きく，変位に累積性のあることも判明した（図2.30）．

誉田山古墳は北北西に面した前方後円墳で，巨大な墳丘部を囲んで内濠および中堤がめぐらされている．中堤の幅は平均48mで，東側の二ッ塚古墳と接する部分でやや歪曲している以外は，整った形状を示している．誉田山古墳の大部分

は，石川の河岸段丘である誉田面上に築造されているが，墳丘の一部と周濠・中堤の約1/3の部分は，段丘面の西縁をかぎる崖をこえて西側の沖積面上に及んでいる．また，古墳の南と北の崖を結ぶ線上において，墳丘の前方部の北西端が約200 mの範囲にわたって崩壊し，崩壊物質が周濠を埋めている．さらに，南側の崖の北端，および北側の崖の南端の部分で，中堤に東上りの高度差が生じており，崖の西側の周濠底が約80 cm深くなっている．この崖が前述の誉田山断層による断層崖に相当するので，断層崖に沿って墳丘・中堤・周濠底の変位・変形が生じていることになる．すなわち，中堤は断層を境にして，北部で約1.2 m東上り，南部で約1.8 m東上りの垂直方向のくい違いを示している．誉田山古墳の南500 mに，前方部が北西に面した小型の前方後円墳である白鳥神社古墳が誉田断層上に築かれており，断層の上盤側に後円部，下盤側に前方部が位置している．そして，古墳の前方部が後円部に比べて著しく低くなっている．この特徴は，古市古墳群のほかの古墳にはみられないものであり，誉田山古墳と同様に，白鳥神社古墳も誉田断層によって東上りの変位を受けている可能性が強い．

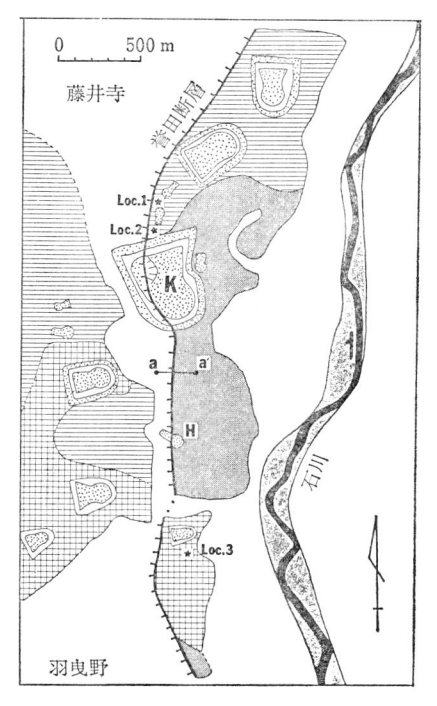

図2.30 誉田山古墳周辺の段丘と活断層（寒川，1986a）
1：誉田面，2：道明寺面，3：野中面，4：古墳，5：地滑り，K：誉田山古墳，H：白鳥神社古墳．

　この中で，道明寺面は幅をもって考えても3〜5万年の範囲に収まり，誉田面の形成時期はおおむね2万年前と推定できる．誉田断層による平均変位速度を求めると，道明寺面について約$0.25 \sim 0.4$ m/10^3年，誉田面について約0.3 m/10^3年となる．この値は，松田（1975）の断層の活動度のクラス分けではBクラス下位の値となる．誉田山古墳は平安時代の延喜諸陵式の記載などにより，応神天皇の陵墓であると考えられており，築造は4世紀末葉から5世紀初頭とされている．白鳥神社古墳の築造年代については不明であるが，古市古墳群の形成時期が

4世紀末から6世紀までと考えられていることより，この間のいずれかの時期につくられたと推定される．上述の二つの古墳が断層変位を受けており，変位の時期は5世紀以降ということになる．

断層変位をもたらす地震が周期的に生じると考えると，誉田山古墳の中堤にみられる約 1.8 m の変位は，1度の地震によって生じたと考えるのが最も妥当である．地震の変位量・規模に関して，松田 (1975) の式 ($\text{Log } D = 0.6 M - 4.0$) を用い，古墳中堤の変位量 1.8 m ($D$) を上式に代入すると $M = 7.1$ となる．また，地震規模 ($M = 7.1$)・平均変位速度 ($S = 0.25 \sim 0.4 \text{ m}/10^3$ 年) から，松田 (1975) の式 [$\text{Log } R = 0.6 M - (\text{Log } S + 1.0)$] より，地震の発生間隔 ($R$) は 5000～7500 年を得る．これは，中堤の 1.8 m の変位を，1回の地震によるものとした推定と矛盾しない．このように，誉田断層について 5000～7500 年周期で $M 7.1$ 程度の地震が生じており，最新の地震が 5 世紀以降に生じたことが推定される．過去の被害地震の検討から，誉田山古墳・白鳥神社古墳の変位をもたらした $M 7.1$ 級の規模をもつ地震は，1510 年 9 月 21 日 (永正 7 年 8 月 8 日) の摂津・河内の地震と推定される．

誉田断層は，生駒断層 (生駒断層系の主断層) のすぐ南西に平行し，変位の向きもともに東上りで，生駒断層系の一部と考えることが可能である．松田 (1975) の地震規模・地震断層の長さに関する式 ($\text{Log } L = 0.6 M - 2.9$) に，1510 年の地震規模 ($M = 7.1$) を代入すると $L \fallingdotseq 23$ km となる．誉田断層が地形的に認められる長さは約 4 km で，誉田断層が単独にこの地震を起こしたとすると，断層の長さにおいて矛盾を生じる．誉田断層に生駒断層の長さ (約 20 km) を加えると約 24 km となる．この地震の被害が大阪平野東部一帯に著しかったことを考えると，1510 年に誉田断層のみでなく，生駒断層も活動を行った可能性が考えられる (寒川，1986 a)．

c. 加茂遺跡

加茂遺跡は，兵庫県川西市に分布する伊丹礫層からなる低位段丘面 (2～3 万年前) 上に位置する弥生時代の遺跡である．段丘面形成後,南西に傾動・隆起し，発掘地点より北へ約 500 m の位置に，南落ちの活断層である有馬-高槻構造線の一部が通過し，同じく北へ約 100 m の位置に北落ちの断層が通る．両断層間は，花屋敷低地と称される構造性の低地帯となっている．断層の変位速度は，0.4～0.6 m/10^3 年以上と推定されている (寒川，1978)．

低位段丘面上に，N 65～75°E の方向に地割れが走り，上位の黒色土 (生活土) が入り込んでいる．地割れの分布は，中央部のAおよびBトレンチに集中してい

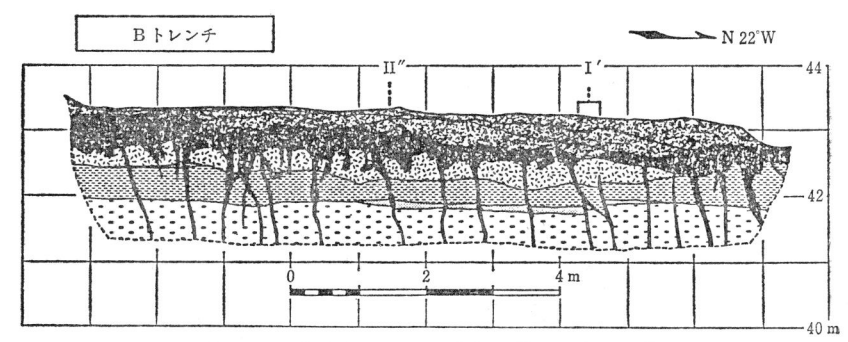

図 2.31 加茂遺跡のトレンチ断面図（梅田ほか，1984）
濃色部は，弥生時代（B.C.3C～A.D.3C）の黒色土．割れ目は，地震時にその土で満たされたと推定．

る．Bトレンチの西側断面のスケッチ（図2.31）で，上部の黒く塗りつぶした部分と，それ以上の部分が弥生時代以降の堆積土で，下部は更新世の明黄色混礫土と砂質土の互層からなる．割れ目内の黒土からも弥生時代の土器片が出土し，更新世層と同種の礫も含まれているが，礫の長軸方向は乱れていた．周囲の更新世層中の扁平礫はほぼ水平であった．AトレンチのⅠ，Ⅱ，BトレンチのⅠ′，Ⅱ′において，縦の割れ目を境にみかけの落差が認められ，Ⅰは北上り40cm，Ⅱは南上り6cm，Ⅰ′は北上り10cm，そしてⅡ′は南上り4cmである．Aトレンチ全体では10mにつき33cm北上りで，Ⅰ-Ⅱ間では2°ほどの傾斜をもつ．水平ずれについては，Bトレンチ西端の柱跡がわずかに右横ずれを示すが確定的ではない．割れ目の明瞭さや周辺の地形より高い位置に割れ目が位置すること，また分布の局所性や方向の規則性などから，これらの割れ目は1回の急激な地震活動によるものと推定された（梅田ほか，1984）．有馬-高槻構造線，ないしその南に付随する逆活断層に関連すると思われている．

d. 荒神山遺跡

諏訪南東約4kmの諏訪市湖南大熊に位置する小扇状地の扇頂部に，縄文時代から中世にかけての住居址群からなる荒神山遺跡がある．ここはフォッサマグナの西縁を画する糸魚川-静岡構造線の一部が通り，活断層運動も活発な地域である．本遺跡の位置する小田井沢の扇状地は，新期ロームにおおわれ南関東の立川面に対比される．遺跡のある部分を含めて10m内外の高度差をもつ，3ないし4段の新期断層運動によると思われる直線的な崖で切断された階段状地形がみられる．発掘によって確認された断層は5本あり，NW-SE系（1a-1b，5a-5b）とN-S系（2a-2b，3a-3b，4a-4b）に二分され，両者は3a-3bを除いて縄文中期

2. 地震断層

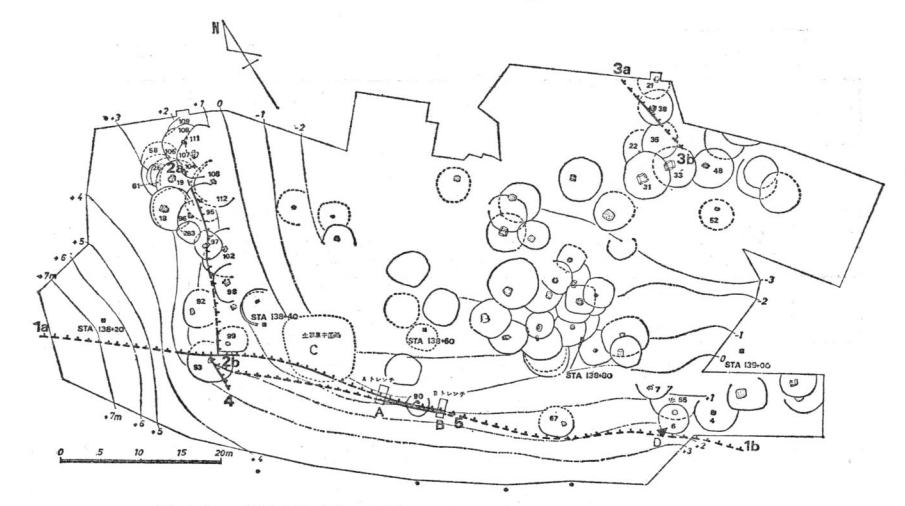

図 2.32 荒神山遺跡内の断層と縄文時代遺構全体図（松島・伴，1979）
A：Aトレンチ，B：Bトレンチ，C：土器集中箇所，D：湧水点，
STA：中央道のセンター杭．これを基準に等高線を描いてある．

に構築された 93 号住居址内で交差する（図 2.32）．

i) **NW-SE 系**　　1a-1b 断層は，本遺跡の南西（山地）側を通って約 70 m 追跡され，走向は N 43～45°W で垂直の傾斜を示す．93 号住居址の床面を変位させ，北東（平野）側を約 60 cm 落下させている．遺物の産出層準も断層によって変位を受け，北東落ちの垂直変位量は約 68～83 cm に達するが，水平変位は不明である．90 号住居址においては，断層に沿って床面に幅 10 cm ほどの地割れによる溝が生じており，住居中心で約 36 cm の最大垂直変位量を示す．南東壁で若干の左ずれの水平変位がある．A, Bトレンチにおいては，断層に沿って生じた開口部に黒土が充填している．

したがって，本断層は西方ほど大きな垂直変位量を示し，若干の左ずれ成分をもつ．断層の活動時期は，少なくとも縄文中期中葉より新しい．5a-5b 断層は 4a-4b 断層から分岐し，1a-1b と並走し 93 号住居址では北東落ちの垂直落差を示し，南東ほど大きく 20 cm に達する．

ii) **N-S 系**　　2a-2b 断層は，縄文住居址の密集する西部地域をほぼ南北に横断する．95 号住居址において，東落ちの最大垂直変位量 27 cm，左ずれ約 20 cm を示す．さて，102 号住居址は断層の活動以降に構築されたことが明らかであり，両住居址はともに中期中葉井戸尻 II 式の土器を出土するから，断層の活動期は約 4500 年前と推定される．

3a-3b 断層は東落ち最大垂直変位量 8 cm で，幅約 10 cm の開口をしている．中期後葉曽利Ⅱ式の住居址のうち，最も遅くつくられた 38 号住居址床面を変位させるが，平安後期以後の住居址群は変位しておらず，少なくとも両者の間に活動したと推定される．

4a-4b 断層は 93 号住居址で 1a-1b 断層に直交し，東落ち約 10 cm 程度の垂直変位量をもつが，水平ずれについては不明である．

以上述べたように，その走向方向や位置から糸魚川-静岡構造線の一部と推定される遺跡を変位する地震断層は，糸静線の左ずれ運動とは異なって垂直ずれが卓越する（松島・伴，1979）．

e. 深谷バイパス遺跡

この遺跡は，関東平野中央部の利根川南岸の埼玉県深谷市宮ヶ谷戸北方にあり，沖積低地上に位置する．この縄文後期遺構の形成されたシルト層が，地表下 1 m 以下に分布し，噴砂はその下位にある礫混じり砂層の液状化に起因すると考えられる．ここに発達する噴砂は砂岩脈に似た形態をなし，平面的には幅 5～10 cm（最大幅 30 cm，最小幅 2～3 mm）で最長 30 m 以上続き，枝分れ状を呈する一つの系を示している．噴砂の伸長方向は NW-SE 性と NE-SW 性が多いが，前後関係はみられない（図 2.33）．傾斜は 70～80°ないし垂直に近いものが多いが，一部 15～20°の緩傾斜を示すものもある．噴砂中には 2～3 mm 大（最大 4 cm）の礫が含まれることもある．また細い割れ目では，暗灰色粘土が充填していることもある．トレンチ南側斜面では，噴砂は縄文時代の淡赤褐色シルト層とその上位の古墳時代の暗褐色粘土層を切り，その上部を削剥されたような形で，奈良・平安時代の褐色粘土層におおわれている．したがって，噴出年代は古墳時代以降，奈良・平安時代以前ということになり，古記録から弘仁 9 年（818 年）

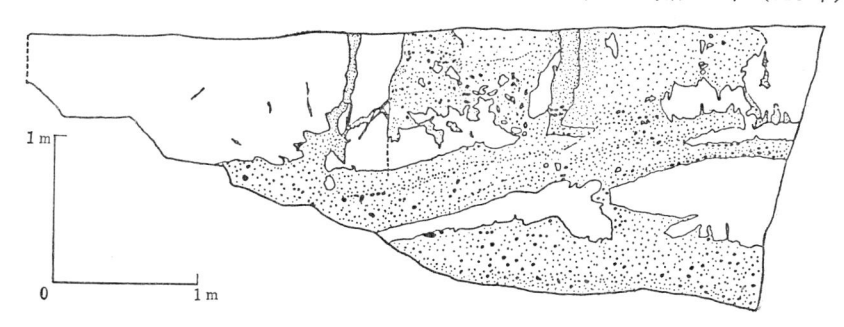

図 2.33　深谷バイパス遺跡のトレンチ断面図（堀口ほか，1985）
白抜き部はシルトおよび粘土層．

の大地震に対比される可能性がある（堀口ほか，1985）．

f. 大久保遺跡

大久保遺跡は長野県岡谷市の諏訪湖北西にあり，糸魚川-静岡構造線活断層系から600〜700mほど西側に位置する．長野県埋蔵文化財センターによる発掘調査時に，数個所でNW-SE方向に並ぶ断層露頭が発見された．いずれにおいても，下部更新統とされる塩嶺累層の凝灰角礫岩層がみかけ上北東側落ちになる変位を示し，同様に黒色系腐植土層群も変位を受け，北東側で厚い．断層面は一般に高角で，北東に傾斜して断層上部が開口するものもみられるので，本断層帯の多くは正断層とみなされる．しかし，平面形態からはいわゆる杉型の雁行配列をなし，断層による地層の引きずりの様子などから，右横ずれ成分を伴っていることが示唆される．

No.31調査溝西壁面（図2.34）の観察と^{14}C年代測定の結果から，本断層帯の活動時期は今回までに少なくとも3回あり，最新の活動は約2500年以前以降，その一つ前の活動は約2500〜約4000年前の間にあり，さらにその前の活動は約10000年前くらいと推定される．

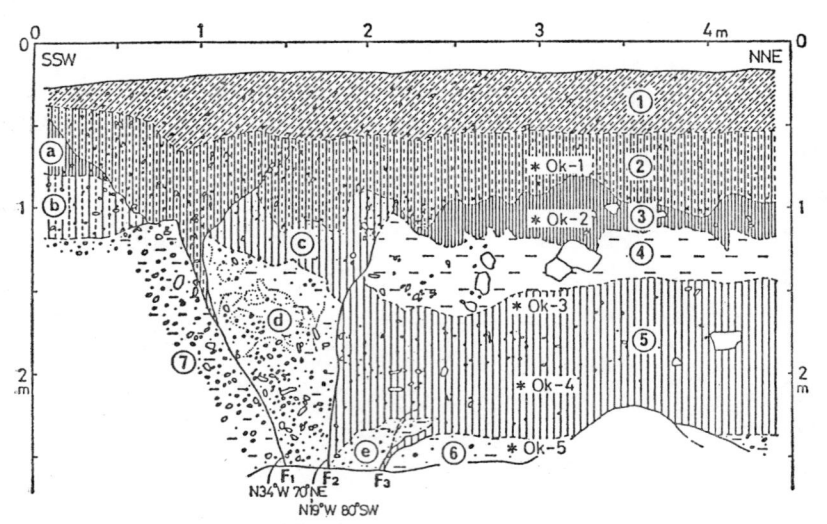

図2.34 大久保遺跡のトレンチ断面図（東郷ほか，1985）
1：小-細礫混じり黒灰色砂泥質腐植土層，2：黒灰色腐植土層，3：含小・中角礫黒色シルト質腐植土層，4：含大・巨礫茶褐色シルト層，5：大-小角礫混じり黒褐色砂質腐植土層，6：黄褐色礫混じり凝灰質砂層，7：黄褐色安山岩質凝灰角礫層（塩嶺累層）．
a：小-細礫混じり黒灰色砂質腐植土層，b：黒灰色腐植土層，c：小-細礫混じり黒灰色砂質腐植土層，d：塩嶺累層主体の崩落堆積物，e：d.の一部．

この断層の右横ずれ北東落ちの正断層運動は，糸静線活断層系中部の左横ずれの卓越する運動と異なっていること，大久保遺跡は周囲の地すべりブロック辺縁部にあり，断層露頭の位置や走向が滑落崖のそれと調和的であることから，本断層は直接的にはブロックグライド型地すべりに関連したものとみなされるが，地すべりの発生が糸静線活断層系の活動による地震動が誘因となった可能性も強く，そうであればその活動史は，少なくとも糸静線活断層系中部の活動を示唆するものといえよう（東郷ほか，1985）．

2.2.2 地震の化石

地震の歴史・考古記録がないか，または不十分な（地質）時代の地震活動を知るためには，地震の発生に伴って生じた地層や岩石の変形などを調査する必要がある．このためには，湖成堆積物のように静隠な堆積環境下で沈積し，初生的な層状構造のよく保たれている堆積物中の地震動によって誘起された準同時構造や，断層運動時の熱によって形成されたシュードタキライトなど，いわば地震の化石の解析が有効である．その例を，いくつか紹介する（図2.35）．

（i）アメリカ・カリフォルニア州ロサンゼルス郊外を震央とするSan Fernando 地震（1971年2月9日，震央：34.40°N, 118.43°W，$M6.5$）によって被害を受けたVan Norman湖ダム底の1915から1971年にかけての堆積物中から，本地震のみならず過去2回の地震による変形構造が発見された（Sims, 1973）．堆積物最上位の4〜5cmの部分には，小褶曲，荷重痕，ゆがんだラミナや偽ノジュールなどがみられ，下位の二つ

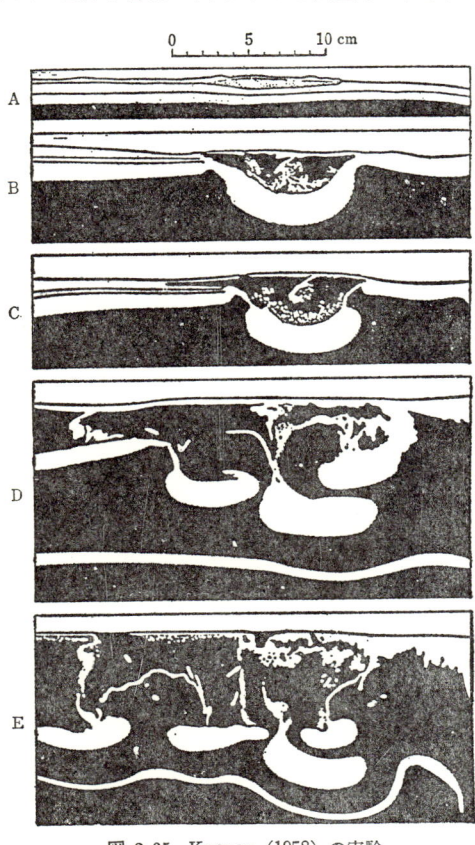

図 2.35 Kuenen (1958) の実験
とくに，BはVan Norman湖の堆積物中の構造に類似．

の層準には，放射状に対称な荷重痕や可塑的に変形し，地震動によって液状化し上位層を支えられなくなった下位層にたわみこんだ，より粘土に富むラミナ層などが発達する．こうした変形は，Kuenen (1958) の模擬地震による実験にきわめてよく類似している．3層とも分布は広く，特定の層準に限定される．これらに対応する地震は，Santa Monica Bay(?) 地震 (1930年, M 5.2), Kern County 地震 (1952年7月21日,震央：35.0°N, 119.0°W, M 7.7) および San Fernando 地震の三つである．各地震の Van Norman 湖近くにおける震度は Ⅵ, Ⅶ および Ⅸ〜Ⅺ である．

（ⅱ）カリフォルニア州 Imperial 渓谷の Cahuilia 湖堆積物からも，地震に伴う変形構造が報告されている．ここでは，ほぼ水平に成層する沖積世堆積物はシルトと極細砂が卓越する．粘土質の平行ラミナ層を欠くほかは Van Norman 湖と似た構造が，これらの湖成堆積物上部 10 m に5層発見された．しかも，その分布域は広く 100 km² に及ぶ．X線写真から得られたラミナの変形などは，Kuenen(1958) の実験結果とよく対応しており，地震動を誘因とする変形構造とみなされた (Sims, 1975)．

（ⅲ）ワシントン州西部のオリンピック山脈東麓の Puget Sound 地域に分布する氷縞-湖成堆積物では，部分的に区別の困難な混合型があったが，スランプなどによる堆積構造と地震に関連する変形構造が識別され，氷縞と ^{14}C から推定された年代との検討から，変形の間隙すなわち地震の再来周期が 45000 年以降，前半はやや短く，後半はやや長いことが明らかにされた (Sims, 1975)．

（ⅳ）スコットランド北西部に分布する Lewisian 片麻岩基盤中を通るカレドニア後期に形成された Outer Hebrides スラスト西縁部に沿って発達するせん断および引張り割れ目内に，シュードタキライト (pseudo tachylite, 偽玄武岩玻璃) といわれるガラス質岩が発達している (Sibson, 1975)．シュードタキライトは隕石の衝突に際しても形成されうるが，この例のように，過去の地震活動に伴うせん断割れ目の形成（圧砕作用）における摩擦熱と関連して形成されることもある．ここでは，次の2種類の脈状タイプに分けられる〔図 2.36 (a)〕．

（1）断層脈 (fault veins) タイプ： 急激な摩擦を伴う滑動によって生じ，しばしば膨縮するが，厚さは 10 cm 以下の比較的平面状を示すことがほとんどである．シュードタキライトは必ずしもすべての断層面に伴うわけではなく，とくに脆性的な破断を示す断層に発達する．

（2）注入脈 (injection veins) タイプ： 引張り破断中を満たすもので，分岐したりしてやや不規則な形状をなすが，そのもとの部分は断層脈タイプのシュ

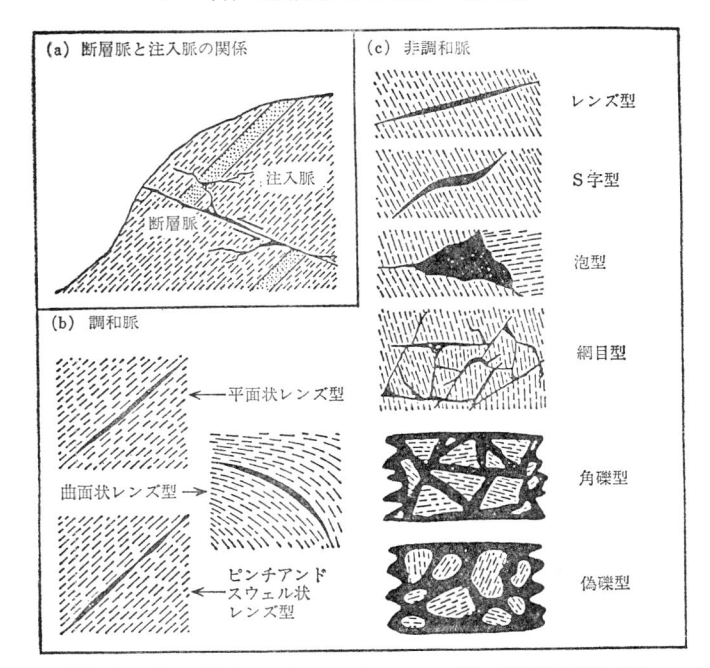

図 2.36 断層と注入脈との関係およびシュードタキライト脈の幾何学的分類（Sibson, 1975）

ードタキライトに続いている．こうした形状は，部分的には速い地震断層運動中の非静的な応力条件により，また部分的には片麻岩の強度の異方性に起因する．さらに，幾何学的形状から図2.36（b）のように分類される．ずれの増加につれて，網目型から角礫型，偽礫型へと移り変わると考えられている．

シュードタキライトの形成に関与する断層のスリップレイトは，10 cm/s 以上であると推定されることから，地震断層運動に関連したと考えられている．比較的薄い（厚さ数 mm 以下）のシュードタキライトの厚さ a(cm) とその原因となった断層の変位量（cm）との間には，おおよそ $\log d = 1.94 \log a + 2.64$（書き替えると $d = 436\, a^2$）の関係がある．この式が大きな変位量や層厚に外挿されるなら，5 m の変位に対して 1 cm 程度の厚さのシュードタキライトができることになる．さらに，地震時の断層変位量とマグニチュードの式（たとえば松田，1975）を用い，きわめて単純化して考えると，シュードタキライトの形成される物理化学条件が満たされている場合，$M 7.8$ 程度の地震で厚さ 1 cm 内外のシュードタキライトが形成されることになる．

2.3 地震断層の諸特性

2.3.1 地震断層の地表形態

地表に出現した地震断層は，巨視的には一定の配列形態をもった，数本ないし10数本の断層からなる断層群をなすことが多い．ある地震に対応する長さ数十km以上の地表地震断層群全体を，地震断層系（たとえば濃尾地震断層系や北伊豆地震断層系）とか地震断層帯とか呼ぶことがある．断層系を構成する長さ数百m〜10数km程度の個々の断層（たとえば濃尾地震断層系の根尾谷断層）は，断層線と呼ばれることもある（松田，1976）．ここでいう断層線も，基本的な地形・地質図の縮尺である5万分の1程度の図上で，1本の線として表示しうるという意味である．実際には，さらに小規模な断層〜破断群，小地溝，とう曲崖などを連ねた線である．最小単位としては，長さ数cm〜数m程度の開口裂かのさまざまな配列をとることが多い．したがって以上の区分は，各地震断層ごとに規模も異なる多重構造に対応させて暫定的に決められるものであり，断層線以下の小規模断層をセグメントやエレメントと称することもあり，名称も統一されていない．

地表における個々の地震断層の出現形態は，変位量や被覆層の性質などによって同一の地震断層でも場所によって異なったり，漸移的に変化したりする．

a. 横ずれ地震断層の地表形態

せん断運動に伴う変形については，粘土などを用いたモデル実験から，模式的なせん断帯中に発達する断層の幾何学的配置が知られている．たとえば右ずれせん断帯における断層の方位と名称は，図2.37に示されている．一般には，リーデルせん断（R）が発達し，右ずれに対応した雁行配列（いわゆる'杉'型），左ずれに対応した雁行配列（いわゆる'ミ'型）を示す．共役リーデルせん断（R'）の発達する理由はよくわかっていないが，現実の断層系でも，R'のほとんど発達しない濃尾地震断層系と，R'の比較的よく発達する北伊豆地震断層の別

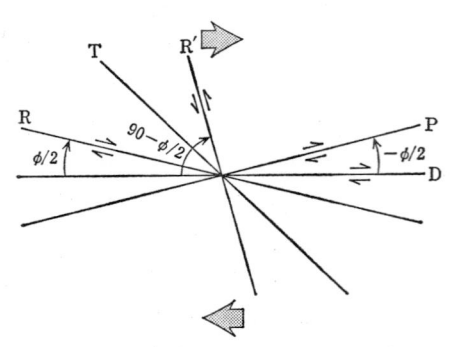

図2.37 右ずれせん断帯に発達する断層の方位
T：引張り破断，R：リーデルせん断，R'：共役リーデルせん断，P：スラストせん断，D：主変位せん断，ϕ：内部摩擦角．

2.3 地震断層の諸特性

がある.

模式的な雁行配列の幾何学的要素は，図2.38（a）に示してある．雁行配列の2次元形態は，α（雁行配列帯の主方向と各セグメントのなす角），各セグメント間の距離（w_n），各セグメントの長さ（L_n）などで表現される．いい換えれば，各セグメントの重複率 $r=(l_n/L_n)\times 100$ と α で決まる．各セグメントが重複しない場合には，その離れている距離 l_n' を用いて解離率 $r'=(l_n'/L_n)\times 100$ と α で

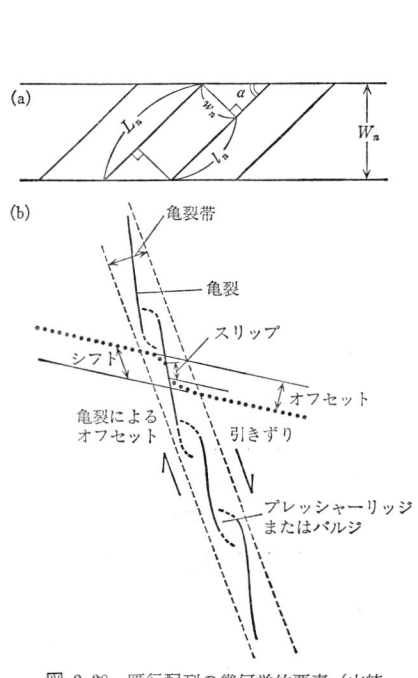

図 2.38 雁行配列の幾何学的要素（山崎ほか，1979）
（a） 模式的な雁行配列（加藤，1983）
L_n：セグメントの長さ，l_n：重複したセグメントの長さ，w_n：セグメント間の幅，W_n：セグメント帯の幅，α：雁行配列の主方向とセグメントのなす角
（b） 雁行配列する亀裂および亀裂帯に沿って生じる変形を示す概念図

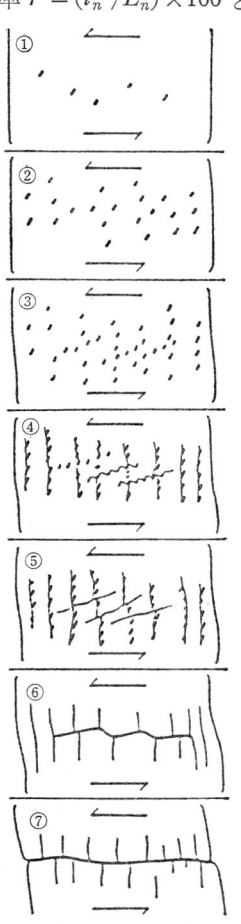

図 2.39 リーデルせん断実験による断層の発達過程（小出，1970）
1：とう曲期，2：幼年期，3：少年期，
4：青年期，5：壮年期，6：老年期，
7：クリープ期.

決まる．実際の雁行配列では各要素とも一定ではないので，若干の統計的処理が必要である（図2.38）．雁行配列の最小単位である亀裂帯における測定要素の例を図2.38（b）に示す．こうした模式的なモデルや実験結果が適用できるのは，かなり均一性の高い状態，たとえば砂漠で形成された地震断層の雁行配列や，10数m以下程度の短いセグメントの雁行配列にかぎられるべきである．セグメントの長さが数km～数十km程度以上になると，堆積盆，火山岩体あるいは蛇紋岩中の石灰岩体など，地質学的異方性に大きく影響され，不規則な分布を示すからである．

次に横ずれ断層運動の発達過程との関係をみる．

小出（1970）は実験結果をもとに，断層の発達期を図2.39のように7段階に分けた．すなわち，せん断方向と約45°をなす引張り割れ目の形成・発達期（1～2期），引張り割れ目の結合によるRおよびR′の発達期（3～5期），Rの結合によるDの発達期（6期），直線状の断層発達期（7期）である．一般に日本の地震断層は，既存活断層の再活動によるものがほとんどであるため5期前後のものが多いが，松代地震断層は新たに発生した断層で，比較的初期の発達段階（1～4期）にあるとされている．

同様にTchalenco（1970）のリーデルせん断実験では，横ずれ断層系の発達過程を図2.40のように5段階に区分しているが，これは上述の小出の実験結果の

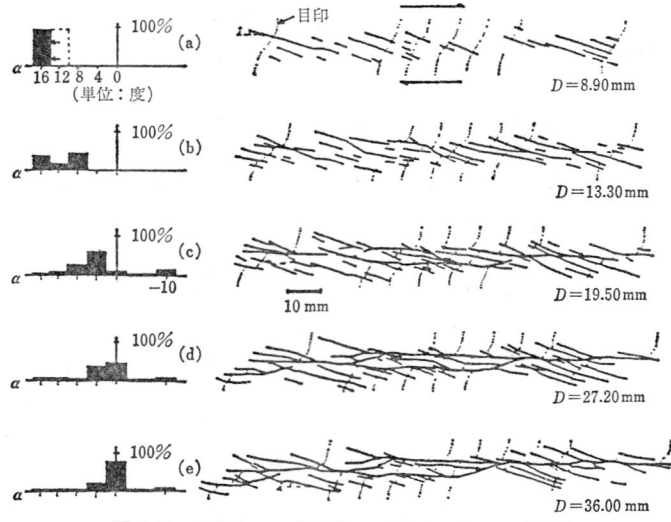

図2.40 Tchalenco（1970）によるリーデルせん断実験
せん断変形が進むにつれて，せん断方向に対してより低角度の断層に変位量が集中していく．

4〜6期の段階を細分したものといえよう（佃，1985b）．a段階では，最大せん断強度に達する直前にRがせん断方向と12°前後の角度をなして生じ，それから回転して16°くらいの角度をなす．b段階では，いくつかのRがより水平方向に広がり，新たなせん断が約8°の角度をなして生じる．c段階では，Rと対称の位置に10°くらいの角度をなしてPが生じる．d段階では，0〜4°の角度で連続的なDが発達する．e段階では，Dに沿ってすべての変位が進行していく．この実験結果は，イランで生じたDasht-e-Bayaz地震断層とよく類似している．

b. 縦ずれ地震断層の地表形態

実験・理論的研究から，正断層面の傾斜角は約60°くらいであることが期待されるが，実際にはさまざまの要素が影響する．

たとえば，引張り破断に対するルーズな被覆層の性質によっては，90°近い高角ないし逆転傾斜を示すし，断層面形成後の侵食による傾斜の減少も，調査時において考慮しなければならない．

乾燥気候下にある大陸地域では，縦ずれ地震断層によって生じた低断層崖の保存条件は比較的単純であり，その断面形態から断層活動の相対年代や活動間隔を推定する試みがなされている．

Wallace(1977)は，アメリカ・ネバダ州に発達する地震正断層に伴う低断層崖の記載を行い，その形成時期や変化の過程を検討した．断層崖に関するおもな用語は図2.41に示されている．断層崖はその形成直後から図2.42に示すようにルーズな砕屑物の重力による落下，雨水による洗い直しなどさまざまな侵食過程を

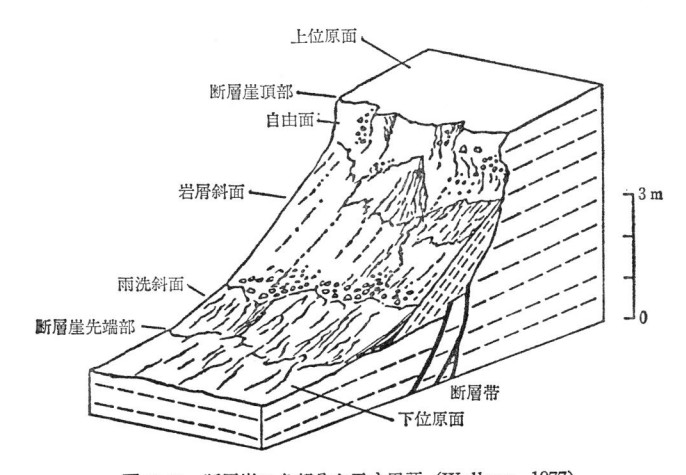

図 2.41 断層崖の各部分を示す用語（Wallace, 1977）

2. 地震断層

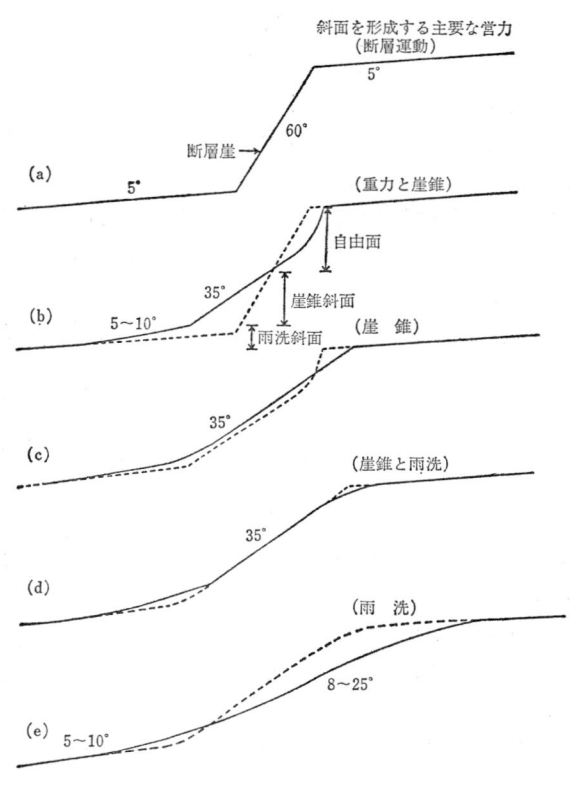

図 2.42 侵食による断層崖の斜面崩壊過程 (Wallace, 1977)

受けはじめ，その形態を変化させていく．断層形成から 100 年後には，崖錐斜面が優勢であるが，自由面や重力斜面も依然として卓越する．雨洗斜面もよく発達しはじめる．1000〜2000 年以降になると自由面は消失し，crest が丸味を帯びはじめ，崖錐斜面と雨洗斜面の結合した斜面となる．10000 年以降では，crest の丸味は重要な形態の支配要因となる．100000 年以降では，ほとんどの斜面が実質的に傾斜角を消失する．また，繰り返し断層運動が起こると斜面の若返りが生じ，屈折した断面形が得られ断層の活動史が知られる．

この研究以後，斜面形の数量的取扱いを応用して，断層崖の定量的な形態解析が行われ（たとえば，Nash, 1980；Hanks, et al., 1984；Hanks and Wallace, 1985），またアメリカ以外でもたとえば中国の地震断層崖への適用 (Buchun, et al., 1986) も試みられている．

地震逆断層の例としては，陸羽地震の千屋断層があげられる．その模式断面（図 2.43）

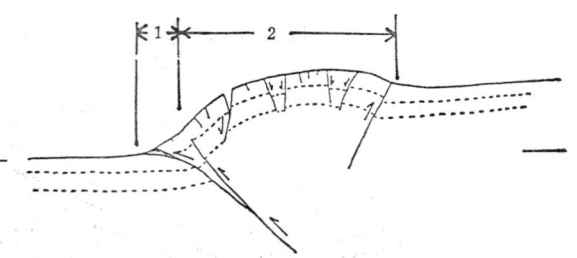

図 2.43 陸羽地震の地震断層をモデルとした逆断層の模式断面図 (松田ほか, 1980)
1：短縮部，2：表層の伸張部．

では，主断層である逆断層の上盤側に地形的な高まり（バルジ）がみられ，副次的な正断層群が発達している．これは，Friedmanほか（1976）が石灰岩と砂岩の人工的な薄互層試料を封圧下で変形させた実験結果（図2.44）とよく一致し，千屋断層の地下応力状態や，深部での断層面の高角化なども同様であろうと推定される（両者の異なる点

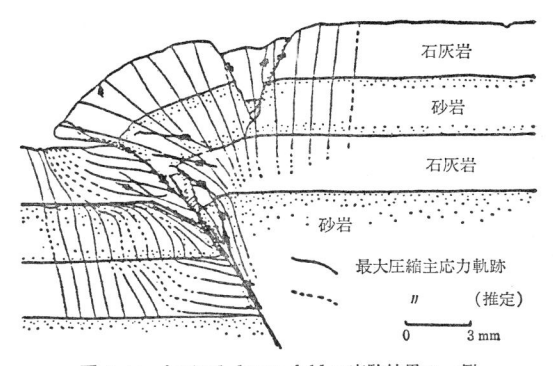

図 2.44 faulted drape fold の実験結果の一例
(Friedman, et al., 1976)
65°の角度で切断した砂岩を封圧1kbで，10^{-4} cm/sの速度で軸方向から押し，切断面に沿って0.63 cmすべらせたときの上盤層（被覆層）の破壊様式と応力像．

は，千屋断層における共役な副次的逆断層の存在であるが，これは実験条件を変えれば生じうると思われる）．

横ずれと縦ずれが合成されたり，また地震断層の各部分で変位のセンスが異なることもよくある．代表的な例を図2.45にあげておく．

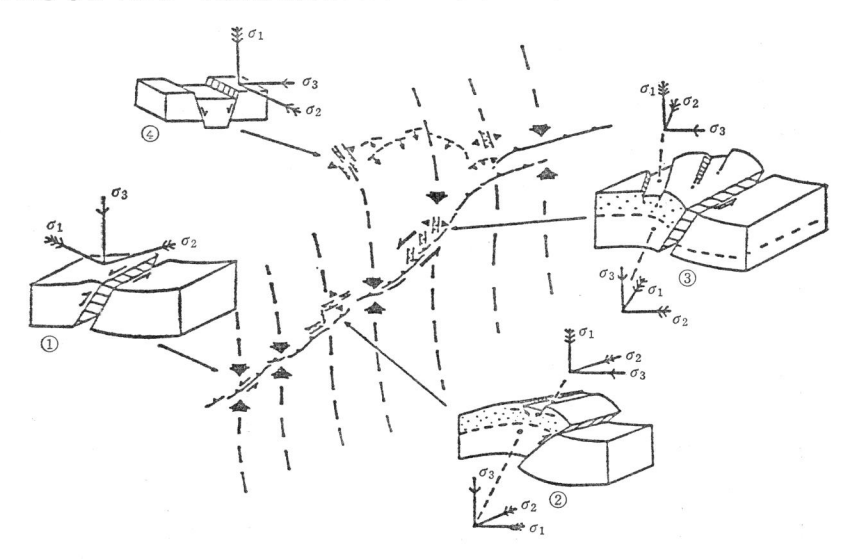

図 2.45 地震断層の各部で異なる地表形態を示す例 (El Asnam 地震断層) (Phillip, et al., 1983)

2.3.2 地震と地震断層の規模

地震断層(主断層)は,震源断層の地表への直接的な延長とみなせるから,その出現形態が被覆層の厚さや震源の深さ,変位様式など多くの要因に影響されるとしても,震源断層ひいては地震エネルギーの大きさと第一近似的に相関すると考えられる.

地震断層の長さ (L) と変位量 (D) および地震のマグニチュード (M) の間には,表2.2に示されるような対数比例関係が経験的に成り立つといわれる.これによれば,日本内陸部では M 7級地震の地震断層は長さ約 20 km, 変位量 1.5 m となるが,図 2.46 に示されるように,$D ≒ 10^{-4}$ とする意見もある.イラン内陸部の地震断層では,$\log D = -3.832 + 0.914 \log L$ (Nowroozi, 1985) という関係式が提案されている.さらに,若干の比較をしてみると,濃尾地震とエルジンジャン地震(トルコ)はともに約 M 8 とされるが,前者の地震断層の長さは約 80 km, 最大変位は 8 m 以上に対して,後者ではそれぞれ 300〜350 km, 4.2 m となる.これらを含めて,両国の横ずれ地震断層の変位量 (cm) と長さ (km) の比

表 2.2 地震の規模 M(または M_S)と地震断層の長さや地表変形領域の直径 L または変位量 D との関係(松田,1976 に加筆)

関 係 式 (L km, D m)	資 料 の 対 象
$\log L = 1.02 M - 5.76$ (Tocher, 1958)	アメリカ・地震断層
$\log L = 1.32 M - 7.99$ (Iida, 1965)	世 界・地 震 断 層
$\log L = 1.14 M - 6.38$ (Ambraseys and Zatopek, 1968)	北アナトリア断層(トルコ)
$\log L = 0.78 M_S - 3.62$ (Toksoz, et al., 1979)	北アナトリア断層(トルコ)
$\log L = 0.8 M_S - 1.01$ (Nowroozi, 1985)	イ ラ ン・地 震 断 層
$\log L = 0.6 M - 2.9$ (松田, 1975)	日 本・地 震 断 層
$\log L = 0.5 M - 1.97$ (檀原, 1966)	日 本・地 表 変 形
$\log L = 0.5 M - 2.0$ (Utsu, 1969)	日 本・余 震 域
$\log L = 0.5 M - 2.1$ (Tsuboi, 1956)	地 震 体 積
$\log L_{max} = 0.5 M - 1.75$ (Iida, 1965)	世 界・地 震 断 層
$\log L_{max} = 0.5 M - 1.8$ (Otsuka, 1964)	世 界・地 震 断 層
$\log L_{max} = 0.35 M - 0.26$ (Bonilla, 1970)	アメリカ・地震断層
$\log L_{max} = 0.5 M - 1.9$ (Yonekura, 1972)	日 本・断 層 と 変 形
$\log D = 0.55 M - 3.71$ (Iida, 1965)	世 界・地 震 断 層
$\log D = 0.96 M - 6.69$ (Chinnery, 1969)	世 界・横 ず れ 断 層
$\log D = 0.57 M - 3.91$ (Bonilla, 1970)	アメリカ・地震断層
$\log D = 0.6 M - 4.0$ (松田, 1975)	日 本・地 震 断 層
$\log D = M_S - 6.58$ (Nowroozi, 1985)	イ ラ ン・地 震 断 層
$\log D_{max} = 0.57 M - 3.19$ (Bonilla, 1970)	アメリカ・地震断層
$\log D_{max} = 0.67 M - 4.33$ (Yonekura, 1972)	日 本・断 層 と 変 形

L_{max}, D_{max} は資料の上限値をとった場合,その他は平均値.

2.3 地震断層の諸特性

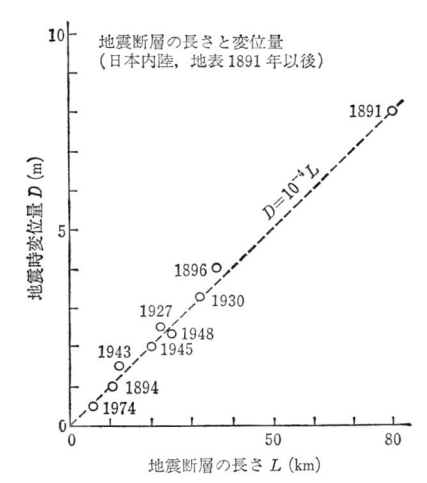

図 2.46 日本における地震断層の長さと断層変位量の関係
（松田ほか，1980）
数字は地震発生年．

を単純計算してみると，トルコの地震断層では7以下（一般に2〜3以下）なのに対して，日本の地震断層では10以上となり明らかに有意な地域性がみられる．これは，トルコの地震断層はプレート境界のトランスフォーム断層沿いの活断層に関連するものであるのに対して，日本の地震断層はプレート内部のトランスカレント断層としての活断層に関連するものであることによると考えられる．

したがって以上の関係は，第一近似的に成り立つとしても，データの精度，震源断層との対応関係，地域性など多くの不確定要素が含まれるので，地震の危険度評価など工学的問題に適用する場合は慎重な吟味が必要である．

3. 活断層

　活断層の「活」という語は「地質学的に活動的」という意味で，そのほとんどが今，現在ずるずると動いているというわけではない．過去の数千〜数万〜数十万年のタイムスケールでみた場合，間欠的に活動しつづけ，また，それだからこそ近未来の数千〜数万〜数十万年間に活動する可能性があるという意味である．したがって，ある活断層の真上に住んでいる人が，数十年間の一生のうちでその活断層の活動にめぐりあう確率は，一般にはきわめて小さい．

　しかしながら，日本列島のように地殻変動が激しく，世界的にみても活断層の発達が著しいところでは学問的興味のみならず，地震予知・災害予防の観点からも活断層の本質的な理解を深めておくことが望まれる．

　本章では，おもにわが国の活断層をとりあげ，地質現象としての活断層の諸特性について述べ，また活断層運動の背景をなす第四紀の地殻変動についても，若干触れることにする．

3.1 活断層の定義

　日本では，大正末期から昭和初期にかけて，厳密な定義をすることなく「活断層 (active fault)」の語や概念が使用されてきた．その後，活断層研究の停滞に伴いあまり使われなくなったが，1960年代以降の著しい研究の進展に伴い，現在では日常化された用語とさえいえるまでになった．

　しかしながら，活断層自体は自然現象としての断層全体からみた場合，その諸性質に何ら特殊なものはみられない．地質学的現在における活動性およびそれから予想される近い将来における地震や地殻変動を伴う活動，したがって社会に対する影響などの観点から特別視しているにすぎないともいえる．当然その定義には，プラクティカルな要素が強く含まれる．

　一般的には，多田 (1927) によって与えられた活断層の定義「きわめて近き時代まで地殻変動を繰り返した断層であり，今後もなお活動すべき可能性の大いなる断層」に集約される．「きわめて近き時代」とは，日本では，第四紀を通じて現在と同様な広域造構応力場におかれていたと考え，プリミティブに約180万年前〜現在を対応させることが多かった．しかし，最近では第四紀前期に活動を終

了させたようにみえる断層や,変位のセンスが異なってきた断層も知られるようになり,少なくとも第四紀後期さらに更新世後期とか数十万年前ないし10数万年前〜現在というように,限定の度を強める傾向にある.

諸外国でも同様であるが,数万年前〜現在とか完新世に限定する特殊な場合もある.わが国でも,大塚 (1948) は明治以降としている.

この点で最も厳密な基準を適用しているのは,ニュージーランド地質調査所である (Committee of New Zealand Geological Survey, 1966). ここでは,活断層を「過去5万年間に活動したか,または過去50万年間に繰り返し活動した証拠のある断層」と定義している.

「地殻変動を繰り返した」とは,たとえば "Glossary of Geology (Bates and Jackson, 1980)" では,「recurrent movement」を唯一の活断層の根拠としていることに相当する.

以上,すなわち多田の活断層定義の前半部は,むしろ活断層の認定基準である.後半の部分が定義そのものであるが,これは Willis (1923) の『カリフォルニアの断層図』中の記載 'Slip is likely to occur' をもとにしたと思われる.しかし,将来の断層活動を予測する方法が確定しておらず,「今後(近い将来)」の期間もまちまちである.

したがって,「活断層」という語を使用する場合には,認定基準も含めて著者なりの見解を明示しておくことが望ましい.本書では,広義の活断層,すなわち第四紀に繰り返し活動した断層を対象とする.

3.2 活断層の分類

3.2.1 相対変位による分類

造構応力場に対応して,岩石や地層などからなる地殻中に後成的に生ずる不連続的な変形(面)は,断裂 (fracture) と総称される.

断裂のうち,破壊面(断層面)に平行な方向に,破壊面に境される両側の部分(盤 wall) が変位するものを断層という.

相対的な変位が数mm〜数mのオーダーで,せいぜい数枚の葉層や単層を切る程度で断層面の連続性に乏しい小規模な断層を,便宜的に小断層と通称する.成因的には造構性の小断層だけではなく,堆積時やその直後に形成された非造構性の小断層もあり一義的ではない.したがって,ローム層のみを切る小断層を活断層とは一般にいわない.

相対的な変位のセンスをもとにした,幾何学的な断層の分類として一般に用い

られるのが, 正断層 (normal fault), 逆断層 (reverse fault), および (右・左) 横ずれ断層 (走向移動断層 strike slip fault, lateral fault) である.

正断層は「上盤が相対的に下方へ移動する傾斜移動断層」, 逆断層は「上盤が相対的に上方へ移動する傾斜移動断層」, および横ずれ断層は「断層線に向かって右または左の盤が, 相対的に横方向に移動する垂直断層」と一応定義されるが, 実際には実移動の測定はきわめて困難であり, また当然, 斜め移動断層の存在もあり, 以上の分類はかなり観念的である. 普通には, みかけ正 (逆・横ずれ) 断層としかいえない.

厳密にいえば任意の時間面 (datum plane), 通常は地層面を短縮させる断層, いわゆる逆断層に相当する断層を短縮断層 (contraction fault), その逆に伸張させる断層, いわゆる正断層に相当する断層を伸張断層 (extension fault) と呼ぶにとどめておいた方がよい.

衝上断層 (thrust fault) は, 一般に低角度 (たとえば45°以下) で, 水平変位量が数km (たとえば5km) の逆断層をいうが, 人為的な分類である. 地質図に記載できる規模の短縮断層を指すにとどめるべきである. 真の変位が断層の走向や傾斜でない方向にあるものを, 斜め移動断層 (oblique-slip fault) と呼ぶ.

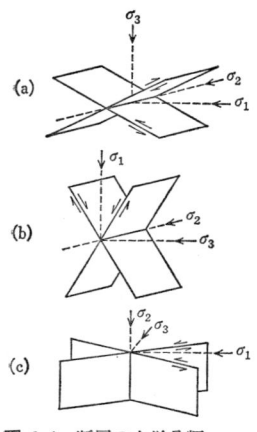

図 3.1 断層の力学分類 (Anderson, 1951)
(a) 逆断層, (b) 正断層, (c) 横ずれ断層 (走向移動断層)

上述の正・逆・横ずれ断層の区分は, Anderson (1951) の主応力系と関係づけた力学的分類に対応する. 3次元応力状態において, 互いに直交する3方向に, せん断応力 (面に平行な応力成分) が0である面がある. それらの面に働く垂直応力を主応力と呼ぶ. 圧縮を正としたときの最大主応力 (したがって最小引張り主応力) を σ_1, 中間主応力を σ_2, そして最小圧縮主応力 (したがって最大引張り主応力) を σ_3 と表す. 主応力の差が十分大きく岩石や地層の破壊強度を上回れば, 図3.1のような応力状態で各断層が生じうる.

3.2.2 平均変位速度による分類

わが国でよく利用される分類で, 1000年間の平均変位速度 (S) を用いる (松田, 1975).

(1) AA級 : $100\,\text{m} > S \geqq 10\,\text{m}$ (San Andreas断層や相模湾断層など)
(2) A級 : $10\,\text{m} > S \geqq 1\,\text{m}$ (阿寺断層, 跡津川断層, 中央構造線など)

（3） B級：100 cm＞S≧10 cm（立川断層など）
（4） C級：10 cm＞S≧1 cm
（5） D級：1 cm＞S≧0.1 cm

3.2.3 最終活動時期による分類

（1） ニュージーランド地質調査所発行の100万分の1第四紀地質図（Grant, et al., 1973）では，活断層を完新世に活動した断層と更新世に活動した断層に二分している．

（2） Jennings(1973)によるカリフォルニアを対象とした予察的断層図（1：750000）では，
① 地震断層（historical fault）……（アメリカの）歴史時代に活動した断層
② 第四紀断層（Quaternary fault）……上記以外の第四紀（約200万年間）に活動した断層
③ 断層（fault）……第四紀以前に活動を終了した断層
に分類している．

（3） Zionyほか(1974)の南カリフォルニア海岸地域を対象とした断層活動最新期を示す予察的地図（1：500000）では，各断層ごとに最新活動年代と断層を被覆し，切られていない最古の地層の年代を記号で図示し，8種類に分類している．

（4） Berberian (1976)によるイラン全域を対象としたサイスモテクトニックマップ（1：2500000）および断層図（1：5000000）では，
① 地震断層（recent earthquake fault or documented earthquake fault）最近の破壊地震時に活動し，異なる著者によって報告された断層
② 第四紀断層（Quaternary fault）……活動記録はないが過去200万年間に活動し，各種の断層変位地形を示す断層．第四紀に活動した証拠が局所的であっても，断層全域を第四紀断層として示す．
③ 先第四紀断層（pre-Quaternary fault）……200万年前より古く，ほぼ後アルプス期頃に活動した断層

ただし，第四紀層と先第四紀層の境界をなしても，もとのデータが不備であったり，第四紀層が分布していないため第四紀の活動が不明だったり，また侵食や植生，人工改変によって断層が破壊・被覆されているものを含む．したがって，確実度（後述）の低い活断層が含まれる可能性がある．

Berberianは以上の分類に，断層の成因（35°以下の傾斜をもつスラスト，36～90°の傾斜をもつ高角逆断層，正断層および横ずれ断層）による分類を加えて表示している．

地震断層（太線は平均変位速度が 1m/10³ 年以上のもの）
Earthquake faults (thick line shows fault of slip-rate larger than 1 m/10³ years)

活断層（主として第四紀後期に活動したもの）（太線は平均変位速度が 1m/10³ 年以上のもの）
Active faults (mainly active during late Quaternary) (thick line shows fault of slip-rate larger than 1 m/10³ years)

推定活断層（同上）
Inferred active fault (ditto)

第四期前期に活動したおもな断層
Main fault active during early Quaternary

上記の断層における変位の向き（矢印は走向ずれの方向，ケバは落下側を示す）
Sense of displacement in above faults (arrow indicates direction of strike-slip, and ticks on downthrow side)

新第三系および下部更新統の断層（破線は伏在部分）
Fault in Neogene and Lower Pleistocene (broken where concealed)

先新第三系の主要構造線
Major tectonic line in Pre-Neogene basement

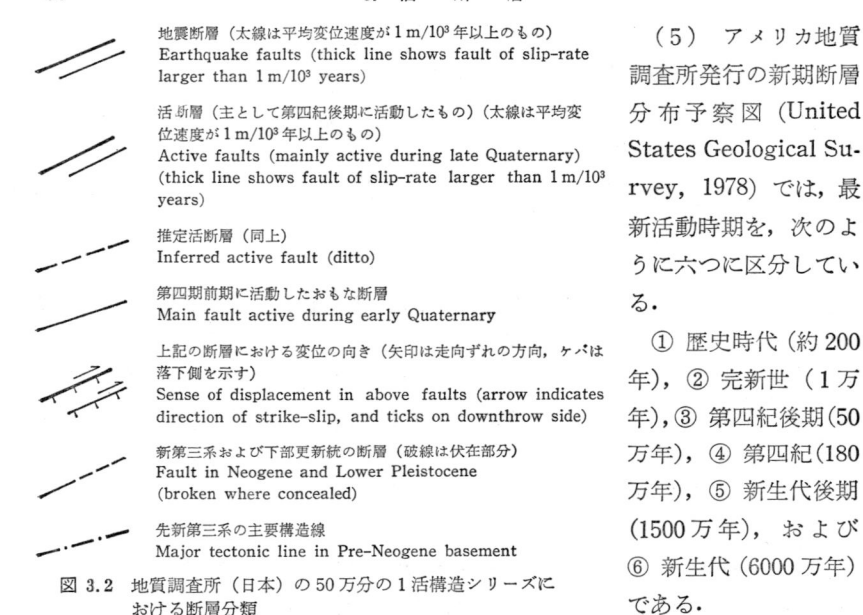

図 3.2 地質調査所（日本）の 50 万分の 1 活構造シリーズにおける断層分類

（5） アメリカ地質調査所発行の新期断層分布予察図（United States Geological Survey, 1978）では，最新活動時期を，次のように六つに区分している．

① 歴史時代（約 200 年），② 完新世（1 万年），③ 第四紀後期（50 万年），④ 第四紀（180 万年），⑤ 新生代後期（1500 万年），および ⑥ 新生代（6000 万年）である．

（6） 日本地質調査所発行の全国を対象とした 50 万分の 1 活構造図では，平均変位速度，確実度，変位の方向なども組み合わせて図 3.2 のように表示している（地震地質課, 1983）．

3.2.4 反復性による分類

ニュージーランド地質調査所では，従来から活断層の反復性に基づく分類を採用している．過去に繰り返し活動した断層は，従来も同様な頻繁さで動く可能性が強いから，活断層の分類は，過去の断層活動史を反映したものでなければならないという観点による．また，こうした過去の断層の反復活動を識別するに足る地形地質学的好条件（各種地形面の広範囲な分布・対比や形成年代の確立，良好な保存状態など）に恵まれていることにもよる．

改訂された分類基準は，表 3.1 に示してある．基本的には，Ⅰ～Ⅲの三つのクラスに分けている．とくに，有史時代（ここでは過去 5000 年間）における断層活動を重視していることが特徴的である．たとえば，最近 5000 年間に反復活動があれば，最近 5000～500000 年間に断層運動が知られていなくとも，すべてクラスⅠに分類されている．また，最近 5000 年間に 1 回しか活動していなくとも，最近 5000～50000 年間に繰り返し活動した断層もクラスⅠに分類される．

さらに，活断層ではないとされる第四紀後期断層の分類基準は，最近 50000 年

3.2 活断層の分類

表 3.1 反復性による活断層の分類（ニュージーランド地質調査所，1979）

			最近5000〜50000年間の活動			最近50000〜500000年間の活動		
			反　復	1　回	な　し	反　復	1　回	な　し
最近5000年間の活動	反復		I	I	I	I	I	I
	1回		I	II	III	II	III	III
	なし		II	III		III	*	

			最近50000〜500000年間の活動		
			反　復	1　回	な　し
最近5000〜50000年間の活動	反復		II	II	II
	1回		II	III	III
	なし		III	*	

* 第四紀後期断層として地図に示される場合もある．

〜500000年間に1回の活動はあるが，最近50000年〜現在では活動が知られていない断層というものである．わが国のいわゆる活断層の中には，この基準に相当するものも少なくなく，対照する場合には注意を要する．

3.2.5 確実度による分類

確実度による分類には，次の二つの意味が含まれる．

一つは，植生や土壌による被覆，人工的改変，侵食などによって活断層の変位地形や露頭の確認が困難となり，活断層の存在が不確実になる場合である．この場合，活断層研究の暫定的な作業基準として，活断層の確からしさに等級をつける分類方法である．いくつかの例を次に示す．

i) 星野ほかの分類　星野ほか（1978）は，「伊豆半島活断層図」を作成するにあたり，活断層の確実度による分類を次のように試みた．

1) 確実活断層：　確定的に第四紀における活動が認められる断層である．次のように三分する．歴史時代に活動した記録が記されているもの，地震時に活動したことがはっきりしているものは「Ie：地震断層」とした．歴史時代の記録にはないが，第四紀層（火山堆積物，段丘，崖錐などを含む）を切っていて，地質学的に第四紀に活動したことがはっきりと認められているものを「Ia：地質学的確認」とした．上記のどちらにもあてはまらないが，地形上，非常に新しく明瞭で，ある程度の規模で連続してみられる変位地形を示しており，周辺の地質状況からも第四紀における断層であると十分に認めうるものを「Ib：地形学的確認」とした．

2) 準確実活断層：　航空写真上で変位の性格，方向が明確に認められるなど，活断層である確率が非常に高いと判断されるものを，準確実活断層とした．

このうち，地表調査で断層面を認めたものを「IIa：地質学的認定」，地表調査で断層面を観察することのできなかったものを「IIb：地質学的未観察」とした．

3) **推定活断層：** 航空写真において，変位の性格・方向は確定しがたいが，それらの推定が，なおある程度可能な線状構造として明瞭な連続性がみられるなど，活断層である確率がかなり高いと判断されるものを推定活断層とした．

このうち，地表調査で断層面を認めたものを「IIIa：地質学的認定」，地表調査で断層面を観察することのできなかったものを「IIIb：地質学的未観察」とした．

4) **リニアメント：** 以上のほかに，野外の直接的根拠は少ないがかなりの連続性があり，なお活断層の可能性が残る線状構造を「リニアメント」とした．

ii) 岡田の分類 岡田 (1979) は，「愛知県と周辺地域における活断層と歴史地震の分布図」作成にあたって，以下のような分類基準を用いた．

1) **活断層：** 活断層であることが地形や地質のうえで確実にわかるもの．第四紀層や第四紀後期以降に堆積した段丘礫層を非対称褶曲させているとう曲も，地下に活断層があることがほぼ確実であるのでこれに含めた．

2) **推定活断層：** 地形・地質の観察や既存の資料では，活断層の認定がやや不確実なもの．活断層の末端部や断層変位地形のやや不明瞭な断層などをこの分類にした．

3) **潜在活断層：** 現在の地表面（海底面を含む）や沖積層では，変位がほとんど認められないが，下位の更新層に変位が確認されるもの．一般にとう曲として現れていることが多く，その位置や認定そのものに関しても精度が悪い．

4) **潜在推定活断層：** 上記の潜在活断層のうち，証拠がさらに不十分であるもの．

5) **活断層の疑いの濃いリニアメント：** 直線状の谷や鞍部の配列などの線状構造地形（リニアメント）が明瞭であり，断層変位地形や活断層の露頭は認められていないが，活断層の疑いがかなりあるもの．しかし，このリニアメントが活断層であるとしても，大部分，C級程度以下の活断層と推定される．

6) **活断層の疑いのあるリニアメント：** 上記のリニアメントよりやや不鮮明であるが，活断層の疑いも多少残る程度のもの．この大部分は，古い断層に沿う選択的な侵食によるものであろう．これが活断層であるとしても，変位の時期が第四紀中期以前と古かったり，変位速度がC級以下と小さいものと思われる．

7) **地震断層：** 地震時に地表でくい違いが確認された断層．このほかに，測地学的に変位が認められたもの（濃尾地震時の一宮線・大垣-今尾線，江濃地震時の大清水断層など）や，地震学的に活動が認められたもの（1969年岐阜県中

部地震時の畑佐断層）も加えた．

iii） 活断層研究会の分類　活断層研究会（1980）が，『日本の活断層—分布図と資料』を作成した際の確実度分類は次のようである．

確実度 I：　活断層であることが確実なもの．具体的には次のいずれかの地形的特徴をもち，断層の位置・変位の向きがともに明確なもの．① 数本以上にわたる尾根・谷・崖線の系統的な横ずれ，② 大局的な斜面の向きと逆向きの低（断層）崖，③ 時代を異にする地形群を一連の低（断層）崖が切断，④ 一続きであることが確かな地形面（地形線）を切る低（断層）崖，⑤ 一続きの地形面上にある一連の著しいたわみ（とう曲崖：地下に断層がある），⑥ 第四紀層を変位させている断層露頭．

確実度 II：　活断層であると推定されるもの．すなわち，位置・変位の向きも推定できるが，I と判定できる決定的な資料に欠けるもの．たとえば，① 2～3本程度以下の尾根や谷が横ずれを示す場合，② 断層崖と思われる地形の両側の地形面が時代を異にする場合，③ 明瞭な基準地形がない場合（山地など），がこれである．

確実度 III：　活断層の可能性があるが，変位の向きが不明であったり，ほかの原因も考えられるもの．たとえば川や海の侵食，あるいは断層に沿う侵食作用によってつくられた地形の疑いの残るもの．

以上，3例の確実度による活断層分類を，やや主観的になるがあえて対比してみると表 3.2 のようになる．

さて，確実度のもう一つの意味は，広域にわたる活断層分布図を編集する場合，既存資料の信頼性が基準として含まれる場合である．編者が直接調査研究し

表 3.2　確実度による活断層分類対比表

星野ほか (1978)		岡田 (1979)	活断層研究会 (1980)
確実活断層		活　断　層	確実度 I
準確実活断層	地質学的認定		
	地質学的未観察	潜　在　活　断　層	確実度 II
推定活断層	地質学的認定	推　定　活　断　層	
	地質学的未観察	潜 在 推 定 活 断 層	確実度 III
		活断層の疑いの濃いリニアメント	
リ ニ ア メ ン ト		活断層の疑いのあるリニアメント	

ていない断層をとりあげる場合，たとえ第四紀層を境しているようにみえる断層でも，活断層を直接の研究対象としていない場合は疑わしいことが多い．この場合，後に調査されて確実な活断層に格上げされることもありうるが，編集時においては推定活断層とされることがある．

比較的初期の編集図，たとえば『日本活断層図（垣見ほか，1978）』では，暫定的に以下の編集基準を示している．

（1）　地震断層：地震時に活動したことが，文書などに記録されているもの，および近年の再調査で明らかにされているもの．

（2）　活断層

① 活断層を主題とした論文・報告書などにおいて，記載事項からその存在位置と変位の向きを認めうるもの．

② 二つ以上の地質図・活断層分布図・論文などにおいて，等しく活断層と認めているもの．

（3）　推定活断層

① 活断層を主題とした論文・報告書などにおいて，活断層と推定しているもの．

② 1種類の地質図・活断層分布図・論文などにおいて，活断層と認めているもの．

③ 航空写真の判読により作成された二つ以上の活断層分布図において，等しく推定活断層と認めているもの．

④ 一つの地質図において，第四紀層を切る断層として示されているもの．

以上のほか，本図が200万分の1の小縮尺であるという制約から，次のような表示を行っている．

イ）　地震断層は極端に短いもの（長さ2～3 km以下）でないかぎり，なるべく採録している．そのため，長さが多少誇張されている場合がある．

ロ）　活断層（推定活断層を含む）は，その長さが約5 km以上であるものを採録している．

ハ）　活断層が密に分布している地域では，その一部が示されていない場合がある．とくに推定活断層は，この理由から示されていないものが多い．

ニ）　場合により断続または雁行して発達しているものを，一続きの長い活断層として表示していることがある．

このように確実度による分類は，とくに暫定的な性格を強くもつから，既刊の活断層図を利用する場合には注意しなければならない．

3.2.6 その他の分類

上述した分類の中にもすでに示されているように，いくつかの分類を組み合わせて表現する傾向が強まっている．

たとえば，長野県活断層分布図（仁科ほか，1986）では，確実度，活動度および変位のセンスを組み合わせて右表のように分類している．

確実度 I，活動度 A の活断層
確実度 I，活動度 B～C の活断層
確実度 II～III，活動度 A の活断層
確実度 II～III，活動度 B～C の活断層
地震断層
横ずれ断層（矢印は横ずれの向きを示す）
縦ずれ断層（短線は縦ずれの低下側を示す）

3.3 活断層の形態と組織

3.3.1 活断層の地表形態

a. 活断層の形態要素と応力場

傾斜した断層面の上側の部分を上盤 (hanging wall)，下側を下盤 (foot wall) と呼ぶ．断層面と地表面との交線を断層線と呼ぶ．断層面が垂直ないしそれに近い高角をなす平面の場合は，地形に関係なく直線状になる．断層面が低角をなす場合は，地形面に影響されて曲折する．

断層によって生じたずれは，実際の相対変位であるずれ〔移動 (slip)〕とみかけの相対変位である隔離 (separation) の二つの表現がある．

ずれのうち断層形成前に同一位置にあった点が，断層形成後引き離された2点になる場合，断層面に沿ってはかられた2点間の距離が実のずれ (net slip) で，断層の変位量を表すことになる．図3.3に示すようにさまざまなずれの成分がある．しかし，実際には上述したような2点を見出すことは困難である．

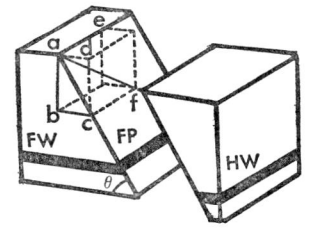

FP ：断層面 (fault plane, fault surface)
HW：上盤 (hanging wall)
FW：下盤 (footwall)
af ：実移動 (net slip)
ab ：垂直移動 (vertical slip)
ac ：傾斜移動 (dip slip)
ad ：水平傾斜移動 (horizontal dip slip)
ae ：走向移動 (strike slip)
θ ：断層面の傾斜 (dip)

図 3.3 断層の要素

一方，断層によって分割された面をある方向（断層面の走向や傾斜方向）にはかった距離は隔離と呼ばれ，露頭面に現れているみかけの変位量のように，断層の両側で同一の地層面などを認定できさえすれば容易に測定できる（図3.4, 3.5）．

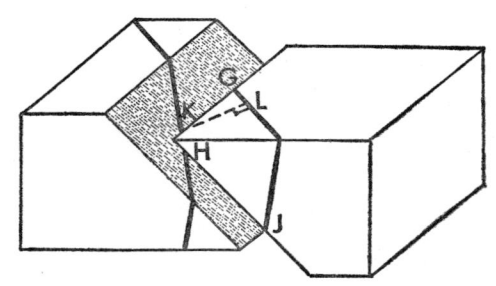

図 3.4 断層の隔離例 (Gill, 1941)
KG：走向隔離，HJ：傾斜隔離，KL：オフセット．

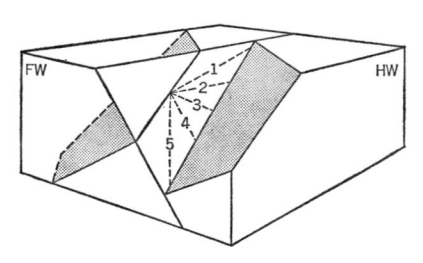

図 3.5 隔離と実移動との関係 (Hill, 1947)
1：左逆断層，2：左走向移動断層，3：左正断層，4：正断層，5：右正断層．

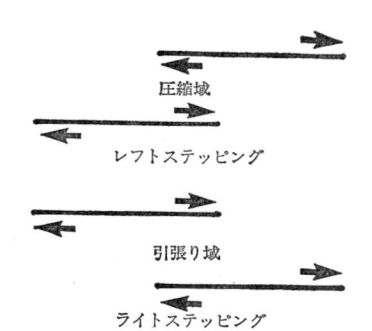

図 3.6 右横ずれ断層の雁行配列例

露頭でなく地形面の変形などから認定される活断層の場合，ずれを直接測定しにくい．とくに垂直変位は，断層に直交する地形断面から推測することが一般的である（図3.7）．

さて，横ずれ地震断層形成時の雁行配列についてはすでに述べた（2.3.1項参照）．活断層においてもその配列は基本的には同じだが，やや大規模な活断層ではその地質学的発生条件に影響されて，必ずしもその配列は単純ではない．たとえば，右横ずれ断層においては図3.6に示すように，レフトステッピングとライトステッピングが考えられる（もちろん左横ずれにおいても，同様である）．ここで重要なことは，

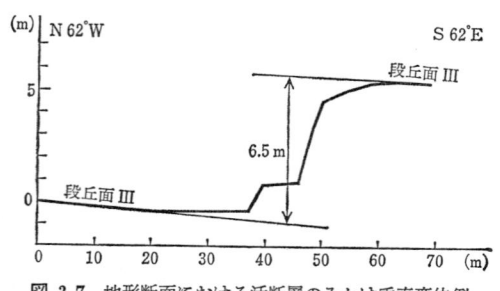

図 3.7 地形断面における活断層のみかけ垂直変位例
（吉岡・加藤，1987）

各断層が重複する部分が前者では圧縮場となり，後者では伸張場となることである．この地質学的意味については，活構造単元の項で述べる（3.6.2 b. 項参照）．

断層の力学的分類については活断層の相対変位による分類の項で述べたが（3.2.1項参照），一般には主断層の形成に伴う2次（さらには3次，4次，…）的な応力場によって，より小規模な2次（さらには3次，4次，…）オーダーの小構造が形成されうる．その一例として，理想化された横ずれ断層（主断層：1次オーダー）と2次以下の地質構造との模式化した関係を図3.8に示す．しかし，このような応力配置はあくまで2次以下の構造形成の必要条件の一つでしかなく，

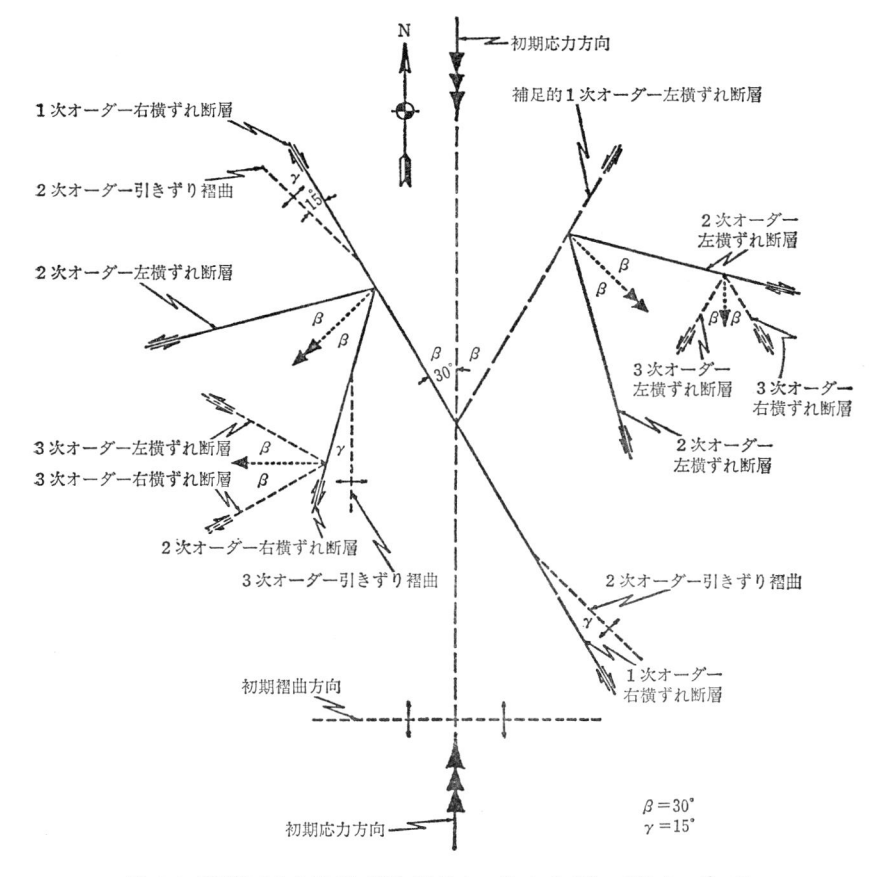

図 3.8　理想化された横ずれ断層（1次オーダー）と2次・3次オーダーの地質構造との模式的な関係図（Moody and Hill, 1956）

実際には，主応力の大きさなどが岩石・地層の破壊条件を満足させなければならない．したがって，応力集中の起こる主断層末端部において，2次オーダーの断層・褶曲が形成される可能性は強いが，一般に3次・4次以下の小構造が，主断層と直接関係して形成されるとは考えにくい（もちろんこのことは，同一の広域造構応力場において，さまざまな規模の地質構造が共存することとは別である）．

b. 断層変位地形

おもな断層変位地形については図 3.9 に示すが，実際には複合したり，侵食による形態の変化がある．

i) **変動崖**（tectonic scarp）　地下の断層が地表に達し，地表面を上下方向に変位させてできた斜面を断層崖（fault scarp）と呼ぶ．軟弱な被覆層が厚いなどのため，断層が地表に到達せず，地表面をたわませてできた崖をとう曲崖（flexure scarp）と呼ぶ．

一般に，1回の地震で生ずる断層崖の比高は数 m 以下であるから，比高が数十～数百 m に達する断層崖は，数十万～数百万年間にわたって繰り返された地震（断層活動）の累積した結果である．この断層崖斜面は崩壊や侵食によって開析され，低角度化した断層面でもとの形状そのものではない．

断層崖の形成速度が侵食速度より速ければ，尾根末端の断層崖斜面は三角形状をなし，三角末端面（triangular facet）と呼ばれる．ただし，三角末端面自体は，河川の側方侵食などでもできるから，その成因の解釈は吟味する必要がある．

比高が数十 m 以下の断層崖を，とくに低断層崖（fault scarplet）と呼んで区別することがある．これは，一般に新しい堆積・平坦面（沖積面，段丘面，緩傾斜面，扇状地面，火山斜面など）を切り，比較的新鮮な崖地形をもつ．つまり，第四紀後期の新しい活動（活断層の可能性）を示唆するからである．

とくに，崖面が山地上方（高所）を向くように本来の地形の傾斜と不調和をなす場合には，逆向き低断層崖（reverse scarplet または back-facing scarplet）と呼び，活断層の有力な証拠となる．

ii) **断層（分離）丘陵・断層鞍部・断層間隙**　断層破砕部の選択的侵食，山脚部下流側の隆起，小地溝状の陥没などによって両側の山脚部より相対的に低下した尾根の部分を，断層鞍部（fault saddle）と呼ぶ．場合によっては浅い低湿地帯をなす．これによって分離された下流側の山脚部を，断層（分離）丘陵と呼ぶ．横ずれ断層運動の進行によって，断層丘陵がもとの尾根から切り離されると，断層線上に新たに上流部と下流部をつなぐ通路が生じ，断層間隙と呼ばれる．

3.3 活断層の形態と組織　　　　　　　93

iii) 変動凸地形 (tectonic bulge)　　活断層運動に伴う地表の相対的隆起地形をいう．

両側部をおもに正断層でかぎられ，幅に比して軸方向が長い地塊を地塁(horst)と呼ぶ．大規模なものは地塁山地と称し，幅や比高が数十 m 程度の小規模なものを小地塁 (minor horst または fault slice ridge) と呼ぶ．

周囲より盛り上がった地形を膨隆丘 (bulge, mound) といい，とくに横ずれ断層運動によってできるふくらみを末端膨隆丘 (terminal bulge) と呼ぶ．

雁行配列する断層線に沿う横ずれの結果，両側から圧縮されてできた断層線間の細長い丘状の高まりを，プレッシャーリッジ (pressure ridge) と呼ぶ．

周囲のすべて，あるいは一部の辺縁部が断層でかぎられている山地を断層地塊と称し，それが隆起して山地をなす場合に断層地塊山地という．とくに，活断層によって境された地塊が傾動している場合，活傾動地塊 (active tilting block) と呼ぶ．

iv) 変動凹地 (tectonic depression)　　断層変位の直接的な結果を反映して形成された谷を，断層谷 (fault valley) と呼ぶ．巨視的にほぼ平行な2本の断層（群）によって境され，相対的沈降によって形成された溝状凹地を地溝 (graben)，とくに幅数十 m 以下のものを小地溝と呼ぶ．

断層線沿いに形成された盆状凹地は断層凹地 (fault sag) と呼ぶ．そこに水が溜れば断層陥没池 (fault sag pond) である．断層破砕帯からの湧水など陥没以外の原因で生じた池も含めて断層池と総称する．

断層盆地の一種で，断層によって少なくともその一方が境されている傾動盆地を断層角盆地と呼ぶ．断層側は直線的で，反対側の辺縁部は山脚が鋸歯状に入り込む．

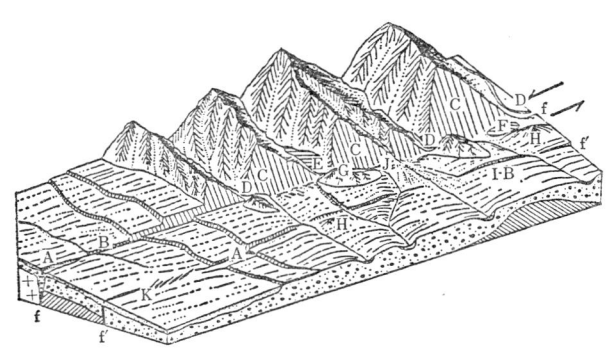

図 3.9　横ずれ活断層に伴う変位地形模式図 (松田・岡田, 1968)
f-f, f′-f′：若干の垂直変位を伴う左横ずれ断層，A：地溝（トレンチ），B：小断層崖，C：三角末端面，D：横ずれ河川，E・F：断層池 (F：サグポンド)，G：閉塞丘，H：膨隆丘，I：眉状断層崖，J：截頭河谷，K：雁行クラック．

v) 横ずれ変位地形　　河谷や尾根などが断層線を境にして系統的に屈曲し

ている場合，横ずれ谷（offset stream）や横ずれ尾根（offset ridge）と呼ばれ，活断層運動による可能性が高い．河川の下刻開始時期がわかれば，横ずれ変位量を測定して，横ずれ平均変位速度が求まる．

横ずれ尾根が移動して横ずれ谷の前面をふさぐような状態になった場合，断層丘陵の一種である閉塞丘（shutter ridge）と呼ばれる．

さらに横ずれ変位が進み，下流側の隣接河谷が上流側河谷に近接して流路変更を生ずると下流側は浅く広い谷地形をなし，截頭河谷と呼ばれ，その谷頭部の空谷を風隙（wind gap）と呼ぶ．

c. 活断層に伴う褶曲

断層が活動するとき，周囲の地層を引きずり，その2次構造応力場に対応した褶曲変形を生ずることがある．こうした褶曲は，引きずり褶曲（drag fold）の一種である．主断層の走向に対して褶曲軸が30°以下の緩い角度で斜交することが多く，主断層をこえて連続することはない．

図3.10は北アナトリア断層（トルコ）に伴う引きずり褶曲である．内陸山間盆地に分布する鮮新-更新世の河成-湖成堆積物であるポンタス層群を変形しており，断層に近い翼部が急傾斜を示し，主断層に並走する逆断層を発達させている．ここでは比較的明瞭な背斜と，やや不明瞭な向斜からなる1波長程度の褶曲しか形成されていない．

San Andreas断層に沿う引きずり褶曲は，図3.11にみられるようによく発達している部分がある．ここでは，主断層の右横ずれに対応して五つの背斜が発達

図3.10 北アナトリア断層に伴う引きずり褶曲（Erbaa西方，トルコ）

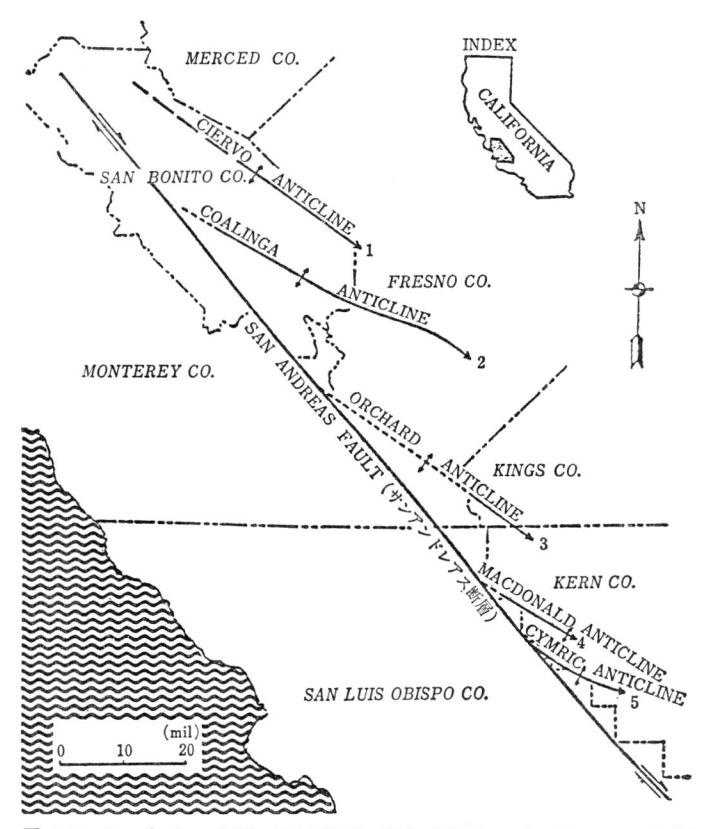

図 3.11 San Andreas 断層に沿う引きずり褶曲 (Moody and Hill, 1956 に加筆)

し，背斜軸と主断層とのなす角度は 14~20° で平均して 17° である (Moody and Hill, 1956).

縦ずれ断層に伴う褶曲として，新潟県長岡市の魚沼層群および段丘面を変位させる活断層である親沢断層に伴う引きずり褶曲を例にあげる．親沢断層は，全長約 1.5 km の高角逆断層で，中央部で最大の平均変位速度 (約 0.1 m/1000 年) をもつ．この断層によって魚沼層群は著しく変形され，幅 3 m ほどの断層帯をなす．上盤側上部 (図 3.12 の上段) の断層帯近傍では，各シルト層は直立ないし一部逆転し背斜状の引きずり褶曲を呈している．一般に各タイプのシルト層は，背斜軸部で層厚を増大させる．とくに，植物遺体をたくさん含んでいるシルト層の層厚変化は顕著である．すなわち軸部では，本シルト層の下面は緩い弧状をな

96   3. 活 断 層

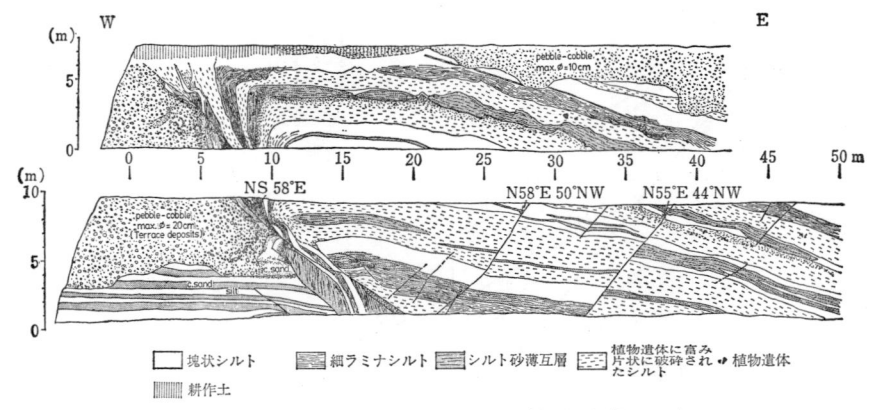

図 3.12 親沢断層に伴う引きずり褶曲（吉岡・加藤，1987）

すのに対して，上面は，鋭角状に上方に突き上げ層厚を変化させている（吉岡・加藤，1987）．

d. 活断層末端部の形態

正・逆活断層およびトランスカレント断層に含まれる横ずれ活断層は有限な長さをもち，また断層面に沿う変位も一様ではないから，その全体像を把握するうえで，その地表部における末端部の状態を知ることが必要である．

逆断層運動においては，垂直変位とともに水平方向の短縮を伴うから，断層面の傾斜の緩い場合には，断層線は変位量の大きい中央部分が，変位量0の末端部より突出して弧状を呈することがある．そして断層末端部付近では，断層の走向

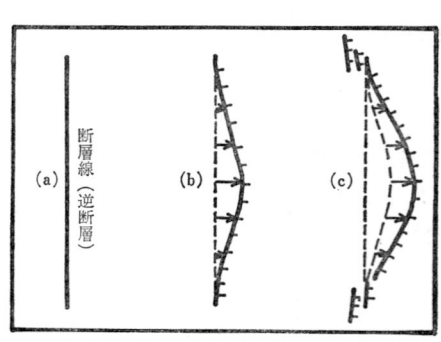

図 3.13 逆断層線の地表面における発達
（渡辺，1985）

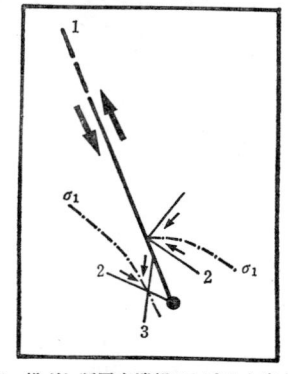

図 3.14 横ずれ断層末端部における主応力 σ_1 方向の再配置と関連する2次の共役断層（2）（3 は splay fault）
（Jaroszewsky, 1984）

と応力場の方向が斜交し，短い断層が雁行配列する（図3.13）．こうした例は，福島盆地西縁活断層系の比較的傾斜の緩い逆活断層でみられる（渡辺，1985）．

横ずれ活断層末端部においては，a.項で述べたように，2次オーダーの断層が生じやすい．Jaroszewsky (1984) によれば，そこでは，主断層にほぼ直交または平行する2次最大主応力 σ_1 が生じ，それに対応した2次の共役横ずれ断層が発達する可能性が強い．とくに，図3.14で3で表した2次断層は，主断層と運動の性質が似るため発達しやすく，末端分岐断層（splay断層）と呼ばれる．たとえば，知多半島先端部に分布する中新統の師崎層群中に発達する渥美湾断層および知多湾断層は，活断層ではないが，中央構造線および養老・伊勢湾断層のそれぞれ末端分岐断層とみなされている（林，1987）．

また，横ずれ断層末端部で，断層線がS字状に湾曲したり，横ずれの進行方向前部が相対的に隆起，あるいは著しい場合は褶曲したりすることもありうる．たとえば鳥取地震時の鹿野断層では，横ずれの進行による隆起によってその垂直変位成分が部分的に逆転し，鋏状運動（scissoring movement）を示した．こうした運動は，横ずれタイプの地震断層でよくみられることがある．

3.3.2 活断層の深部形態

活断層にかぎらず断層の深部形態を知ること，すなわち地表で高角度あるいは低角度をなす断層面が，地下深部でどうその角度を変化させるかという問題は，解釈をめぐって議論されるところでもある．

最近は，大規模な正・逆断層において断層面が曲面をなす場合，リストリック断層（listric fault）と呼ぶようになってきた．この名前はRamsay (1987) によれば，シャベルを意味するギリシャ語「リストロン（listron）」に由来し，上方で高角，下方で低角ないし層理面に平行となる断層曲面形状を意味する．

リストリック逆断層は，上部がしばしば垂直に近い高角逆断層で，底部が層面断層（bedding plane fault）となる．リストリック正断層は，同様に上部の高角正断層から底部の層面断層に移り変わってゆく断層である．

たとえば，短縮テクトニクスにおける傾動地塊の運動を考えるには，地塊境界断層をリストリック断層と考えた方が説明しやすい．地下深部まで垂直に近い断層を考えると，地塊境界部での断層のすべりはきわめて困難であるともいわれる（Sezawa and Nishimura, 1929）．

しかし，これに対して批判的な見方もある．

藤田 (1988) は，日本列島の第四紀末期に生じた衝上断層が平野辺縁部にあり，山地ないし丘陵側から，平野ないし山間盆地側へと衝上していることを指摘

している．それらの大部分は，高角傾斜の衝上面をもつが低角の場合もある．そして低角衝上断層は，山地などの隆起に伴って形成された高角衝上断層の上盤がいっそうの隆起によって，地形の高低差が十分大きくなったときに，高所・上盤側ブロックが低地ブロック側へ重力によって低角度で衝上したと解釈し，こうした現象は hill creep とか soil creep（阿部ほか，1985）と呼ばれていることと同じとみなした．Beloussov (1959) もブロック運動による地表部の高低差によってブロック境界の垂直断層が，低い側へ向かって緩傾斜の逆断層になることを指摘している．

また，地表でみられる高角衝上断層は，次のような理由で地下深部でも垂直に近い高角傾斜をなすと考えている（藤田，1988）．

（1）深部ボーリングデータの豊富な新潟盆地の地質断面図に，低角衝上断層がほとんど描かれていないこと．

（2）山地と平地の地形のあらましと鮮新世中期～第四紀の地層の形態が相似していること，すなわち衝上断層の位置は400万年前の鮮新世中期に決まっていたこと．

（3）平地と山地の高低差は，中新統の地層の形態と相似であること，すなわち平地と山地の境界は2000万年前にほぼ決まっていたこと．

（4）山地や丘陵地に褶曲・断裂構造が集中し，さらに平野部地下の小規模な隆起部にも褶曲・断裂構造が分布すること，またそれら褶曲部には，しばしば中新世～第四紀にかけて火山活動が集中していることから，今日の山地と平野の境界付近には中新世から地表よりマントルにまで及ぶ断裂が存在していて，マグマの上昇があったと考えられること．

3.3.3 活断層の破砕帯

固結した岩盤が破砕されてできた断層内物質は，野外では従来，粒度によって定性的に次のような区分をしてきた．

i）断層粘土（細粒物質）　解離した断層面間に発達する細粒粉砕物で，断層形成時に両側の岩石が摩擦によって粉砕されてできたものが大部分だが，その後の風化や熱水の影響によって変質した粘土鉱物質も含む．したがって断層粘土と慣用されているが，断層運動に直接関係してすべての粘土が形成されるわけではない．たとえば金折ほか（1982）は，跡津川断層の2 μm 以下の細粒断層内物質のX線回折装置による同定を行い，母岩中にほとんど含まれていないモンモリロナイトの存在を明らかにした．そして，断層内には風化・変質などの化学的作用により断層内物質中に新たに粘土鉱物が生成しており，細粒化が起こったこと，

$2\mu m$ 以下の細粒分の粘土鉱物組成と粒度分布が互いに相関し，風化・変質などの化学的作用を受けた程度に密接に関係することを明らかにした．したがって，断層粘土の軟らかさは必ずしも，活断層運動の産物であることを意味しない．

ii) 断層角礫　断層運動によって断層周辺の岩石が破砕されてできた不淘汰な角礫で，礫径は数 mm から数 m に及ぶ．

最近，断層内物質を粒径によって定量的に分析する試みも行われるようになってきた．活断層運動によって形成された断層内物質は，少なくとも地表付近では分離可能なので，粒度頻度曲線の分布形状やピークの位置に注目して区分する試みもある．

たとえば金折ほか (1982) は，跡津川断層の断層内物質の粒度分析結果から，次の四つの型を識別している．

Ⅰ型：　粒径 $d=1$ mm，すなわち横軸にとった $\log d$ が 0 の地点付近にピークをもち，緩やかに細粒側に曲線が傾斜しているもの．
Ⅱ型：　完全に分離する二つのピークをもつもの．
Ⅲ型：　ほとんど顕著なピークを示さず，緩やかに波打っているもの．
Ⅳ型：　$d=10\sim3\,\mu m$ 付近にピークをもち，緩やかに粗粒側に曲線が傾斜するもの．

これらの分布型は，生成時のⅠ型から，断層の再活動に伴ってⅡ→Ⅲ→Ⅳ型と移行していくと考えられている．しかし，これらの型が断層のどんな性質に関連しているのかはよくわかっていないので，今後，検討の余地が多い．

断層組織・破砕帯の記載・区分も，まだ試行的な段階である．

緒方・本荘 (1981) は，跡津川断層から不撹乱採取した断層組織試料を観察し，堅岩と破砕帯との境界部に黒色細粒粘土化帯，破砕帯中央部に角礫帯が発達し，粘土化帯中には角礫帯より供給されたと考えられる岩片や粘土がレンズ状に含まれること，またその中に新鮮な角礫も含まれることを明らかにした．そして，これらの事実から粘土化帯は，角礫帯形成後に生成，あるいは再編成されたこと，および破壊様式は延性的であったことを推定した．

破砕度や破砕帯の分類例を表 3.3，3.4 に示す．

さらに破砕帯の幅や長さも，重要な幾何学的パラメータである．

緒方・本荘 (1981) は，中部山岳の黒部川〜高瀬川にかけて分布する花崗岩中に発達する断層の長さ (L m) と破砕幅 (T cm) を計測し，$\log L = 0.68 \pm 0.32 + 0.87 \log T$ という関係式を導き，破砕幅が大きい断層は連続性も大きく，L は T の 150〜350 倍程度であることを指摘した．岩質差，複数回の断層運動との関係

表 3.3 断層破砕帯の破砕度による分類（松田・岡田，1977）

破砕度	分類の基準
V	主として（90％以上）細粒物質（断層作用によって生じた粒径が 0.2 mm ≒ 細粒砂以下の物質）よりなる．これがさらに，シルト大以下の極細粒物質が卓越する部分と，砂質から主になる部分とに明瞭に分けられる場合には，Va・Vb のように区分する．
IV	細粒物質が露頭における面積比で粗粒物質より多量（50〜90％）である．
III	細粒物質が粗粒物質より少量である．
II	細粒物質は一般に認められない（あっても10％以下）が，小断層・節理などの割れ目が概して 10 cm 以下の間隔で生じている．
I	細粒物質はなく，割れ目が概して 10 cm 以上の間隔で生じている．

表 3.4 柳ケ瀬断層における破砕区分（武藤ほか，1981）

(1) 破砕度区分

粘土状破砕度〔I〕	主として粘土状〜シルト状（0.06 mm 以下）の物質からなる．指でこねると，こよりができるもの．いわゆる「断層粘土」と呼ばれているものに相当する．指先での感触や肉眼判別による．
砂状破砕度〔II〕	主として砂状（最大 2 mm）破砕物質からなる．指先での感触や肉眼判別による．
小角礫状破砕度〔III〕	主として砂粒より大きい，小さな角礫状（最大 3 cm）物質からなる．粘板岩などの場合では鏡肌が伴われることが多い．いわゆる鱗片状破砕岩もこの中に含まれる．肉眼判別による．
中角礫状破砕度〔IV〕	小角礫状物質より大きい角礫で長軸が 10 cm 以内のもの．このうち，断層面やせん断性の節理が 3〜10 cm 間隔で発達しているものが大半を占める．肉眼判別による．
非破砕岩	割れ目間隔 10 cm 以上のもの．風化などによる割れ目は除く．

(2) 破砕帯区分

破砕帯	高破砕度帯〔I〕〜〔III〕	小角礫状を生地とし，粘土状や砂状破砕物質を頻繁にはさむ．
	低破砕度帯〔III〕〜〔IV〕	主として小角礫状と中角礫状破砕物質からなり，一部他の破砕物質をはさむ．
非破砕帯		非破砕岩から主としてなる．まれに小規模な破砕を伴うことがある．

など検討課題は残されているが，活断層においても今後データの集積が望まれる．

3.4 活断層の運動様式

3.4.1 活断層の変位様式

活断層の変位運動は，一般に最近の地質時代，とくに第四紀後期においては一

方向的であり，その方向に少しずつ変位を累積しているようにみえる．たとえば，地震時の主変位（横ずれ断層ならその水平変位）の方向は，その活断層に沿って最近の地質時代に蓄積された変位の総和の方向に一致することがほとんどである．もちろん地震記録のない活断層においても，断層によって変位を受けている地形面や地層がその年代が古いほど大きい変位量をもつことから，その変位の定向的累積性が推定される．

実例については，地震断層・活断層の諸例を参照されたい．

さて，以上述べてきた活断層の定向的累積性は，その前身となる地質断層まで含めると，必ずしもあらゆる場合に成り立つとはかぎらないこともわかってきた．しかし，断層の変位のセンスが時代によって異なってくることは，広域的な造構応力場の変化に対応するのか，複雑で不均質な応力場における短期間のいわゆる応力場の「ゆらぎ」に対応するのかについては，今のところ解釈は定まっていない．次に，いくつかの事例を紹介する．

i) **Bob-Tangol 地震断層** (Berberian, *et al.*, 1979)　　1979年12月19日，イラン南東部に発生したマグニチュード 5.8(M_S) の地震による全長 19.5 km の地震断層である．NS～N 20°E の走向をもつ雁行配列の引張り割れ目群の存在や発震機構の解析から，地表部において最大 20 cm の水平変位をもつ右横ずれ断層であることが確認された．

この地震断層は，全長 300 km に達する Kuh Banan 断層の一部で，南北両端を一種の走向移動断層で境されるセグメントの再活動とみなされる．Kuh Banan 断層は，先カンブリア紀後期および下部古生代の岩石（北東側）を，第四紀層（南西側）にスラストオーバーさせている．地震断層を生じたセグメントは，幅数 m～30 m の断層破砕物（グージュ）からなる破砕帯をもち，（地震前に）上盤側上に N 116°E 方向，50°SE のプランジをもつスリッケンサイドが観察されていた．すなわち，少なくとも第四紀初期までは，このセグメントは北東側上りの高角逆断層であったことになる．

イランにおいては，このような断層のスリップベクトルの変化はほかにも知られている．

たとえば，イラン西部を北西～南東に走る Main Recent 断層は，右横ずれを示す地震断層をいくつも生じさせているが，その前身の Main Zagros 逆断層は，中生代後期～第四紀初期にかけては全体として高角の逆断層運動をしていた．また，テヘラン南西に位置する Ipak 地震断層においても，第四紀初期から後期の間にスリップベクトルの変化があったことが指摘されている．

ii) 善光寺地震断層（加藤・赤羽，1986）　1847年5月8日，長野盆地西縁部に生じた善光寺地震（$M7.4$）による本地震断層は，同盆地北西縁によく発達する活断層群と同様，西（北西）側上りの高角逆断層であることが知られている．ところが，爆破地震動観測（Asano, *et al.*, 1969）によると，地下深部では2000

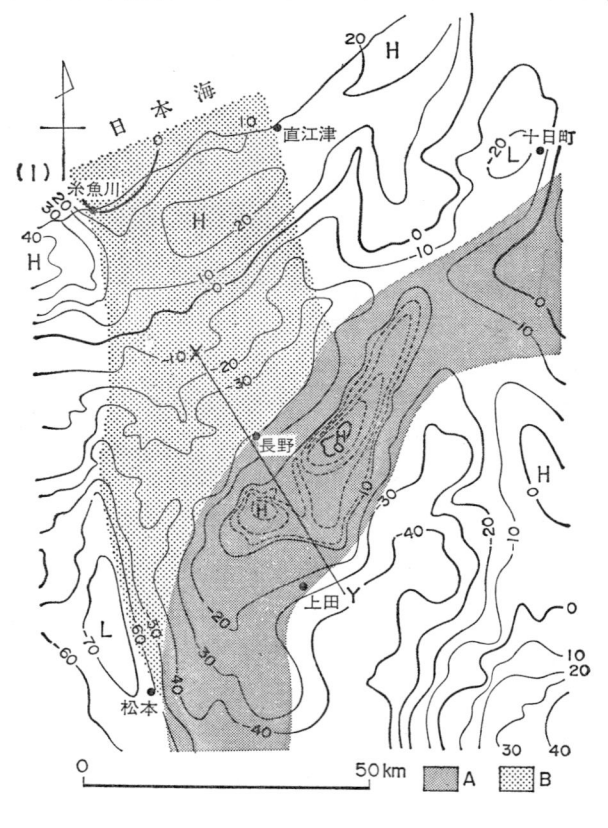

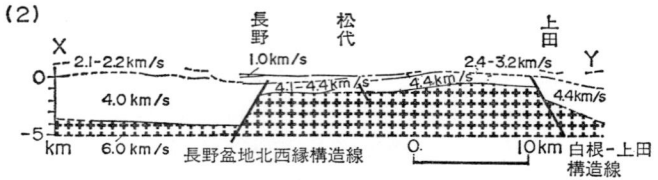

図 3.15　長野盆地周辺地域の地下構造（加藤・赤羽，1986）
(1)　北信地域の重力異常図（Kono, *et al.*, 1982を一部簡略化して加筆）
　　A：中央隆起帯，B：西頸城-大峰地塊．
(2)　爆破地震動観測による地下速度構造図（Asano, *et al.*, 1969に加筆）

m 以上もの落差をもつ西落（正？）断層（長野盆地北西縁構造線）となっている（図 3.15）．ここで 4 km/s 層は，後期中新世層と推定されるから，少なくとも鮮新–更新世において，垂直変位の向きが逆転したことを意味する．

このほか新潟県下の六日町盆地においても，新発田–小出線の南西延長である同盆地北西縁構造線は，同様の性格をもっている．すなわち，少なくとも鮮新–更新世の魚沼層堆積時には西側下り東側上りの高角断層であったが，活断層としては西側上りと推定される．

iii) **Meers 断層**　安定地域と考えられているアメリカ大陸中南部のオクラホマ州南西部を，北西から南東に約 30 km 弱にわたって先カンブリア紀とオルドビス紀の基盤を切る逆断層である．本断層の最新の活動は，有史前数千年以内といわれているが，その活動のセンスは地質断層としての動きとは異なり，左横ずれを伴う正断層（南西落ち，最大垂直変位 6 m）である．とくに，地震活動が不活発で，活断層の発達もほとんど知られていない地域の活（地震）断層として注目を集めた（Kerr, 1985）．

3.4.2 活断層の活動様式

活断層の活動は，個々の断層や断層系ごとに異なり，さらに地域性をもつから，定量的な一般化は現在のところ困難である．

定性的には，以下の三つに区分される．

a. 地震性間欠急性変位型

地震の発生を伴う急激な変位を，数十年から数千年程度の休止期を経て間欠的に繰り返すタイプである．

過去の事例からは，この型の地震断層が圧倒的に多く，活断層全般においても同様であることが外挿されている．地震発生時の断層を境とした岩盤のずれ速度は数十 cm〜1 m/s ほどで，また 1 回の地震に対応する変位量も 10 m 以下であるから，断層運動そのものは数秒〜数十秒で終了することになり，この意味で急性であるという．また，平均して数十年〜数千年程度の再来周期をもつ断層運動が多く，この意味で間欠的であるという．

b. 非地震性クリープ型

少なくともその断層全体に対応するような地震発生を伴わず，緩慢に連続的に変位するかのようにみえるタイプである．この型の断層の観測事例は少なく，San Andreas 断層や北アナトリア断層などの一部に知られるだけである．

i) **活断層による緩慢なクリープ運動**　これは，1930 年代初頭にカリフォルニア州の油田のパイプラインや井戸の変形から気付かれていた．

3. 活断層

　San Andreas 断層から北東に Temblor 山脈を隔てて約 12 マイルのところに，Buena Vista Hills が位置する．この丘陵を形成する Buena Vista 背斜は，活褶曲でその南部に Buena Vista スラストが大略並走する．この断層にほぼ直交する地表のパイプラインが座屈して，当時 2～4 フィートももち上がり，9～15 年間に 9～19 インチも短縮したことが報告されている (Koch, 1933)．さらに，油井のケーシングやジョイントも変形し放棄せざるをえないものもあり，これから推定される変形の割合は平均して 0.131 フィート/年と報告されている．その後，1939～1957 年にかけて，Wilt (1958) は変位の測定を続け，南北方向に平均して 0.068 フィート/年の短縮があったことを示した．

ii) San Andreas 断層のクリープ　ここでのクリープ変位領域である中央セグメントでは，ホリスター付近の例が有名である．これは，1956 年春にカリフォルニア州ホリスター南方約 7 マイルの San Andreas 断層通過位置にある，ブドウ酒製造所のコンクリート壁などが破断していることが発見されたのが端緒である．変位のセンスは断層と同様右横ずれを示し，1948 年から 1959 年にかけて 6 インチに達した．壁面や床板端部を利用した 1956 年以降の大まかな測定では，平均変位速度は約 12 mm/年程度である (Steinbrugge and Zacher, 1960)．

　1957 年以降には，Tochter (1960) によって簡単なクリープレコーダーが数個所設置された．その結果，たとえば北端部の測定点では，1959 年 3 月 3 日～1960 年 3 月 8 日までの 371 日間に，部分的に緩急はあるものの，総体的に 16.96 mm の右横ずれ変位を示した（ただし，1960 年 1 月 20 日に M 5.0 の局所的地震が発生し，そのとき約 3 mm の右ずれを生じた）．

　Whitten と Claire (1960) によるホリスター付近の三角測量結果では，1930～1951 年にかけて約 0.5 インチ/年のクリープ速度が見積られている．

iii) トルコ・北アナトリア断層のクリープ　ここの一部でも，クリープ運動が報告されている．

　Ambraseys (1970) によれば，イスメットパシャ付近の歴史地震としては，1045 年の地震が知られているが，このときの地震断層の記録はない．1944 年の地震では鉄道線路が 150 cm 変位し，1950 年に再び約 30 cm 変位を受けたが，このときは地震の発生は明確に記録されていない．1951 年の地震でまた変位を受けたが，地震断層の記載は明らかではない．1957 年春，鉄道修理工場の敷地を囲む石積みの壁が設置された．1969 年春，Ambraseys が訪れたとき，東壁は 24 cm の右横ずれ変位を示し，南壁は約 5 cm ほど短縮していることが発見された．著者が 1982 年秋に訪れたときには，石壁上に金網のフェンスが付け加わってい

図 3.16 北アナトリア断層のクリープ変位を示す塀のずれ (イスメットパシャ, トルコ)

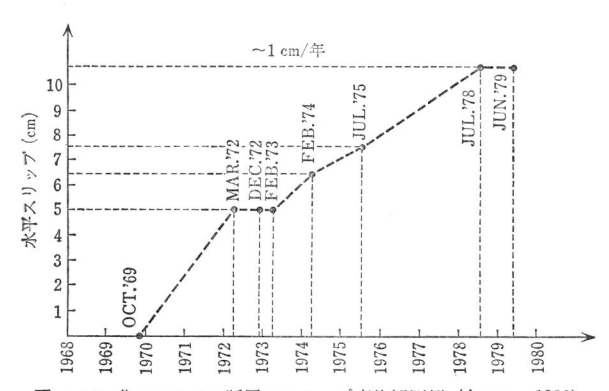

図 3.17 北アナトリア断層のクリープ変位観測例 (Aytun, 1980)

たが，東壁は右横ずれ，南（西）壁はプレッシャーリッジ上に石壁上のコンクリート製金網基部が短縮を示していたが，後者は 1983 年夏に再度訪問した際には修理されていた（図 3.16）.

Aytun (1980) による 1969 年以降の測量結果が，図 3.17 に示してある. クリープは不活発な時期をはさむが，平均して 1.0 cm/年 の右横ずれ変位速度で若干の北落ちのセンスを示し，北アナトリア断層の変位センスと一致する.

c. 中 間 型

このタイプの活断層の実例はきわめて少ない. a. と b. が混在するタイプである. ただし, a. で地震後に余効的変位運動として観測される短期間（数百日以

内），小規模（急性変位の 10% 以下）のクリープは除外する．

　San Andreas 断層のクリープ変位領域である中央セグメントと，急性変位領域である南-中央セグメントの漸移境界に位置するパークフィールド付近は，1857年地震断層の北端部にあたり，さらに 1966 年 Parkfield-Cholame 地震断層が一部重複して発達する地域である．1966 年の地震は，同年 6 月 28 日の $M3$ および $M2$ の前震に始まり，$M5.3$ と $M5.5$ の本震が生じ，さらに $M5.0$ を含む数多くの余震が発生した．これらに伴って地表には，右横ずれを示す引張りクラックやプレッシャーリッジの雁行配列が生じ，全長 30 km 以上にわたって追跡された．

　そのほぼ中央部における測定結果では，地震時の急性変位が約 9 cm であるのに，本震後約 4 ヵ月で 16 cm 以上ものクリープ変位を生じ，その後クリープ速度は減じたものの本震後約 14 ヵ月で 20 cm に達した．また，最大 3.0 mm/日のクリープ速度を記録したところもある．もちろん余震による変位の累積も含まれるが，全体としては単なる余効的変位運動とは考えにくく，中間型の運動様式とみなされる (Smith and Wyss, 1968)．

3.4.3　活動位置の変遷

　巨視的に同じ断層系に属するとみなせる広義の活断層，すなわち第四紀に活動した断層群をみると，厳密には同じ位置で活動を続けるのではなく，むしろある規則性をもってその活動位置を変遷させている場合がある．これには二つの意味があり，一つは震源移動の例（たとえば北アナトリア断層）で示したように，ある長大な断層（系）の片方の端から順次地震を発生しつつ，他の端へ破壊領域が移動するタイプである．もう一つはもとの主断層と並走する断層が形成され，新たな活動位置を変遷させていくタイプである．この場合には，断層のタイプも変化する場合と，同じタイプの断層が新たに形成される場合がある．ここでは，後者の並走するタイプについて補足しておく．

　鈴鹿山脈東麓では，南北性の縦ずれ断層系である一志断層系が山地と山麓平野を分化させ，さらにその東方では桑名・四日市断層系が，山麓地域の中で段丘・丘陵部と海岸沿いの沖積低地とを分化させている．桑名・四日市断層系に属する活断層群は，すべてが更新世中・後期に活動した証拠のある，いわゆる狭義の活断層であるが，一志断層系に属する断層群は，必ずしもすべてそうではなく，更新世前期の活動は知られているものの，それ以降の活動が顕著でなくなるものを含む．また活動度は，ともに B 級であるが，一志断層系のうち山地と高度約 200 m 以下の山麓地域との境界をなす断層は高角逆断層であるが，山麓から離れた位置にある同断層系の断層，および桑名・四日市断層系の活断層は，とう曲を主と

する．こうした状況は，断層活動の主体が，海岸方向へ移動しつつあることをうかがわせる（太田・寒川，1984）．

また，トラフの陸側延長域にあたる富士川南西麓地域でも，断層運動や沈降の中心がトラフ軸（伊豆側）の方へ順次移動していることが指摘されている．この運動は，トラフ底に堆積した地層が順次陸側の構成体になっていくこと，すなわちプレートの沈み込みによる付加体形成を意味している．したがって現在この地域にみられる活断層は，付加体内の覆瓦スラストと考えられる．ここでも高角逆断層タイプの活断層が，山地側から海側へその活動位置を変遷させている（山崎，1984）．

中央構造線では紀伊半島和泉山脈西側において，更新世前期の菖蒲谷層に基盤岩が乗り上げる菖蒲谷時階の活動（更新世前半）が知られているが，右ずれの卓越した現在の北上りの活断層系は，この北側を並走する（岡田・寒川，1978）．また，四国西部松山平野南西方でも，地質断層としての中央構造線と第四紀前半の活動が主の伊予断層，および更新世中・後期の活動が活発な活断層の位置は，それぞれずれている（佃ほか，1982）．

3.4.4 活断層の活動時期

活断層の活動年代を知るには，変位を受けた地層や地形面と断層との関係から，地質地形学的にその相対的な年代を知る方法（断層破砕物中の石英粒子の表面構造を用いて，相対年代を求める方法も試みられている）と，断層活動によって生じた破砕物の放射年代などを直接測定して絶対年代を知る方法がある．

a． 活断層の相対活動年代

活断層の相対年代を知る前に，活断層によって変位を受ける地形面や地形面構成層の区分・対比・編年を行わなければならない．

地質学的にほぼ同時期とみなされるある基準面（海面・湖面）に関連して形成された平坦面ないし緩傾斜面を，地形面と呼ぶ．侵食・削剥作用による侵食（平坦）面と，種々の堆積作用による堆積面とに大別される．

地形面をその形態・特性・成因を考慮して区分し，構成層の年代や性質を加味して対比・編年を行う（表 3.5）．さらに活断層との関係から，その相対的な活動時期を推定していく．当然のことであるが，変位を受けている地層・地形面より断層活動は新しく，上位をおおう非変形層・地形面より古い．

実例については，地震・活断層のトレンチ調査結果の項を参照されたい．

金折ほか（1978；1982）は，断層活動時に母岩中の石英が破断し，断層粘土中に取り込まれ，その後地下水などの作用により石英粒子表面で時間経過とともに

表 3.5 地形面・地形面被覆・構成層の対比

地形面の形態特性	連 続 性	近接地形面間の等高度性や連なり方
	垂 直 的 配 置	近接地形面間相互の比高や区分段丘面数の比較
	平 面 的 配 置	新旧地形面間の相対的位置関係
	分 布 特 性	地形面の相対的広狭などによる発達の程度
	開析度・平坦度	新旧地形面間の侵食度の比較
	傾 斜	傾斜量や方向の比較
地形面の被覆・構成層の特性	古土壌	古期赤色土	ほぼ日本全域の高位断丘面上に分布．赤味が強く，風化の程度も強く，くさり礫を伴うことも多い．厚さ1m以上．
		新期赤色土	東海地域以西の中位段丘面（下末吉面相当）上に分布．赤味は弱く，風化の程度も弱い．厚さ50cm程度．
	テ フ ラ		火山爆発による降下火砕物（テフラ）は，地質学的にほぼ同時間を表すから，これと地形面の関係から，対比・編年を行える．とくに，広範囲に分布するものを広域テフラと呼ぶ．
	堆 積 物		層相・層厚・構造・化石などによる対比，古地磁気，^{14}C年代などの利用による編年．

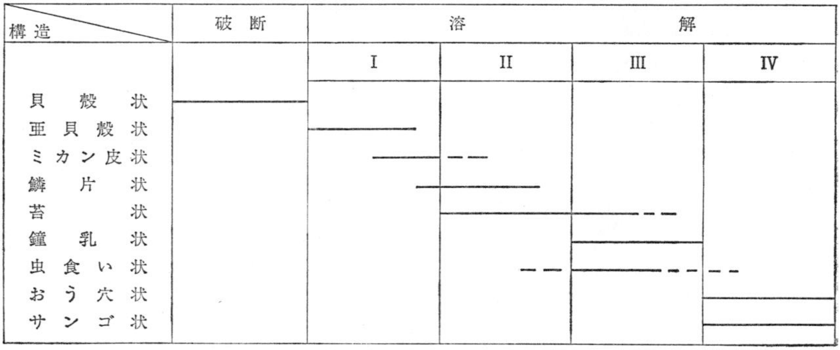

図 3.18 断層粘土中の石英粒子の表面構造の形態と分類（金折ほか，1978）

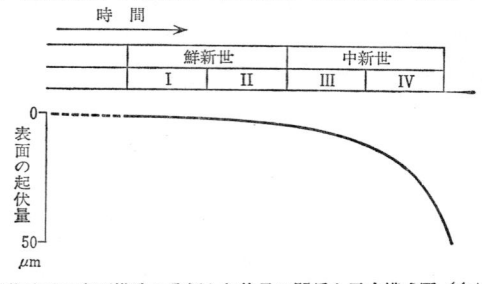

図 3.19 石英粒子の表面構造の分類と起伏量の関係を示す模式図（金折ほか，1978）

溶解し，特有の表面構造をもつようになると想定した．それらを，走査型電子顕微鏡を用いて記載・分類し石英の溶解実験などとの比較から，断層活動時期の新旧順序を推定しうることを示した．

図3.18に示したように，右にゆくに従って表面構造は複雑になり，起伏量が増加する．さらに，図3.19に示したような起伏量と地質年代との大まかな対比を試みている．石英粒子を取り巻く環境条件は十分に明らかではなく，石英粒子表面の溶解条件や年代との対比など，検討をさらに要する点はあるが，複数回の断層運動の識別や，第四紀活動の有無などの定性的評価に有用である．

b. 活断層の絶対活動年代

活断層にかぎらず断層運動の活動時期を，断層運動に直接関与して形成された断層内物質や周辺の岩石の同位体年代などを測定することによって推定する試みが，1970年代以降行われるようになってきた．たとえば，断層運動に伴う摩擦熱による年代値の若返りが，断層破砕帯中心部から周辺部へ系統的になされている事例が報告されている〔ニュージーランドのAlpine断層 (Sheppard, et al., 1975; Scholz, et al., 1979)，中央構造線 (Tagami and Nishimura, 1984; 柴田・高木, 1988)〕．また，断層破砕物そのものの同位体年代を，直接測定する試みもなされている．たとえばLyons・Snellenburg (1971) は，ニューハンプシャー州の正断層群の断層破砕物から分離した断層活動後に自生したと考えられるイライトのK-Ar年代を慎重に求め，断層の最終活動時期が三畳紀末ないしジュラ紀初期であることを推定した．またKralikほか (1987) は，オーストリアのEastern Alps断層中の2個所の粘土鉱物（イライト）のK-ArおよびSr-Rb放射年代を測定し，非変形母岩のそれと比較し，白亜紀初期および第三紀の活動時期を明らかにし，現世での断層活動はないことを示した．

柴田・高木 (1988) による長野県分杭峠付近の中央構造線沿いの領家花崗岩類のK-Ar年代をみてみると，固結年代は約80 Maとみなされるものの，中央構造線近傍約300 mまでの花崗岩類の年代は26.2～72.3 Maで，明らかに若返りが認められる．一方，三波川結晶片岩中の白雲母のK-ArおよびRb-Sr年代は57.8～65.9 Maで，かつ中央構造線より約20 cm以内しか若返っておらず，岩質による若返りの差異をうかがわせる．また，泥質片岩に由来する断層破砕物や変質マイロナイトのK-Ar年代は18.9～22.7 Ma，カタクラサイト中の自生カリ長石年代は20.7 Maであることなどから，こうしたカタクラサイト化を伴う中央構造線の断層運動は，中新世前期に終わっていたことが推定されている．しかしK-Ar法やSr-Rb法で，活断層の最新活動時期である数万年以内の年代を求

めるのは，現在のところ困難である．

　安川ほか（1971）は，黒雲母に蓄積されていたフィッショントラックが断層運動によるせん断変形を受け，低温度下でもトラックが消失（ゼロセット）することを利用し，断層活動時期の推定を試みた．しかし，実際には風化していない新鮮な黒雲母を得ることは難しい．

　最近，断層活動年代を直接的に求める方法として，ESR（電子スピン共鳴）法が盛んに試みられるようになってきた．

　物質中では通常，電子は磁性を示さない対電子となっているが，何らかの原因（放射線による損傷など）によって不対電子となると自転（スピン）し，磁性をもつ．これが，外部からの磁界下に置かれ電磁波を受けると，それを吸収してスピンの方向が反転する．これが電子スピン共鳴（Electron Spin Resonance）である．吸収量は不対電子数，すなわち欠陥量に比例する．断層破砕物（たとえば石英）は，断層運動時における熱などによって，それまでに受けた自然放射線による原子レベルでの損傷量を解消する（ゼロセット）と考えると，断層活動後の自然放射線の総被曝線量を測定し，別に求められる年間放射線量率で割れば断層活動時期が求まることになる．これが，電子スピン共鳴法による断層活動年代測定の原理である．ゼロセットが完全になされているか否かの検証など，問題が残っている（池谷，1978）．

3.5　日本の活断層諸例

　日本の内陸域はプレート境界そのものではなく，プレート境界に関連した地震（plate boundary-related earthquakes）の発生する場所であり，活断層もその地域の地質構造特性を反映して，その発達の度合やタイプ，活動度に顕著な地域性をもっている（3.6.1項参照）（図3.20）．

　本章では活断層のタイプに着目して，それぞれの代表的な事例を紹介する．

3.5.1　横ずれ活断層諸例

　ここでは，東北日本と西南日本を分ける糸魚川-静岡構造線に沿う活断層系，西南日本を内帯と外帯に分ける中央構造線沿いの活断層系，世界中でも横ずれ活断層系の分布密度がきわめて高い中部・近畿地方内帯における北西-南東系左ずれ活断層の代表として阿寺断層，北東-南西系の右ずれ活断層系の代表として跡津川断層を取り上げる．

　糸魚川-静岡構造線に沿う活断層系や中央構造線沿いの活断層系を除くと，一般に日本の横ずれ活断層は長さは数十km程度ないしそれ以下で，断層による基

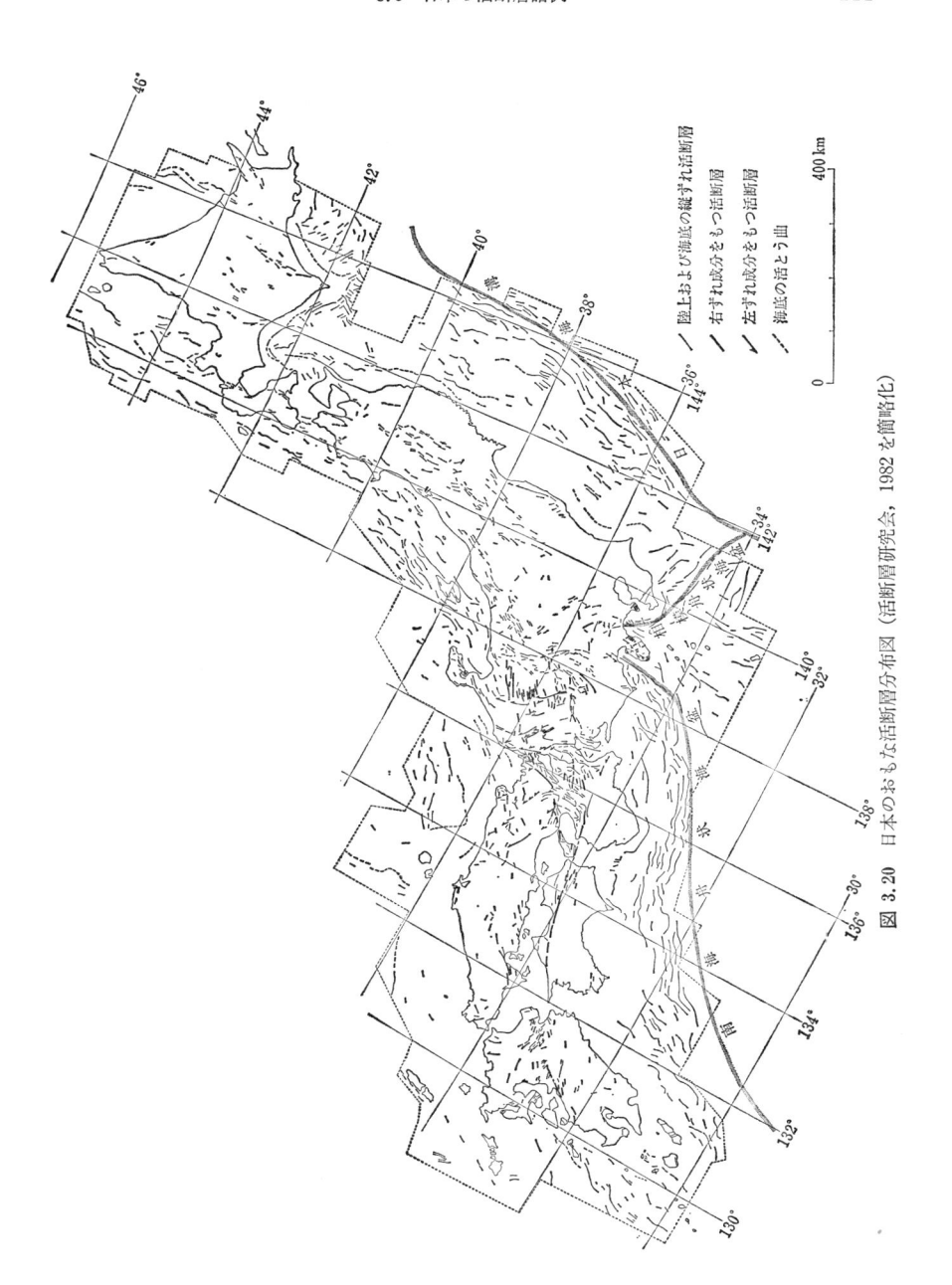

3.5 日本の活断層諸例

凡例:
― 陸上および海底の縫ずれ活断層
― 右ずれ成分をもつ活断層
― 左ずれ成分をもつ活断層
‥‥ 海底の活とう曲

図 3.20 日本のおもな活断層分布図（活断層研究会，1982 を簡略化）

盤岩の総変位量は数 km 程度にしかすぎない．

a. 糸魚川-静岡構造線活断層系

地質学上の糸魚川-静岡構造線（以下糸静線）は，新第三紀中新世初め頃にほぼ完成し，本州中央部を東北日本と西南日本に分け，伊豆マリアナに続く断裂-陥没帯であるフォッサマグナの西縁を画す大断層である．

日本海側の新潟県糸魚川市から姫川に沿って南下し，長野県内を仁科三湖，松本盆地を縦断して，さらに北西-南東方向に向きを変えて諏訪湖を経て韮崎付近より再び南下し，富士川西方を通って太平洋側の静岡に至る．

大地形・地体構造上からは，その存在は明確であるが，厳密な通過位置や断層活動史を含めてその全体像は不明な点が多い．とくに北部地域では，新第三系を切って大略並走する南北性断層群が発達し，また沖積被覆層の分布により，西側の中・古生層からなる基盤岩類と東側の新第三系との境界という意味での糸静線の直接的な存在は，ほとんど確認されていない．基本的には東落ちの高角断層であるにしても，それに伴う横ずれ運動についてなど議論が分かれる点も多い．南部地域では，西側の四万十層群と東側の新第三系の間を画す明瞭な衝上断層として現れているところもある．また最近では，本構造線を北アメリカプレートの境界の一部とみなす意見（中村，1983）もある．

このように地質断層としての糸静線の分布，さらに活動史には不明確な点が残るが，とりあえず糸静線近傍に発達する活断層群をまとめて，糸魚川-静岡構造線活断層系と称するようになってきた．

最近，いくつかのトレンチ調査が実施され，とくに中部地域における本活断層系の概要が明らかになりつつある．

たとえば，長野県岡谷市今井の中島遺跡における調査では，諏訪盆地西縁を切り，糸魚川-静岡構造線活断層系の主要な活断層の一つである岡谷断層の実態が次のように明らかとなった．

諏訪湖北岸平野の北西隅近くに位置する中島遺跡で，4本のトレンチが掘られ，NNW-SSE方向に雁行して延びる断層帯が観察された．

ここでは，トレンチ壁面に露出した堆積物を上位よりⅠ層（黒色腐食土層群），Ⅱ層（砂・シルト・砂礫の薄層からなる地層群），不整合関係にある礫層であるⅢ層とⅣ層とに区分する．断層変位構造とそれを被覆する地層との関係，および断層をはさんで対比される地層の厚さの違いを根拠に，Ⅲ層堆積後5回のイベントが識別された．最新活動期であるイベント1は2千数百年前となり，地震活動の再来周期は約2500年と推定された（東郷ほか，1984）が，その後の検討で，

3.5 日本の活断層諸例

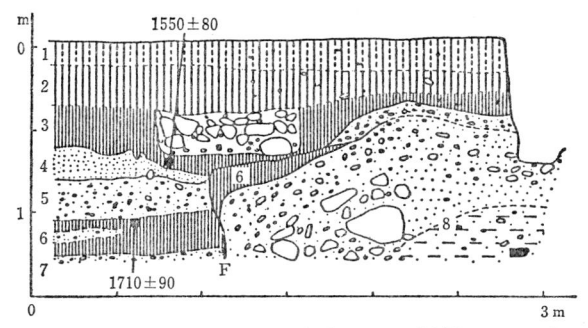

図 3.21 岡谷断層Rトレンチの壁面スケッチ（東郷ほか，1988）

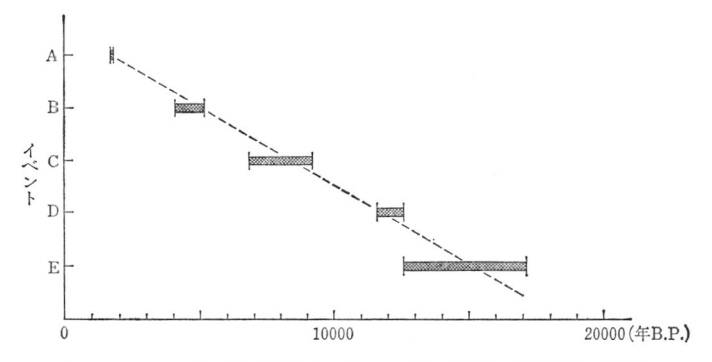

図 3.22 岡谷断層の活動周期（イベントの発生間隔）（東郷ほか，1988）

最新活動期は約 1700 年前，再来周期は約 3500 年と訂正された（東郷ほか，1988）（図 3.21, 3.22）．また，

（1）わずか 30 m ほどの水平距離間で断層セグメントが雁行，または斜交し複雑に配置している，

（2）各トレンチ壁面ごとに断層形態や垂直変位のセンスが異なる，

（3）各層の厚さが場所ごとに異なる理由として考えられる地層堆積前の小規模凹地の分布が，断層の雁行配列と調和的である，

などの理由から，岡谷断層は横ずれ成分の卓越した断層の可能性が高いこと，さらに，周辺の河成段丘上に雁行配列する高まりの一部が，この断層の延長上で左ずれを示すことも指摘された（今泉ほか，1984）．

なお，長野県富士見町若宮地区と茅野市金沢地区でも，本活断層系のトレンチ調査が実施された．

若宮地区トレンチ東端部では，未固結扇状地堆積物を変位させた高角の 4 断層

群が観察され，横ずれ変位の卓越が推定された．また同中央部では低角西落ちの逆断層が認められ，とくにその西側の断層は黒色腐食土層下部まで変位させている．

金沢地区トレンチでは北西-南東走向のほぼ垂直な断層が観察され，三つのイベントが識別された．断層に沿う地層の引きずりも明瞭である（太田ほか，1984）．

b. 中央構造線活断層系

地質学上の中央構造線は，Naumann の命名による，西南日本を内帯（領家帯）と外帯（三波川帯）に分ける延長 900 km に及ぶ大構造線である．長野県諏訪湖付近から赤石山地西縁に沿って南下し，紀伊半島北部から四国北部を経て九州中部に達する．中央構造線に沿って，幅 1～数 km の断層破砕帯（圧砕岩帯）がみられる．

中央構造線の発生時期は，中生代初期～中期末とされ，内帯側が外帯側へ押し上げる運動をしたと推定される．その後も何回かのセンスの異なる活動をしたが〔たとえば，市川・宮田（1973）によれば，白亜紀後期-中期始新世前ではとくに近畿地方の中央構造線は左ずれ変位が卓越したと推定されている〕，その活動時期や変位のセンス・規模については，まだ確定していない．活断層とみなされるのは，このうち紀伊半島中央部以西で，約 500 km 以上に達し日本内陸域で最長である．また，必ずしも地質学上の中央構造線と一致するわけではない．しかし，有史以来大地震発生の記録がない空白域であることは注目される．東から西へ概観してみよう．紀伊半島中部の奈良県大淀町付近の露頭では，北側の基盤岩類が南側の鮮新-更新統に衝上し，両者を不整合におおって中後期更新統の五条層の礫層が堆積しているのが観察される（寒川，1977）．この東方延長で，河谷の右ずれ屈曲がある（Kaneko, 1966）ことを考えあわせると，第四紀前半の活動は右ずれを伴う逆断層で，第四紀後半には終了したとみなされる．和泉山脈南側では右ずれ断層変位地形が明瞭であるが，地質学上の狭義の中央構造線（和泉層群と三波川結晶片岩類の境界）は，やはり第四紀後期には活動を終了している．むしろ，和泉層群中に急傾斜の活断層系が並走して発達する．さらに，五条北方付近で北方へ急カーブし，金剛山地東麓の逆断層に移行する．

四国北縁部では最も新鮮な線状断層変位地形をなし，さらに讃岐山脈南縁では，狭義の中央構造線北側を南落ち垂直変位を伴った右ずれ変位を示す数本の活断層が並走し，断層帯を形成する．

四国中央北縁部には，1500 m 以上に達する右ずれ断層変位地形の明瞭な石鎚断層崖が発達し，何段かの段丘面を切る低断層崖が各所でみられることから，第四紀末期にも活動が続いていたことが推定される．

3.5 日本の活断層諸例

四国北西部でも，狭義の中央構造線北方数 km のところを右ずれ成分の卓越した活断層系が並走し，伊予灘付近で両者は合流する．

九州では，狭義の中央構造線そのものの延長も確定的ではないが，寺岡 (1970) によれば，佐賀関半島北側から大野川地溝を横断して臼杵-八代構造線と合流し，八代南側から天草諸島南端部へ抜けるとされている．活断層は相対的に短く，中央構造線に沿って分散して雁行配列する．

四国中・東部の中央構造線活断層系の右ずれは，第四紀後期には加速的に進行する傾向があり，最近数万年間では 1000 年に 5〜10 m の平均変位速度をもつらしい．他の地域ではこれより変位速度は低い．第四紀の右ずれ総変位量は 10 km 以下と見積られている．

垂直変位の向きをみると，和泉〜讃岐山脈地域では北側の相対的隆起であるのに対して，石鎚山脈以西では南側が隆起し，波長 10〜100 km，振幅数百〜1000 数百 m 程度の第一級の波曲構造を呈している．さらに，第二級 (波長 10〜15 km，振幅数百 m 以下)，第三級 (波長数 km 以下，振幅数十 m 以下) の波曲構造によって複雑化されている．これらは断層面の高角

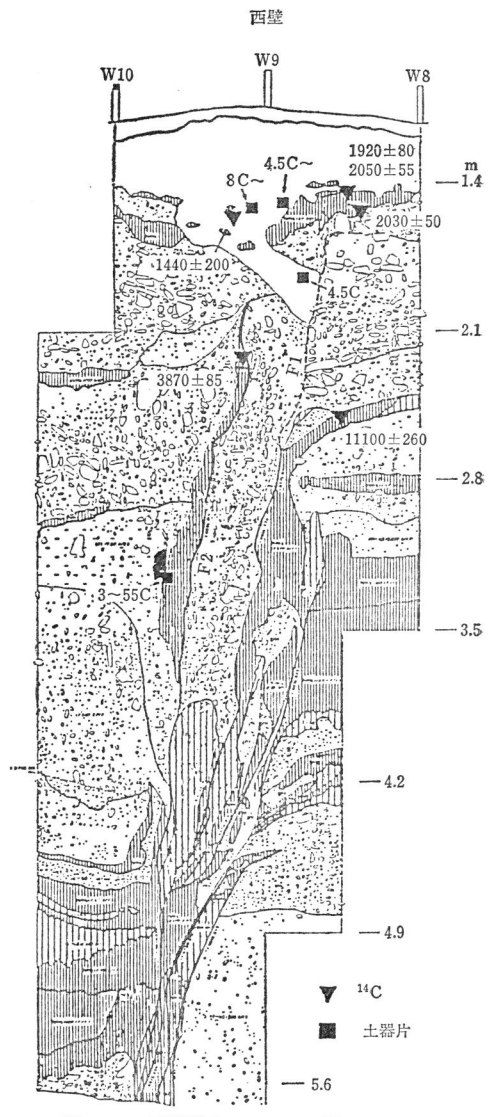

図 3.23 岡村断層のトレンチ西壁のスケッチ
(京大防災研，1985)

^{14}C 年代は B.P.，土器破片年代は世紀で表現．表層付近に V 字状に落ち込みがあり，この中から土器片 3 片 (4.5 C〜，4.5 C〜，8 C〜) と多数の植物遺体が採集され，最近の地震発生は，これ以前と推定される．

であることと合わせて活断層系の横ずれ運動を強く支持する．こうした右ずれ活断層の起源は，更新世中頃（70～80万年前）にまでさかのぼるとされている（岡田，1973；1980）．

とくに四国における中央構造線の最新活動時期は，ほぼどこでも2000～3000年以内なので，有史直前の弥生時代後期から古墳時代にかけて最新の大地震が発生した可能性が高い（岡田，1977）．

愛媛県西条市飯岡で，中央構造線活断層系の一つである岡村断層のトレンチ発掘調査が，京都大学防災研究所を中心に行われた（京大防災研，1985）．断層部分のV字状落ち込み帯から土器片や植物遺体が採取され，その同定と地層や断層の関係から，岡村断層上の最新の地震は，A.D.350～710年，その一つ前の地震はA.D.200～450年に起きた可能性が強いこと，平均変位速度は5 m/1000年であることが明らかとなった（図3.23）．

c. 阿寺断層

中部日本の主要な活断層の一つである阿寺断層の主部は，北西-南東方向に雁行ないし平行する断層群からなり，総延長は約70 kmに達する．比高600～1200 mに及ぶ阿寺断層崖を発達させ，地形的にも明瞭なA級の活断層である．代表的な変位地形は，付知町倉屋付近や坂下市街地周辺にみられ，木曽川によって形成された何段もの河岸段丘面の変位がみられる．左ずれ運動が卓越し，水平変位量は垂直変位量（北東側隆起）の5～10倍に達する．本断層と交差する河谷はすべて左屈曲を示し，第四紀初頭以降の横ずれ総変位量は約7 kmになる．また，相対的に大きな古い河谷ほど屈曲量が大きい傾向をみせ，左ずれ運動による定向的累積変位が認められる．さらに，迸入岩や岩脈の変位などから地質学的に求められた左ずれ変位量も約7 kmであることから，この左ずれ運動は第四紀以降に始まったとみられる．本断層の平均変位速度は3～5 m/1000年，北東側の相対的隆起速度は約0.6～1.0 m/1000年程度と見積られている．こうした変位は，数千年に1回，巨大地震を発生・累積してきたものと思われるが，歴史記録には現れておらず，今後の活動が注目されている．

一方，上記の阿寺断層（狭義）に直交ないし斜交する北東-南西系の活断層群も発達する．地形的には前者より不明瞭であり，垂直変位の向きも一定しないが，概して右横ずれが卓越し，前者と同一の東西性圧縮応力場で形成された共役な断層群とみなされる．これらを総称して阿寺断層系とも呼ぶ（図3.24）．

地質調査所によって行われたトレンチ発掘調査結果を以下に要約する（粟田ほか，1986）．

3.5 日本の活断層諸例

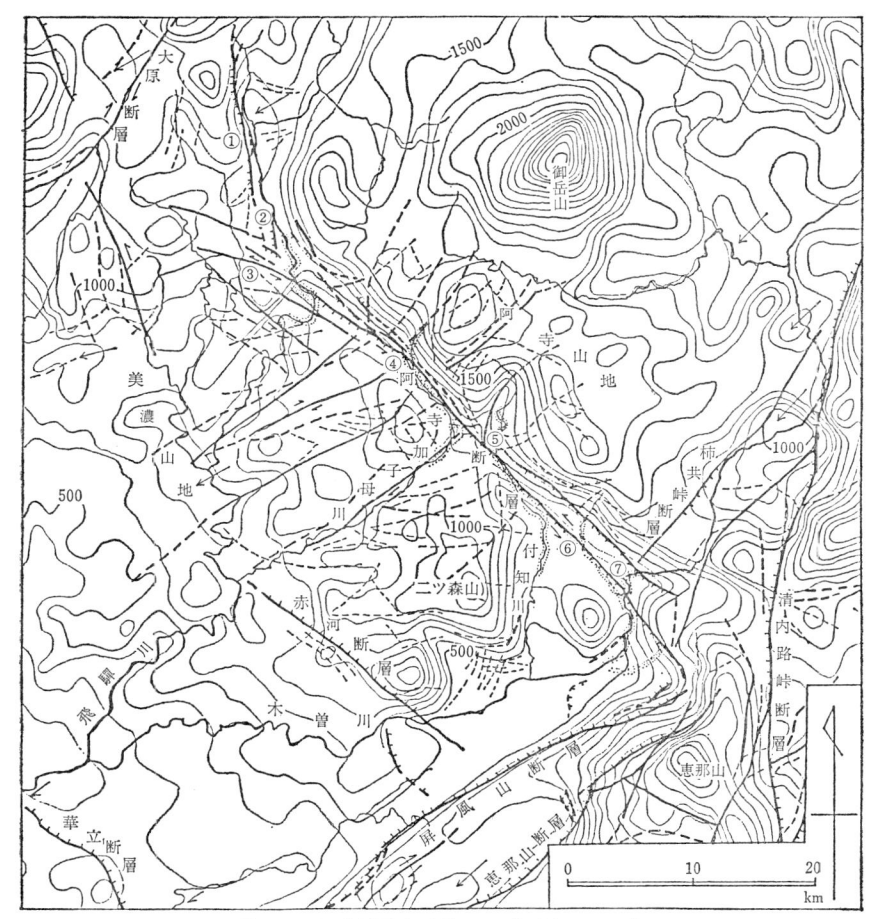

図 3.24 阿寺断層系と周辺の地形 (岡田, 1981)
太実線は活断層でケバ側低下, 矢印が横ずれの方向を示す. 太点線は推定活断層, 細点線はリニアメントを示す. 河谷沿いの破点部はおもな左ずれ屈曲. ①萩原断層, ②西上田断層, ③下呂断層, ④舞台峠, ⑤付知町倉屋, ⑥小野沢峠, ⑦坂下.

　小和知トレンチは阿寺断層のほぼ中央部に位置し, 加子母川沿いの沖積段丘面 I を変位させる比高 3~4m の低断層崖を切って掘削された (図 3.25). トレンチ北東壁面には節理・小断層の密に発達した濃飛流紋岩が, 南西側には段丘礫層 (G層), 腐植土層 (B・D・F層) および砂礫層 (C・E層) の互層が分布する. なお A 層は, 1949 年以降の溜池堆積物である. 断層による変位の不連続, および褶曲などの堆積物の変形の不連続に着目して, 次の四つのイベントが認められた.

118   3. 活 断 層

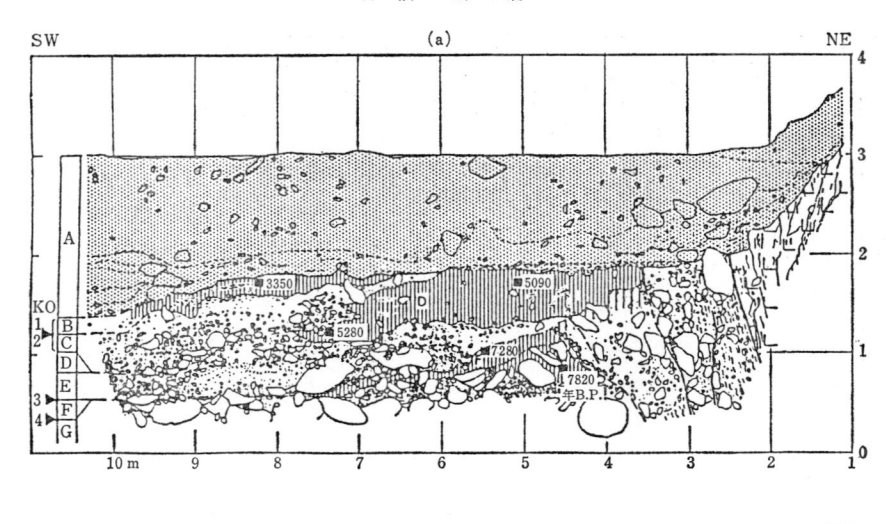

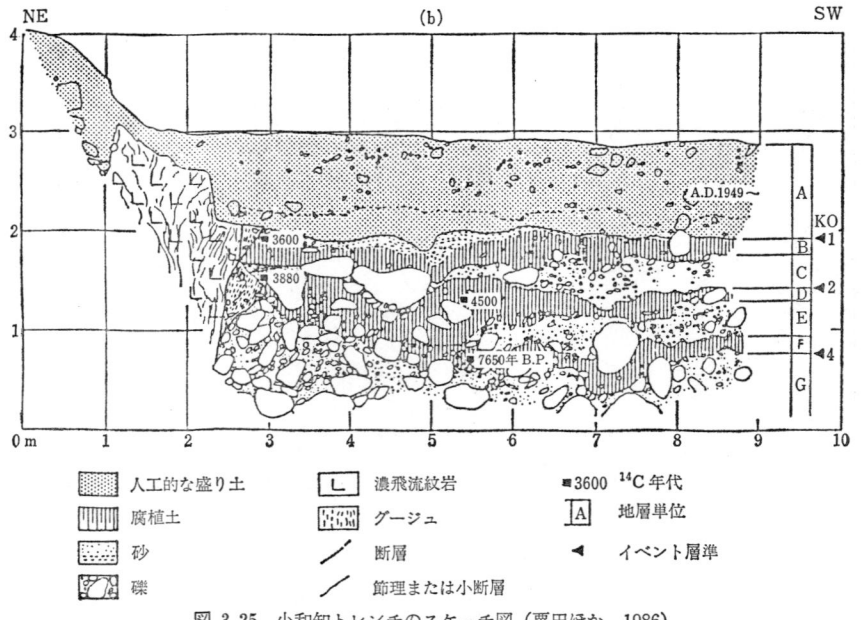

図 3.25 小和知トレンチのスケッチ図（粟田ほか，1986）
(a) 北西側壁面, (b) 南東側壁面.

凡例:
- 人工的な盛り土
- 腐植土
- 砂
- 礫
- 濃飛流紋岩
- グージュ
- 断層
- 節理または小断層
- ■3600 ^{14}C 年代
- A 地層単位
- ◀ イベント層準

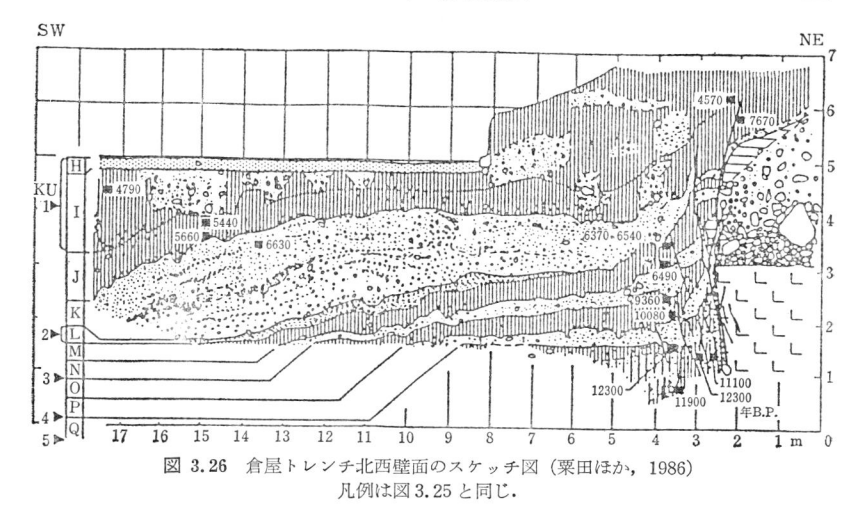

図 3.26 倉屋トレンチ北西壁面のスケッチ図 (粟田ほか, 1986)
凡例は図 3.25 と同じ.

KO 1 : A-B 層間 (3350 年 B.P. 以降), KO 2 : C-D 層間 (3600〜3880 年 B.P.),
KO 3 : E-F 層間 (5280〜7280 年 B.P.), KO 4 : F-G 層間 (7650〜7820 年 B.P.).

倉屋トレンチは, 阿寺断層南東端から 23 km の地点に位置し, 付知町倉屋から大門町に続く比高 6〜13 m の低断層崖北西端部を掘削した (図 3.26). ここでは, 山麓線が 34 m ないしそれ以上左ずれ変位をしている. トレンチ北東側に濃飛流紋岩とそれをおおう段丘礫層が, 南西側には砂質腐植土層 (J・M・O・Q 層) と崖錐性細粒砂礫層 (K・L・N・P 層) との互層が分布する. H 層は耕作土, I 層は腐植土と砂礫の混合物である. 小断層発達層準のみかけ上の不連続性, 地震発生時の地割れに関連すると考えられる V 字状くぼみの存在, 堆積環境の急変などから次の五つのイベント層準が識別された.

KU 1 : J 層より上位 (5440 年 B.P. 以降), KU 2 : K-M 層間 (約 6500 年 B.P.), KU 3 : N-O 層間 (約 6500〜9360 年 B.P.), KU 4 : P-Q 層間 (10080〜11100 年 B.P.), KU 5 : Q 層より下位 (12300 年 B.P. 以前).

坂下トレンチは, 阿寺断層南東部で現存する低断層崖の最も木曽川よりの地点で実施されたが, 識別されたイベント層準は ST 1 : R-S 層間 (2300 年 B.P. 以降) の一つだけである.

馬籠トレンチは, 阿寺断層南東端部に位置し, 阿寺断層に沿って発達する低湿地をなす断層鞍部と地形的なふくらみを横切って掘削された本トレンチ, およびその北西側壁面より副断層に沿って掘削した副トレンチからなる. 主断層で認められたイベント層準は, 次の三つである. MM 1 : T-U 層間 (2250 年 B.P. 以

降)，MM2：U-V 層間 (2330〜4770 年 B.P.)，MM3：V 層より下位 (4770 年 B.P. 以前)．副断層で認められたイベント層準は，次の二つである．MS1：W-X 層間 (1950〜3820 年 B.P.)，MS2：X 層より下位 (8300 年 B.P. 以前)．

このほか，阿寺断層系に属する荻原断層（岐阜県下呂町）でもトレンチ発掘調査が実施され，濃飛流紋岩と段丘礫層および上位の腐植土とが接する断層面 (N 35°W, 75〜80°E) が観察された．腐植土層中の縄文時代の土器片，濃飛流紋岩の破砕物のみからなる崩壊層と断層の切断関係から，腐植土層堆積以降少なくとも

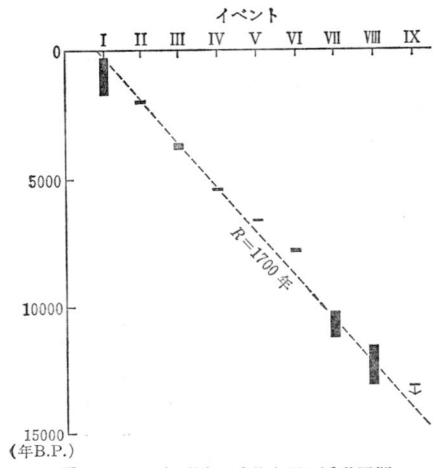

図 3.27 阿寺断層の活動時期と活動周期（栗田ほか，1986）
黒帯は各イベントのとりうる年代範囲を，下向きの矢印はイベントの年代がそれ以前であることを示す．破線は，平均再来周期が1700年の勾配を示す．

4回の活動が推定された（岡田ほか，1986）．

また，以上に述べた各トレンチおよび断層露頭で認められたイベント層準（平野，1981；岡田・松田，1976；岡田，1981）を対比すると，9回のイベントが識別された（図3.27）．その結果，阿寺断層は過去13000年間に約1700年の平均再来周期をもっていたことが明らかとなった．さらに，歴史記録の検討から，その最新活動時期は1586年（364年 B.P.）の天正地震（$M 7.7〜7.9$）に関連する可能性が指摘された（栗田ほか，1986）．

d. 跡津川断層

跡津川断層は，岐阜〜富山県下を全体として東北東-西南西の方向をとり，常願寺川支流真川とスゴ谷合流点付近を東端として標高1500m前後の山地中を西へ約62〜63km連続し，西端部の天生峠付近で2,3本に分岐する（図3.28）．

跡津川断層は，周辺山地を構成する飛驒変成岩類・船津花崗岩類・中生層などからなる基盤岩類に約1.3〜3kmの累積右横ずれ変位を与えている．その活動開始は第三紀後期以降と考えられ，第四紀後期の平均変位速度は1〜数m/1000年程度と推定されている（松田，1966；荒川，1982）．跡津川断層周辺には同系統の牛首断層などがおおかた並走し，共役関係にあるとみなされるNW-SE系左ずれ活断層である御母衣断層も発達する．

3.5 日本の活断層諸例

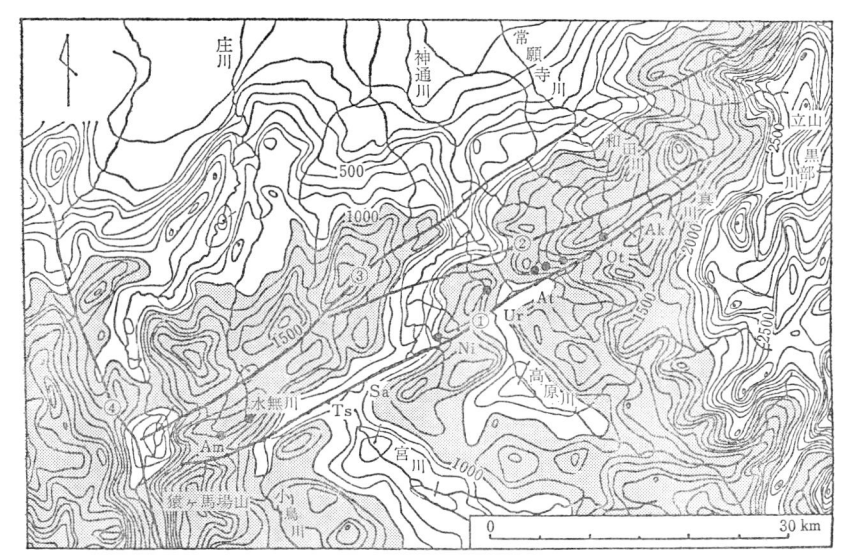

図 3.28 跡津川断層と周辺地域の地形（東郷・岡田，1983）
等高線は，100 m 間隔，網は 1000～2000 m の高度帯，●は，風隙地形分布地点を表す．
① 跡津川断層，② 万波-祐延断層，③ 牛首断層，④ 御母衣断層，Ak：有峰湖，Am：天生峠，At：跡津川，Ni：ニコイ，Ot：大多和峠，Sa：坂上，Ts：角川，Ur：漆山．

　跡津川断層全域に顕著に発達する大小河谷の屈曲転移地形は，同断層が活動的であることを示すとともに，それらがZを横にした形，すなわち右ずれ状の系統的な屈曲を意味する．各河谷の屈曲量（D）とその断層線より上流側の谷の長さ（L）の間には，強い正の相関が認められ，一般に L の大きいものほど D も大きくなる傾向がある．このことは，長大な河谷ほど形成に長時間を要すると仮定すれば，形成期の古い河谷ほど屈曲量，すなわち断層変位による河谷転移量が大きくなっていることを意味し，跡津川断層が近い過去において右ずれ変位を累積したことを示す（松田，1966；東郷・岡田，1983）．

　常願寺川上流真川に注ぐ岩井谷とスゴ谷の中間地点付近で行われた砂防ダム建設工事に伴って，跡津川断層の見事な新露頭が現れた（図 3.29）．ここでは，断層面は N 60°E，85°SE〜垂直 で，断層北西側（隆起側）に花崗岩と断層破砕帯が分布し，花崗岩の上には厚さ 25〜40 m の段丘礫層が不整合に乗り，さらに上位に厚さ 20〜30 m のシルト主体で粘土・砂・火山灰をはさむ湖成層が整合に重なる．断層南東側もほぼ同様であるが，最上位に角礫層が不整合状に重なる．断層両側の湖成層下限の高度差は約 50 m である．図 3.29 に示されたような湖成

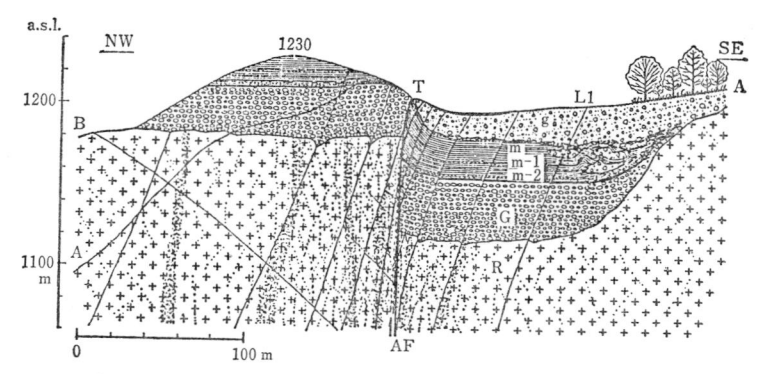

図 3.29 真川における跡津川断層の露頭スケッチ（竹村・藤井，1984）
AF：跡津川断層，R：基盤岩（花崗岩），G：段丘堆積物（礫），m：湖成堆積物（泥），
m-1：28825±930 年 B.P., m-2：30450±2170 年 B.P.～35530±2095 年 B.P., g：
段丘堆積物，T：トレンチ．

層に含まれる木片の ^{14}C 年代の検討から，最近数千年間に約 6 m，それ以前のおおよそ 3 万年間に 30～35 m の垂直変位があったと推定されている．また，断層面上の条線のプランジは，20～30°（最大 45°）である（竹内・山田，1981；竹村・藤井，1984）．

また，跡津川断層沿いの断層変位を受けた河岸段丘の調査結果を合わせて検討すると，跡津川断層の垂直変位量は 1～1.5 m/1000 年となり，垂直変位だけでも A 級活断層とみなせる．右横ずれ変位量は東端で 2～3 m/1000 年，中央部西偏りで 2.5～4 m/1000 年と推定される（岡田・熊木，1983）．

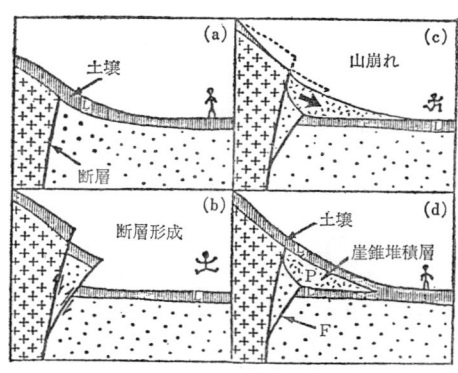

図 3.31 分岐断層の上盤側で地層の一部が欠落する構造（d）の形成過程（跡津川断層発掘調査団，1983）
a：イベント前の状態．断層崖は斜面崩壊などによって斜面形が平衡に達して安定し，腐植層（L層）が堆積している，b：断層の活動．下盤側には，剛性率の小さな地層が載っているので地表近くでは断層が前方に分岐する，c：新たに生じた崖が崩壊し，崖錐堆積物（プリズム層，P層）が堆積する．P層は，L層およびその下位層の2次堆積物である，d：再び斜面形が平衡に達して安定し，腐植層（U層）が堆積する．

神通川上流部の岐阜県宮川村林で行われたトレンチ発掘調査では，主断層面は N70°E，65～75°N で，断層面上の条線は若干の逆断層成分（南落ち）を伴う右ずれを示し，地形・地質的調査結果と調和的である

3.5 日本の活断層諸例

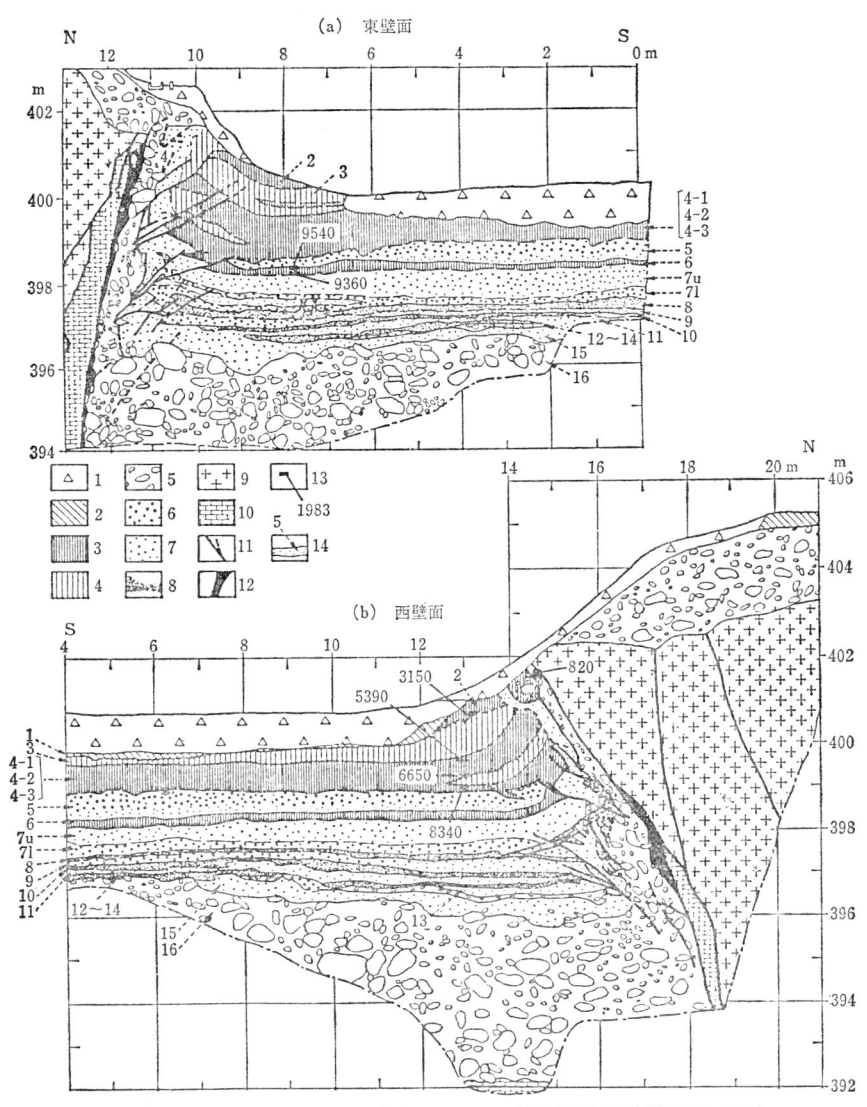

図 3.30 跡津川断層のトレンチ壁面のスケッチ（跡津川断層発掘調査団, 1983）
1：盛り土および表土, 2：水田土壌, 3：腐植土, 4：腐植質砂, 5：礫, 6：粗砂, 7：中砂,
8：細砂—シルト, 9：花崗岩, 10：石灰岩, 11：断層, 12：断層粘土, 13：年代試料の採取位
置およびその年代（年 B.P.）, 14：地層番号.

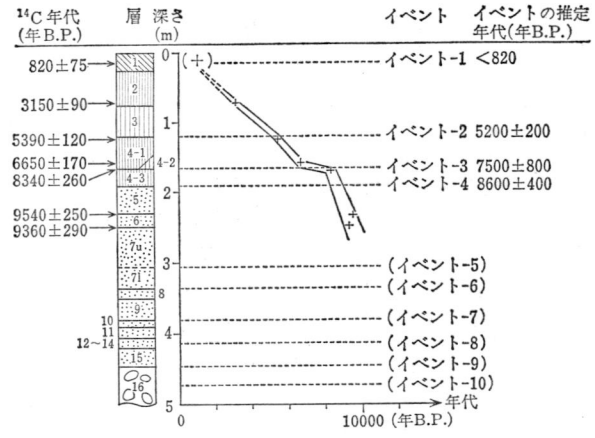

図 3.32 跡津川断層のイベントの発生時期（跡津川断層発掘調査団, 1983）
+：^{14}C 年代（測定値の誤差と試料の採取幅を表す）. イベントの推定年代は，イベントの前後に形成された腐植土の ^{14}C 年代を内挿して求めた.

（図 3.30）. ここでは，上・下盤で対比される地層がないため，小断層の発達層準，崖錐堆積層（プリズム層）の存在，および小断層上盤側における地層の一部の欠落などをもとにイベントを識別し，図 3.32 の結果を得た. 最新 4 回の活動の平均間隔は 2800 年で，最新の活動は，安政の飛越地震（1858 年）に相当すると考えられている（跡津川断層発掘調査団, 1983）. 跡津川断層付近の微小地震活動については，短期間ながら佃（1983）の報告がある. それによると

（1）跡津川断層線上に沿って数 km 以内の幅で微小地震が発生している，

（2）断層の中央部では震源の深さは 14〜15 km くらいまでで，それ以深はほとんどない，

（3）断層の両端では震源が比較的浅くなっている，

（4）震源は断層面に一様に分布せず，クラスターをつくっている，

ことなどが指摘されている. 日本で現在活発に微小地震活動の発生している山崎断層と比較すると，震央の集中度が高く，震源の深さは浅い（山崎断層では 20 km 以浅）といった違いがみられる.

3.5.2 逆活断層諸例

東北地方内帯（日本海側）は，第四紀後期から現在にかけて東西圧縮応力下での短縮テクトニクスの場にあり，逆断層や褶曲の形成が第四紀後期にも引き続き，その向きは南北性のいわゆる油田褶曲方向を示す. ここではその一例として，秋田県能代地域に発達する逆活断層群を紹介する（粟田, 1983；大沢ほか, 1984）.

能代衝上断層群は，秋田県北西部の日本海沿岸域をほぼ南北に総延長 30 km にわたって延びる活断層群である. その平均変位速度は，0.8〜1.0 m/1000 年で，地震性断層運動によって変位を累積している. 本地域の 1694 年の $M7.0$ の地震

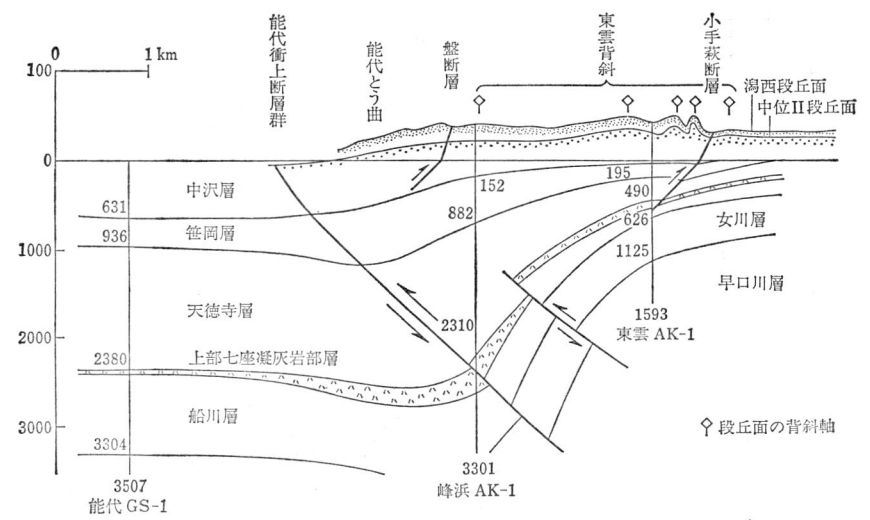

図 3.33 米代川右岸における能代衝上断層群の模式断層図（大沢ほか，1984）

は，能代衝上断層群の活動による可能性が指摘されている．

　本断層群による地層変形は，東から西へ傾き下がる幅4〜5 kmのとう曲がおもで，より深部の地層ほど強くとう曲している（図3.33）．また，本断層群下盤側の中沢層（第四紀更新世）〜女川層（新第三紀中新世）までの各層の厚さは，上盤側における各相当層の厚さより厚いから，本断層群はこれらの地層堆積時から継続的に形成されてきたと推定される（図3.34）．

　この断層群における断層変位基準面の（みかけ）垂直変位量と年代の関係から，基準時以降現在までの平均垂直変位速度が求まる（図3.35）． 船川層基底面形成時（9.7 Ma B.P.）以降の 0.3 m/1000年 という値は，上部七座凝灰岩部層堆積時（2.6 Ma B.P.）以降および笹岡層基底面形成時（1.2 Ma B.P.）の 0.6〜0.7 m/1000年 という値の半分以下と小さく，本断層群の平均垂直変位速度の大きな変化を示す．単純に船川層堆積時の平均垂直変位速度を計算すると，0.1 m/1000年 ときわめて小さい値を示す．一方，第四紀の潟西層堆積時以降における本断層群の平均垂直変位速度は，副断層でさえも 0.3 m/1000年 であり，主断層群はそれ以上の値をもつと予想され，おそらく 0.6〜0.7 m/1000年 よりそれほど小さくないと思われる．したがって，本断層群は鮮新世末期の上部七座凝灰岩部層堆積時に活動を始め，それ以降現在まで一様な変位速度を保ってきたといえる．なお，本断層群の断層面は東へ約45°傾斜しているから，（真の）平均変位

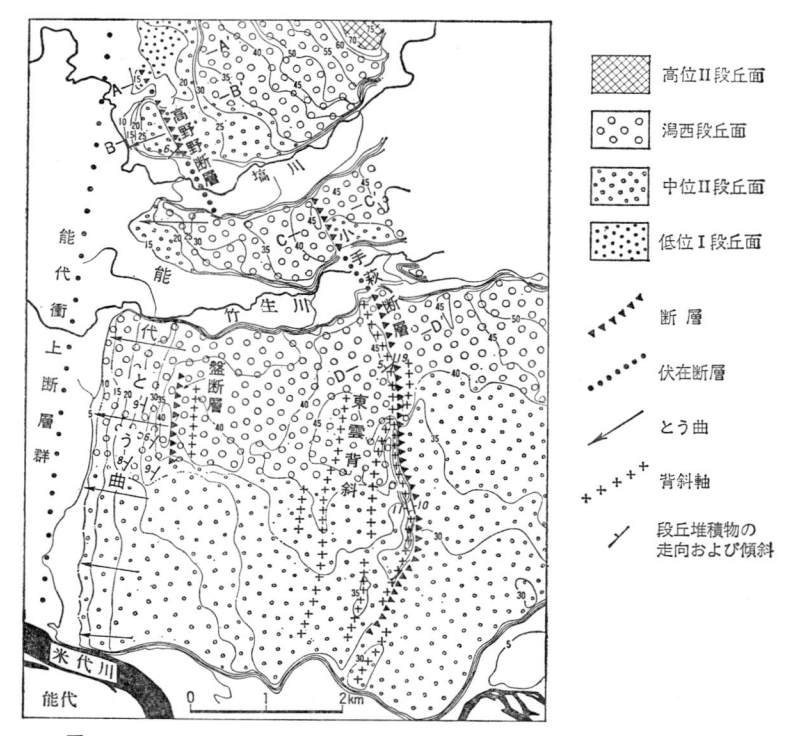

図 3.34 能代衝上断層群とその副断層周辺における段丘面および段丘堆積物の変位・変形構造（等高線は 5 m 間隔）（大沢ほか，1984）

速度は 0.8～1.0 m/1000 年程度と見積られる．

能代衝上断層群の東側に並走する NS 性の能代とう曲は総延長 30 km に達し，同断層群の第四紀後期の活動に関連したもので，やはり同様に平均垂直変位速度は 0.3 m/1000 年以上で，実際には 0.6～0.7 m/1000 年に達すると推定される．

能代とう曲の東縁の一部をかぎる盤断層は，長さ約 1.5 km，東落ちで，下末吉層相当層からなる段丘（潟西面）に 20 m の垂直変位を与えているが，中位Ⅱ段丘面は変形せず，その間の平均垂直変位速度は 0.3 m/1000 年と推定される．

高野野断層は能代とう曲に斜交し，長さ 1.3 km にわたって延びる．中位Ⅱ段丘面に 18 m，低位段丘面に 5 m の垂直変位を与え，平均垂直変位速度は 0.3 m/1000 年と推定される．

小手萩断層は潟西段丘面と中位Ⅱ段丘面を変形し，その垂直変位量は東への張出しが最大である断層中央部で最も大きい．平均垂直変位速度は，0.2～0.3 m/

1000年と推定される.

盤断層, 高野野断層および小手萩断層は, 能代衝上断層群の共役副断層とみなされる.

この地域および周辺の第4紀地殻変動の活動様式や位置の変化は, 次のような特徴をもつ. すなわち, 第四紀前〜中期においては, 出羽丘陵は断層褶曲山地としての性格が強く, その内部の褶曲も能代衝上断層群をはじめとする翼部の断層も活発な活動をしていた. 第四紀後期には褶曲運動は衰え, 翼部の断層, とくに出羽丘陵に対してより外側に位置する能代衝上断層と, それに伴う共役性の副断層において活発で, 地震性断層変位を主としていたと推定される (大沢ほか, 1984).

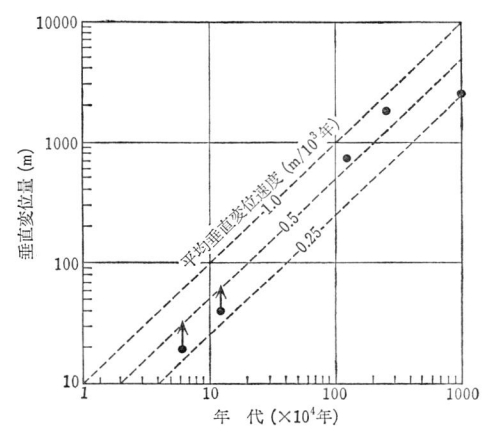

図 3.35 能代衝上断層群における断層変位基準面の垂直変位量と年代との関係 (大沢ほか, 1984) 矢印は真の変位量が確認された値 (●) よりもかなり大きいことを示す.

3.5.3 正活断層諸例

中部九州は, 西南日本弧と琉球弧の会合部に位置し, 第四紀地殻変動の特徴として著しい火山活動と, それに密接に関連した正活断層群の発達が指摘されている (松田, 1973; 岡田, 1973) (図3.36).

たとえば, 代表的な筑紫溶岩は中部九州における最古の第四紀火山活動 (更新世前期末) である豊肥火山活動後期を特徴づけ, 最大層厚400m以上に達し広く分布する. その噴出は60〜80万年B.P.頃と推定されている (松本ほか, 1973; 松本, 1977). 正活断層群の活動は筑紫溶岩流出以後に始まり, より新しい時代に続くので, 新期の火山活動と断層運動の関係は, 別府地域, 九重火山, 雲仙火山をはじめとする筑紫溶岩以降の火山岩分布地域で明瞭である. すなわち, これらの地域では, 長径10〜20kmの範囲に同一系統の火山岩の分布と密集した活断層群が共存する. これらの活断層群は, EWないしNW-SE性で垂直に近い落差をもって地溝を形成している. 地溝内外における筑紫溶岩からなる山体の高度差は100〜150mに及び古い火山体ほど大きく変位している.

一例として, 別府地溝 (村井・金子, 1975) を千田 (1979) および池田 (1979) より要約して紹介する.

図 3.36 中部九州における地溝分布 (千田, 1979)

1：別府東地溝
2：別府西地溝
3：崩平山地溝
4：万年山-亀石山地溝
5：九重地溝
6：鞍岳地溝
7：雲仙地溝

　別府地溝北縁をなす活断層群のうち最西部に位置する日出生断層（図3.37の1）は，筑紫溶岩基底部を N 88°W, 82°S の正断層面で切り南落ち垂直落差は30〜150m＋である．この断層を境に南側（地溝内部）では，湖成堆積物やこれをおおう新期の火砕流堆積物からなる平坦面が広がるのに対し，北側は北方へ緩傾斜する筑紫溶岩からなる台地が広がり，地形・地質的に著しい対照を示す．この断層の東方延長は立石山北方で不明瞭となるが，別府北断層ないしその一部（図3.37の2）に続くと考えられる．断層崖の比高は全体として数十m程度であるが，南落ちの最大垂直落差は100数十m あると推定され，平均変位速度は約0.3〜0.6mm/年程度である．さらに，東方には鹿鳴越断層・唐木山断層（図3.37の16・17）が右横ずれ型の雁行配列を示して発達する．いずれも長さ数km以下の短いセグメントからなり，南落ち垂直変位は20〜200mで，一部のセグメントで100〜270m の右横ずれ変位を示す．

　別府地溝南縁をなす活断層群のうち西部に位置する湯布院断層（図3.37の13）は，とくにその東半部が明瞭で，地溝内から溢流した山陰火山系旧期溶岩流を切る新鮮な断層崖を呈している．本断層を境として湯布院盆地床と筑紫溶岩台地間の比高は200〜250m，前述の溶岩流上面の高度差は100〜120mである．したがって本断層の北落ち垂直変位量は，筑紫溶岩流出後，山陰系旧期に属する前述溶岩流流出までに80〜150m，それ以降が100〜120m ということになる．朝見川

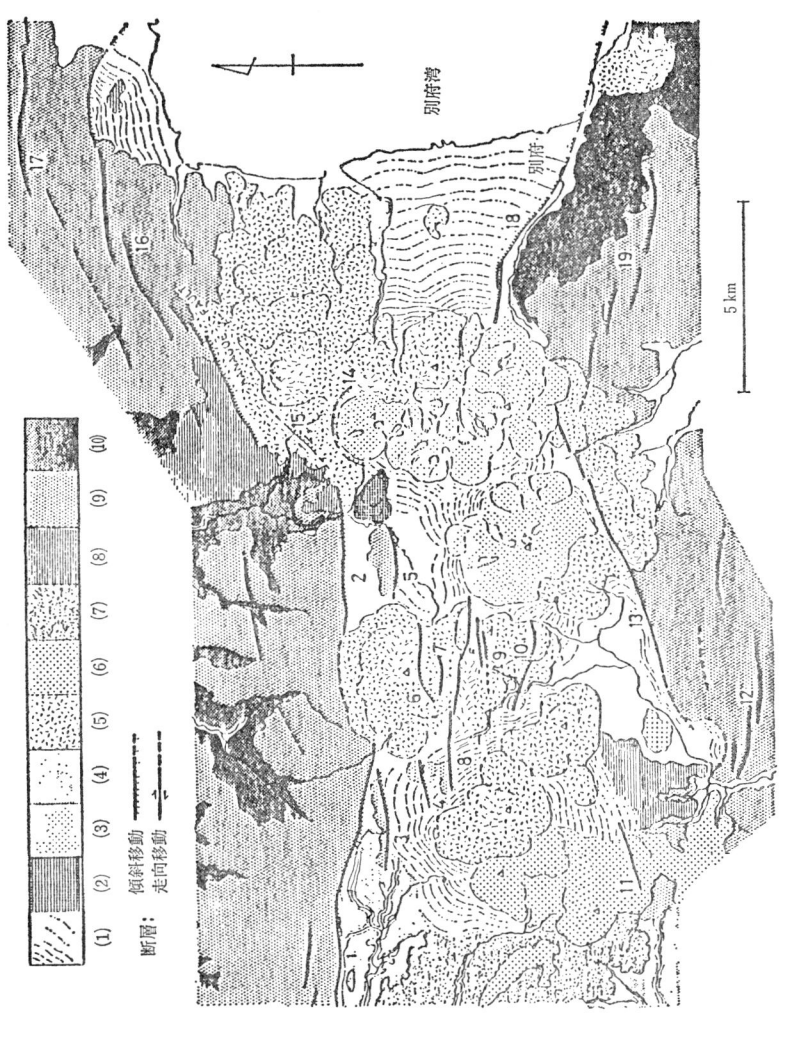

3.5 日本の活断層諸例　　　　　　　　　　　　　　129

図 3.37　速見地溝の活断層系と地質 (池田, 1979)

断層: 傾斜移動 ―――
　　　走向移動 →―←

(1) 扇状地・崖錐
(2) 鬼箆山溶岩
(3) 山陰系新期角閃
(4) 石安山岩
(4) 阿蘇火砕流
(5) 山陰系旧期角閃
(5) 石安山岩
(6) カルト山火山岩
(7) 耶馬渓火砕流
(8) 万年山溶岩
(9) 筑紫溶岩
(10) 古期岩類

断層（池田，1979）は，別府扇状地南縁～別府湾南岸を画し，その東方延長は大分付近に達する．北落ち総変位量は500m以上に達する可能性がある．以上のほか地溝内にも短いセグメントが発達し，小規模な地溝が形成されている．

別府地溝形成過程をみると，平坦な溶岩台地を形成した筑紫溶岩が同地溝内外に分布し，高度差100～150mに達するみかけ変位を受けていることから，別府地溝形成は筑紫溶岩流出以降と考えられる．また，古い火山体ほど大きく変位していること，同地溝南縁部の活断層の一部が低位扇状地面を変位させていること，および別府湾南岸断層（首藤・日高，1971）が更新世後期の阿蘇火砕流堆積物を80～90m北落ち垂直変位させていることなどから，地溝形成－正活断層群運動がより新しい時代に継続していたことが推定されている．

こうした地溝は，中部九州では別府地溝（別府東地溝・別府西地溝），崩平山地溝，万年山・亀石山地溝，九重地溝，鞍岳地溝，雲仙地溝の六ないし七つが知られている．これらの地溝や筑紫溶岩以降の火山岩類がすべて大分-熊本線以北に分布し，地溝長軸方向が同構造線と低角で斜交すること，1975年の阿蘇北部地震・大分県中部地震の発震機構が地殻上部で東西性正断層型地震を発生させる応力場を示し，かつ過去長期間継続したこと（山科・村井，1975），また水平ひずみの解析結果なども合わせて考えると，中部九州は全体として東西圧縮・南北伸張場における大分-熊本線の右横ずれ運動が，本地域のネオテクトニクスにおいて支配的であったと推定される．地溝群の形成・正活断層群の形成も，大分-熊本線の右横ずれに伴う引張り割れ目とも解釈される（貝塚，1972）．

3.5.4 海域の活断層諸例

海底活断層は，おもに海底地形図・音波探査記録の判読とボーリング資料の解析から認定される．

たとえば，活断層研究会（1980）では，ほぼ平坦な地形面を構成する地層に明瞭なくい違いがある場合，傾動地塊ないし地溝状地形の境界や急崖で対応する地層が不連続な場合など，いくつかの認定基準を示している．

島崎ほか（1986）は，ボーリング調査によって別府湾海底断層に関する地震発生層準の推定を行った．

別府湾周辺陸域には，火山体を切り垂直ずれを主とする（一部右横ずれを含む）活正断層群が発達し，一般に北部のものは南落ち，南部のものは北落ちである（池田，1979；千田，1979）．別府湾北方陸域では，数km程度の短いセグメントからなる東西性の雁行配列をなす．

別府湾北部海底にも同様の断層がいくつか発達し，その一つのF_1断層は，約

6300〜6400年前に鬼界カルデラから噴出したアカホヤ火山灰層を切り，みかけの垂直変位量は3.8mであることが明らかとなった．

このことから推定される断層の平均変位速度0.6mm/年は，相対的隆起側におけるこの間の平均堆積速度約2mm/年を大きく下回るから，断層変位は堆積物中に欠落なく記録されたとみなされる．

断層変位を受けた海底は，地震発生後にその段差を埋めるように相対的沈降側に不均等に厚く堆積が進行し，やがて平坦化する．以後，次の地震が発生するまで断層両側で均等に堆積が進行すると考

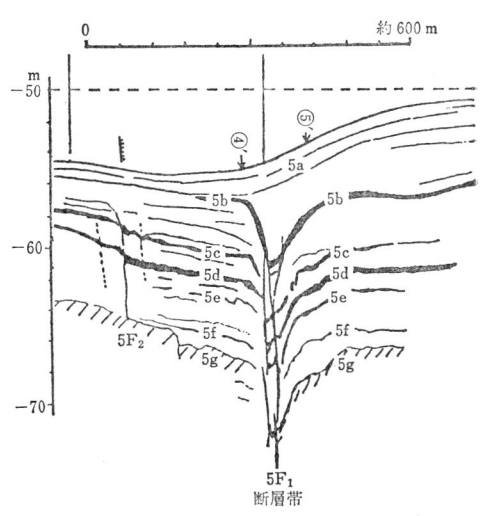

図3.38 金田湾の海底活断層付近の断面図 (今泉ほか，1987)

えられる．したがって，断層変位量が急変する層準が地震発生層準とみなされる．

これに基づくとF_1断層では三つの地震発生層準が識別され，相対的隆起側における堆積速度を一定と仮定すると，5440年前に0.9m，3930年前に1.7m，1615年前に1.3mとなる．この結果は，同じ断層から地震が繰り返し発生する場合，その発生間隔は前の地震時の変位量に比例するというtime-predictable model (Shimazaki and Nakata, 1980) に調和的である．

また今泉ほか(1987)も，三浦半島南東部の金田湾海底で同様な音波探査機を用いて活断層(金田湾断層)を発見した．断層の長さは2km以上に達し，ほぼ垂直な数本の断層からなる断層帯をなすこと，断層帯両側から断層帯の下方に向かって引きずり込まれるよう地層がたわむことなどが明らかになり，金田湾断層も三浦半島陸域の活断層同様に横ずれ成分が卓越し，かつ完新世に活動した活断層であると考えた(図 3.38)．

3.6 活断層とネオテクトニクス

3.6.1 活構造区

共通した地史や地質構造特性をもつ時空間的区分単位を地質区とか地質構造区と呼ぶのに準じて，活構造区を設定する．

3. 活 断 層

　ある活構造区域内では，第四紀（少なくとも第四紀後期）に，その地域を支配した広域的造構応力場と地殻表層部の地質に対応した累積的活構造変位が発達する．その活構造様式，活動度，地形・第四紀地質学的特徴，地震活動などにおいても，隣接区域と異なる固有の特徴をもつ．
　また活構造区は，活傾動地塊や活褶曲帯をはじめとする種々の活構造単元に細分される．
　こうした活構造区設定の試みのいくつかを次に紹介する．

a. 第四紀地殻変動区

　第四紀における垂直変位量・垂直変位勾配や活構造の活動度・分布密度などの地域的特性により区分しようとする試みが，第四紀地殻変動研究グループ (1973) によってなされた．
　ここでは垂直変位量図に経度 15′，緯度 $13^1/_3{}^\prime$ のメッシュをかけ，各メッシュ内の垂直変位量の差の最大値から，求めた垂直変位勾配と垂直変位量から，日本列島を 10 の変動区に分けている．さらに，各区ごとに求めた平均垂直変位量と平均垂直変位勾配を，それぞれ三および四つの階級に分け，さらに断層・褶曲密度も考慮して各地区のランク付けを行い，地殻変動の活発さの度合を表す a〜d および A〜D の階級を定めた〔表 3.6, 図 3.39 (a)〕．
　こうした求められた変動区は，おおむねおもな地質・地形区と一致するが，歴史時代における地震活動や最近の地殻変動と比較すると，その階級に対応した特徴が若干みられる．すなわち，第四紀地殻変動の不活発な D, E の階級の地震活動が不活発であり，A の関東区は広域的な隆起・沈降が著しい．しかしながら逆に，A^+ の中部山岳区が，1984 年に M 6.8 の長野県西部地震が生じたものの一般

表 3.6　日本列島の第四紀地殻変動区の階級区分（第四紀地殻変動研究グループ，1973）

第四紀地殻変動区	平均垂直変位量 (m)	平均垂直変位勾配 (×10⁻³)	断層密度	褶曲密度	平均垂直変位量の階級	平均垂直変位勾配の階級	第四紀地殻変動区の階級
1. 北海道北・東部区	464	7	やや大		c	c	D
2. 日高・夕張区	697	10			b	b	B
3. 北上・阿武隈区	504	4			c	d	E
4. 東北日本内側区	620	6	やや大	大	b	c	C
5. 関　東　区	745	17			b	a	A
6. 中部山岳区	1090	17	やや大		a	a	A⁺
7. 近畿・濃尾区	478	10	大		c	b	C⁺
8. 中国・瀬戸内区	448	4			c	d	E
9. 九　　州　　区	479	6	やや大		c	c	D
10. 西南日本外側区	648	9			b	b	B

3.6 活断層とネオテクトニクス

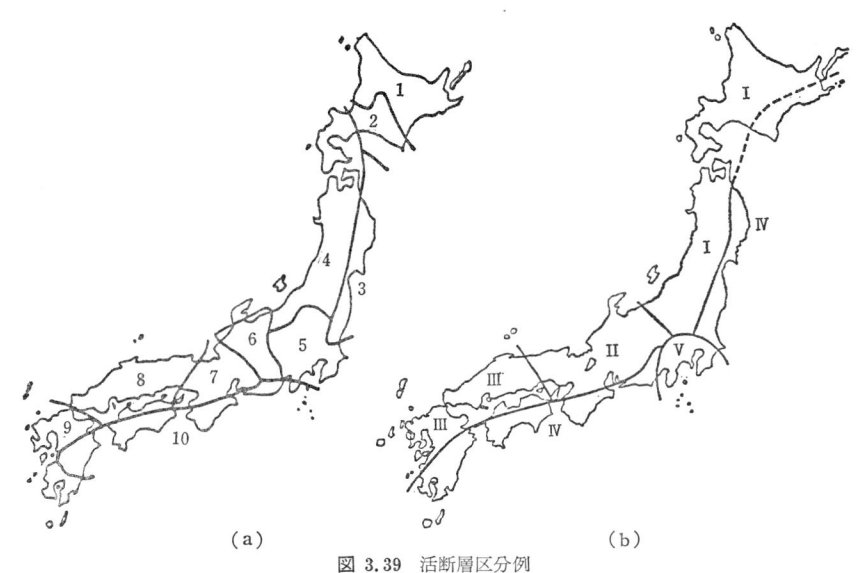

図 3.39 活断層区分例
(a) 日本列島周辺の第四紀地殻変動区（第四紀地殻変動研究グループ，1973）
(b) 日本の活断層区（岡田・安藤，1979）

に地震活動が不活発な地域であったり，Bの日高・夕張区でも最近の地殻変動がそれほど著しくなかったりする．

こうした不一致はデータの精度にもよるが，この程度の時間空間的スケールでの地殻変動と地震活動の相関は，必ずしも一義的でないことによる．

b. 活断層区

活断層区設定の初期の試みの一つは，松田(1973)によって行われている．彼は，北海道を除いて全国を断層のタイプ，変位速度および定性的な断層分布密度によってA〜Eの五つに区分した．A地域（東北地方）では，島弧に平行な逆断層が卓越し，B地域に比して変位速度も分布密度も1桁小さい．B地域（中部・近畿地方の中央構造線の内側）では横ずれ断層が密に発達し，そのおもなものはA級（平均変位速度 $1 \sim 10$ mm/年）の活動度をもつ．C地域（中国地方中西部）ではいくつかの衝上断層が知られるが，概して活断層運動が不活発な地域である．D地域（九州地方）では，横ずれ断層も存在するが，中九州火山地帯に発達する地溝をつくる EW ないし WNW-ESE 性の正断層群が特徴的である．E地域（中部・近畿・四国地域の中央構造線の外側）では，活断層がきわめて少ない．以上のような活断層区ごとの特徴を指摘している．

表 3.7 岡田・安藤 (1979) による活断層区の特徴

活断層区	活断層密度	活断層の諸特性	地震活動度	代表的な地震
I. 東北日本内側	中	SN性逆断層．長さは数十km以下．活動はB級．	中	陸羽地震 (1896)
II. 中央日本内帯	高	NE-SW性右横ずれ断層，NW-SE性左横ずれ断層が卓越し，長いものはA級．SN性逆断層は，B級で地塁山地辺縁に発達，能登半島地域の逆断層は短く，C級．	高	濃尾地震 (1891) 丹後地震 (1927) 三河地震 (1945) 松代群発地震 (1965〜1967)
III. 西南日本内帯（中国・北九州）	低	外帯との境をなす中央構造線沿いを除いて活断層の発達は悪い．横ずれ断層や逆断層の性格は，内帯と類似するが活動度はB級以下．九州中部にEW性正断層がやや発達．	低	鳥取地震 (1943) 大分県中部地震 (1975)
IV. 外帯	極低	まれに山地縁部に小規模・不明瞭な活断層がある．	超低	
V. 南関東・伊豆	高	NW-SE性右横ずれ断層，NE-SW性左横ずれ断層，EW性逆断層．とくに，相模トラフ底の活断層〜国府津-松田断層〜神縄断層〜大宮-入山瀬断層はいずれもA級で，円弧状に連続する可能性．	高	関東大地震 (1923) 静岡地震 (1917, 1935, 1965)

　岡田と安藤 (1979) は，活断層の分布密度やその諸特性および地震活動などの地域性から，日本列島を五つの活断層区に区分した．その概要については，表3.7および図3.39（b）を参照されたい．

　彼らは，活断層区の成因を太平洋プレート・フィリピン海プレートと，日本列島を含むアジアプレートの海陸両プレート間の相互作用の地域差に求めた．

　すなわち，

　（1）東北地方（I）に逆断層が，中部・中国地方（II・III）に横ずれ断層が卓越するのは，海洋プレート進行方向と海溝軸のなす会合角による（会合角が直角に近い前者では島弧長軸方向に伸び縮みできない面ひずみ場となり，会合角が小さい後者では単純せん断ひずみ応力場に近づくため），

　（2）中部地方の活断層分布密度や活動度が高いのは，海陸プレートの接触境界面を通して内陸部に伝わる圧縮力が大きい（たとえば伊豆半島付近で圧縮力の伝達効率の高いプレートどうしの衝突が起こっていること），

　（3）海溝から外帯IVに至る無活断層区は，海陸プレート接触面の大きさや海洋プレート沈み込み角度に依存する，

(4) 中部・中国地方の活断層分布密度，活動度の違いは，45°以下の会合角で生ずる島弧中央横ずれ断層である中央構造線の活動の差異に起因する．すなわち，中央構造線の活動が活発である四国から紀伊半島西部にかけては，ほとんどのひずみエネルギーがここで解放されるため他の活断層の発達は悪くなる．

(5) 近畿内帯の逆断層や右横ずれ断層の発達，中九州の正断層の発達は，中央構造線の右横ずれに起因する2次断層であること，および伊豆半島付近の高い活断層分布密度は，伊豆半島の日本列島への衝突による，
などと説明されている．

活断層研究会（1980）は，同様に活断層の分布密度やその諸特性，水平最大圧力方位などに基づいて，周辺海域まで含めたより詳細な活断層区の設定を行った（表3.8および図3.41）．概して，活断層分布密度，活断層の長さおよび活動度に相関がみられるが，伊豆半島周辺，フォッサマグナ西縁や中九州火山地域のような火山地域では，密度や活動度が比較的高いにもかかわらず，活断層の長さが短い傾向がある．

垣見（1983）は活断層研究会（1980）の確実度Ⅰ・Ⅱの活断層データを用い，やや簡略化した活断層区ごとに活断層密度を求め被害地震との地域的相関を論じた．彼は，面積 A なる区域（5万分の1地形図の区画）中の活断層の長さの累積値を $\sum L$ とし，$\sum L/A$ をもって活断層密度となした．また，過去の地震活動を，

(1) 被害面積の密度（$M 6.4$ 以上の地震ごとの震度Ⅴ以上の区域の面積（S_V）の累

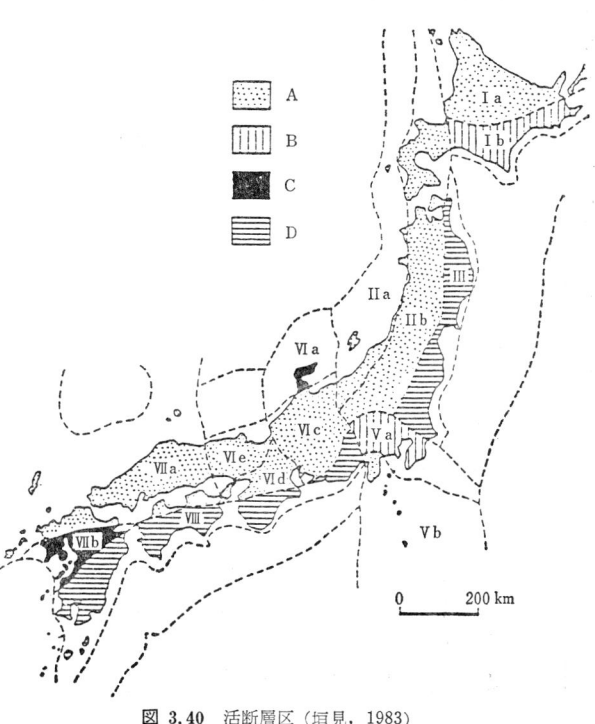

図 3.40 活断層区（垣見，1983）

表 3.8 活断層区とその中での断層の特性（活断層研究会，1980）

大区分	小区分	密度	主要断層の長さ*	主要断層の活動度	卓越する断層型**	備考
I. 北海道主部	a. 北海道主部内帯	小	小	C	逆？	
	b. 北海道主部外帯	小	中	B	逆	
II. 東北日本内帯	a. 東北日本内帯大陸斜面	大	大	A?	逆	海底
	b. 東北日本内帯陸上	中	小	B	逆	火山地帯
III. 東北地方外帯		極小	中	B	逆・横	
IV. 東北日本太平洋斜面	a. 北海道南岸沖	大	大	A?	逆・横？	海底
	b. 三陸・常磐・鹿島沖	大	大	A?	逆	海底
	c. 相模舟状海盆周辺	中	小	A	逆・横	おもに海底
V. 伊豆小笠原弧先端部	a. 関東山地周辺	大	小	B	逆・横	
	b. 伊豆半島周辺	大	小	B	横・逆	火山地帯
BF. フォッサマグナ西縁地帯		小	小	A	横・逆	
VI. 西南日本内帯東部	a. 能登半島周辺	中	中	B・C	逆？	陸と海底
	b. 隠岐舟状海盆周辺	大	中	B?	逆・横	海底
	c. 中部山地	大	大	A	横・逆	
	BT. 敦賀湾-伊勢湾線地帯	大	中	A・B	横・逆	
	d. 近畿三角地域	大	中	B・A	逆・横	
	e. 近畿北西部	中	中	B	横・逆	
VII. 西南日本内帯西部	a. 中国・瀬戸内・北九州	小	小	B・C	横・逆	
	b. 中九州火山地域	大	大	A	横	火山地域
BM. 中央構造線地帯		極小	小	B	正	
VIII. 西南日本外帯		大	大	B・C	逆・横	
IX. 西南日本太平洋斜面		中	大	AA	逆・横	海底
X. 沖縄舟状海盆北部		大～極小（地域差大）	小	B?	正？	海底
南西諸島			大	B・C	正	陸上のみ
伊豆・小笠原諸島		小？	小	C	逆？	陸上のみ

* 小：20 km 以下，中：20～50 km，大：50 km 以上，海底と陸上とではその資料が違うが，別図による長さ．
** 逆：逆断層，正：正断層，横：横ずれ断層．

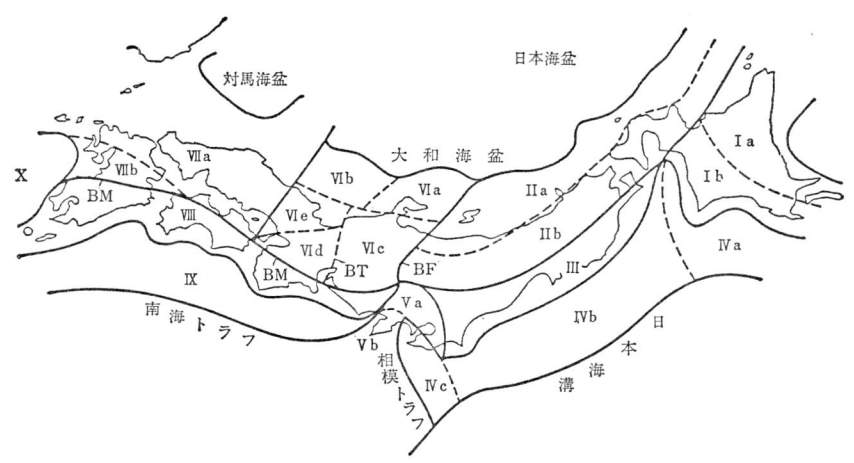

図 3.41 活断層区(活断層研究会,1980)
区の名称などは表 3.8 を参照.

積値を，その区の面積 A で割った $\sum S_V/A$)，

(2) 被害直径の密度（S_V の面積を円で表し，その直径を $2r$ としたときの $\sum 2r_V/A$)，

で表した．その結果，活断層と被害地震の両者がよい正の相関を示すAタイプの区は，伊豆半島(Vb)を除き内帯に属し，過去の地震断層の記録地点もすべてこの区内にあること，すなわちこの区内では，被害地震と活断層は密接に関連することを指摘した．外帯に属するBタイプ（活断層密度より地震の密度が著しく大きい）やDタイプ（活断層密度より地震の密度がやや大きい）の区では，地表地震断層とは直接関連しない深い地震が多いこと，および内帯に属するが地震活動に比べて活断層密度が著しく大きいCタイプ区では，地震と活断層に関する従来の経験則が，必ずしもあてはまらないから特別な考慮を必要とすることも指摘した(図 3.41).

3.6.2 活構造単元

a. 西頸城-大峰活傾動地塊

北部フォッサマグナ地域における主要な活構造単元の一つである西頸城-大峰活傾動地塊の西縁は，新潟県糸魚川市-長野県松本市間の糸魚川-静岡構造線に付随する少なくとも新第三系を切る断層群ないし同構造線活断層系であり，南西縁は松本-長野線（平林,1969）およびその延長の信濃川沿いの活断層系を境とし，東縁は新潟県直江津から西頸城山地と高田平野の境界を南下し，妙高山・黒姫山・

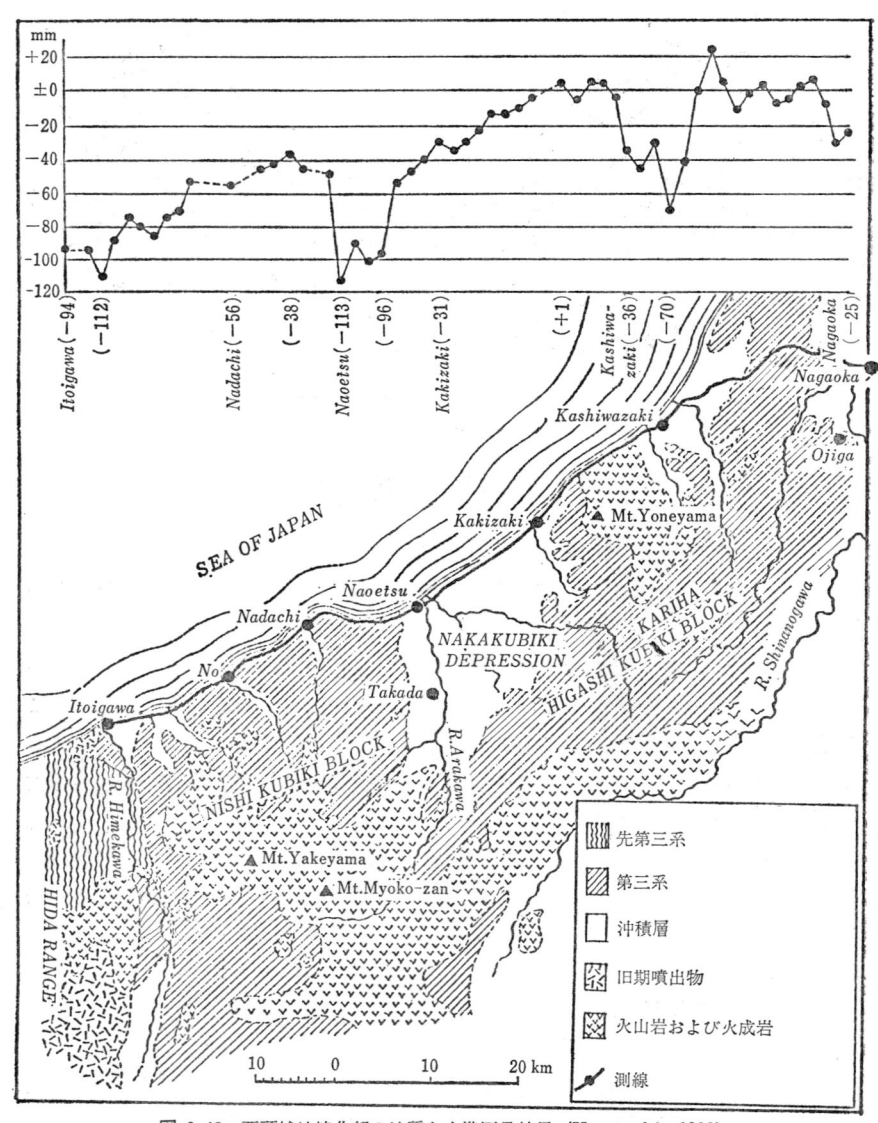

図 3.42 西頸城地塊北部の地質と水準測量結果 (Yamasaki, 1928)

飯縄山の東麓をやや東に張り出しつつ，さらに南下して長野市に至る．北縁は直江津-糸魚川間の日本海沿岸とする．

Yamasaki (1928) は，日本海沿岸部における1894年と1927年の水準測量結果を比較して，西頸城山地北縁をなす直江津-糸魚川間では全体として沈降していること，しかも西方ほど沈降の程度が大きいこと，また直江津付近を境として東西で沈降量に著しいギャップがみられることを示し，測地学的地塊としての西頸城ブロックの活傾動運動を指摘した（図3.42）．

小玉ほか（1974）による直江津-糸魚川地域の1963〜1965年の国土地理院の一等水準点観測結果の解析でも，水準点変動と新第三系の構造との間にほとんど関係が認められず，むしろ現世の地殻変動は，海岸線の方向を軸にしたより大きなブロック運動の傾動と考えられている．

また仁科（1973）は，北部フォッサマグナ地域における洪積世中期を最盛期とする大峯変動の説明中で，この隆起ブロックを「大峯ブロック」と称している．

西頸城-大峰活傾動地塊の境界をなす断層群の形成，すなわち地質学的な西頸城-大峰地塊の形成は新第三紀中新世にさかのぼるが，その構造運動の変遷は長野盆地北西縁で最も明瞭である．長野盆地北西縁には田子断層をはじめ西上り東落ちの高角逆活断層群が発達し善光寺地震など第一級の内陸直下型地震が発生している．この地下には，長野盆地北西縁構造線と呼ばれる断層が存在する．この構造線の存在は，松代群発地震の際実施された爆破地震動観測（Asano, et al., 1969）の結果からも明らかである．ここで注目されるのは，中新世上部の小川層を中心とする4.0 km/s層が，本構造線を境にして西側地域が東側地域の3〜4倍の厚さを示していることである．このことは，小川層堆積時に長野盆地西縁部を境にして，相対的に西側（西頸城-大峰活傾動地塊側）が沈降し，東側が隆起する断層活動が生じていたこと，そして活断層群はこの古い断層の再活動の現れとみなされるが，中新世の運動センスとは逆に西上りとなっていることを示している（加藤・赤羽，1986）．

この地塊北西部には，小谷隆起帯（平林，1969）と呼ばれる中新世中期以降の隆起帯が存在するが，この地域は前述したように水準測量結果からは現在沈降域となっている．

また，本地塊地域に広く残存する高位小起伏面である大峯面群（小林，1953）は，鮮新世末-更新世初頭の猿丸期変動によって形成された地質構造を切る原初準平原である．つまり大峯面群は，ほぼ海水準に近い状態で形成され，現在みられるように700〜1000 mも隆起したことになる（仁科，1973）．

3. 活断層

　したがって大まかにいえば，西頸城-大峰活傾動地塊は新第三紀末頃までは北西側が隆起し，南東側が沈降していた．その後，全般的に隆起に転じたが第四紀初期に隆起がやや弱まり，海水準付近まで侵食されてかなりの地域が平坦化された．その後再び隆起が強まり，更新世中期初め頃，地塊周縁部で松本盆地・長野盆地や高田平野の形成とそれに伴う活断層の活動が始まり，傾動運動のセンスが逆転し，北西側が沈降し南東側が隆起する傾向となり現在に至っている．

　また，善光寺地震をはじめとする歴史地震および現在の微小地震活動も，本活傾動地塊辺縁部に集中している．とくに，本地塊南東縁部の長野盆地北縁部では微小地震活動が著しい．こうした点から本地塊は，地震学的地塊をなしているといえよう．

　したがって，西頸城-大峰活傾動地塊は，測地学的にも地震学的にも，また地質学的にも同一のブロックを形成していることになる．

　さらに詳しくみると，本地塊南東縁部にはその大部分は前期更新世にはその活動を終了し，厳密な意味では活断層ではないが長野盆地北西縁構造線に直交する，すなわち本地塊にくい込む感じのNW-SE方向の断層群（門沢断層・小市断層・滝沢断層・日下野断層・水内断層・新町断層など）が発達する．これらは，垂直変位量に比べて水平変位量が大きい（加藤・赤羽，1986）．河野（1983）は中部日本北部の重力異常図をまとめ，ブーゲー異常から糸魚川-静岡構造線は明瞭であり，松本盆地では糸魚川-静岡構造線の西側で，ブーゲー異常の負が強く，東側で相対的に正であること，しかし北部の大町-糸魚川間ではこの関係が逆であること，さらに松本盆地北部では，北部へゆくほど強い負のブーゲー異常分布域中心部が盆地地域からずれて，東方の山地地域にくい込んでいくことを指摘した．また，その重力異常図をみると，高田平野南縁に沿って妙高山方面にNE-SW方向に強いブーゲー異常コンターの密な地帯が，やはり本地塊にくい込んでいることがうかがえる．このブーゲー異常コンターの強さは，長野盆地北西構造線のそれに匹敵し，地下深部にやはり，総垂直変位量が数kmに及ぶ断層が伏在していることをうかがわせる．藤田（1983）は，本地塊西縁部の青木湖から北へ大略姫川に沿う断層変位地形は，小谷から妙高を経て高田平野西縁に続く可能性を示唆し，千国以北の糸魚川-静岡構造線は第四紀テクトニクスからみれば，単なる古傷にすぎないことを指摘している．

　以上のことから，大峰面群形成前後から本地塊は新たに再編成され，全体としては大枠は残しつつもいわば断片化の過程を経てきたといえよう．

　この活傾動地塊東方に隣接する中央隆起帯も中新世中期以降の隆起帯であり，

一部大峯面も残存し，やはり第四紀中期以降現在まで北西方向に傾動隆起している．ここでは，有史以降 $M6$ 以下の地震しか知られておらず，しかも群発地震が多いなどの特徴がある．

こうした活傾動運動は信越地域に広くみられ，傾動地塊前面（沈降側）に発達する内陸盆地（長野盆地・六日町盆地・十日町盆地など）や海岸平野（高田平野など）の西-北西縁が活断層によって直線的であるのに対して，東-南東縁がリアス式海岸を思わせる鋸歯状の入り組んだ沈降を示す辺縁を呈していることにもよく表されている．

次に，以上の活構造単元を活構造区や地震活動との関連でみてみよう．

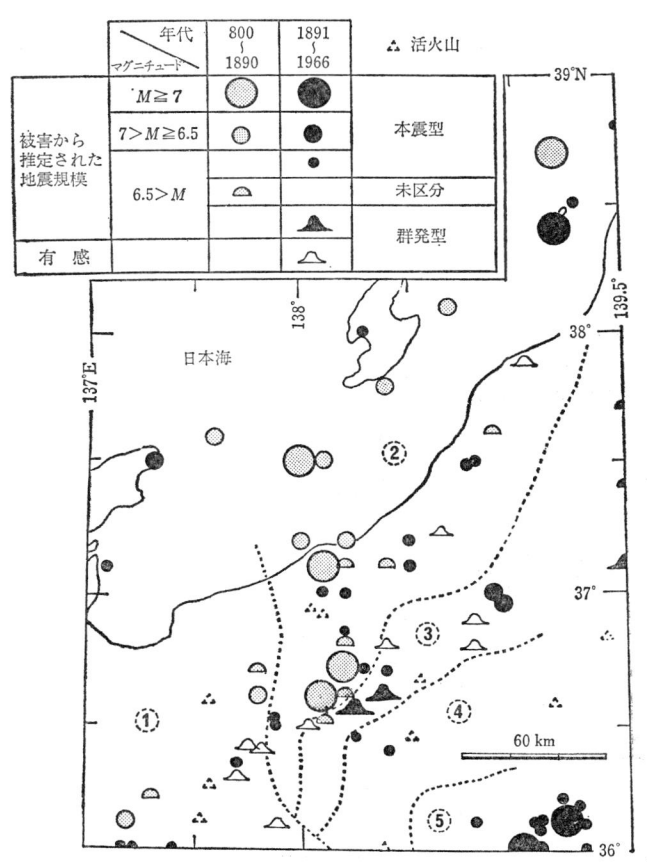

図 3.43 信越地域のおもな地震の震央とタイプ（中村・松田，1968）
破線は，地質区の境界を示す．

笠原 (1968) は，松代群発地震の発震機構の検討から同じ北信地方でも起震力の方向に徴細な規則性があることを，節線が地震によって多少の偏りをみせることから指摘した．

　中村・松田 (1968) は，北部フォッサマグナおよび周辺地域の地震活動と中新世以降の地質区との比較検討を行った．彼らは，極浅発の大・中地震には基盤地塊の活傾動を伴う新潟地震式 (善光寺地震が含まれる)，活褶曲の進行など小区域の隆起を伴う長岡地震式，および群発地震の松代地震式などの地学的性質の異なる地震が識別できることを示した．また，これらの地震の過去1100年間の地域的分布の地質区ごとの特徴を検討し，北アルプス地区では地震活動が低調であるのに対し，西頸城-大峰活傾動地塊を含む信越褶曲帯では著しく活発で本震型が多いこと，中央隆起帯では比較的大きな群発地震が多発することを明らかにし，それらの特徴は，各地質区の中新世以降の地史や活構造運動から考えられる力学的構造に関係があることを示唆した (図 3.43)．

　卯田・茅原 (1985) も，北部フォッサマグナ地域の地震分布と地質構造を検討し，本地域の地震は深さ 40 km 未満の地殻内部のものと，太平洋プレートの沈み込みによる深さ 120 km 以深のものとの二重構造を示すこと，主要な地震 (たとえば新潟地震) が逆断層型で東西方向のスリップベクトルをもつこと，活褶曲の形成機構，活傾動地塊運動などを統一的に説明するため，短縮テクトニクスにおけるリストリックな逆断層に境された基盤ブロックの傾動という造構過程を想定した．

　こうした活傾動地塊は各地で知られており，たとえば濃尾平野から三河高原西部にかけての地域では，東高西低の濃尾傾動地塊が認められ，さらにこれを含み三河高原東部から赤石山脈 (南アルプス) に至る幅 150 km に及ぶ地域も，中部傾動地塊と呼ばれる同様の大規模ブロックを構成

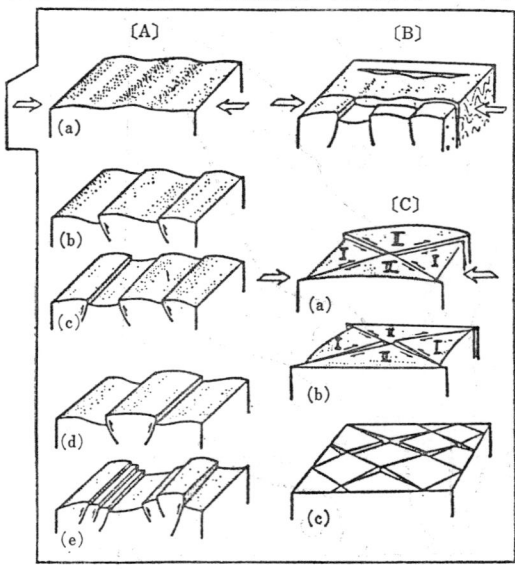

図 3.44　水平圧縮応力場における基盤岩の褶曲断層構造を示すモデル (Huzita, et al., 1973)

朝倉書店〈天文学・地学関連書〉ご案内

図説科学の百科事典6 星と原子

桜井邦朋監訳　永井智哉・市來淨與・花山秀和訳
A4変判 176頁 定価6825円（本体6500円）（10626-8）

宇宙と星について，理論や法則，ビッグバンから太陽系までの多彩な現象をとりあげてわかりやすく解説する。〔内容〕天文学キーワード／法則の支配する宇宙／ビッグバン宇宙／銀河とクェーサー／星の種類／星の生と死／宇宙の運命

オックスフォード天文学辞典

岡村定矩監訳
A5判 504頁 定価10080円（本体9600円）（15017-9）

アマチュア天文愛好家の間で使われている一般的な用語・名称から，研究者の世界で使われている専門的用語に至るまで，天文学の用語を細大漏らさずに収録したうえに，関連のある物理学の概念や地球物理学関係の用語も収録して，簡潔かつ平易に解説した辞典。最新のデータに基づき，テクノロジーや望遠鏡・観測所の記載も豊富。巻末付録として，惑星の衛星，星座，星団，星雲，銀河等の一覧表を付す。項目数約4000。学生から研究者まで，便利に使えるレファランスブック

天文の事典

磯部・佐藤・岡村・辻・吉澤・渡邊編
B5判 696頁 定価29925円（本体28500円）（15015-5）

天文学の最新の知見をまとめ，地球から宇宙全般にわたる宇宙像が得られるよう，包括的・体系的に理解できるように解説したもの。〔内容〕宇宙の誕生（ビッグバン宇宙論，宇宙初期の物質進化他），宇宙と銀河（星とガスの運動，クェーサー他），銀河をつくるもの（星の誕生と惑星系の起源他），太陽と太陽系（恒星としての太陽，太陽惑星間環境他），天文学の観測手段（光学観測，電波観測他），天文学の発展（恒星世界の広がり，天体物理学の誕生他），人類と宇宙，など

津波の事典

首藤伸夫・佐竹健治・松冨英夫・今村文彦・越村俊一編
A5判 363頁 定価9975円（本体9500円）（16050-5）

メカニズムから予測・防災まで，世界をリードする日本の研究成果の初の集大成。コラム多数収載。〔内容〕津波各論（世界・日本，規模・強度他）／津波の調査（地質学，文献，痕跡，観測）／津波の物理（地震学，発生メカニズム，外洋，浅海他）／津波の被害（発生要因，種類と形態）／津波予測（発生・伝播モデル，検証，数値計算法，シミュレーション他）／津波対策（総合対策，計画津波，事前対策）／津波予警報（歴史，日本・諸外国）／国際的連携／津波年表／コラム（探検家と津波他）

自然災害の事典

岡田義光編
A5判 708頁 定価23100円（本体22000円）（16044-4）

〔内容〕地震災害-観測体制の視点から（基礎知識・地震調査観測体制）／地震災害-地震防災の視点から／火山災害（火山と噴火・災害・観測・噴火予知と実例）／気象災害（構造と防災・地形・大気現象・構造物による防災・避難による防災）／雪氷環境防災（雪氷環境防災・雪氷災害）／土砂災害（顕著な土砂災害・地滑り分類・斜面変動の分布と地帯区分・斜面変動の発生原因と機構・地滑り構造・予測・対策）／リモートセンシングによる災害の調査／地球環境変化と災害／自然災害年表

火山の事典（第2版）
下鶴大輔・荒牧重雄・井田喜明・中田節也編
B5判 592頁 定価24150円（本体23000円）（16046-8）

有珠山，三宅島，雲仙岳など日本は世界有数の火山国である。好評を博した第1版を全面的に一新し，地質学・地球物理学・地球化学などの面から主要な知識とデータを正確かつ体系的に解説。〔内容〕火山の概観／マグマ／火山活動と火山帯／火山の噴火現象／噴出物とその堆積物／火山の内部構造と深部構造／火山岩／他の惑星の火山／地熱と温泉／噴火と気候／火山観測／火山災害と防災対応／外国の主な活火山リスト／日本の火山リスト／日本と世界の火山の顕著な活動例

図説 地球の歴史
小泉　格編
B5判 152頁 定価3570円（本体3400円）（16051-2）

「古海洋学」の第一人者が，豊富な説明図を駆使して，地球環境の統合的理解を生き生きと描く。〔内容〕深海掘削／中生代／新生代／第四紀／一次生産による有機物の生成と二酸化炭素／珪藻質堆積物の形成と続成作用／南極と北極／日本海

地震防災のはなし ―都市直下地震に備える―
岡田恒男・土岐憲三編
A5判 192頁 定価3045円（本体2900円）（16047-5）

阪神淡路・新潟中越などを経て都市直下型地震は国民的関心事でもある。本書はそれらへの対策・対応を専門家が数式を一切使わず正確に伝える。〔内容〕地震が来る／どんな建物が地震に対して安全か／街と暮らしを守るために／防災の最前線

宇宙から見た地質
加藤碩一・山口　靖・渡辺　宏・薦田麻子編
B5判 160頁 定価7770円（本体7400円）（16344-5）

ASTER衛星画像を活用して世界の特徴的な地質をカラーで魅力的に解説。〔内容〕富士山／三宅島／エトナ火山／アナトリア／南極／カムチャツカ／セントヘレンズ／シナイ半島／チベット／キュブライト／アンデス／リフトバレー／石林／など

宇宙から見た地形
加藤碩一・山口　靖・山崎晴雄・渡辺　宏・汐川雄一・薦田麻子編
B5判 144頁 定価5670円（本体5400円）（16347-2）

ASTER衛星画像で世界の特徴的な地形を見る。〔内容〕ミシシッピデルタ／グランドキャニオン／ソグネフィヨルド／タリム盆地／南房総／日本アルプス／伊勢志摩／長野盆地／糸魚川-静岡構造線／アファー／四川大地震／岩手宮城内陸地震

日本地方地質誌〈全8巻〉
日本の地質全体を地方別に解説した決定版

3. 関東地方
日本地質学会編
B5判 592頁 定価27300円（本体26000円）（16783-2）

関東地方の地質を体系的に記載・解説。成り立ちから応用まで，関東の地質の全体像が把握できる。〔内容〕地質概説（地形，地質構造，層序変遷他）／中・古生界／第三系／第四系／深部地下地質／海洋地質／地震・火山／資源・環境地質／他

4. 中部地方（CD-ROM付）
日本地質学会編
B5判 588頁 定価26250円（本体25000円）（16784-9）

「総論」と露頭を地域別に解説した「各論」で構成。〔内容〕【総論】基本枠組み／プレート運動とテクトニクス／地質体の特徴【各論】飛騨／舞鶴／来馬・手取／伊豆／断層／活火山／資源／災害／他

5. 近畿地方
日本地質学会編
B5判 464頁 定価23100円（本体22000円）（16785-6）

近畿地方の地質を体系的に記載・解説。成り立ちから応用地質学まで，近畿の地質の全体像が把握できる。〔内容〕地形・地質の概要／地質構造発達史／中・古生界／新生界／活断層／地下深部構造・地震災害／資源・環境・地質災害

6. 中国地方
日本地質学会編
B5判 576頁 定価26250円（本体25000円）（16786-3）

古い時代から第三紀中新世の地形，第四紀の気候・地殻変動による新しい地形すべてがみられる。〔内容〕中・古生界／新生界／変成岩と変性作用／白亜紀・古第三紀／島弧火山岩／ネオテクトニクス／災害地質／海洋地質／地下資源

恐竜イラスト百科事典
D.ディクソン著　小畠郁生監訳
A4判 260頁 定価9975円（本体9500円）（16260-8）

子どもから大人まで楽しめる最新恐竜図鑑。フクイラプトルなど世界各地から発見された中生代の生物355種を掲載。〔内容〕恐竜の時代（地質年代，系統と分類，生息地，絶滅，化石発掘）／世界の恐竜（コエロフィシス，プラテオサウルス，ウタツサウルス，ディロフォサウルス，メガロサウルス，ステゴサウルス，リオプレウロドン，ラムフォリンクス，ディロング，ラエリナサウラ，ギガノトサウルス，パラサウロロフス，パラリティタン，トリケラトプス，アンキロサウルス他）

ホルツ博士の 最新恐竜事典
Th.R.ホルツ著　小畠郁生監訳
B5判 472頁 定価12600円（本体12000円）（16263-9）

分岐論が得意な新進気鋭の著者が執筆。31名の恐竜学者のコラムとルイス・レイのイラストを満載。〔内容〕化石／地質年代／進化／分岐論／竜盤類／コエロフィシス／スピノサウルス／カルノサウルス／コエルロサウルス／ティラノサウルス／オルニトミモサウルス／デイノニコサウルス／鳥類／竜脚類／ディプロドクス／マクロナリア／鳥盤類／装盾類／剣竜／よろい竜／鳥脚類／イグアノドン／ハドロサウルス／厚頭竜／角竜／生物学／絶滅／恐竜一覧／用語解説／他

恐竜野外博物館
小畠郁生監訳　池田比佐子訳
A4変判 144頁 定価3990円（本体3800円）（16252-3）

現生の動物のように生き生きとした形で復元された仮想的観察ガイドブック。〔目次〕三畳紀（コエロフィシス他）／ジュラ紀（マメンチサウルス他）／白亜紀前・中期（ミクロラプトル他）／白亜紀後期（トリケラトプス，ヴェロキラプトル他）

ひとめでわかる 化石のみかた
小畠郁生監訳　舟木嘉浩・舟木秋子訳
B5判 164頁 定価4830円（本体4600円）（16251-6）

古生物学の研究上で重要な分類群をとりあげ，その特徴を解説した教科書。〔目次〕化石の分類と進化／海綿／サンゴ／コケムシ／腕足動物／棘皮動物／三葉虫／軟体動物／筆石／脊椎動物／陸上植物／微化石／生痕化石／先カンブリア代／顕世代

バージェス頁岩 化石図譜
D.E.G.ブリッグス他著　大野照文監訳
A5判 248頁 定価5670円（本体5400円）（16245-5）

カンブリア紀の生物大爆発を示す多種多様な化石のうち主要な約85の写真に復元図をつけて簡潔に解説した好評の"The Fossils of the Burgess Shale"の翻訳。わかりやすい入門書として，また化石の写真集としても楽しめる。研究史付

ゾルンホーフェン化石図譜Ⅰ
K.A.フリックヒンガー著　小畠郁生監訳　舟木嘉浩・舟木秋子訳
B5判 224頁 定価14700円（本体14000円）（16255-4）

ドイツの有名な化石産地ゾルンホーフェン産出の化石カラー写真集。Ⅰ巻ではジュラ紀後期の植物と無脊椎動物化石など約600点を掲載。〔内容〕概説／海綿／腔腸動物／腕足動物／軟体動物／蠕虫類／甲殻類／昆虫／棘皮動物／半索動物

ゾルンホーフェン化石図譜Ⅱ
K.A.フリックヒンガー著　小畠郁生監訳　舟木嘉浩・舟木秋子訳
B5判 196頁 定価12600円（本体12000円）（16256-1）

ドイツの有名な化石産地ゾルンホーフェン産出のカラー化石写真集。Ⅱ巻では記念すべき「始祖鳥」をはじめとする脊椎動物化石など約370点を掲載。〔内容〕魚類／爬虫類／鳥類／生痕化石／プロブレマティカ／ゾルンホーフェンの地質

熱河生物群化石図譜 ─羽毛恐竜の時代─
張弥曼他編　小畠郁生監訳　池田比佐子訳
B5判 212頁 定価9975円（本体9500円）（16258-5）

話題の羽毛恐竜をはじめとする中国遼寧省熱河産出のカラー化石写真集。当時の生態系全般にわたる約250点を掲載。〔内容〕腹足類／二枚貝／介形虫／エビ／昆虫／魚類／両生類／カメ／翼竜／恐竜／鳥類／哺乳類／陸上植物／植物／胞子と花粉

澄江生物群化石図譜 ─カンブリア紀の爆発的進化─
候先光他著　大野照文監訳　鈴木寿志・伊勢戸徹訳
B5判 240頁 定価9975円（本体9500円）（16259-2）

バージェスに先立つ中国雲南省澄江地域のカラー化石写真集。〔内容〕総論／藻類／海綿動物／刺胞動物／有櫛動物／類線形動物／鰓曳動物／ヒオリテス／葉足動物／アノマロカリス亜綱／節足動物／腕足動物／ヴェチュリコラ／脊索動物／他

気象予報士模擬試験問題
新田 尚編著
A4判 176頁 定価3045円（本体2900円）（16120-5）

毎年二度実施される気象予報士の試験と全く同じ形式で纏めたもの。気象に携わっている専門家が問題を作成し、解答を与え、重要なポイントについて解説する。受験者にとっては自ら採点し、直前に腕試しができる臨場感溢れる格好の問題集。

大気放射学の基礎
浅野正二著
A5判 280頁 定価5145円（本体4900円）（16122-9）

大気科学，気候変動・地球環境問題，リモートセンシングに関心をもつ読者向けの入門書。〔内容〕放射の基本則と放射伝達方程式／太陽と地球の放射パラメータ／気体吸収帯／赤外放射伝達／大気粒子による散乱／散乱大気中の太陽放射伝達／他

気象予報士合格ハンドブック
気象予報技術研究会編
B5判 296頁 定価6090円（本体5800円）（16121-2）

合格レベルに近いところで足踏みしている受験者を第一の読者層と捉え、本試験を全体的に見通せる位置にまで達することができるようにすることを目的とし、実際の試験に即した役立つような情報内容を網羅することを心掛けたものである。内容は、学科試験（予報業務に関する一般知識、気象業務に関する専門知識）の17科目、実技試験の3項目について解説する。特に、受験者の目線に立つことを徹底し、合格するためのノウハウを随所にちりばめ、何が重要なのかを指示、詳説する。

気象ハンドブック 第3版
新田 尚・住 明正・伊藤朋之・野瀬純一編
B5判 1040頁 定価39900円（本体38000円）（16116-8）

現代気象問題を取り入れ、環境問題と絡めたよりモダンな気象関係の総合情報源・データブック。〔気象学〕地球／大気構造／大気放射過程／大気熱力学／大気大循環〔気象現象〕地球規模／総観規模／局地気象〔気象技術〕地表からの観測／宇宙からの気象観測〔応用気象〕農業生産／林業／水産／大気汚染／防災／病気〔気象・気候情報〕観測値情報／予測情報〔現代気象問題〕地球温暖化／オゾン層破壊／汚染物質長距離輸送／炭素循環／防災／宇宙からの地球観測／気候変動／経済〔気象資料〕

オックスフォード 気象辞典
山岸米二郎監訳
A5判 320頁 定価8190円（本体7800円）（16118-2）

1800語に及ぶ気象，予報，気候に関する用語を解説したもの。特有の事項には図による例も掲げながら解説した、信頼ある包括的な辞書。世界のどこでいつ最大の雹が見つかったかなど、世界中のさまざまな気象・気候記録も随所に埋め込まれている。海洋学，陸水学，気候学領域の関連用語も収載。気象学の発展に貢献した重要な科学者の紹介、主な雲の写真、気候システムの衛星画像も掲載。気象学および地理学を学ぶ学生からアマチュア気象学者にとり重要な情報源となるものである

ISBN は 978-4-254- を省略　　　　　　　　　　　　　　　　　　　（表示価格は2010年3月現在）

朝倉書店
〒162-8707 東京都新宿区新小川町6-29
電話　直通（03）3260-7631　FAX（03）3260-0180
http://www.asakura.co.jp　eigyo@asakura.co.jp

していること，これらの内部にはA級・B級の活断層がみられず，ブロック境界に大規模な活断層が発達していることが指摘されている（桑原，1968；岡田，1979）．

西南日本における傾動地塊群については，Huzitaほか（1973）や藤田（1983）に詳しい．ここでは，地塊の総括的な模式図を示すにとどめる（図3.44）．ここで〔A〕の系列は基盤褶曲に伴う逆断層による傾動地塊の形成を示し，〔B〕の系列は基盤褶曲が岩体によって異なる形態をとる場合，その境界に現れる断層による地塊化を示し，〔C〕は共役な横ずれ断層群による地塊化を示す．

b. プルアパートベイスン

単独の，または雁行配列した横ずれ断層の変位から予想される地表の変形は，基本的には図3.45に示されている．このうち，活構造単元として地質学的な意味をもつのは地溝と地塁であるが，とくに地溝は堆積盆となりうるので興味深い．これは最近，プルアパートベイスン（pull-apart basin）と呼ばれている（もちろん，プルアパートベイスンは活断層のみに伴うわけではなく，地質時代にも形成されている）（図3.46）．

これらの変形は，さまざまな規模で知られている．たとえばアメリカのSan Andreas断層に沿っては，長さ数百m，堆積物の厚さ数mのサグポンドから，長さ200km，幅80km，堆積物の厚さ10km以上に及ぶSaltonトラフまである（Rodgers，1980）．トルコの北アナトリア断層に沿う長さ数十kmオーダーの三つの山間盆地（Niksar，Susehriおよび Erzincan盆地）や東アナトリア断層に沿うハザール湖などもプルアパートベイスンである（図3.47）．

プルアパートベイスンの長さと幅の間

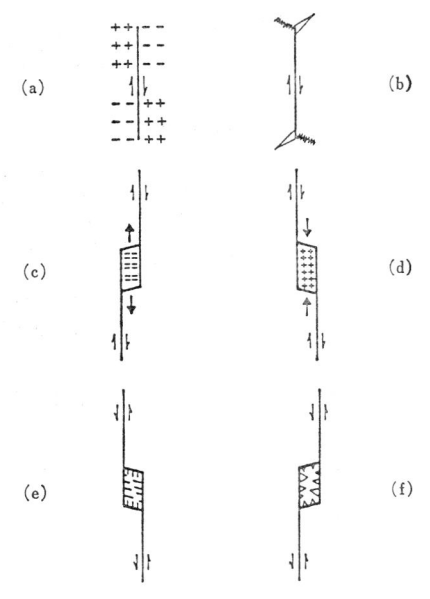

図3.45 横ずれ断層に伴う地塁・地溝模式図
(Aydin and Nur, 1982)
a：右横ずれ断層に伴う伸張(−)領域と圧縮(+)領域，b：伸張領域における tail cracks と圧縮領域における pressure solution または，褶曲，c：right stepover の雁行配置を示す右横ずれ断層に伴う菱形地溝，d：left stepover の雁行配置を示す右横ずれ断層に伴う菱形地塁，e：left stepover の雁行配置を示す左横ずれ断層に伴う菱形地溝と正断層および正断層成分をもつ横ずれ断層，f：right stepover の雁行配置を示す左横ずれ断層に伴う菱形地塁と逆断層および逆断層成分をもつ横ずれ断層．

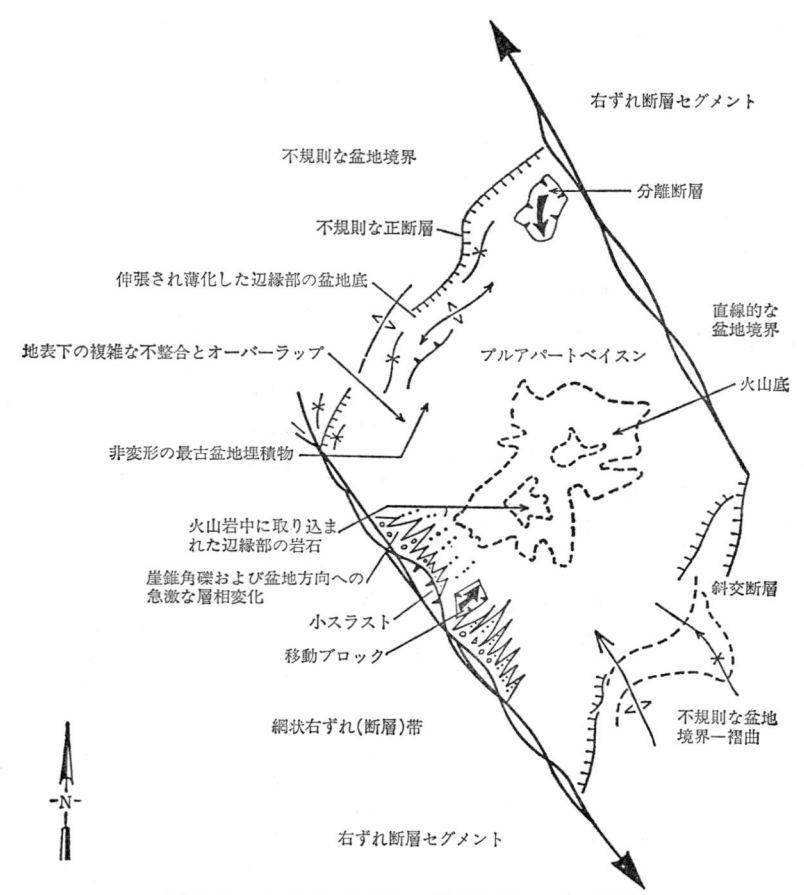

図 3.46 プルアパートベイスン模式図 (Crowell, 1974)

にはきわめてよい相関関係があり，長さ対幅の比は約3～4に集中することが指摘されている (Aydin and Nur, 1982). こうした堆積盆の幅は横ずれ断層によって規制されているから，横ずれ断層の変位が累積していけば堆積盆の長さは増加する．それにもかかわらず，長さと幅の比が一定であることを説明するために，Aydin・Nur (1982) は二つのモデルを提唱している（図3.48）．

　第一のモデルでは，規則的な配列を示す雁行状に並ぶ横ずれ断層に伴って多くの小地溝が形成され，変形の進行につれそれらが重複し，みかけ上大きな堆積盆となるもので，南カリフォルニアのGarlock断層上のKoehu Lake Basinが例示されている．

3.6 活断層とネオテクトニクス

図 3.47 エルジンジャン盆地 (トルコ) 北から南を望む.

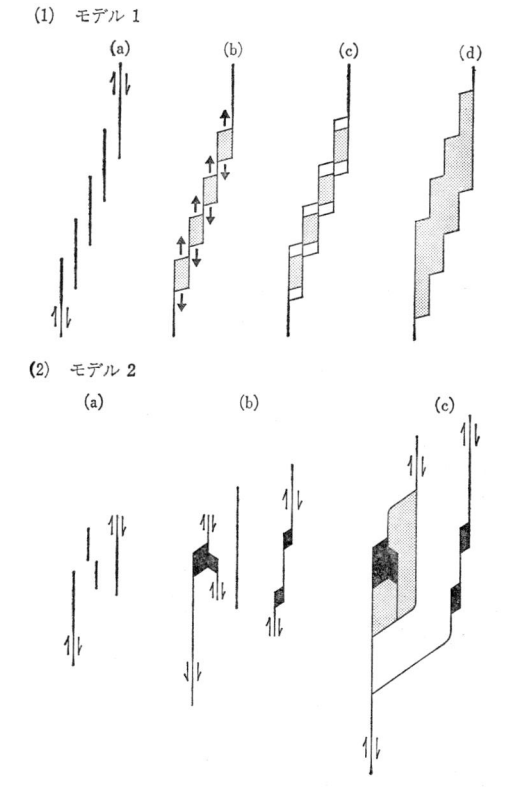

(1) モデル 1
 (a) (b) (c) (d)

(2) モデル 2
 (a) (b) (c)

図 3.48 2 種類のプルアパートベイスン模式図 (Aydin and Nur, 1982)

第二のモデルは，不規則に配列する横ずれ断層や引張り破断が複合するもので，西ネバダの Olinghouse 断層に沿う小堆積盆が例示されている．

プルアパートベイスンの堆積物の特徴は，きわめて急激に堆積した側方相変化が著しいことである．

3.6.3 第四紀地殻変動
a. 第四紀広域造構応力場

第四紀における日本列島規模，ないしそれをいくつかに分割する程度の大構造（地体構造）は，その大部分が第一近似的には地殻上部のひずみの蓄積・解放，およびその結果としての構造変形の累積の過程として把握される．地殻変動およびその時間・空間的変遷を示す地質構造発達史の理解にあたっては，植村（1971）のいうように，構造変形を生じた原因と結果，およびその両者を結ぶ途中の運動経過という3段階に応じた研究課題と手法をとるべきである．

ここで要求される第一の課題は，ひずみ像，すなわち本質的な変形結果としての変形構造の必要にして十分な記載である．第二の課題は，運動像の決定，すなわち運動の時間・空間的量と質の決定である．第三の課題は，力学像の推定，すなわち変形時の力学的条件（場と物性）の推測である（植村，1971）．

第四紀地殻変動を論ずるにあたって，第一の課題としての活構造の記載およびその手法についてはすでに述べたところである．第二の課題の手法として，最近の構造地質学，地震学，第四紀地質学，測地学および地形学などを総合した，い

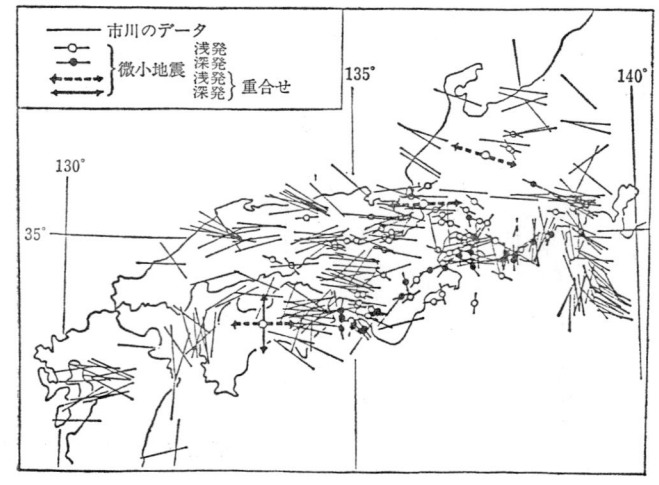

図 3.49 最大主圧力軸の水平成分分布（岸本，1973）

3.6 活断層とネオテクトニクス 147

わば地震地質学的なアプローチが模索されている．その有力な手法の一つが，広域造構応力場の推定・復元である．

そのため，地震資料，測地資料，地形・地質資料という独立したカテゴリーに属するデータから広域応力場を復元し，互いに比較検討する試みがなされてきた．

地震資料は，地質学的現在における地下の震源地点に作用する力の向きや大きさを直接反映する．地震現象自体は普通1〜10秒のオーダーにすぎないが，破壊ひずみの蓄積期間は大・中地震の再来周期からみて10^2〜10^3年オーダーと思われ

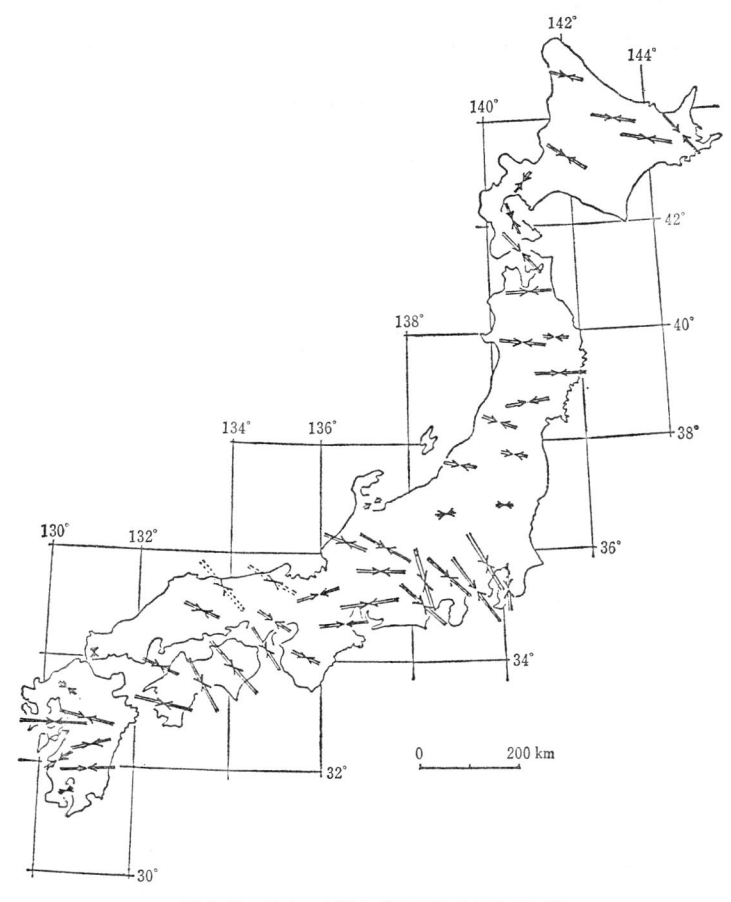

図 3.50 最大せん断ひずみ速度（中根，1973）
矢印は最小主軸，矢印の長さは最大せん断ひずみ速度の大きさを示す．点線の矢印は，2次オーダーの三角測量値から得られたことを示す．

図 3.51 活断層から復元された西南日本応力場（藤田，1968）
破線は最大水平圧縮応力軸の方向．

るので，十分なデータ量が得られれば，地殻内部の応力の時間・空間的分布を明らかにすることができる．測地資料（水準・三角測量資料）は，地表部における地殻変形の累積変形の累積結果を数年ないし数十年程度の改測間隔で知るが，やはり地震資料と同様なオーダーの期間におけるひずみの蓄積を反映していると思われる．地質資料としての活構造，とくに活発な活断層の活動周期は 10^3〜10^4 年程度のオーダーであるが，その活動期間を考慮すると 10^5 年のオーダーのひずみの累積を表現しているといえよう．小縮尺の地形図やそれに基づく切峰面図から読み取れる大地形は，第四紀における地殻最上部の変形結果であるから，10^6 年ないしそれ以下のひずみの累積を示すことになる（図 3.49〜3.51）．

たとえば，西南日本においては，岸本（1973）による地震の主圧力の水平成分分布，中根（1973）による一等三角点の改測結果から得られた縮みの方向，藤田（1968）による活断層や基盤の波状構造から得られた最大圧縮主応力軸分布などが見事に一致し，ほぼ第四紀を通じて少なくとも応力場の方向性に関しては大きな変化はなかったことが明らかとなった．これは，方向性はやや異なるものの東北日本においても成り立ち，おおまかにいえば，日本列島は第四紀において東北日本はほぼ東西方向に σ_{Hmax} をもつような短縮テクトニクスの場に置かれ，西南日本は東西から北西－南東方向に σ_{Hmax} をもつような短縮テクトニクスの場に置かれていたといえよう．

一方，小林（1977）や Takeuchi（1978）ほかによる火山岩脈を用いた第三紀以降の古応力場の復元結果をみると，たとえば西南日本においては4回の広域応力場の変換がみられ，その継続期間は 8×10^6 年のオーダーである．とくに大きな変化がなければ，現在の第四紀広域造構応力場は当分続くことになる．

b. 第四紀地殻変動とプレートテクトニクス

1950 年代から蓄積された地球物理学的データをもとに，グローバルな地球科

3.6 活断層とネオテクトニクス

学諸現象を統一的に説明しようとするプレートテクトニクスが一応の成立をみたのは，1970年代初め頃である．その骨子は，地球表層を10いくつかに分割する固い板状のブロックの生成・運動・消滅によって，地震・火山活動およびさまざまな地学現象が引き起こされるというものである．その概要は，表3.9にまとめてある．

もちろん実際の現象はきわめて複雑であり，単純に適用できないことはいうまでもないが，前述した第四紀広域造構応力場をはじめとする日本列島の第四紀の地殻変動について蓄積されてきた研究成果を，プレートテクトニクスのパラダイムの中でどのように生かすかという試みがなされてきた．

たとえば藤田（和）(1983)は，西南日本の造構応力場は太平洋プレートとフィリピン海プレートおよび伊豆半島地域の相対的運動と，それを受け止める日本列島との間に発生した圧縮応力場（杉村，1974）とみなした．飛騨山地・高山盆地・美濃山地などは，太平洋プレートの沈み込みによる圧縮が，東北日本基盤を媒介として伝わったため起こった波状構造と，断層地塊の複合とみようとした．そして，東北日本の西縁をなす中央隆起帯と飛騨山塊間の第三紀堆積盆地に圧縮テクトニクスが生じ，中部地方は一大傾動地塊として西方に傾くこととなったとした．さらに，この圧縮応力場は近畿内帯に広がり，近畿三角帯にひずみを集中しながら兵庫県西縁の山崎断層・湯村断層の西端あたりまでその領域に収め，複雑な断層系を形成した．外帯では，地震の発震機構や海底地形から推定して南海トラフに直交する北西-南東方向の圧縮を示し，フィリピン海プレートの影響を示している．また，外帯はフィリピン海プレートによって西方に運ばれるので，紀伊半島中央部以西における中央構造線の右横ずれ運動も説明されるとするものである．そして，前節で述べたような水平圧縮力による基盤の波状変形やブロック化によって，堆積盆地などの形成が起こったと説明している．

一方，これに対してたとえば藤田（至）(1970; 1979)は，鮮新世に始まり現在まで続いている日本列島下における広域にわたる陥没性の地殻変動を島弧変動と称し，日本列島の成立に決定的な役割を果たしたとしている．それによれば，鮮新世から更新世にかけて日本列島各地にさまざまな規模の隆起運動が5回ほど生じ，その結果，高角の断裂の形成，陥没とそれに引き続く傾動的な沈降によって堆積盆地が形成された．その後，堆積盆地では基盤側の隆起が強まったため，陥没期に生じた断裂部ないしその付近が再活動し，基盤側ブロックが上盤となって堆積盆地側の下盤に対して衝上するようになり，さらに上昇の進行によって地表部では高角衝上が低角衝上に移行するというものである．こうして日本列島は，

3. 活断層

表 3.9 プレートテクトニクス略史

プレートテクトニクス前史時代	1915	大陸移動説の提唱（ウェゲナー，『大陸および大洋の起源』） 現象論的には，かなりの地質学的諸問題をよく説明したが，軽いシアル（大陸）が重いシマをかき分けて進む原動力を論証できず，地球物理学者の反論を受け，1920年代末には下火となる。
	1930年代	マントル対流論（ホームズ） 固体マントルのゆっくりした熱対流が大陸移動の原動力と考えた．つまり，大陸は自分自身で移動するのではなく，流れの上の筏のように運ばれるとした．あまりに斬新すぎて，積極的に評価されず，かえって後世に生き延びた．
	1950年代	大陸移動説の復活 〈1950年代までの地球科学の進歩〉 ・海底地形測量技術の進歩 ・海底地磁気異常の発見 ・堆積層や地殻の厚さ，構造についての情報の増加 ・海域の地殻熱流量や海上重力測定 ・汎世界的地震観測網の整備 ↓ 〈1950年代までの地球科学の成果〉 ・古地磁気学的成果： 海洋域における地震磁気異常の縞模様とそのくい違いの発見． 　　　　　　　　　　地球磁場逆転史の確立 ・マントル対流上昇（地殻熱流量増大）部としての大洋中央海嶺の発見 ・海洋底の年齢が大陸の年齢よりもはるかに若いらしいことの発見
	1951	アムシュッツによるサブダクション（沈み込み）という術語の提唱
古典的プレート	1961	海洋底拡大説の提唱（ディーツ・ヘス）
	1962	プレートテクトニクスの根幹をなす仮説 〈前提〉 ・マントル内の大規模熱対流 ・モホ面は物質境界ではなく相転移面である． ・リソスフィア（プレート，深さ70kmまで，剛性的）とアステノスフィア（プレートの下，70km以深，塑性的）を区別 ・大陸はシアルからなりシマ上に浮かぶ． 〈内容〉 ・大洋底は本質的に露出したマントルで，マントル対流は中央海嶺で上昇し海溝で沈む． ・大陸はシマとともに移動し，対流下降地域で引きずられて圧縮され，褶曲などをつくる． ・大陸下に新たに上昇流が湧くと大陸は分裂（例：大西洋） 〈説明される事柄〉 ・定性的な地球の体積変化： 大陸は圧縮，大洋は伸長の領域だからそれほど体積変化せず，カタストロフィックな海進・海退は不要 ・大陸移動： 大陸はシマとともに移動（ウェゲナー説のように大陸がシマの中を航海する必要はない） ・大陸が常に高い理由： 大陸は対流の収束域にあり，シアルに付け加わる海底堆積物の供給を常に受けるため ・大洋底の若さ： 当然の帰結として，大洋は古いけれども大洋底は新しい ・磁気異常の縞模様： 当然の帰結として，海嶺で生産されたリソスフィアがキュリー温度以下に冷えれば磁化され，大陸棚下で海溝に沈み込む

3.6 活断層とネオテクトニクス　　151

テクトニクス時代	1963	テープレコーダーモデルの提唱（バイン・マシューズ） 　地磁気縞状異常の成因解明： 地磁気縞状異常を生む地下の磁化不均一は，磁化の強弱によるのではなく，磁化の向きが＋と一と交互に縞状になっているため．これは，中央海嶺で海底が生まれることと，地球磁場が数十万年程度の周期で逆転するためである．
	1965	トランスフォーム断層の提唱（ウィルソン） 　海嶺を横切る破砕帯，地磁気縞状異常のくい違いの解明
	1967～	プレートの命名，その回転運動と極の推定（ルピション，マッケンジー・パーカー，モルガンなど）
	1968	リソスフィア（プレート）の存在（地殻および上部マントルの一部），全地球表面を六つに分割，海洋底拡大と大陸移動に関する幾何学的検討
	1968	大洋底拡大率の推定（ヒーツラー） 　大洋底地磁気縞状異常の逆転期の同定と年代決定により，0.5～2インチ/年の拡大率推定
	1968	ニューグローバルテクトニクスの提唱（アイザックス，オリバー・サイクス） 　古典的プレートテクトニクスの総括： プレートテクトニクス仮説の地震学的資料による裏付けと総括の試み
	1969	トランスフォーム断層の実証（サイクス） 地向斜造山帯のプレートテクトニクス的解釈（デューイ）
	1971	地球マントル上部開発計画（UMP）終了 　古典的プレートテクトニクスの骨組みと作業仮説の集大成
現代的プレートテクトニクス時代	1972	地球内部ダイナミクス計画（GDP）開始 　プレートテクトニクスの実証
	1970年代後半～現在	プレートテクトニクスの肉付け・応用時代 （1）海洋底堆積物の性質や構造，海洋底地形の解明 　・多重受信反射地震探査の実用化による海底地下構造（付加体）の解明 　・国際深海掘削計画（IPOD）（1975～1984）による堆積物の直接的研究 　・精密海底地形測量による新知見： 分裂・沈下する（？）第二鹿島海山の発見 　・深海潜水艇による海洋底の直接観察： 日仏日本海溝共同調査 （2）陸域の地質へのプレートテクトニクスの応用 　・オリストストローム，メランジェなどのプレートテクトニクス的解釈： 衝突・付加テクトニクスの発展〔海洋プレート上の突出物（海山，海台など）の衝突・付加が大陸の成長に重要〕 　・日本列島の形成の新解釈： 日本列島の漂移・回転移動，日本海の形成
	1980～1989	国際リソスフィア計画（ILP）
	1985～1989	国際リソスフィア探査開発計画（DELP） 　プレートテクトニクスを含む総合的新地球観の実証
	1980年代後半	超深層ボーリング

上部マントルにまで達する断裂によって径10kmから200km程度にブロック化し，それぞれが相対的に昇降運動を起こしたため，今日の山地と平地の境する大地形が形成された．また，こうした島弧変動がアジア大陸内部，さらに沈降を伴う変動を生じない点でやや異なるものの，地殻の薄化現象・陥没・火山活動・浅発地震活動などの共通する特徴をもつことから，大陸の大地溝帯や大洋域の海嶺地帯でも起きたことを主張している．そして，島弧変動の原因を外核に根本原因を求め，変動の発動をマントル基底に考える見方を採用している．

　以上，島弧変動期の日本列島における地殻変動のうち，とくに高角衝上断層を伴う堆積盆地の発生—消滅の過程，大地形の形成などに対する二つの見解の主要な対立点は，プレート運動に起因する水平方向の造構力を重視するか，深部断裂を境界とするブロックによる垂直方向の造構力を重視するかにあり，今後さらに検討を要する問題である．

II. 世界の地震・地震断層・活断層

ホラサン−ナルマン地震によって破壊されたゲルク村
〔1983年10月30日，トルコ（Aykut Barka 氏撮影）〕

4. アジアの地震・地震断層・活断層

　ユーラシア大陸東部から島弧・海域にかけての地震活動は活発である．近年，衛星写真の解析によって，世界でも有数の長大な活断層群が知られるようになってきた．アジア大陸部ではそれらの分布・変位などが，インドプレートの北進・衝突を反映しているとするプレートテクトニクス的解釈が強調されている．本章

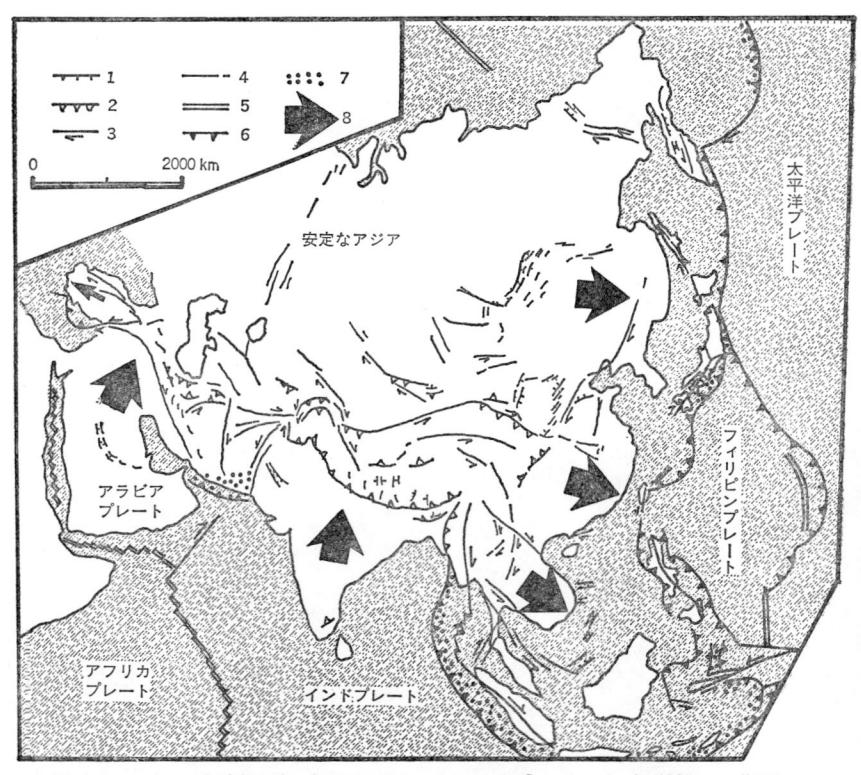

図 4.1　アジア・中近東地域のネオテクトニックマップ (Sengör, et al., 1985 より作図)
1：正断層，2：スラスト，3：横ずれ断層，4：推定断層，5：海洋底拡大軸，6：活動的な沈み込み帯，7：活動的な沈み込み—付加コンプレックス，8：安定なアジア地域に対する各大陸断片の運動方向.

では，ソビエト東部のバイカルリフト系から南および西に向かって，中国・チベット・ヒマラヤ・東南アジア地域の活断層やネオテクトニクスの概要について，Tapponnier・Molnar (1977; 1979)，Molnar・Denq (1984)，Wang-Ping・Molnar (1977) および Wesnousky ほか (1984) などを要約して以下に紹介する．また，台湾・フィリピン・スマトラなどの島を縦断する島弧中央断層や，インドの地震活動についても触れる（図 4.1）．

4.1 バイカル・モンゴルおよび周辺地域

この地域は，全般に大規模な共役横ずれ断層が発達しているが，モンゴル地域では小さな逆断層成分を，またバイカルでは大きな正断層成分を伴っており，それぞれ特徴づけられる．全体として伸張の領域である．今世紀では，すでに M 7.7 以上の巨大地震が六つ発生しており，いずれも地震断層を生じた．

4.1.1 バイカル地域

バイカルリフト系は 2000 km 以上にわたって延び，多くの相互に連結した幅の狭い凹地を含む複雑な構造をもつ．その発生は，漸新世後期～中新世初期にさかのぼる．現在の地溝は，新第三紀初期の沈降構造の走向に影響されているが，おもに鮮新‐更新世の著しい正断層運動の結果である．リフト系の南西および北東端での火山活動の大部分も，鮮新世ないし第四紀である（図 4.2）．また，地震活動もきわめて活発で，東アフリカ地溝や Rhine 地溝よりも著しい．

本リフト系は，次の3地溝（帯）に細分される．

1) **Yenissei–Hövsgol–Tunka 地溝:** 本リフト系の南西のセグメントにあたり，Sayan 山脈南東部と Bulnayn 山脈間のモンゴル北端の高地を，明瞭に規定する活断層群からなる．これらは急激な差別的隆起に関連し，その走向は平均して北ないし北東方向である．正断層に伴って副次的な左，または右横ずれ断層が発達する．Tunka 凹地は Yenissei–Hövsgol および Baykal 地溝間で，トランスフォーム断層として活動しているとする説もある．

2) **Baykal–Barguzin 地溝:** 中央部のセグメントにあたり，雁行した地溝からなり，一部右横ずれ成分を含む．南部バイカル盆地の主要な正断層に沿う漸新世以降の基盤岩の累積変位は 7 km に達する．本地溝中央部では，北部バイカル盆地と Barguzin 地溝が並走する．北部バイカル盆地は南部バイカル盆地より浅く，辺縁部の正断層群は盆地の北ないし北東方向に延び斜交する．北東方向の正断層群は，東西性左横ずれ断層や南北性右横ずれ断層に関連しているようにみえる．

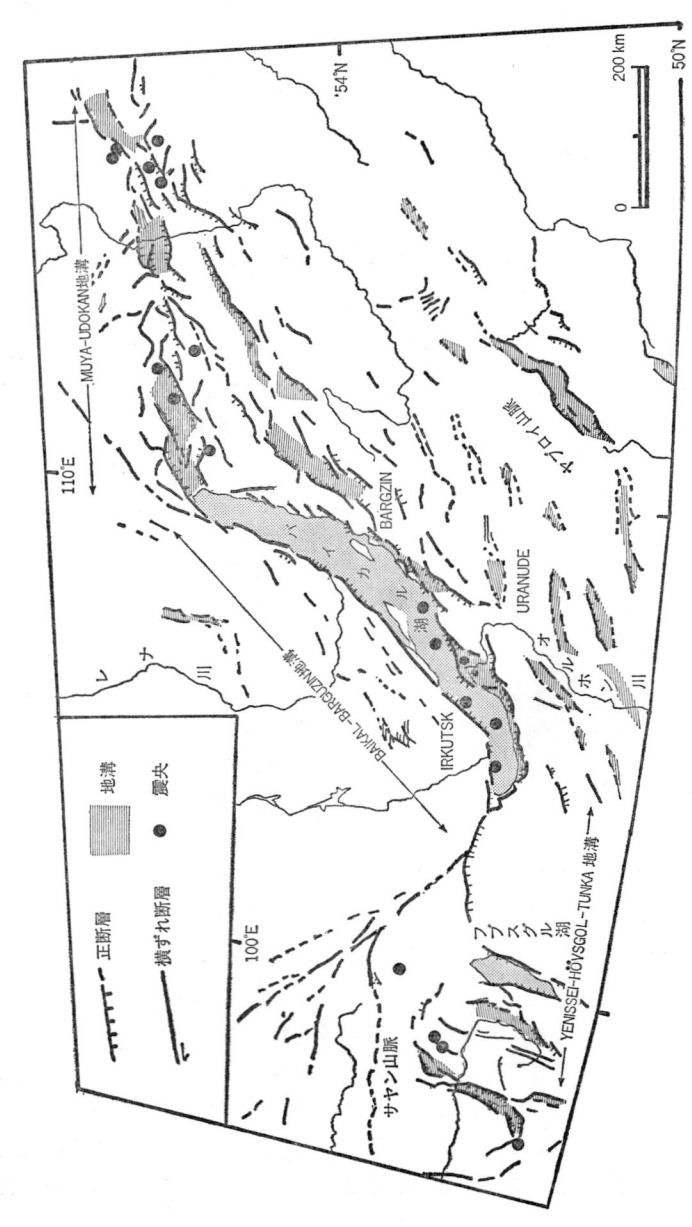

156   4. アジアの地震・地震断層・活断層

図 4.2 バイカル地域の構造略図 (Tapponnier and Molnar, 1977)

3) **Muya-Udokan（雁行）地溝（帯）：** 北側のセグメントにあたり，小規模で不連続な盆地で特徴づけられる．幅約 300 km の複雑な東西性正断層帯である．Muya 地域においては，横ずれ断層運動を示す多くの証拠がある．

バイカル地域に最近発生した大地震である Muya 地震（1957 年 6 月 27 日，震央：56～56.20°N, 116.30～116.59°E, $M 7.9$）では，震源断層および地震断層の両者とも東ないし北東方向で南傾斜を示し，正および左横ずれ成分をもつ．地震断層の長さは約 35 km に達する．最大水平変位量 5 m であるが，変位量は場所によってかなり変化した．

4.1.2 モンゴル-アルタイ地域

この地域は全般に共役横ずれ断層が卓越するが，西および南部では副次的な高角逆断層運動，また北東部では正断層運動を伴う（図 4.3）．

アルタイ山脈の西部境界に沿って，やや不明瞭ながら約 400 km にわたって右横ずれ断層が延び，また関連した高角逆断層も発達する．アルタイ山脈の東麓部でも北ないし北西方向の複雑な断層帯が発達するが，とくに数百 km の長さをもつ Hovd-Ölgiy 断層と Hars-Us-Nuur 断層が卓越する．前者は二つに分岐し，おのおのはさらに南方ではいくつかの雁行セグメントからなる．ランドサット画

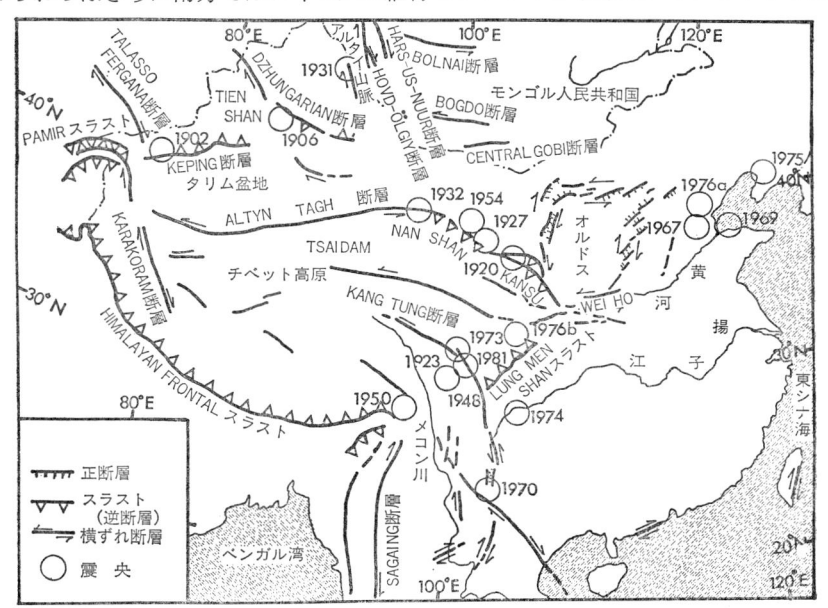

図 4.3 東アジア地域の活断層および主要地震震央分布図（Tapponnier and Molnar, 1977；Wesnousky, et al., 1984 より作図）

像による地形変位の解析から，右横ずれと判断される．後者の断層に沿ってみられる後期新生代層の褶曲からも，右横ずれが推定される．両断層の末端付近には，スラストが卓越する．

ゴビ砂漠北西の活断層は，東西性の左横ずれ断層とほぼ南東方向の高角逆断層からなる．最も有名な断層が Bogdo 断層で，1957 年の Gobi-Altai 地震断層はこの一部の活動である．この断層は，Ikhe Bogdo と Baga Bogdo の北麓で左横ずれが顕著である．さらに，Baga Bogdo 北麓と Ikhe Bogdo 南麓に高角逆断層が発達する（図 4.4）．

中央 Gobi 断層 (Central Gobi Fault) は，96°E から 104°E にかけてほぼ東西に約 200 km 延び，西部は横ずれ運動を暗示するが，東部は高角逆断層が卓越する．東端部付近で，1903 年の地震に伴って長さ約 15 km の地震断層が生じた記録はあるが，詳細は不明である．

Bolnai (Hangayn または Khangai) 断層は，ほぼ東西に約 500 km 延びる典型的な左横ずれ活断層である．後述するように 1905 年に生じた二つの大地震は，この断層に関連したと思われる．古生代末以降の累積左横ずれ変位量は，50 km に達するといわれる．主断層から南東または北西方向に分岐した断層には，一部右横ずれ運動が認められる．Altai Gobi-AHai 地域の横ずれ断層と異なって，逆活断層はほとんどみられない．

この地域の今世紀におけるおもな大地震は，次のとおりである．

1) **Khangai (Bolnai または Tannu-Ola)** 地震 (1905 年 7 月 9 日，震央：49.5°N, 96°E, M 8.4；1905 年 7 月 23 日，震央：49.2°N, 96°E, M 8.7)：前者の地震による地震断層の報告は，矛盾したものが多く信頼度に乏しいが，正および逆断層成分をもつ左および右横ずれ断層の分布が，北東方向に約 115 km 続いたらしい．最大垂直変位量は 0.2～1.5 m であるが，最大 2.5 m という報告もある．後者の地震では，逆断層成分をもつ左横ずれ断層が東西に 370 km ほど延びた．最大水平変位量約 3 m，最大垂直変位量 2 m に達する．また，これに沿う水平変位量 1.5 m，垂直変位量 1 m の右横ずれ断層も報告されている．

2) **Fu-yun** 地震 (1931 年 8 月 10 日，震央：46.89°N, 90.06°E, M 7.9)：地震断層は東ないし北東へ急傾斜し，約 180 km ほど北ないし北西方向に延びる．最大右横ずれ変位量は 14.6 m に達し，平均して 8～9 m あった．断層の北部では正断層運動成分も含まれ，南部では逆断層成分かある種の scissors 断層をなしている．最大垂直変位量は 3.6 m である．

3) **Gobi-Altai** 地震 (1957 年 12 月 4 日，震央：45.31°N, 99.21°E, M 8.3)：

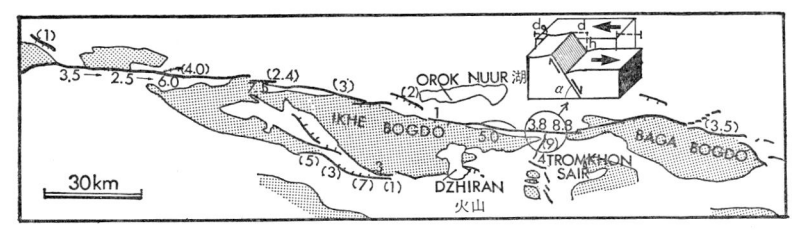

図 4.4 Bogdo 活断層に沿う Gobi-Altai 地震断層 (Tapponnier and Molnar, 1979 より作図)
数字は左横ずれ変位量 (m), ( ) 内の数字は垂直変位量 (m). 網をかけた部分は,第四紀層分布域. 断層の位置は図 4.3 参照. Tromkhon Sair 付近では,南北ないし北東-南西性のTromkhon 断層に沿ってブロックダイアグラムに表されているように正断層になる ($d_0=3.8$ m, $d=5$ m, $h=9$ m, $\alpha=60°$)

地震断層も震源断層もほぼ東西走向で,左横ずれと逆断層の成分をもつ. しかし長さ 265 km に達する地震断層は,実際には複雑なパターンを示し,主断層に斜交する小断層の発達が著しく,水平および垂直変位量の測定が困難であるが,全体として変位量は 8 m 以上に達すると推定されている. この地層断層は,Bogdo 活断層系の活動に関連する (図 4.4).

4) **Mogod 地震** (1967 年 1 月 5 日,震央:48.15°N, 102.90°E, M 7.7): 地震断層はほぼ南北方向に約 40 km 延び,水平変位量(右ずれ)約 1 m で垂直変位量は 5 m に達し,しかも急傾斜の逆断層と小地溝や引張り裂かを伴う正断層を含むと報告されている. しかし震源断層は,ほぼ純粋な右横ずれ運動を示しており,地表地震断層の垂直変位が地下深部の平均的な変位と必ずしも一致しないことになる.

以上の地震の解析から,本地域は 16 mm/年の東西性の左横ずれせん断を受けており,北東-南西方向の短縮に対応する.

4.2 中国北東部地域

この地域は,ゴビ砂漠から黄海に延びる Chin Lung 山脈によって南縁を境されている. ゴビ砂漠やオルドス地域の平均して海抜 1000〜1500 m(とくにオルドス地塊周縁では 2000〜3000 m)ある山地部を除いて,海抜数十 m ときわめて低平な平野部が広がっている.

4.2.1 オルドス地塊地域

オルドス地塊そのものは,中生代〜第三紀を通じてきわめて安定しており,数千 m の厚さをもつ陸成の中生層が緩く西へ傾いて分布し,地震は生じていない. これに対して,地塊周縁部は活正断層群によって境される伸張凹地(地溝)が発

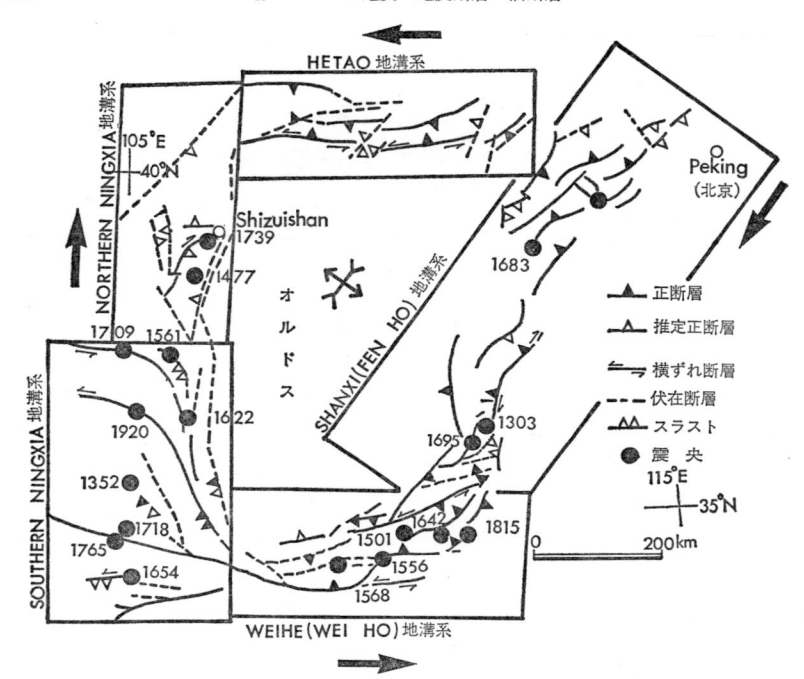

図 4.5 オルドス地塊周辺の活断層群と過去 700 年間の歴史地震の震央分布
(Wesnousky, et al., 1984 より作図)

達し，きわめて活動的で，大地震の発生も著しい．過去 700 年間の $M\geqq 6.5$ の地震の震央と活断層の分布は，図 4.5 に示されている．

　地塊の南（西）縁を画する Wei Ho 断層（系）は，Kansu 断層の延長にあたり，したがって，Altyn Tagh 断層から Wei Ho 断層に至る左横ずれ断層系は，長さ約 2500 km に達する世界最大級の活断層である．Wei Ho 断層は東ないし南東方向に約 500 km 連続し，とくに断層東半部は連続した直線的な断層崖をなし，最大幅 100 km に達する地溝の南縁をなすが，33°N，112°E 付近で平野部に入り不明瞭となる．左横ずれ成分を示すが，Wei Ho 地溝に沿う 2000 m に達する隆起量の差と断層トレースの乱れは，同地域において正断層による垂直運動が著しく卓越していることを示している．第四紀における北西方向への地殻の伸張を意味する．この断層の東端部付近のセグメント上で，1556 年に大地震が発生した．震源断層の走向傾斜は，断層セグメントのそれとほぼ一致する．変位の詳細は不明だが，横ずれ成分は垂直成分より大きかったらしい．1568 年の地震の断層パラメータもほぼ同様であった．本断層が東端部で Shanxi 地溝系の方へ北

東方向に曲がる付近で，1501，1642および1815年に地震が発生した．これらの地震も，1556年地震と同じメカニズムと推定されるが，Shanxi 断層系の活断層と類似した右横ずれを生じた地震の可能性も除外できない．

地塊東縁部は長さ約800kmに達し，北東方向に延びるShanxi (Fen Ho) 地溝系からなる．この地溝系は，第四紀堆積物に満たされた伸張盆地と，とくにその南東側を境する北東-南西性の急傾斜の雁行正断層群によって特徴づけられる．これらの断層はおのおの数十～100kmの長さをもち，さまざまな程度の右横ずれ運動を示し，全体としても右横ずれに対応する雁行配列をなしている．各伸張盆地（小地溝）の規模は北にいくほど小さくなり，地溝底の平均隆起量は増大する．これは，北方ほど第三紀以降の伸長量が小さいためと思われる．過去700年間に四つの大地震が記録されている．1303年と1683年の地震は，N 20°E 走向で北東へ急傾斜し，垂直成分よりも横ずれ成分の方が大きい活断層に隣接する．Liajen 地震（1695年）の等震度線は，北東方向に延びた1303，1683および1626年地震の等震度線と異なって東方に延びた．この地震は東西走向で南へ急傾斜し，左横ずれの卓越する断層上に生じたらしく，変位も同様のセンスを示したと推定されている．

地塊西縁部を画するNingxa 地溝系は，横ずれ断層やスラストおよび正断層群が発達し，さらに南北に二分される．南部Ningxa 地溝系では，過去700年間に八つの大地震が発生した．1920年のHaiyuan 地震は220kmの長さに達し，8mの左横ずれ変位を示す地震断層を生じた．1561年と1709年の地震は，南西へ傾斜するスラスト近傍に生じた．前者は純然たるスラストであるが，後者は左横ずれ成分が卓越した．1622年の地震断層は，走向が南北で45°傾斜の逆断層と推定され，1352年の地震断層は，南東方向へ延びるスラスト性の動きを示した．1654，1718および1765年の地震は，東西性左横ずれ断層を生じたと考えられる．北部Ningxa 地溝系は，正断層と右横ずれ断層が発達する．

Yinchuan-Pingluo 地震（1739年1月3日，$M 8$）はオルドス地塊の北西縁をなす東西50～55km，南北160kmのYinchuan 地溝西縁部（すなわちHelen Shan 山地東縁）に発生し，5万人以上の死者と多くの被害を生じた（Zhang, et al., 1986）．この地震によって，北側のHongguozigou セクションと南側のSuyukou セクションの二つの地震断層が生じた（図4.6）．

Hongguozigou セグメントは北東方向に約3.5km延び，明朝の1531年につくられた万里の長城や沖積扇状地を変位させている．この断層の南西部分は，東面する断層崖がHelen Shan 山地の前縁部ないしその近傍を通るが，北東端では

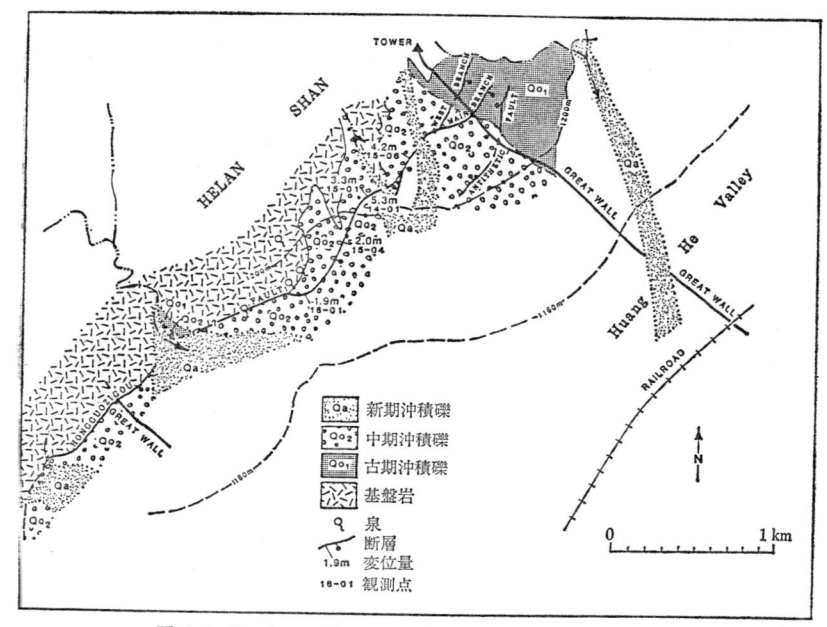

図 4.6 Yinchuan-Pingluo 地震断層 (Zhang, et al., 1986)

　二つに分岐し，山地前縁部から 400 m ほど離れる．さらにこれらの分岐断層の数百 m 東方に，アンティセティックな断層が並走する．これらの三つの分岐断層は，それぞれ万里の長城を変位させている．主断層部では，概して 2～3 m の東落ちの垂直変位を示すが，最大垂直変位量は 5.3 m に達する．三つの分岐断層部での長城の累積変位は南東落ちで，垂直に 2.7 m，右横ずれ約 3 m である．一番西側の分岐断層は，地震時に南東落ち垂直成分約 1.9 m，右横ずれ成分 1.4 m を示したが，それ以前の累積変位が 3～4 m に達する断層崖をもっている．この東側の分岐断層は，南東落ち垂直成分約 1.9 m，右横ずれ成分 1.6～2 m を示す．最も東側の分岐断層は北西落ちを示すため，アンティセティック断層とみなされる．垂直成分 10～20 cm，左横ずれ成分 10～20 cm を示す．この延長に沿って，高さ約 2 m の古い断層崖が延びる．

　Suyukou セクションもほぼ北東方向に約 16.5 km 延びるが，詳細にみると北側の 10 km は N 50°E，南側の 6.5 km は N 10°E の走向を示す．南端部で分岐し，短いセグメントが並走する．測定された最大垂直変位量は 4.6 m に達するが，実際はそれ以上あると推測される．水平変位は右横ずれが卓越するが，いくつかの部分では左横ずれを暗示し，明確な結論は得られていない．

両セグメントとも類似した形態を示す．すなわち，岩屑斜面 (debris slope) と断層崖頂部付近に残存する自由面 (free face) による上方への凹面によって特徴づけられる．風成堆積物によって複雑化されるけれども，一般に断層崖の高さが増加するにつれて，自由面の下で岩屑斜面の傾斜も増加する．とくに Hongg-nozigou セグメントにおいては，斜面の全長にわたって自由面が顕著であり，約 12000 年前と推定される古い断層崖に 1739 年の変位が重ね合わされていることが，地形の解析から明らかとなった．Suyukou セグメントでも，1739 年以前に少なくとも 1 回の変位があったことが明らかとなった．1739 年の地震に匹敵する地震の再来周期は，数千年ないし 1 万年以上と推定される．

地塊北縁部を画する Hetao 地溝系は，東西性の左横ずれ成分をもつ正断層群からなる．また北東-南西性の正断層群も推定されている．

Wei Ho, Hetao および Ningxia 地溝（断層）系は第三紀初期に形成されたが，Shanxi 地溝（断層）系はそれらより新しく，第三紀後期に生じた．四つの地溝系は共役的な方向を示し，横ずれ変位成分を示すから，少なくとも部分的には地殻内の 1 組の共役せん断を示すと解釈される．そしてそれは，インド大陸のユーラシア大陸への衝突に起因する北東方向の広域圧縮応力に対応しているとみなされている．

4.2.2 華北平原および周辺地域

この地域は，新生代の堆積物によって埋没された低平な地形をもち，後期新生代以降現在にわたって，共役横ずれ断層運動と地殻の伸張が卓越している．

地震活動は，今世紀前半は比較的静穏であったが，後半には以下に述べるような一連の $M7$ クラスの破壊的地震が続発した．

1) **Xingtai 地震**（1966 年 3 月 7 日，22 日，26 日，震央：37.5°N, 115°E, M 6.8, 6.7, 7.2, 6.2）： 四つの主震と無数の余震が，15〜20 km 幅で北ないし北東方向に延びる Ningjin 地溝内に生じた．主震群の震源断層は同方向の走向を示し，右横ずれであった．余震は，N 25°E 方向に約 90 km にわたって分布した．地表の地震断層は明瞭に発達しなかったが，測地データから 1 m 以下の右横ずれ変位が推測された．

2) **Bohai 地震**（1967 年 7 月 18 日，震央：38.43°N, 119.47°E, $M7.3$）： 渤海で発生した地震であるため，詳細は不明だが，西ないし北西方向に延びる断層が推定され，震源の深さは 8 km と報告されている．

3) **Haichang 地震**（1975 年 2 月 4 日，震央：40.65°N, 122.8°E, $M7.3$）： 余震分布や地表変形は，西ないし北西方向に延びた．一部セグメントで 55 cm

ほどの左横ずれが観察された．

4) **Tangshan** 地震（1976年7月28日，震央：39.6°N, 118.0°E, M 7.8）：
本地域における今世紀最大の地震で，数十万人の死者を出した被害地震である．地表部の地震断層は約 1.53 m の右横ずれ変位をもち，Tangshan 市を通って 8 km ほど追跡されたにすぎないが，実際の地震断層の長さはもっと長く，余震分布の長さは 115 km 以上に達する．全体としては右横ずれ変位を示すが，余震の解析からは正断層成分もあると推定されている．

この地域は，東西方向の地殻の短縮は約 2 mm/年，南北方向の伸張は 3 mm/年と推定され，横ずれ断層および正断層運動が本地域の伸張の原因とされている．華北平原の地質構造も，この横ずれ断層運動と地殻の伸張に起因する．また Beiling から Shandong 半島に至る地域では，地震波の反射断面から 46 個のリストリックないし低角の正断層が認められ，北西方向へ 57.7 km の伸張が推測されている．

4.3 チベット地域

チベットは，南をヒマラヤ，北をタリム盆地とゴビ砂漠，そして東を四川盆地に囲まれた地域を指す．北部および東部には大規模な左横ずれ活断層群が発達し，地震活動も活発である．やはりインドとユーラシアの衝突に起因する南北性の圧縮，東西性の引張りが卓越している地域である（図 4.3 参照）．

i) **Altyn Tagh-Nan Shan-Kansu 断層系**　この地域の北縁を画する緩く湾曲した東西性の左横ずれ活断層が Altyn Tagh 断層で，その東の延長が Nan Shan 断層および Kansu 断層で，世界でも有数の長大な横ずれ活断層である．Altyn Tagh 断層は，西のカラコルムから東の Nan Shan まで約 1500 km 以上の長さをもち，タリム盆地の南縁を境している．よく発達した横ずれ断層地形を示し，周囲の地層中にも，本断層の左横ずれ運動に対応する副断層や小断層，褶曲群の発達がみられる．決定された震源のメカニズム解からも，左横ずれ運動が卓越している．

1) **Altyn Tagh 断層**：　97.5°E 付近で，少なくともみかけ上 Nan Shan および Kansu 断層（系）に連なり南東に向きを変える．後二者の断層系は，幅 20～50 km の Kansu 回廊地帯と称される狭い帯状平野に発達する．ここは第三紀末に造構運動の再活動が起こり，Nan Shan 地域の急激な隆起と平野部の沈降をもたらし，1000 m ほどの厚さの，おもに礫層からなる第四紀堆積物が埋積している．この運動は，さらに現在まで続いている．

2) **Nan Shan 断層（系）**：　おもに回廊南西縁の山地前縁部では，長さ数十 km 程度の南西傾斜のスラスト群からなるが，地震断層の一部をなす短いセグメントには，右横ずれを示すものがある．回廊北東縁の Lung Shou Shan 山脈では，N 120°E 方向のスラストや東西性の（左）横ずれ断層群が密に発達する．さらに東方では，地下深部の左横ずれ断層の運動に関連すると思われる，急傾斜を示す地層の雁行配列がみられる．

3) **Kansu 断層**：　Nan Shan 山脈南東端付近から，東ないし南東方向に延びる左横ずれ活断層であり，尾根の曲りなどの断層地形や地震断層の変位も左横ずれが卓越するが，一部スラスト性の副断層も分布する．

ii) **Kun Lun 断層**　Altyn Tagh–Nan Shan–Kansu 断層系の南方，Tsaidam 盆地南側を約 1100 km にわたって延びる左横ずれ活断層である．主要部は，連続的な断層崖や変形した谷地形などが明瞭であり，断層活動に関連して形成された湖なども分布するが，東端部では断層崖は断続的となり，120°E より東方では認められなくなる．

iii) **Kang Ting (Xianshui He) 断層系**　Kun Lun 断層の南方を南東ないし南へ延びる断層で，32°N, 99.5°E 付近で 40 km 隔てて雁行する二つのセグメントからなる．北西側のセグメントは，長さが約 400 km，南東側のセグメントは約 1000 km に達し，ほぼ全長にわたって両者とも，明瞭な各種活断層地形が発達する左横ずれ活断層である．また地震活動も活発で，活断層と同センスの地震断層の発達も著しく，中国でも最もよく知られた断層の一つである．

以上に述べた活断層の発達するチベット地域の地震活動について，3地域に細分して次にその概要を述べる．

a. **チベット高原**

チベット地域西部の最も隆起量の大きいチベット高原は，北方を左横ずれの Altyn Tagh 断層，西方を右横ずれの Karakoram 断層に境される．20 世紀には $M8$ クラスの大地震は一つしか知られていないが，$M7$ クラスの地震は，前者の余震を含めて八つほど知られている．そのうち，地震断層の報告がなされているのは Dangxiong 地震（1951 年 11 月 18 日，震央：30.98°N, 91.49°E, $M 8.0$）である．断層の全長は不明であるが，余震の直線状分布から 200 km ほどと推定される．震央から約 100 km 北西で，右横ずれ変位量が 5 m 以上あるのが観察され，他の場所で 7 m の変位が報告されている．不十分ではあるが，地震のデータからチベット高原の変形の割合を計算してみると，南北性の短縮が 5 mm/年，東西性の伸張が 7 mm/年という値が得られている．

b. チベット地域東部

この地域は，チベット高原の北東，ゴビ砂漠の南，四川盆地の北に位置する．前述したように，東ないし南東へ延びる多くの逆断層や左横ずれ断層が発達し，地震活動や地殻変動の活発な地域である．

今世紀に発生した地震のうち，地表地震断層の報告のあるものについて次に簡単に紹介する．

1) **Hai Yuan 地震**（1920年12月16日，震央：36.62°N, 105.40°E, M 8.6〜8.7）：Kansu 断層上に生じ M 7 クラスの余震を伴った大地震である．200 km 以上に達する左横ずれを示す地震断層が発達し，水平変位量は 5〜10 m に達した．

2) **Gulang (Wuwei) 地震**（1927年5月23日，震央：38.05°N, 102.37°E, M 8〜8.3）：Kansu 断層の 25 km 北に生じた地震である．共役をなす二つのセグメントからなる地震断層が発生した．一つのセグメントは，走向 N 70°W で南ないし南西傾斜で約 28 km の長さをもつ．逆断層および左横ずれ断層のセンスをもつ．垂直変位量は 2〜7.5 m で，他のセンスのセグメントと交差する東端部付近で最大変位量を示した．他のセグメントは走向 S 20°E で，長さは約 33 km である．右横ずれ成分をもつ逆断層である．やはり垂直変位量は，もう一方のセグメントとの交点付近で最大値（6.12 m）を示し，2 m くらいまで変化する．

3) **(Yumen-) Changma 地震**（1932年12月25日，震央：39.7〜39.8°N, 96.7〜96.8°E, M 7.5〜7.6）：地震断層はやや複雑で，逆断層成分と横ずれ断層成分を含んでいる．主断層は東ないし南東に延び，南西傾斜で約 116 km の長さをもつ．変位については研究者間で報告が異なる．すなわち Shi ほか (1973) は，右横ずれ成分を伴う逆断層とみなすのに対し，Zhou・Zhang (1981) は 1 m 以下の左横ずれ変位量を伴い，6 m ほどの垂直変位量をもつ逆断層であるとみた．さらに Ton (1982) は，2.6 m の左横ずれ変位と 2 m の垂直変位を報告している．副断層についても，水平変位のセンスや量が異なって報告されている．ここでは Molnar・Denq (1984) の見解に従って，主断層の変位量は 1.7 m の左横ずれ成分と 2.1 m の垂直成分をもち，副断層は 4 m の垂直変位をもつ逆断層としておくにとどめる．

4) **Tuosuohu (Dulan) 地震**（1937年1月7日，震央：35.40°N, 97.69°E, M 7.6；1963年4月19日，震央：35.53°N, 96.44°E, M 7.0）：Kun Lun 断層上に発生した．後者の地震の解析から，東西性の左横ずれ断層の解が得られている．長さ 300 km に及ぶ断層帯が報告されているが，地震の規模からみて，これ

は両者の地震断層を含んでいると思われる．断層帯は，東部で活断層と同様に南東方向へカーブする．その幅は 2.3～60 m で，最大横ずれ変位量 8 m，垂直変位量 6 m を示した．後者の垂直変位量は，南ないし南東傾斜の断層面上の逆断層成分の結果である．

5) **Dari 地震** (1947年3月17日，震央：33.3°N, 99.5°E，M 7.75)：　北西方向に延びる長さ約 150 km の南西に急傾斜する地震断層が生じた．断層中央部では，5 m の垂直変位量をもつ逆断層であるが，全体として左横ずれ成分ももつが，変位量は不明である．

6) **Shan Tan 地震** (1954年2月11日，震央：38.94°N, 101.36°E，M 7.25)：余震域は西ないし北西方向で，北東傾斜の地質学的な逆断層に平行に 20 km ほど続いた．地震断層の詳細はわからないが，逆断層成分（垂直変位量），左横ずれ成分（水平変位量）とも 0.2～0.3 m と推定される．

7) **Sungpan-Pingwn 地震** (1976年8月16日，震央：32.72°N, 104.09°E，M 7.2；同21日，震央：32.61°N, 104.15°E，M 6.7；同23日，震央：32.45°N, 104.10°E，M 7.2)：　地震断層の明白な報告はなされていない．

以上の地震の解析から，Molnar・Deng (1984) は，過去 80 年にわたる本地域の左横ずれせん断の速度を 40 mm/年，したがって東西方向の地殻の短縮の割合を 10～35 mm/年（平均 23 mm/年）と計算した．これ以前の歴史記録に乏しいため大地震の再来周期が推定できず，これらの速度の継続期間はわからず，またこの見積りもやや大きすぎるきらいがあるが（実際には半分くらいか），近年，本地域の地殻変動や地震活動が世界的にみてもきわめて活発であるといえる．

c. **チベット地域南東部**

この地域の今世紀における地震活動のほとんどは，Kang Ting 断層の活動に起因するもので，次に述べるように 1900 年以降，同断層のほぼ全領域が破壊された．

1) **Luhuo-Daofu 地震** (1923年3月24日，震央：30.92°N, 100.26°E，M 7.25)：　EW～NE-SW 性の 2 m 前後と推定される左横ずれ変位を示す断裂帯が，80～100 km の長さにわたって報告されている．

2) **Litang 地震** (1948年5月25日，震央：30.21°N, 99.88°E，M 7.25)：左横ずれを示す無数の破断などが北西方向に延びたが，Kang Ting 断層上ではなく，変位量の詳細も不明である．

3) **Kangding 地震** (1955年4月14日，震央：29.96°N, 101.79°E，M 7.5)：Kang Ting 断層の南東端に発生し，断層の長さは 20 km ほど認められた．左

横ずれであるが，変位量の詳細は不明である．

4) **Luhuo** 地震〔1973年2月6日，震央：31.40°N,100.58°E, $M7.7\sim7.9$ (USGSの観測では7.5)〕：地震断層は長さ90kmに達し，連続的で直線的である．とくに南東端のXialatuoとRenda近傍は，1923年の地震で破壊された部分を再破壊したようにみえる．最大左横ずれ変位量3.6m，最大垂直変位量0.5mを示した．Zhouほか(1983)によれば，複雑な発震機構をもち，異なるモーメントをもつ3〜4のサブイベントを含むと解釈される．

5) **Daofu** 地震（1981年1月24日，震央：31.0°N, 101.1°E, $M6.9$）：地震断層は長さ44kmに達し，左横ずれ変位量は0.23〜0.45m，垂直変位量は0.06mであった．

以上の地震の解析や断層による河川の変位量の測量結果などから，本断層の左横ずれ変位速度は平均して5mm/年前後，本地域の南北性の伸張は5mm/年，東西性の短縮は7mm/年と推定されている．

4.4 ヒマラヤ・天山・キルギス-パミール地域

4.4.1 ヒマラヤ地域

ヒマラヤは，長さ約2400km，幅約200〜300kmで南に緩く弧を描き，世界最高峰を含む高山地帯からなる．主部は先カンブリア界からなり，これと比較すると，それ以降の岩石・地層は積算層厚1万mに達するが，相対的には薄いものである．低角衝上断層が発達するが，全体的な構造にはなお議論の余地がある．

ヒマラヤ山脈地域は，プレートテクトニクス的解釈によれば，インド大陸が北ないし北東方向へもぐり込むことによって形成されたと考えられており，それに伴って多くの大地震が生じている．地震の正確な機器観測記録や地震断層の歴史記録に乏しく，そのサイスモテクトニクスは必ずしも明らかではない．

今世紀前半のおもな大地震は次のようである．

1) **Kangra** 地震（1905年4月4日，震央：33°N, 76°E, $M8.6, M_S 7.5$）：ヒマラヤ山脈の下に緩く傾斜するスラストに関連する地震といわれ，伏在する地震断層の長さは約300kmと推測されている．

2) **Bihar-Nepal** 地震（1934年1月15日，震央：27.55°N, 87.09°E, $M8.4, M_S 8.3$）：最大震度Xに達し，震度IX（Mercalli震度階）の地域がヒマラヤのセグメントに沿って約220km続き，レッサーヒマラヤからGanga盆地に延びた．

1947年7月29日，ブータン（震央：28.63°N, 93.73°E）で$M7.7$の地震が発

4.4 ヒマラヤ・天山・キルギス-パミール地域

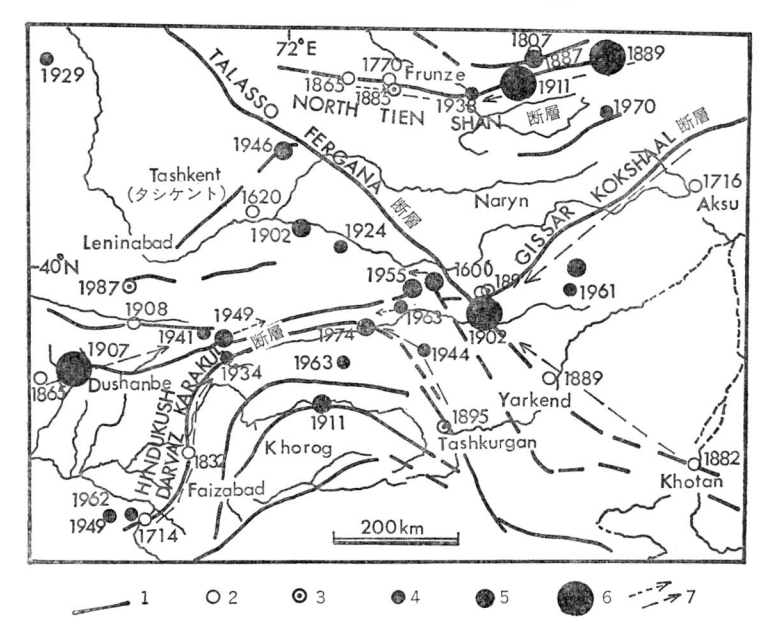

図 4.7 中央アジアのおもな浅発地震 (Nikonov, 1976 より作図)
1：主活断層，2：歴史地震の震央（震度 Ⅷ～Ⅸ），3：マクロサイスミックなデータから得られた震央，4：機器観測データによる震央 (M6.5 クラス), 5：機器観測データによる震央 (6.5 $<M<$7.5)，6：機器観測データによる震央 ($M>$7.5)，7：震央移動の方向.

生したが，詳細は知られていない．

3) **Chaya (Assam) 地震**（1950 年 8 月 15 日，震央：28.38°N, 96.76°E, M 8.7, M_S 8.6）： 最大規模の地震で，主震の震央は中国・インドの国境付近のヒマラヤ山脈東端部に位置する．きわめて広範な余震分布をもち，単純な震源断層のパターンを決定するのは困難であり，研究者によってさまざまな解が与えられている．

4.4.2 天山地域

この地域は，中国北西部から国境をこえてソビエトの一部を含む東西約 1500 km，南北約 500 km の矩形状の領域で，地殻の厚さは 60 km に達し新生代に著しく隆起した．E-W ないし E～NE-W～SW 性のスラストや逆断層が発達し，これらの断層に直交する N-S 方向の短縮が卓越したことを示す．さらに古生代に生じ，新生代に再活動した北西方向の大規模な右横ずれ活断層群も発達している．これらの事実は，インドとユーラシアの衝突以来の地殻短縮に起因すると考えられている．

この地域の地震活動は著しいが歴史記録は短く，1880年代以降の大地震しか語られていない．たとえば19世紀後期には，1885年と1887年に $M7$ クラスの地震が発生し，1889年には $M8.5$ 以上と推定される Chilik 地震が発生した．20世紀にも $M7\sim8$ クラスの大地震が発生し，とくに以下に述べる四つの地震が顕著であった．

1) **Atushi (Kashgar) 地震**（1902年8月22日，震央 40°N, 77°E, $M8.6$）：この地震は，Keping 断層帯に関連すると思われるが，地震断層は報告されていない．この断層帯は，少なくとも Atushi 断層と Yisilake-Kalawuer 断層の二つの断層からなる．前者は第四紀層におおわれており，明らかに今回の地震では活動しなかった．後者は北西に傾斜する左横ずれ成分をもつスラストで，Tien Shan の古生層をタリム盆地の第四紀層の上に載せている．震源断層は走向 250°，傾斜 45°N の逆断層と推定されている．

2) **Malasi 地震**（1906年12月22日，震央：43.5°N, 85°E, $M8.3$）：この地震は Tien Shan の北縁をなす E-W ないし NW-SE 性で，南西傾斜をもつ断層上に生じた．地震断層は少なくとも 40 km 以上にわたり，逆断層および右横ずれ成分をもつが，断層全域には及ばない．マグニチュードに比較して短すぎ，おそらく伏在部分が同程度以上あったと考えられる．

3) **Kebin 地震**（1911年1月3日，震央：42.8°N, 77.3°E, $M8.7$）：有感地震は中央アジアの広範な地域に広がり，東西性の地震断層は北傾斜の逆断層で長さは約 200 km に達した．一部では，落差は 5~10 m あったと報告されているが，平均変位量は 4 m 程度と推測される．最大震度（X）帯も東西に約 180 km 続いた．今世紀内陸部に生じた最大クラスの地震の一つである．

4) **Chatkal 地震**（1946年11月2日，震央：41.88°N, 71.77°E, $M7.6$）：この地震の最大震度（XII~IX）帯は，NW-SE 性の Talasso-Fergana 断層の南西 20 km ほどのところを，ほぼ平行に 80~100 km 延びたが，地震断層は報告されていない．Talasso-Fergana 断層は，カシュガル北方からカザフスタンにかけて長さ 800 km に及ぶ右横ずれ活断層で第四紀における変位速度は，1~4 mm/年と推定されている．二つのセグメントからなり，累積変位量は 200 km に達する．今回の地震のデータは不十分なので，Talasso-Fergana 断層との直接の関係は不明である．

4.4.3 キルギス-パミール地域

この地域の地震活動も，図 4.7 に示したように大活断層の活動に密接な関係があるようにみえ，しかも後述するような特異な震源移動をすることが知られてい

る (Nikonov, 1976).

　この地域に発達する断層はほぼ垂直な傾斜をもち，地震の震央は，断層を中心として幅数十 km 以内に分布する．

　1) **Gissar-Kokshaal 断層および Hindu-Kush-Darvar-Karakul 断層**：
両端部から中央部へ向かって震源が移動するようにみえ，その平均移動速度は年に数 km である．とくに，後者の断層西端の 1949 年および 1962 年の地震は，新しい震源移動サイクルの始まりとみなされている．

　2) **Talasso-Fergana 断層**： 1882 年の Khotan 地震，1902 年の Kashgar 地震 ($M 8.6$) および 1946 年の Chatkal 地震とみかけ上，震源が北上しているようであるが，厳密にこれらの地震が同断層に関連しているかは必ずしも明らかではない．震源移動サイクルの周期は断層によってかなりばらつくが，150～300 年程度である．$M 6.5$ 以下の地震には，上記のような規則的な配列はみられない．

　また，連続的で平行な断層群と，連続性が悪く山脈を横切る断層群などとの交差点付近に，大地震が発生しているという指摘もある (Gelfand, et al., 1972).

4.5　ビルマおよび周辺地域

4.5.1　ビルマ北部およびインド北東部地域

　この地域における重力異常と活発な地震活動は，プレートテクトニクス的解釈によれば，白亜紀～第三紀に生じたインド，チベットおよびビルマプレートの相互運動による大規模な水平・垂直運動に起因する．インドプレートは南から北へ移動，一方，ビルマプレートは東から西へ移動している．したがって，前者は東方では後者へ，北方ではチベットプレートへそれぞれアンダースラストする (図4.8).

　この地域のテクトニクスは，次のように細分される (Verma, et al., 1976).

　ヒマラヤ東部は，中新世～更新世に生じた北西から南東への大規模なスラスト運動に特徴づけられる.

　Naga 丘陵は，NE-SW 走向のいくつかの押しかぶせ地塊からなり，第三紀後期に南東から北西へのスラスト運動が起こった.

　Assam 渓谷は，ヒマラヤ東部と Naga 丘陵間に位置し，厚さ 4～10 km の沖積層と第三紀後期の堆積物におおわれている．Naga 丘陵と Assam 渓谷上流部の地震活動は低調である．

　Shillong 高原は，先カンブリア紀の結晶質岩や変成岩からなり，ジュラ紀以降現在に至るまで約 600～1800 m 隆起した地塊である．南縁部では火山活動も

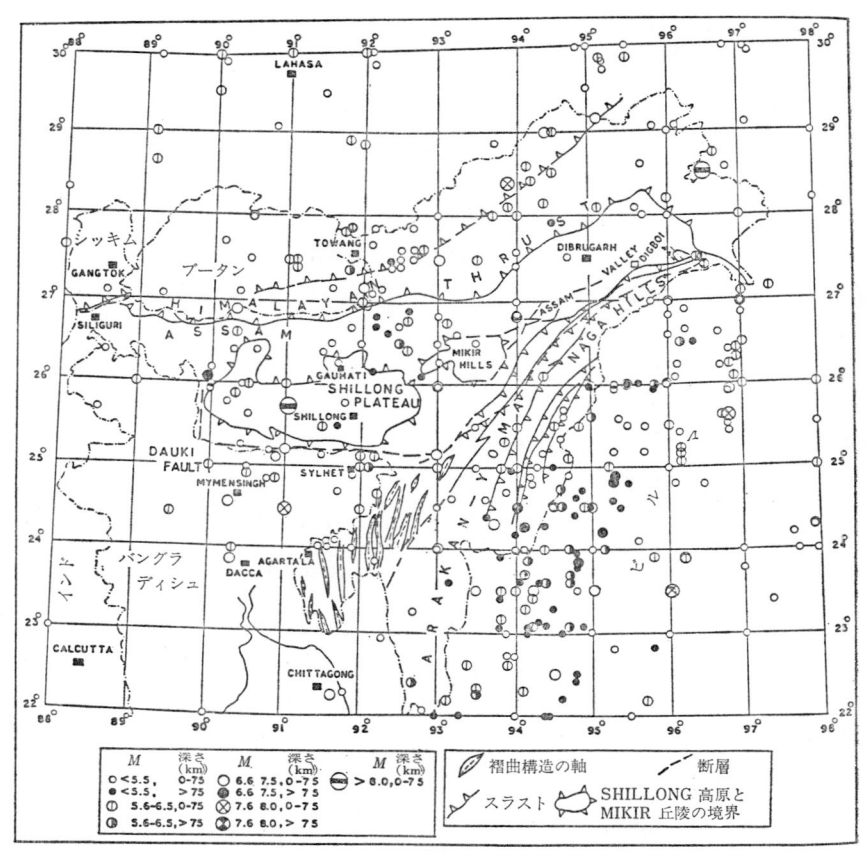

図 4.8 ビルマ北部およびバングラディシュ地域の地震活動 (1860～1970) (Verma, et al., 1976)

あり，その後白亜紀～第三紀に堆積作用が続いた．南縁を画する Dank 断層によって，Bengal 盆地と隔てられている．この地域における震央分布は散在するが，少なくとも第三紀以降に起こった垂直運動に関連するらしい．Shillong 高原とその北東の Mikir 丘陵間では NNW-SSE 方向に震央が並び，ヒマラヤ方向に深さを増す．Shillong 高原と Mikir 丘陵は，ビルマプレートの西進に対して抵抗体となっている．Shillong 高原の正のアイソスタシー異常と活発な地震活動は，依然隆起が進行し，まだアイソスタシー平衡に達していないことを示している．Dauki 断層沿いの地震活動は，プレート運動に直接対応するのではなくて2次的なものである．

Bengal 盆地は，東部で厚さ 13 km に達する第三紀堆積物で特徴づけられる．

本盆地西端沈降部はインドプレートの一部をなし，東部はビルマプレートの一部をなす．概して地震活動は低調である．低いアイソスタシー異常は，同盆地地域がアイソスタシー平衡に近い状態にあることを意味し，この部分の地殻が異常に薄いことを示唆する．Arakan-Yoma 山脈はビルマ北部に位置し，花崗岩や超塩基性岩に貫入された中世代～第三紀の褶曲した地層からなる．この東側は，中新世～更新世の厚さ 6000 m の堆積物が分布する Irrawaddy 盆地であり，西側はビルマプレートの西進の結果形成され，地震活動の活発な Tripura 褶曲帯である．

ビルマの地震帯は，幅約 250 km で V 字形をしており，Arakan-Yoma 山脈の東方へ傾斜している．Arakan-Yoma 山脈とビルマ平野の下で現在沈み込み帯が存在する．

4.5.2 ビルマ中・西部および中国南西部（雲南）地域

ビルマ西部から中央部にかけてのテクトニクスは複雑で，新生代後期にインドプレートの北上に伴い大きく変化した．今世紀の地震活動のうち，ビルマ中央部をほぼ南北に延びる長さ約 1000 km の，右横ずれの Sagaing 断層（図 4.3 参照）上に発生した七つの地震が特徴的である（表 4.1）．これらの地震および地震断層のパラメータは必ずしも明確でないが，Sagaing 断層の変位速度は年 1～数 cm のオーダーであると思われる．

このほか，ビルマ西部の M7 クラスの地震としては，1923 年 6 月 23 日（M 7.3），1923 年 9 月 9 日（M 7.1），1930 年 7 月 2 日（M 7.1），1943 年 10 月 23 日（M 7.2）などが知られている．

ビルマ東部から中国雲南地域にかけては，東西性伸張，南北性短縮下にあり，それに対応して共役な横ずれ断層系や南北性の地溝に沿う正断層が発達する．

表 4.1 Sagaing 断層（ビルマ）上に発生した今世紀のおもな地震 (Molnar and Qidong, 1984)

地震名		発生年月日	震央位置		M	備考
			緯度 (°N)	経度 (°E)		
		1908.12.12	26.5	97	7.5	詳細不明
Swa	地震	1929. 8. 8	19	96.5	?	被害の報告のみ
Pegu	地震	1930. 5. 5	17	96.5	7.3	ロッシ-フォーレル震度階Ⅸの地域が断層に平行に 70 km 延びた．
Pyu	地震	1930.12. 3	18	96.5	7.3	地割れ，噴砂
Kamaing	地震	1931. 1.27	25.6	96.8	7.6	ロッシ-フォーレル震度階Ⅸに達した．大きな地割れ，噴砂．
		1946. 9.12	23.5	96	7.5 / 7.75	両地震は 3 分間隔で発生した．

Red River (Honghe) 断層 (系) (図4.3参照) は, 新生代に再活動した深部裂かに沿って発達し, 1150 km ほどの長さをもつ右横ずれ活断層である. Red River の主要流路は, 25°N, 101°E 付近からトンキン湾にかけてこの断層トレースに沿っているが, さらに詳細にみると, 断層を構成する数 km 長の数多くのセグメントに直接流路を支配されている. このことは断層の横ずれ運動が, 現在も継続している証拠と解釈されている. しかし, この断層に直接関係した地震の記録は, 今のところ知られていない. Red River 断層の南西には, 伸張テクトニクスの証拠はない.

Lung Men Shan スラスト (図4.3参照) は, 四川盆地の北西縁を北東-南西方向に延び, 若干の横ずれ成分を含んで再活動をしており, それに沿って地震帯を形成している.

雲南地域は第三紀後期から第四紀に 2000 m ほど隆起し, N-S 性および NW-SE 性の正断層群によってブロック化している. 第四紀堆積物, または湖によって満たされた南北に狭長な凹地は, 横ずれ成分をもった正断層で境されている. 小地溝は, 5~10 km 幅で長さ数十 km のものが典型的である. これらの正断層群は, Hsia Kuan (26°N, 100°E) と Kun Ming 付近の 2 グループに分かれ, 震央分布域もそれぞれに対応する.

雲南地域の地溝 (正断層群) に関連した地震の例としては, 1925 年 3 月 16 日 (震央: 25.7°N, 100.3°E, M 7.1) の地震が知られている. ビルマ東部の正断層に関連した地震としては, 1912 年 5 月 23 日 (震央: 21°N, 97°E, M 8) がある. この地震では, 最大震度はⅨ (ロッシーフォーレル震度階) に達し, 震度Ⅷの等震度線も南北に約 40 km 延びた.

横ずれ断層の活動に関連したとみられる地震の例を, 次に二つあげる.

(1) Tonghai 地震 (1970 年 1 月 4 日, 震央: 24.14°N, 102.50°E, M 7.7 (USGS の観測では 7.5)] で生じた地震断層は右横ずれで, 最大水平変位量は, 2.2~2.7 m に達し, 垂直変位成分を 0.45 m 伴った. 雁行裂か帯に結ばれたいくつかのセグメントからなる (図 4.9). この地震は, Red River 断層系, 南東部で並走または分岐する Qujiang 断層のほぼ全域にわたる活動による (Zhou, *et al.*, 1983). マグニチュードに比較して地震断層は短いが, 実際には余震域の長さ約 90 km に対応すると思われる.

(2) Longling 地震 (1976 年 5 月 29 日, 震央: 24.57°N, 98.95°E, M 7.3; 同日, 震央: 24.37°N, 98.63°E, M 7.4) は 23 分間隔で生じた二つの地震からなるが, 地震断層は観察されていない.

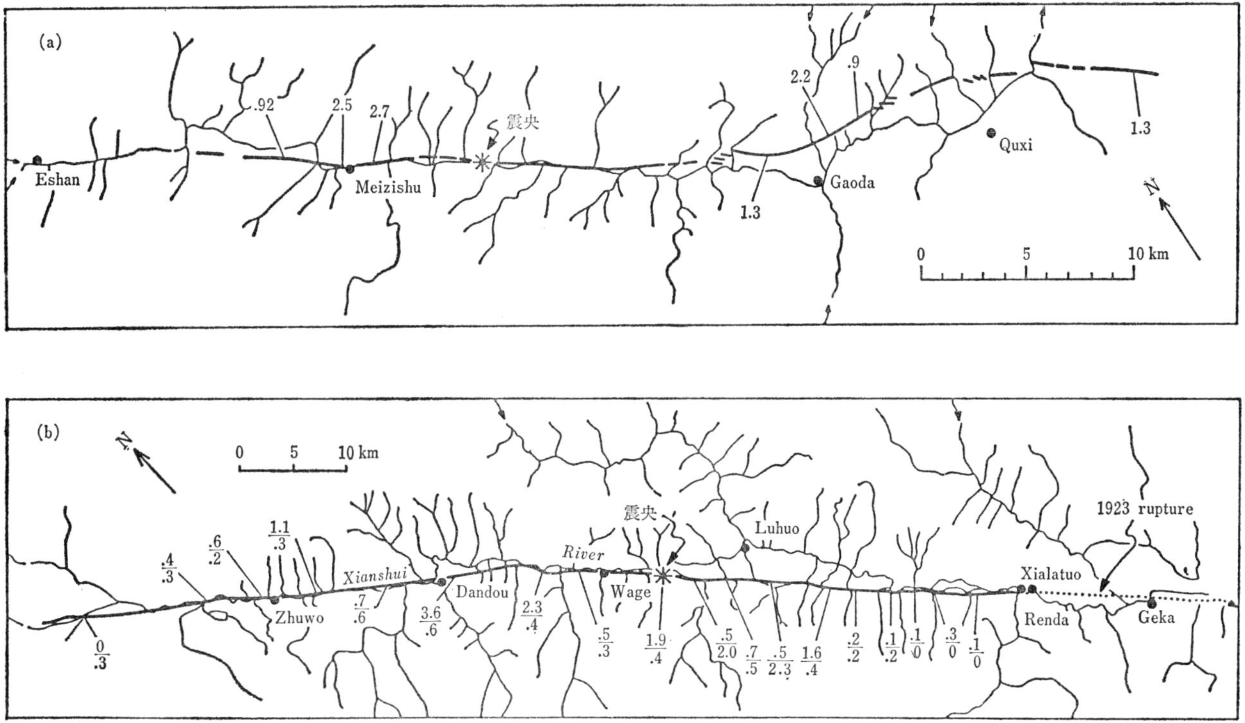

4.5 ビルマおよび周辺地域

図 4.9 (a) Tonghai 地震断層 (Zhang and Liu, 1978)
数字は右ずれ変位量 (m).
(b) Luhuo 地震断層 (Tang, et al., 1976)
上部の数字は左ずれ変位量 (m), 下部の数字は垂直変位量 (m), 点線は1923年の地震断層 (Heim, 1934)

4.5.3 ビルマ-アンダマン-ニコバル地域

ビルマ-アンダマン-ニコバル弧は，スンダ（ジャワ）弧とヒマラヤ山脈をつなぐ重要なセグメントである．Arakan-Yoma 山脈は，インドプレートとビルマプレート間に存在した地向斜で，花崗岩や超塩基性岩に貫入された中生代〜第三紀の褶曲断層変形を受けた地層からなる．本弧の内側から東側にかけて，第三紀後期〜現在に至る火山活動が活発である．

ビルマの山系は，おもに中新世にヒマラヤ山脈に伴って形成された．本弧の西縁はベンガル盆地の 6000 m をこす厚い堆積物によって境され，東縁には Shan 高原の先カンブリア紀の岩石が分布する．Arakan-Yoma 山脈の南方延長は，アンダマンやニコバル諸島に続く．アンダマン-ニコバル諸島には中生代以降の地層が分布し，構造的にはビルマ褶曲帯の一部をなす．本弧の東西の海底に，それぞれ他の島弧が並走する（図 4.10）．

Arakan-Yoma 山脈地域は地震活動は活発であるが，南方でも 9°N, 94°E および 5°N, 96°E 付近に激しい地震が集中する．本地域の島弧外縁で，最大の巨大地震（1941 年 6 月 26 日，震央：12.5°N, 92.5°E，$M 8.7$）が発生した．この地震の大きな五つの余震が，島弧に平行にほぼ南北方向に（南端付近は東に曲がる），800 km に及ぶ地震断層帯を形成した．この地震帯の南北端では，数年間，余震活動が続いた．

震源断層は，南東側が北西側に乗り上げる NE-SW 方向のスラストであり，NW-SE 方向の圧縮に対応している（Sinvhal, et al., 1978）．

ニコバル諸島中の大ニコバル島は，カルカッタとスマトラを結ぶ直線上で，カルカッタから 1750 km に位置するベンガル湾の非火山性の島弧上にある．島の東岸には，白亜紀後期から始新世にかけての蛇紋岩類が分布するが，最も卓越して分布するのは，比較的細粒の砕屑堆積岩類からなるアンダマンフリッシュである．ニコバル諸島は，その北方のアンダマン諸島とともに 4 回かそれ以上の造山運動を受けており，最新のものは新生代後期である．大ニコバル島は，大アルプス-ヒマラヤ地震帯の南端部に位置し，地震活動が活発なことで知られている．$M 8$ 以上の地震も発生するが，概して $M 6$ クラスの地震が多い．余震活動は特徴的だが，前震は一般的ではない．1982 年 1 月 20 日に東海岸付近で $M_S = 6.3$，震源の深さ 28 km の地震が発生し，建造物に被害を与えた．多くの数百 m 長の割れ目が観察された．海岸付近の割れ目は海岸線に平行するが，内陸部の割れ目は斜面崩壊や震動によるものである（Agrawal, 1983）．

4.5 ビルマおよび周辺地域

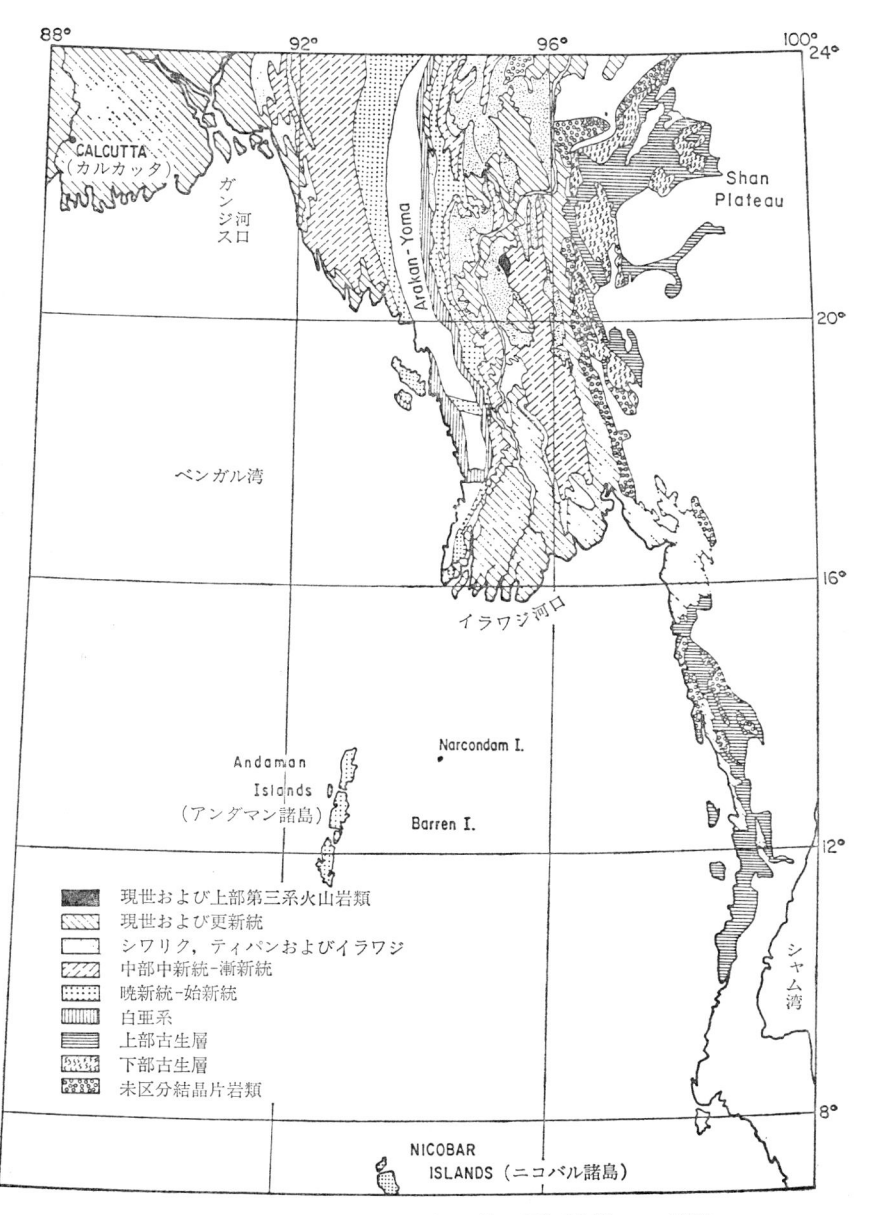

図 4.10 ビルマ–アンダマン–ニコバル地域の地質 (Krishnan, 1968)

凡例:
- 現世および上部第三系火山岩類
- 現世および更新統
- シワリク，ティパンおよびイラワジ
- 中部中新統–漸新統
- 暁新統–始新統
- 白亜系
- 上部古生層
- 下部古生層
- 未区分結晶片岩類

4.6 台湾地域

　台湾はその東縁付近を走る縦谷断層が，ユーラシアプレートとフィリピンプレートの境界に位置し，地震活動が活発な地域である．新生代後期に，フィリピンプレートのユーラシアプレート（アジア大陸）側への衝突，ないし沈み込みが台湾の構造発達を規定したとする考えは一般的だが，その詳細についてはまだ確定的なものはない（図4.11）.

　台湾は，四つの地質区に区分される．海岸山脈は西方の地域と異なって，中新世安山岩質集塊岩や凝灰質砂岩（閃緑岩の貫入岩を伴う），(中新-) 鮮新世のフリッシュ，海洋リソスフェアの断片と解釈される異地性岩塊を含む鮮新-更新世のメランジ，および中央山脈からの砕屑物を含む鮮新-更新世礫岩からなる．中央山脈はきわめて標高が高く，急峻で分水界は島の中央よりやや東寄りにある．片岩類，大理石やミグマイトからなる二畳-三畳紀（？）層と，その上に載る第三紀始新世のスレートや珪岩からなる．風化・侵食に弱い片岩や頁岩が，降水量が多いにもかかわらず険しい山地をなしているのは，この地域が鮮新-更新世から現世に至るまで，急激に隆起していることを意味する．前山帯（foothill zone）は，おもに中新世の砂岩・頁岩および中央山脈由来の砕屑物を含む鮮新-更新世礫岩からなる．海岸平野には第四紀堆積物が分布する．

　縦谷（longitudinal valley）地域は，海岸山脈と中央山脈地域を隔て，幅3〜6km（平均4km），長さ150kmにわたって直線的で明瞭な地形をなす．南北の海底にも延びる谷内は，更新世初期の礫岩や沖積世の未固結堆積物におおわれている．沖積層はきわめて厚く，西縁部でさえ厚さ2kmあり，中央部ではもっと厚い．また，沖積扇状地や段丘（一部傾動）の発達もきわめて著しい．これは，現世のブロック断層運動の結果としての中央山脈の隆起・侵食による．本地域を縦走する左横ずれの卓越する縦谷断層（海岸山脈断層）は，もとは高角逆断層であったが現在第一級の左横ずれ活断層であり，1951年の二つの地震発生に伴って，やはり左横ずれの地震断層を生じた．水平変位量は1.63mだが，わずかに東上りの垂直変位も伴った．断層面はほぼ垂直であった．縦谷西縁部に，やや活動度の低い中央山脈断層が並走するという意見もある（Hsu, 1976）．このほか，縦谷東方数kmの北部海岸山脈中にも，河川を変位させている左横ずれでほぼ垂直の活断層が発達している．さらに縦谷南部で，第四紀のスラストなども発見されている．このように台湾東部，とくにその南部は地震活動を含む活構造運動の顕著な地域である（Allen, 1962; Hsu, 1976; York, 1976）．

4.6 台湾地域

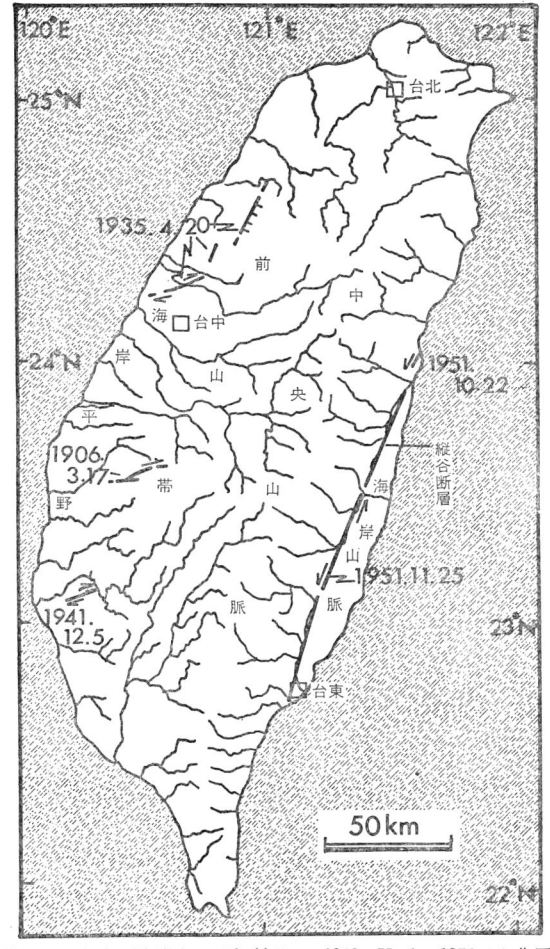

図 4.11 台湾の活断層と地震 (Allen, 1962; York, 1976 より作図)

　台湾西部にも，長さ数 km～10 km 以上に達する ENE-WSW 性の地震断層が いくつか知られている．おもなものは，1906年，1935年，1946年の地震に伴う ものでいずれも右横ずれを示し，2 m 内外の水平変位量と 2 m 以下の垂直変位 をもち，回転運動が認められる．すなわち各断層北東端部付近では北西側が上 り，南西端付近では北西側落ちとなる．したがって，transcurrent buckling の 形状をなすといわれる (Biq, 1976) のである．つまり，各断層の長さは限定され

ているので,断層両側のブロックは横ずれ運動の間,部分的に座屈せざるをえない.そして,各断層は右横ずれだから,最も強く上方へ座屈するのは,北西側ブロックでは北東端となり,南東ブロックでは南西端になる.Biq (1976) は,これらの横ずれ断層が両端で急激に終わることなどから,小規模なトランスフォーム断層の可能性をも示唆している.

4.7 フィリピン・インドネシア地域

4.7.1 ルソン島地域

島弧-海溝系の新期造山帯は,地震や火山活動,種々の地殻変動などの諸現象が顕著に認められるせばまる変動帯であり,海洋プレートの沈み込み口と考えられる海溝から弧に向かって,外弧リッジ,外弧平坦面,外弧隆起帯,中央低地帯,内弧の褶曲帯や火山帯という帯状の地形配列を示す.中央低地帯の縁辺部や火山帯のフロントにほぼ沿って,島弧中央断層と称される大規模な横ずれ断層が走っているが,フィリピン断層もこうした島弧中央断層の一つであり,フィリピン諸島を NNW-SSE 方向に縦断する大断層である.最初に指摘したのは Willis

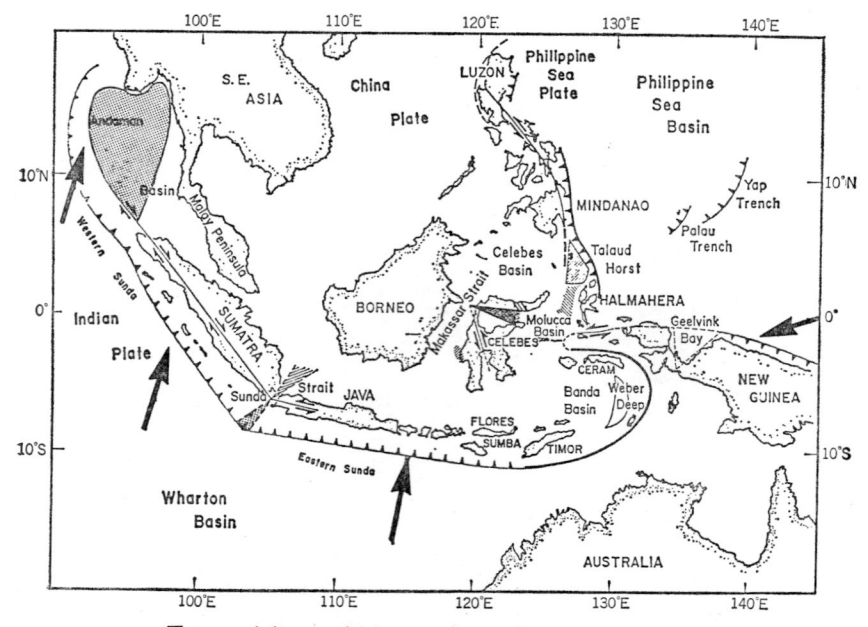

図 4.12 東南アジア南部のテクトニクス (Fitch, 1972 に加筆)
網がけ部は伸張領域,斜線部は圧縮領域,矢印はプレートの運動方向.

(1937)で,断層面の観察から,左横ずれ変位をもつ断層であることを指摘した(Allen, 1962)(図4.12).

ルソン島中部におけるフィリピン断層は,大きな地質境界とほぼ一致している.すなわち,本島北半部に位置する標高1000m以上の山の連なるシェラマドレ山地(Sierra Madre Mountains)や標高2000mに達するコルディレラセントラル山脈(中央山脈 Cordillera Central Range)は,おもに漸新統〜中新統の堆積岩および変成岩からなり,これらの山脈の南に位置する中央平原は,漸新統-更新統の堆積物よりなる(図4.13).

フィリピン断層は,ルソン島南部ではシェラマドレ山地を斜めに横断するが,北部ではコルディレラセントラル山脈やシェラマドレ山地と中央平原の直線的地形境界とほぼ一致する.本地域におけるフィリピン断層は,ディンガラン湾から

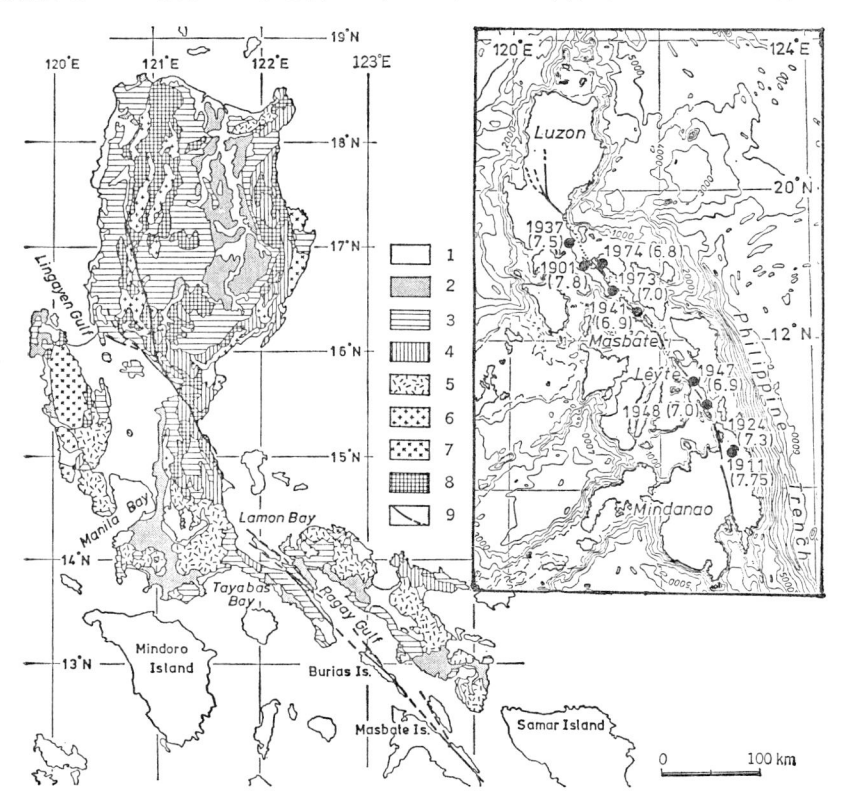

図4.13 フィリピン断層と周辺の地質および震央分布(Acharya, 1980; Bureau of Mines, Manila, 1963; 平野ほか, 1986より編図)

ディグディグ（延長約90km），ルパオからウミンガン周辺（約20km），サンマニュエル周辺（約30km）の三つの断層系に分けられる．断層は，南端部では山地内の鞍部に平行して発達する低断層崖やリニアメントとして出現し，南〜中部では新期の地形面上の低断層崖やいくつかの小河川の屈曲，中〜北部では背後山地中の凹地列と河谷の系統的屈曲，さらには新期地形面上の低断層崖として現れる．露頭における断層面の傾斜は，垂直ないし約60°Eを示す．水平成分は全域にわたり左横ずれであるが，垂直成分は南部では南西落ちと北東落ちの両者があり，場所による変化が著しいが，北部では南西落ちである．また，ディンガラン周辺では北東落ちが卓越する．断層は，少なくとも第四紀後期の段丘形成期を通して，同じ変位の向きをもって間欠的に活動してきた．水平・垂直変位量の大きさは，断層南部では両者がほぼ同じか，水平成分が若干大きい程度であるが，北部では水平成分がかなり大きくなる．屈曲河谷の屈曲量と断層より上流側の流路長から平均変位速度を算出すると，水平成分は 1.5〜5.0 mm/年，垂直成分は 1.0〜1.3 ないし 3.5〜5.0 mm/年（南部），0.19〜0.63 mm/年（北部）となる．フィリピン断層を起因とする地震活動のうち，ルソン島中部で最も新しい時期に発生した地震は，断層沿いに得られた地形面の年代資料と被害を及ぼした歴史地震のカタログから，西暦1645年に起きた可能性が高い．また，この地震は $M8$ クラスの大地震で，ルソン島中部全域にわたり断層変位が出現したと推定される．ルソン島中部のフィリピン断層に沿って発生する大地震の繰返し周期は，平均変位速度をもとにすると1600〜5300年となる．フィリピン断層の長さや平均変位速度は，ほかの変動帯地域の島弧中央断層と同程度の高い活動度をもつ（平野ほか，1986）．

4.7.2 スマトラ島地域

大スマトラ断層（The Great Sumatran Fault）は，スマトラ島の延びの方向（NW-SE方向）に約1650kmにわたって縦断する大活断層である（図4.14）．地形的には数多くの縦走谷，池や沼，凹地が連続，断層崖やサグポンドなど活断層地形や温泉，地震なども断層上に直線的に配列する．

この断層は，おそらく白亜紀中・後期にさかのぼる先第三紀から第三紀中頃にかけては，地背斜頂部に働いた引張り力による垂直運動が卓越し地溝状を呈しているが，少なくとも前期更新世以降は右横ずれ運動が卓越し累積変位量は 20〜25 km に達することが，地層の分布，小河川の隔離（オフセット）などから明らかとなっている（Katili and Hehuwat, 1967）．

火山の配列も本断層とよく一致し，横ずれ運動に関連した火山活動と考えられ

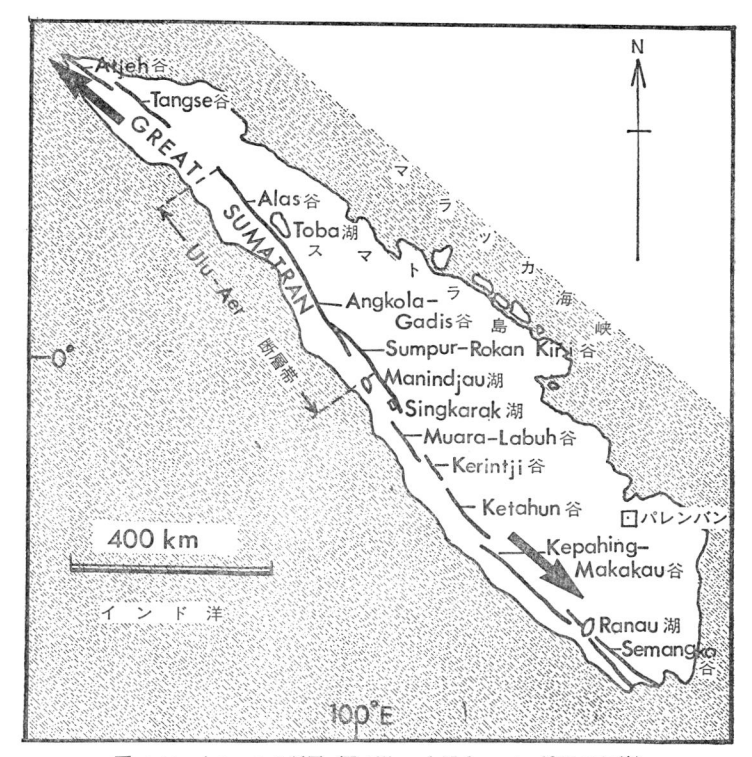

図 4.14 大スマトラ断層 (Katili and Hehuwat, 1967 に加筆)

ている．大スマトラ断層の活動によって，多くの地震が発生した〔Tapanuli 地震（1892年），Kerintji 地震（1909年），Padangpandjang 地震（1926年），Liwa 地震（1932年），1943年地震，Tes 地震（1952年）〕．

たとえば，1943年6月9日の $M7.6$ の地震は，大スマトラ断層に沿って，北西の Singkarak 湖付近から南東の Diatas 湖付近まで約 50 km にわたる地震断層を生じさせた．垂直変位量は 2 m 以上に達し，大部分は活断層崖と同様のセンスである．とくに，地震断層中部（Salayo 付近）では 2～3 m（原地住民からの聞き取りによれば 5 m 以上）の右横ずれ変位を示した．最も明瞭なのは Singkarak 湖南端の Saningbakar から南東へ Kota Barn 付近までで，連続した南東側上りの直線的な断層崖が続き，Sumani 渓谷に分布する現世の堆積物を切っている．一方，南東の Dibaruh 湖付近では，断層は突然方向を変え，局部的に垂直変位が卓越する．地震時にはここで地すべりが発生し，多くの死者が出た．

上述したほぼ同じ地域は，Padangpandjang 地震（1926年6月28日）でも揺れた．この地震は数時間おきに，$M_S=6.75$ と $M_S=6.5$ のダブルショックからなる．Singkarak 湖付近では，1943年の地震断層と一致する地点で本地震による割れ目が報告されている．Visser (1927) によれば，Padangpandjang 付近で建造物が 30〜60 cm 右横ずれセンスで移動した．1926年地震の震央は1942年地震の震央より北西に位置し，また1926年地震では2度目のショックの方がより北西方向に位置した．両地震断層とも南東から北西方向へ破壊を進行させたらしい (Untung, et al., 1985).

Tes 地震では断層西側の建物が北西方向へ 0.5 m 移動し，東側の建物が南東方向へ移動し，断層の右横ずれ運動を示した．

4.8 インド地域

インド地域の大部分の地震活動は，ヒマラヤ山脈周辺を除いてプレート内部に発生し，とくに活発とはいえないが，以下に示すように地質構造とインドプレートの北上を反映したいくつかの地震帯が識別されている (Chandra, 1977)（表4.2, 図4.15）．

i) **Panvel** 地震帯　インド西海岸北部を北北西方向に延びる．16°N から 21°N 付近まで連続する Western Ghats 地域の新期の直線的な隆起によって，Cambay-Ratnagiri 地域では 33 の温泉が NNW 方向に約 350 km ほど並び，Belgum-Vengurla 地域ではやはり大規模な垂直断層が NNW 方向に延びる．おもな歴史地震としては，Bombay 地震〔1618年5月26日，震度Ⅸ（?）〕，Bombay-Surat 地震（1856年12月25日，震度Ⅷ）が知られている．前者の地震はハリケーンと重なり2000人近くの死者を出したが，そのため地震記録の詳細は不明である．

ii) **Konya** 地震帯　Panvel 地震帯に重なるが，1967年以来きわめて地震活動が活発な幅の狭い NNE-SSW 方向の地震帯で，約 160 km 続く．これに対応するような地質構造は地質図には現れていないが，Konya 地震（1967年12月10日）の解析から NNE-SSW 方向の断層が推定されている．

iii) **Narmada** 地震帯　この地震帯は，Narmada 断層に規制された直線的な ENE-WSW 方向の Narmada 川の流路に沿い，全長約 800 km に達する．Narmada 断層は東方で Son 断層に続き，西方では Kathiawar 半島の南に連続する．

iv) **Cambay** 地震帯　この地震帯は NNE-SSW 方向に延び，Panvel 地震

4.8 インド地域

表 4.2 インドのおもな(歴史)地震 (Chandra, 1977)

i. Panvel 地震帯
  1) Bombay 地震 (1618年5月26日,震度IX ?):ハリケーンの襲来と重なり,約2000人の死者を出したため地震記録の詳細不明
  2) Bombay-Surat 地震 (1856年12月25日,震度VII)
ii. Konya 地震帯
  1) Mahabaleshwar 地震 (1764年8月,震度VII)
  2) Konya 地震 (1967年12月10日,震央:17.5°N, 73.7°E, m_b=6.0, 震度VII, 震源の深さ12 km)
iii. Narmada 地震帯
  1) Son Valley 地震 (1927年6月2日, M6.5)
  2) Satpura 地震 (1938年3月14日, M6.3):北は Delhi から南は Belgaum まで感じられ有感地域の半径は約500 km に達した. 地震後,一部で温泉の湧出停止.
  3) Balaghat 地震 (1957年8月25日, M5.5)
  4) Broach 地震 (1970年3月23日,震央:21.60〜21.7°N, 72.96〜73.0°E, m_b=5.4, 震源の深さ3 km): Panvel, Narmada, Girnar および Cambay 地震帯の交点付近に発生し,Narmada 断層の活動に関連したと考えられている. 有感地域の半径は約170 km に達したが,被害は Narmada 川沿いの幅10〜15 km の狭い帯状区域にかぎられた. Borbhatta 村ではおもに ENE-WSW (一部 NS) 方向の裂かが生じ,大量の砂や水が噴出した.
iv. Cambay 地震帯
  1) Mount Abu 地震 (1848年4月26日,震度VII):地震前にかなりの鳴動があった.
  2) Ahmadabad (Surat) 地震 (1864年4月29日,震度VII):人が投げ出されるほどの強いショックがあった.
v. Aravalli 地震帯——Paliyad 地震 (1938年7月23日,震度VII)
vi. Rann of Kutch 地震帯
  1) Samaji (Delta of Indus) 地震 (1668年6月16日,震度X):北インドの大部分が有感地域となり,200人の死者が出た. この地震によって,Allah Bund (神の壁) と呼ばれる東西方向の幅24 km,長さ80 km に及ぶ高まりが生じた. この北側の土地は最大5〜6 m 上昇し,南側は最大3〜5 m 沈下した. Rann of Kutch では割れ目から黒っぽい水が噴出し,2〜3 m の高さの砂(泥)火山を形成した.
  2) Anjar 地震 (1956年7月21日, M_S=6.1, 震度IX):有感地域の半径は330 km に達した. 楕円状の震度線の主軸は,NE-SW 方向である.
vii. Girnar 地震帯——Bhavnager Para 地震 (1919年4月21日,震度VII)
viii. Singhbhum 地震帯——Bankura 地震 (1969年5月3日, M5.7)
ix. Kakinada-Midnapore 地震帯——Canjam 地震 (1837年6月15日,震央:21.7°N, 88.0°E, m_b=5.5, 震源の深さ36 km)
x. Bhadrachalam 地震帯——Bhadrachalam 地震 (1969年4月13日,震央:17.9°N, 80.6°E, m_b=5.3, 震源の深さ33 km)
xi. Ongole 地震帯——Ongole 地震 (1967年3月27日,震央:15.6°N, 80.1°E, m_b=5, 震源の深さ17 km)
xii. Kerala-Tamil Nadu 地震帯——Chimbatore 地震 (1900年2月8日,震度VII)
xiii. Bellary-Malabar 地震帯
  1) Malabar Coast 地震 (1828年8月22日,震度VII):大きな鳴動を伴った.
  2) Bellary (Decan) 地震 (1843年4月1日,震度VII)

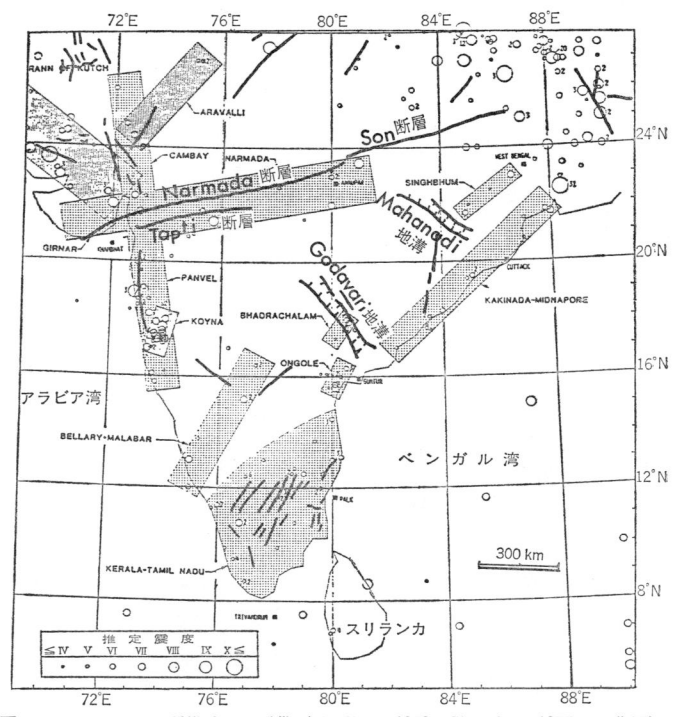

図 4.15 インドの地質構造と地震帯 (Valdiya, 1973; Chandra, 1977 より作図)

帯の直接延長で,南端を Narmada 断層に境される Cambay 地溝に関連している.この地溝は,NNW-SSE 方向の非連続的な正断層群によって境され,Deccan 溶岩の下にある厚さ 5 km に及ぶ第三紀堆積物で満たされている.

v) **Aravalli 地震帯** この地震帯は,Aravalli 山脈に関連して NE-SW 方向に延びる.地震活動は Cambay 地溝の東ではたいへん低調で,独立した地震帯とみなせるかどうか検討の余地がある.一方,Cambay 地溝を横切って Kathiawar 半島へ延ばすことは可能である.Mount Abu 地震をこちらに含めることも考えられる.

vi) **Rann of Kutch 地震帯** この地震帯は,NW-SE 方向に延びるが,Owen 破砕帯や Karachi 付近の Kirthar 山脈と関連する NE-SW 方向の地震活動といっしょになる.この交点近くで,Chagos-Laccadive 山脈の北方延長が海岸線を横切る.WNW-ESE 方向の断層が通ることが図 4.15 に示されている.

vii) **Girnar 地震帯** この地震帯は Kathiawar 半島の方に延び,Narmada, Panvel, Cambay 地震帯と合わせて互いに直交する地震帯群の一つで，Khambhat 交点 (Burke and Dency, 1973) をなしている．この地震帯は，歴史記録からはあまり地震活動は活発とはいえないが，Narmada 断層の直接延長に沿う断層が存在し，地震活動の可能性は無視できない．

viii) **Singhbhum 地震帯**　この地震帯は北東に延び，とくに北東端はヒマラヤ山脈地域の強い地震活動帯に関連する．

ix) **Kakinada-Midnapore 地震帯**　この地震帯はインド東海岸に沿って北東に延び，ヒマラヤやビルマ山脈地域の強い地震活動帯につながる．

x) **Bhadrachalam 地震帯**　この地震帯は，位置的に北西に延びる幅の狭くて長い Godarari 地溝に一致する．けれども，地震活動は地溝を横切る共役断層に関連すると思われる．

xi) **Ongole 地震帯**　東海岸を北東に延びるこの地震帯では，近年 Ongole 地震が発生し，インドのたいていの観測所で記録された．

xii) **Kerala-Tamil Nadu 地震帯**　この地震帯はインド半島南端部を占め，地震活動は特有の地質構造に対応して不規則な分布を示す．すなわち，この地域はインド半島で最も古く (30億年以前)，大部分が 200 km 以上の長さをもついくつかの断層や破砕帯が，Tamil Nadu 地域で N 30°E および N 45°E 方向に発達し，Nilgiri や Annamalai のような断層地塊山地や地溝を形成している．

xiii) **Bellary-Malabar 地震帯**　この地震帯は NNE-SSW 方向に延び，既知の地表の地質構造と何の関連もなく，また Dharwar 岩体の北西への構造方向に切られている．

このほか，ヒマラヤ地域周辺は地震活動は活発で，最近でもチベット国境近くで Kinnaur 地震 (1975年1月19日，震央: 32.5°N, 78.3°E, $m_b=6.5$, $M_S=6.8$) が発生し，60名の死者を出した．この地震は，NS 性の Kaurik-Chango 断層の活動に関連したと推定されている．西落ちの階段状断層や伸張裂かが地表で観察された．Kaurik-Chango 断層をはじめ，主ヒマラヤ方向を横切る南北方向に地震活動の活発なゾーンが多数観察される (Khattri, et al., 1974; Singh, et al., 1976).

5. 中近東・アフリカ地域の地震・地震断層・活断層

中近東のアフガニスタン・パキスタン・イラン地域では，イントラプレートのネオテクトニクスは活発で横ずれ活断層の発達が著しく，地震の発生も頻繁である．これに対してアラビア半島内では，比較的小規模な地震発生が知られているのみである．紅海，アデン湾などのインタープレートでは，地震活動をはじめとするネオテクトニクスは活発である（図 5.1）．

アフリカ大陸は，全般にはアラビア半島と同様，比較的小規模な地震発生が知られているのみであるが，紅海のリフト系の延長である東アフリカ地溝帯や地中海沿岸域などでは，地震活動は活発である．

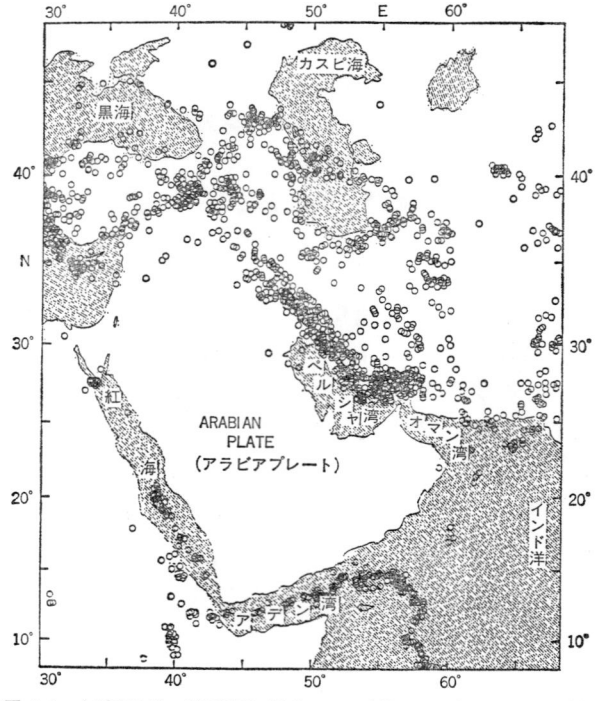

図 5.1 中近東地域の地震活動（Adams and Barazanji, 1984に加筆）
アラビアプレートが地震分布によって明瞭に規定されていることに注目．

5.1 アフガニスタン・パキスタン地域

　この地域にはほぼ EW 性（〜ENE-WSW 性）の右横ずれ活断層と，NS〜NE-SW 性の左横ずれ活断層が卓越する（図 5.2）．おもな活断層を，次に紹介する（Wellman, 1966; Quittmeyer and Jacob, 1979）．

　1) Telemazar 断層： この断層の中心はアフガニスタンのカブール北西約 180 km にあり，確認された部分は 200 km であるが，実際にはさらに東方に延長し，Herat 断層に合する．中心部では，後氷期に形成されたと思われる尾根地形を 25 m ほど右横ずれに変位させているが，垂直変位はほとんどない．この断層は三つのセグメントからなり，最も西側のセグメントは北落ちの逆断層と思われる．断層の一部では，ジュラ紀から漸新世の岩石を，5 km ほど右横ずれさせている．漸新世以降に形成された褶曲軸が，本断層に 10〜30° 斜交し切られているが，その配置も右横ずれに対応している．

　2) Herat 断層： この断層は，アフガニスタン北部を 1100 km 以上にわたって横断する一級の右横ずれ断層である．イランとの国境の東約 30 km の地点から東に延び，カブールの北 70 km の地点で Chaman 断層の北端部を横切り，さらに東北東方向に延び，中国・カシミール国境近くをさらに 400 km ほど東ないし東北東方向に延びる．この断層の活動は，始新世にさかのぼると考えられている．カブール

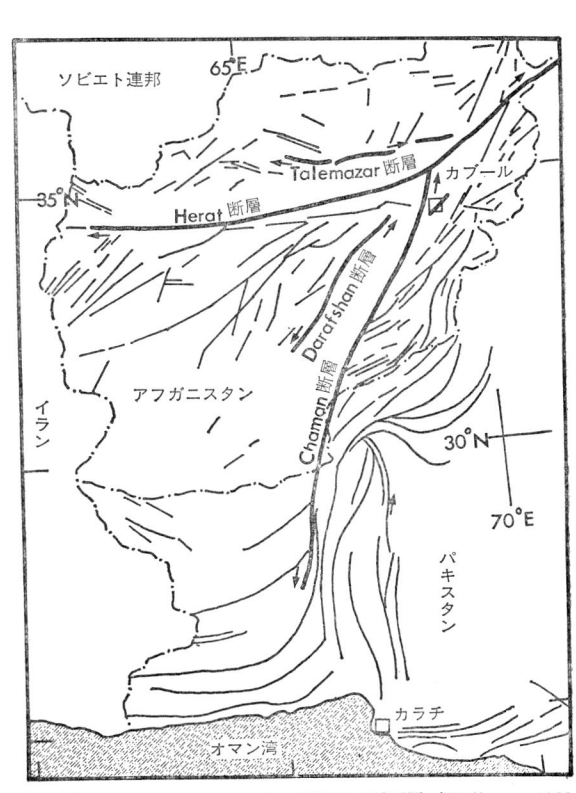

図 5.2　アフガニスタンおよび周辺の活断層（Wellman, 1966 より作図）

の北東200kmほどの地点で,六つの小河川が流路に60～100m右横ずれ変位を受けている.これは,10000年より古くないと考えられている.また,カブールの西500kmの地点でも,いくつかの小河川の変位が右横ずれを強く示唆している.この断層の西部では,垂直変位は小さい.この断層の東部については,あまり詳しく知られていない.9世紀のHerat近傍の地震と1874年のカブール北の地震で,この断層の活動した可能性はあるが確証はない.

3) **Darafshan断層**: この断層の北端部はカブールの西南西約100kmの地点にあり,そこからChaman断層にほぼ平行に南西方向に約300km続く.本断層はKajao地溝の南西および北西境界をなし,途中で地溝を横切る.Kajao地溝内には,第三紀後期の火山岩類が分布し,この断層に横切られる地点で幅が狭くなる.これは,この断層の第三紀後期以降の左横ずれ運動によるもので,その累積変位量は約5kmと推定される.また,二畳紀層を変形させている向斜軸が,この断層によって20kmほど左横ずれ変位を受けている.

4) **Chaman断層**: この断層はアフガニスタンからパキスタンに連続し,全長は800km以上に達する.いくつかのセグメントからなるが,各セグメント間の距離は2km以下である.

Ghazni (68.25°E, 33.3°N) 付近で,Gardez断層が北東方向に分岐し,さらにJalalabad西でKunar断層がGardez断層から北東方向に分岐する.またGhazni～Jalalabad間で,Safed-Koh断層が東方へ分岐する.分岐部付近では地震活動が活発で,Gardez断層は1842年地震断層を含み,Kunar断層南部も1505年地震によってこの断層の北部が活動し,垂直変位が卓越した地震断層が生じた.主断層は地質境界と一致することが多い.

1892年に,この断層の活動と思われる地震が発生し,全長230kmに及ぶ地震断層が,Chamanの南約200kmの地点まで達した.Chamanでは鉄道線路を左横ずれ変位させた.小河川もこの断層によって20～120mほど左横ずれしている部分があり,0.2～2cm/年の平均変位速度が推定されている.1892年の地震時も含めて一般に西側上りを示すが,部分的には西側落ちを示す.

活断層の発達する地域とM6以上の浅発地震の震央部分の密な部分とはよく一致するが,特定の地震と活断層との関係はやや不明瞭である.

a. **アフガニスタンの地震活動**

1) **Paghman地震** (1505年7月5日または6日, 震央: 34.53°N, 69.17°E, M7～8クラス): カブールの北北西に発生し,震度ⅨないしⅩ(MM)に達した.地震断層はPaghman山脈の麓に沿って北北東に約60km続き,数mの垂

直変位が観察された．実際には，走向移動成分と傾斜移動成分が含まれていたと思われる．この地震は，Chaman 断層の北部の活動に関連していると考えられている．

2) **Alinger Valley 地震** (1842年2月19日，震央：34.83°N, 70.37°E, M 不明)： この地震による地震断層は，Chaman 断層の分岐断層の一つである Gardez 断層に沿って NNE–SSW 方向に延び，有感地域は半径 900 km に及んだ．多くの余震が数ヵ月続いたが，記録の不備のため詳細は不明である．

3) **Sayghan 地震** (1956年6月9日，震央：35.13°N, 67.48°E, M 7.6)：
主震の前日に前震が1回あり，2日後以内に5回の大きな余震が発生し，これらによって N 150°E 方向に約 50 km の地震断層が形成された（余震のうち1回だけは，かなり離れて発生した）．震度は Ⅷ～Ⅸ (MM) に達した．すぐ南を Herat 断層が ENE–WSW 方向に走るが，走向からみて直接の関係はないと考えられる (Quittmeyer and Jacob, 1979)．

b. **パキスタンの地震活動**

1) **Chaman 地震** (1892年12月20日，震央：不明，$M \geq 6.75$)： 地震断層は Chaman 断層上に生じ，Sanzal (10.83°N, 16.52°E) 付近で少なくとも 75 cm の左横ずれ変位を示し，鉄道路線を曲げ，少なくとも 30 km ほど水平変位が観察された．震度は Ⅷ～Ⅸ (MM) に達した．本地震以前にも，Chaman 断層に沿って数回の被害地震が発生したことがいい伝えられており，この断層の活発な活動を推定させる．

2) **Kacchi Plain 地震** (1909年10月21日，震央：不明，M 7～7.2)： 震度 Ⅷ～Ⅸ (MM) のゾーンが，Bagh (29.03°N, 67.80°E) 北から Shahpur (28.72°N, 68.42°E) 南東へ約 75 km 続いた．右横ずれと解釈される．

3) **Sharigh 地震** (1931年8月24日，震央：30.38°N, 67.68°E, M 7.0)：
最大震度（～Ⅶ MM）の地域は，Sharigh (30.18°N, 67.70°E) 付近にかぎられている．余震の一つもこの地域内に生じた．地震断層の全長は 50 km 以下と推定される．

4) **Mach 地震** (1931年8月27日，震央：29.91°N, 67.25°E, M 7.4)：
Sharigh 地震と時間的にもごく近傍に発生した．最大震度（～Ⅶ～Ⅷ MM）のゾーンは，NW–SE 方向に Bolan River 谷に沿って Kacchi 平野に狭く延び，そこで南に向きを変える．1ヵ月以内に生じた四つの余震のうち，一つは最大震度域内に位置するが，ほかは主震から南東方向に位置し，この方向は Kacchi Plain 地震の最大震域の方向と平行である．

5) **Quetta 地震**（1935年5月30日，震央：28.87°N, 66.40°E, $M_S=7.5$）：この地震の震度はIX〜X (MM) に達し，約3万人の死者が報告されている．最大震度ゾーンは，地質構造と平行に NNE-SSW 方向に狭く延びた．主震発生後3日以内に四つの大きな余震が同方向に生じ，約150kmの推定地震断層が考えられ，左横ずれ成分が卓越する．震央付近には，当地域のような内陸部にはまれな泥火山が生じた．この泥火山は地震によって再活動したと考えられ，この地域の過去の地震活動が活発だったことを暗示している．

6) **Makran Coast 地震**（1945年11月27日，震央：25.15°N, 63.48°E, M 8.0）：最大震度はXに達し，海岸沿いの津波による被害も大きかった．泥火山の噴出により沖合に短期間，島が生じた．一部の海岸が4.5m隆起したともいわれる．推定地震断層の全長は，約150〜200kmと思われる．1947年8月5日に $M_S=7.3$ の大地震がほぼ同じ地域に生じたが，詳細は不明である．

5.2 イラン地域

イラン高原は，南西部のアラビアプレートと北東部のツランプレートにはさまれた，アルプス-ヒマラヤ造山帯の一部をなしている．

地質構造の面から以下の四つに大区分され，これは地震区とも一致する (Berberian, 1976)（図5.3）．

5.2.1 イランの活構造区

a. **Zagros 活褶曲帯**

この褶曲帯は幅200〜300kmで，アラビアプレートが中央アジアにもぐり込むことに起因する北東方向の圧縮により，北東縁は Main Zagros 逆断層に境される．Zagros 活褶曲帯，とくにその中央部はイランのみならず，中近東において最も地震活動が活発である．さらにその中に，次に述べる六つの地震帯が識別される．

（1）Bandar Abbas-Jiroft 地震帯：Zagrosから中央イランにかけて北東方向に延びる地震帯の一つで，長さ200km，幅50kmに達する．地表の構造方向とは一致しない．震源の深さは34〜150km程度でやや深い．マグニチュードは3.5〜7が多い．

（2）Gahkom-Hadjiabad 地震帯：（1）の北西に位置し，褶曲帯から Main Zagros 逆断層に至る．震源の深さは34〜100kmで，マグニチュードは3.5〜6の地震が多い．

（3）Zagros 南東部のスラスト帯の地震活動の不活発な地域．

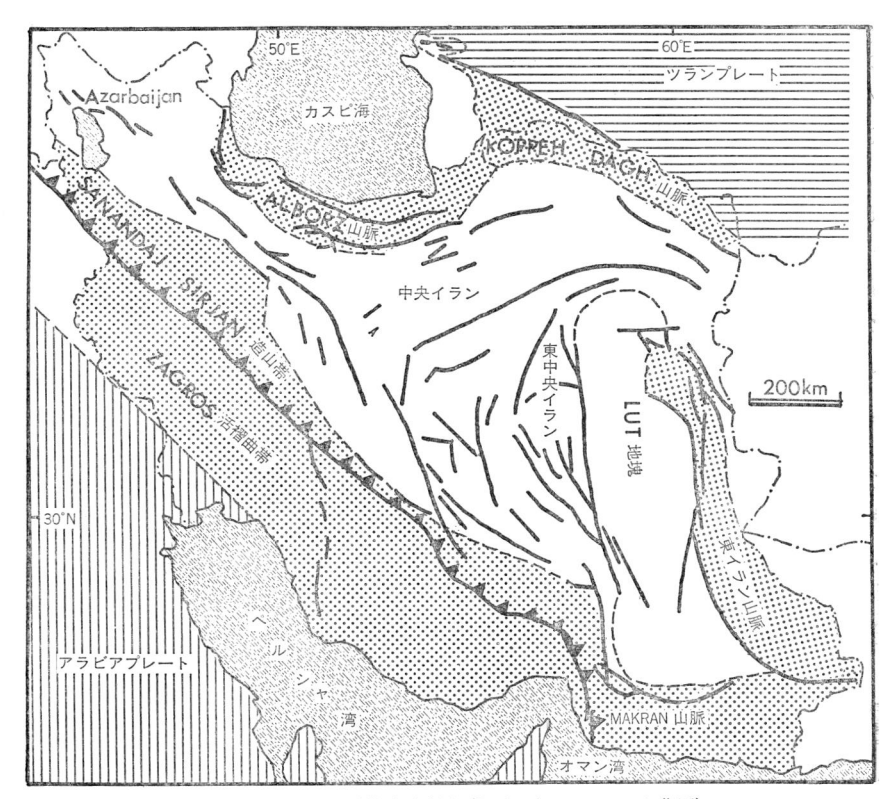

図 5.3 イランの活構造区略図 (Berberian, 1976 より作図)

(4) Zagros 南東部の褶曲帯中には，いくつかの地震活動がきわめて活発なゾーン (Lar, Bastak, Bedini, Qir, Taheri, ほか) を含む．

(5) Zagros 活褶曲帯北西部には，いくつかの明瞭な地震帯 (Mishan, Gachsaran, Dezful 帯) がある．

(6) Sahneh-Kangarar 地震帯：この地震帯は，Zagros スラスト帯と中央イランの Sanandaj-Sirjan 構造帯の交点に位置し，大規模な被害地震を伴う．

b. 中央イラン地域

(1) 中央イラン (狭義)，(2) Lut 地塊，(3) 東イラン山脈，(4) Makran 山脈に分けられる．

中央イラン地域は直線状の地震帯はみられず，大きな浅発地震が散在する．東イランは中央イランよりやや活発だが，Alborz や Zagros よりは活動度が低い

傾向がある．Lut 地塊も散発的な地震発生地域であるが，微小浅発地震が Dasht-e-Bayaz 断層などの断層に沿って分布する傾向はみられる．東イラン山脈では，少なくとも今世紀は，その中央部の地震活動は不活発であるが，北部（震源の深さ 0〜33 km，M 3.5〜6）と南部（やや深い，M 3.5〜7）では活発である．Makran 山脈でも同様に散発的で，大部分の震源の深さは 100 km 以下であるが，いくつかはそれ以深に発生している．

c. Alborz 山脈地域

Alborz (Elburz) 山脈は，カスピ海の巨大凹地の南縁を画する平行な背斜・向斜からなる幅広い弧状地域で，大部分が浅発タイプの地震で，東部の方が西部より少なくとも今世紀は活動が活発である．

d. Koppeh Dagh 山脈地域

この地域はイラン-ソビエト国境地域に位置し，長さ 600 km，幅 200 km に達する．この地域の厚さ 10 km 以上に及ぶ中生代〜第三紀層は，アルプス造山運動末期に褶曲した．ツランプレート南縁部にあたる本地域は，地震活動は活発で浅発型が多い．

イランの歴史は古いが，地震記録は不十分である．18 世紀以降でも 7 万人以上の死者を出したといわれる 1727 年のダブリス地震をはじめ，多くの大地震が発生したが，記録が整備されだすのは今世紀になってからである．

5.2.2 イランの活断層

おもな活断層のいくつかを次に紹介する (Wellman, 1966; Berberian, 1976 ほか)（図 5.4）．

1) **North Tabriz 断層**：イラン北西部に位置し，傾斜は全体としてほぼ垂直であるが，中央部付近で中新世層が第四紀層にのし上げているのが観察される．Sufian の東方では南落ち 80 m の落差をもつが，平均して約 50 m である．部分的に右横ずれ成分を示すがきわめて小さい．

2) **North Alborz (Shahrud) 断層**：この断層は，カスピ海南岸からソビエト国境にかけてイラン北部を約 900 km にわたって延び，三つのセグメントからなる．小河川の変位から左横ずれ運動が推定されているが，垂直変位はごく小さい．

3) **Doruneh (Great Kavir) 断層**：イラン東端から Dasht-e-Kavir 砂漠に連なり，全長約 700 km に達する Lut 地塊の北縁をなす．みかけの分岐断層は，活断層ではない．小河川の変位から左横ずれ運動が確認され，変位量は 70〜200 m ほどである．また，扇状地や砂漠の砂層を変位させている．少なくとも一

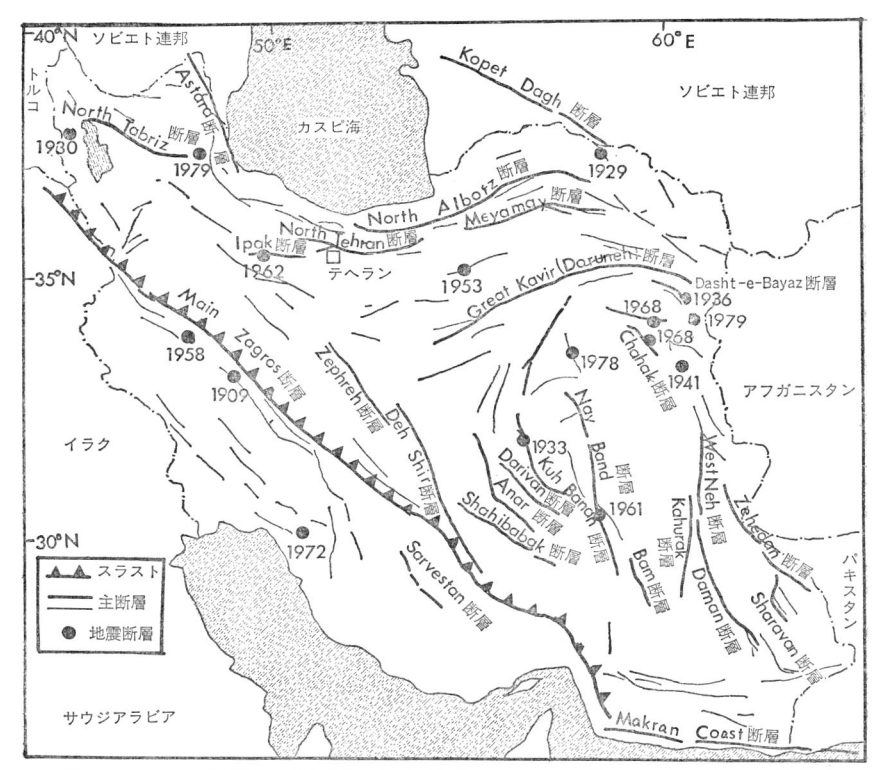

図 5.4 イランの活断層・地震断層分布図 (Berberian, 1976; Nowroozi, 1985 より作図)

部では，垂直運動が卓越する．Mohajar-Ashjai (1975) によれば，西部では左横ずれ，中央部では正または逆断層運動，そして東部では逆断層および左横ずれが卓越し，やや複雑な運動をしている．しかし地震活動は，イランの他地域に比べてそれほど活発とはいえない．$M6$ 以上の地震は，二つしか知られていない（1933年10月5日，$m_b=6.0$；1940年5月4日，$m_b=6.5$）（図5.5）．

4) **Nayband (Naibandan) 断層**： イラン東部，テヘランの南東約 700 km に位置し，約 400 km 確認されている南北性の活断層である．その発生は第四紀以前にさかのぼるが，現在の運動は傾斜移動成分をもつ右横ずれである．少なくとも今世紀においては，地震活動との顕著な相関はみられない．

5) **Kuh Banan 断層**： Nayband 断層の西方に位置し，雁行状にセグメントが約 900 km 続く．一部で，小河川の変位から右横ずれ運動が示唆されているが，本質的に右横ずれとは考えられていない．すなわち，先カンブリア紀〜古生

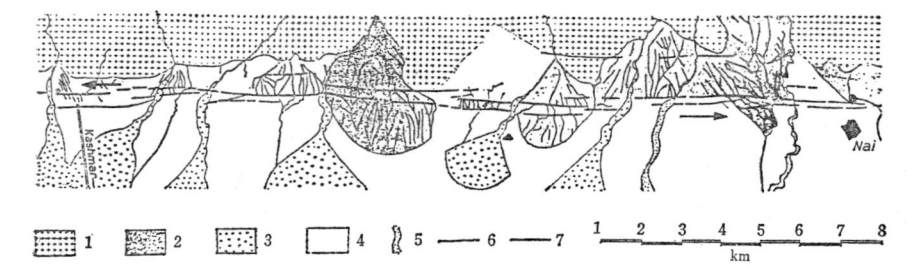

図 5.5 Great Kavir (Doruneh) 活断層の一部 (Berberian, 1976 より編図).
1：山地部 (基盤岩)，2：侵食を受けている古期の岩石扇状地，3：沖積扇状地，4：未区分岩石扇状地，5：現世の侵食チャンネル，6：最新の断層，7：やや古い断層．

代後期の岩石からなる上盤が第四紀層の下盤にのし上げており，第四紀初期までは高角逆断層であった．地質境界をなしているため，変位量は不明である．本断層沿いに，1911，1933，1937，1948，1969 および 1977 年に地震を生じている．

6) **Zagros断層** (Main Zagros 逆断層，Zagros スラスト)：　この断層はすでに中生代に重要な構造境界となっており，元来は単純なスラストとされていた．Wellman (1966) によればNW-SE方向に約 1200 km 延びるが，平行する断層群の発達により，その位置は厳密に特定しにくい．断層の南西側に顕著な活褶曲帯が発達している．一部で，小河川の右横ずれ変位が約 100 m 観察される．Braud・Ricou (1971) は，本断層は大略一致しているが，大まかに並走する二つの主要スラストからなるとした．両者はわずかに形成年代が異なるが，ともに中新世層を変形させている．南西側のやや古い低角スラストは，少なくとも 40 km もの水平変位を伴っているとされ，北東に急傾斜するより若いスラストは，右横ずれ成分をもつ高角逆断層である．後者の断層は，Tchalenko・Braud (1974) によって Main Recent 断層と命名された第四紀後期の右横ずれ雁行断層である．各セグメントは，南東から北西へ向かって Dorud 断層，Naharand 断層，Garum 断層，Sehneh 断層，Morvarid 断層および Piranshar 断層と名付けられている．

Main Recent 断層は，中央イランに対してアラビアプレートが北北東方向に移動した結果によるものと考えられている．Dorud 断層は，少なくとも 10 km の右横ずれ変位量が確認されているが，実際には 60 km ほどに達すると推定される．本断層の地震活動は活発で，Dinawar 地震 (912 年，1008 年)，Lake Irene 地震 (1889 年以前)，Silakhor 地震 (1909 年)，Farsinaj 地震 (1957 年)，Naharand 地震 (1958 年) および Karkhaneh 地震 (1963 年) などが知られている．

これらの地震の発震機構は，本断層の右横ずれに対応している．

5.2.3 イランの地震断層

次に，今世紀に生じたイランのおもな地震断層を紹介する（震央位置の表示を始めおもに Berberian, 1976 による）（図5.4 参照）.

1) **Khaf 地震断層**: イラン東部で1336年10月20日に発生した地震によるもので，同地域に発達する NW-SE 性で約 70 km 延びる活断層の一部の活動の結果と推定されている．古いため，詳細は不明である．

2) **Kozad 地震断層**: イラン東部で1493年1月10日に発生した地震によるもので，同地域に発達する NW-SE 性で全長約 30 km，北東落ちの活断層の活動によると推定されている．

3) **Bozqush 地震断層**: イラン北西部で1879年3月22日に発生したBozqush 地震による断層で，この地震は多くの前震・余震を伴い，とくに余震は4月2日頃まで続いた．1000人以上の死者と数千頭の家畜などが失われ，多くの被害を生じた．後年の調査によって，震央付近に地震断層が約 2 km 確認された．これは活断層の活動によるもので，走向 N 170°E，傾斜 75°W の高角逆断層である．西側の中新世礫岩が第四紀の堆積物の上にのし上がる．約 3 m の断層破砕帯の中に，この地震活動を示すと思われるたいへん新鮮なせん断帯が観察された．垂直変位量の推定は，断層の両側で対比ができないので困難であるが，累積変位量は少なくとも 6 m 以上あると思われる．水平変位の証拠はみつかっていない．

4) **Dorud (Silakhor) 地震断層**: イラン南西部ザグロス山脈の Silakhor 地域で発生した Dorud (Silakhor) 地震（1909年1月23日，震央: 33°5′N, 49°0′E, $m_b=7.4$）によるもので，全長は 40 km 以上に達する．この地震による死者は5000～6000人にのぼり，被害地は少なくとも 3000 km² に及んだ．余震は約 6ヵ月間も続いた．地震断層は N 35° の方向に直線に延び，北東側が少なくとも 1 m 落下している．累積変位量は数 m である．横ずれ変位量は不明である．断層面は深部ではほぼ垂直と推定される．断層面に沿って多くの池が分布する．一部でこの断層は，Zagros 北西部における主要な横ずれ断層である Main Recent 断層と一致する．

5) **Baghan-Germab 地震断層**: Baghan-Germab 地震（1929年5月1日，震央: 37°92′N, 57°60′E, $M 7.1$）による地震断層で，全長約 50 km である．北東側が約 2 m 隆起している．右横ずれの変位量はよくわからない．南東部では，断層は山岳部でもほぼ直線的に延び，深部では垂直に近いことが暗示されている．一部では，地震時に断層が開いたり閉じたりしてロバが落ち込み，耳だけが

地表に出ていたことが報告されている．Germabでは20cmの垂直変位が観察された．山地部では，岩崩れや地すべりにおおわれることが多い．この地震断層は，ソビエトのBakhardenからイランのQuchanに延びる，鮮新世以降形成された断層帯の再活動の結果である．この断層帯はNNW性の右横ずれ断層，NE性の左横ずれ断層およびEW性の小スラストからなり，NNE-SSW性の圧縮に対応する．各断層の第四紀における横ずれ変位量は数kmあり，そのいくつかは活断層である．少なくとも19世紀に3回の地震が生じ，被害を受けた．

6) **Salmas および Derik 地震断層**： イラン北西部のAzarbaidjan西で発生したSalmas地震（1930年5月6日，震央：37°98′N, 44°88′E, M 7.3）は，Salmas地震断層とDerik地震断層を生じた．この地震は2514人の死者を出したが，主震と同じ日に比較的強い前震（m_b=5.4）を伴い，さらに25人の死者をみた．Salmas地震断層の断層崖は，N 120°E方向に約20kmほど確認されたが，生存者の証言によれば北西方向へさらに10km延びるという．最大右横ずれ変位量は約4mで，北東落ちの垂直変位量は5mであった．Derik断層は，変成岩中を約31kmほどN 55°E方向に延び，約1m北西落ちである．第四紀および現世のトラバーチンを沈積させる泉の分布パターンから，この断層に一致する地質断層が，左横ずれ成分をもつことが推定される．Derik断層に沿う運動は，N-SまたはNNE-SSW性の圧縮に起因すると考えられる．Derik断層西端部の温泉は地震時に止まってしまい，1kmほど南西延長上に新しい温泉が噴出した．他の温泉は流量が増加した．

7) **Bahabad 地震断層**： 中央イラン東部で発生したBahabad地震（1933年11月28日，震央：32°1′N, 56°0′E, M 6.25，震源の深さ：27km）は数名の死者を出した．地震断層は全長12km以上に達し，Kuh Banan断層の東部に位置し，その再活動によるものと考えられている．

8) **Chahak 地震断層**： 中央イラン東部に発生したChahak地震（1941年2月16日，震央：33°30′N, 58°87′E, M 6.25）によって600人の死者が出て，NNW-SSE性の地震断層が生じたが詳細は不明である．

9) **Torud 地震断層**： Torud地震（1953年2月12日，35°40′N, 55°08′E, m_b=6.25）は920人の死者を出し，活断層上にENE-WSW方向に並ぶ村を破壊した．ENE-WSW性のTorud地震断層は最大垂直変位量は140cmに及ぶが，水平変位は観察されなかった．発震機構の解析から震源断層は南へ急傾斜する逆断層で，南側のブロックが小さな右横ずれ成分をもって北側のブロックへ乗り上げている．

10) **Farsinaj地震断層**： この断層は，イラン北東部に発生したFarsinaj地震（1957年12月13日，$M7$）による地表部の小さな割れ目や変形の連続から推定されたもので，Main Recent断層北西セグメントの一部をなすSahneh断層に沿っているが，両者の関係は明らかではない．長さは10～20 kmと推定されるが，地震断層の詳細は不明である．Sahneh断層は，Main Recent断層の一般的なセグメントの方向とやや斜交する三つのセクションからなり，Garun断層やMorvarid断層をつなぐようにみえる．後二者は，右横ずれ断層の雁行セグメント（いわゆるリーデルせん断）をなし，活動的ひずみを蓄積していたが，断層に沿ってFarsinaj地震によるひずみの解放が生じたと解釈されている．発震機構の解析から，震源断層は316°Nで，50°SW，変位の方向はE-W性で小さな左横ずれ成分をもつ逆断層であることがわかった．

11) **Garun地震断層**： この断層は，Naharand (Firuzabad)地震（1958年8月16日）によるGarun（活）断層の再活動による．Garun断層はMain Recent断層の1セグメントで，Naharand断層の南西約10 kmを雁行する．ほぼ全域にわたって変成岩と第四紀層の境界をなすが，北西端で山地前縁から離れて沖積谷に入り，地形的に約数mの段差を示す．この部分がNaharand地震で再活動した．地震活動が，断層に沿って南東から北西方向へ移動したようにみえることは興味深い．

12) **Ipak地震断層**： この断層はテヘランの南西に位置し，Ipak付近でBuyin Zahra地震（1962年9月1日，震央：35°6′N, 49°9′E，$M7.5$，震源の深さ約20 km）によって生じた．この地震の震度はIX (MM)をこえ，12225人の死者と多くの被害を出した．強い余震が9月2日（$M4.75$）と9月13日（$M5.5$）に生じたが，余震活動は9月15日以降急速に減衰し，11月中旬に終了した．地震断層の長さは約100 kmに達し，南側のブロックがわずかな左横ずれ成分をもって隆起した断層のほかに，非造構性の伸張変形や一時的な泉も生じた．この断層は，既存の断層の再活動とみなされている．

13) **Dasht-e-Bayaz地震断層**： この断層はイラン東部に位置し，Dasht-e-Bayaz地震（1968年8月31日，震央：34°10′N, 58°96′E，$M7.2$，震源の深さ約15 km）によって既存断層が再活動したものである．長さは約80 kmに達した．主震と最大余震（9月1日）によって1万名以上の人命が失われ，有感地域は40000 km²以上に達した．最大左横ずれ4 m，南落ち最大垂直落差約1 mと記録した．基盤岩に発達する各種の破断の解析から，鮮新世以前からN 47～55°E方向の造構的圧縮が卓越していたことが明らかにされており，これは地震断層の

それと一致する．地震断層全域にわたってギャップやアンチリーデルせん断がみられる．本断層は真の横ずれ断層ではなく，回転運動を起こしている．本断層近傍に設置されていた四つのひずみ計からなるネットワークは東方に進行する 200 mm/s の速さのクリープを検出したといわれる．

14) **Mishan 地震断層**： この地震断層は，Mishan 地震（1972年7月2日，震央：30°1′N, 50°8′E, m_b=5.4，震源の深さ 27 km）によって生じたが，被害のデータや地震断層の分布からみて，震源ははるかに浅いと思われる．断層の走向は N 110°E，傾斜は 84〜90°N で，北落ち最大垂直落差約 4 m の正断層である．地震発生の 20 年前に撮影された空中写真には，既存の地質正断層は現れておらず，地震断層（正断層）は予期されていなかった．ほかに NW-SE 性のスラストないし高角の逆断層は分布していたが，震源断層はほぼ垂直で走向 N 115°E 北落ちで，地表の地震断層とよく一致する．

この地震に先立つ 10 ヵ月くらい前（1971年8〜9月）に，小被害を与えた一連の地震（最大 m_b=5.1）が発生し，また多くの余震も生じた（おもなものは7月2日，m_b=4.6；7月3日，m_b=5.0, 5.1；7月14日，m_b=4.4）．

15) **Bob-Tangol 地震断層**： イラン南東部で発生した Bob-Tangol 地震（1977年12月19日，震央：30.9°N, 56.6°E, M_S=5.8）によって 551 人の死者が出た．最大震度は Ⅶ(MM) をこえた（Berberian, et al., 1979）．前震は 1977年9月17日に始まり，2番目は 10月15日，3番目は 11月7日に発生した．さらに，11月9日には若干の被害を与えた地震（震央：30.9°N, 56.5°E）が Bob-Tangol 地震断層の北西端に発生し，11月10日と13日にも有感地震が生じた．その後，主震発生までの 35 日間は震動が感じられなかった．有感の余震は 1978年4月2日まで続き，1977年12月24日の最も強い余震は若干の被害を与えた．さらに主震の 5 ヵ月後には，Kuh Banan 断層北西部の Bahabad セグメントで余震（1978年5月23日）が発生している．これは 1933年の Bahabad 地震の震央に近い．さらに5月24日にも小被害を与えた余震が発生した．主震によって生じた地震断層は，すでに述べたイランの代表的な活断層の一つである Kuh Banan 断層の一部（Bob-Tangol セグメント）の活動を示している．Bob-Tangol セグメントは，その南と北を小規模な裂け断層に区切られ，数 m〜30 m の断層破砕帯をもっていた．このセグメントは走向 N 140°E，傾斜 70°NE を示し，地震前の断層の活動を示す断層鏡肌（スリッケンサイド）は，N 116°E, 70°NE を示した．北東側の下部古生層の上盤が，南西側の第四紀層の上にのし上がり，第四紀初期には逆断層運動をしていたと推定される．しかしながら地震断層は，地表で

はNS~N20°E方向の雁行状の引張り破断からなり，右横ずれが卓越し，垂直変位はほとんどなかった．水平変位量は地震断層南部で最大 20 cm となり，両端へ向かうにつれ急速に小さくなる．このように，活断層と地震断層の変位の様式が異なる例はほかにもあり，すでに述べたように，Main Zagros 逆断層は後期中生代から第四紀初期には高角逆断層であり，後に形成された Main Recent 断層では地震時に右横ずれを示した．

16) **Tabas-e-Golshan 地震断層**: 中央イラン東部で11世紀以来比較的静隠だった地域に Tabas-e-Golshan 地震 (1978年9月16日，震央: 33.210°N, 57.350°E, $M_S=7.7$, 震源の深さ 33 km) が発生した (Berberian, 1979)．これは，1968年の Dasht-e-Bayaz 地震の 170 km 南西に位置する．周辺地域では，今世紀には Baharestan 地震 (1939年6月10日, $m_b=5.5$), Posha 地震 (1974年6月17日, $m_b=4.8$) および Tabas 地震 (1977年9月26日) などの小地震が知られているのみである．この地震の震度はⅨからⅩに達し，2万人以上の死者と数千人の負傷者を生じ，強い有感区域は 1130000 km² 以上に達した．主震の起こる前に大きな鳴動が報告されている．最大 $m_b=5.4$ に達する余震群が発生し，その多くも鳴動が先行した．また，地震によって塩-泥火山や塩-泥の割れ目噴出がみられた．Tabas 地域は，中央イラン山脈の一支脈をなす Shotori 山脈（地塁）の西麓に位置し，Lut 地塊西部にあたる．Tabas 断層は，Shotori 盆地西縁における先カンブリア紀後期の断層群の一つであり，それ以降，広域応力場が伸張のとき（古生代~中生代）には正断層，圧縮のとき（三畳紀中期および第三紀）には北東傾斜で，南西へのし上げるスラストとして活動を繰り返した．鮮新~更新世の造山期には，25 % の短縮を示した．第四紀後期には，わずかな右横ずれ成分をもったスラストとして再活動していた．1500 万年前以降，Tabas 断層による垂直累積変位量は少なくとも 1000 m 以上に達し，アルプス変動後期以後（600万~200万年前以降），同断層と周辺の同様な断層による Shotori 山脈と，Tabas（乾燥）平野間の相対的な高度差は 2200 m に達する．地震断層は，こうした Shotori 地域の変形を規制する東~北東傾斜のスラストの活動によるもので，Shotori 地塁が西~南西の Tabas 地溝へのし上げる運動を示す．これらの地塁・地溝構造をはじめとして，多くのイランの構造凹地は，新第三紀~第四紀初期以降の圧縮場において形成された，周囲を逆断層に境された地溝 (compressional graben) である．地震時に Shotori 地塁は，Tabas 地溝に対して相対的に少なくとも 150 cm 隆起し，地震断層は Tabas 断層と命名された逆断層に沿って，NNW-SSE 方向に全長約 85 km ほど生じた．活断層と同じセンスをもち，西方

へのし上げた地震断層自体は，単純な表面形態を示さず，10～20 km 幅のゾーンに並走する不連続な八つのセグメントからなっている．ほかに周辺の小規模な逆活断層や不整合面も変位しているが，とくに上盤側の新第三紀の泥灰岩や礫岩層が，長さ 30 km，幅 5 km 以上にわたって層面すべりを起こしている．個々の逆断層セグメントの最大垂直変位量は 35 cm であるが，断層全体としては 3 m に達する．断層面の傾斜は地表部では低角にみえるが，実際には高角の東傾斜ないし垂直である．震央位置から判断すると，断層運動は地震断層南東端から始まったらしい．

5.3 イラク・紅海周辺地域

5.3.1 イラク地域

アラビアプレート北東境界部に位置する本地域の構造運動や地震活動を支配する Zagros 褶曲帯は，南東はオマーンから北西はトルコ国境にかけて，イラン西部からイラク北東部を通って長さ 1500 km，幅 250 km にわたって連続する．褶曲運動は中新世後期～鮮新世前期に始まり，現在でも地球上で最も活動的な地域である．イラン内部へゆくほど強く変形する 14 の非対称褶曲が発達する．また新たな褶曲が，アラビア湾の Zagros 南西縁とイラクのメソポタミア前縁盆地に生じつつある．これらの褶曲は，インフラカンブリア～カンブリア紀下部に至る厚い（1 km 以上）蒸発岩類や岩塩などからなるインコンピーテントな地層が，アラビアプレートの先カンブリア紀基盤直上に載る堆積層底にあるために生じ，これらによる 80 km の地殻短縮が推定されている．断層はまた，厚い岩塩層などのためにおもに基盤に限定され，地表部ではあまり発達せず，歴史地震の地震断層も同様に現れてこない．地震は 200 km 幅で褶曲帯に並走し，アラビアプレートの地殻部分に発生する (Adams and Barazangi, 1984)．

イラクの地震の歴史記録は比較的よくそろっており，紀元前 1260 年のバビロンの地震から紀元後 1900 年までに 79 個の地震が記録されている．図 5.6 に示されているように，イラクの北東部に分布が集中している．バグダッドにおいては 1200～1400 年，モスルにおいては 1300～1400 年の間は地震活動がきわめて低調で，この期間は有意な静穏期とみなせる (Alsinawi and Ghalib, 1975 a)．

5.3.2 紅海周辺地域

紅海は，主トラフ (main trough) と軸トラフ (axial trough) によって特徴づけられている．主トラフは，紅海の中央部分を 1500 km 以上にわたって延び，一般に 1 km 以浅である．軸トラフは主トラフを切り，幅が北部では 30 km，南

5.3 イラク・紅海周辺地域

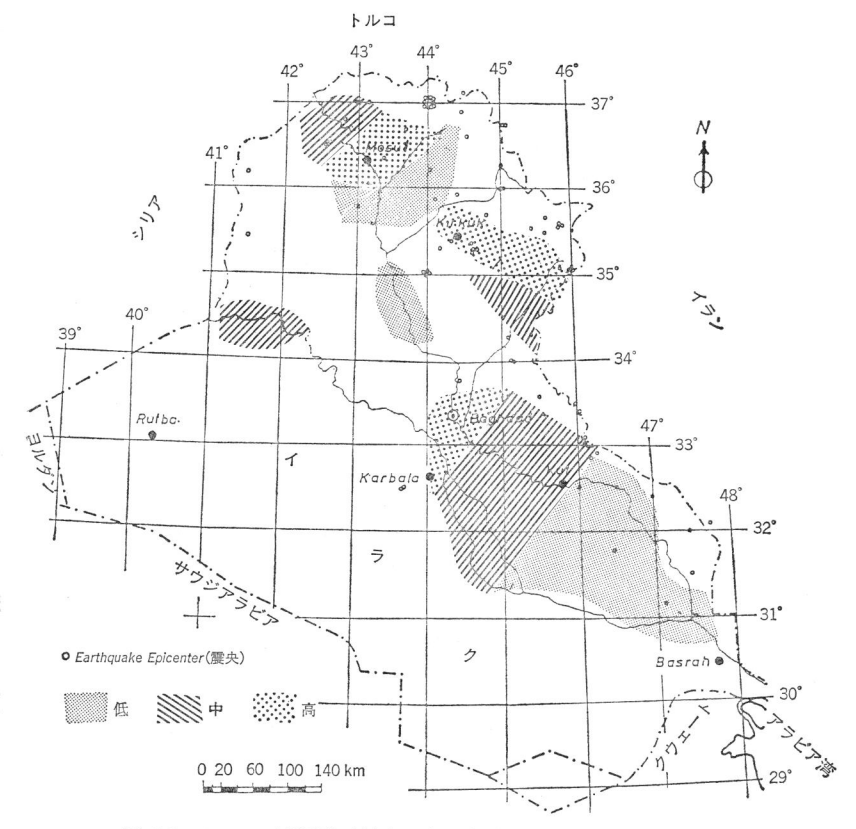

図 5.6 イラクの地震活動 (Alsinawi and Ghalib, 1975 a; b より編図)

部では 10 km と変化する．紅海およびアデン湾は，中央海嶺発達の初期段階にあると考えられている．

紅海は，漸新世〜中新世にかけて凹地ないし幅の広いトラフとして発達していたが，鮮新世には軸トラフがリフト構造として発達しだした．軸トラフ内の地震の発生や活火山活動は，現在のリフト運動を示している．

紅海，アデン湾およびアフリカの Afar 地域の発生と発達について，二つの見解が知られている．第一のモデルは，たとえば McKenzie ほか (1970) によるもので，すべての紅海底は新たに生じつつある海洋地殻であり，アラビア大陸と紅海間の漸移型地殻ではないとするものである．第二のモデルは，たとえば Le Pichon・Franchetean (1978) によるもので，紅海の海洋地殻は主および軸ト

ラフ直下に限定され，薄くなった大陸地殻は紅海の大陸棚下に存在するというものである．紅海の開きはじめた時期は2段階に分けられ，後期は4～500万年前～現在までと比較的研究者間で一致するが，前期については4100～3400，2900～2400，1900～2200，1500万年前以降など諸説ある．現在では中期中新世以降とする考えが有力である．紅海からアラビア西部地域のテクトニクスの重要な点は，紅海リフト系に沿ったNE性トランスフォーム断層の存在である．この断層は内陸地域にも延び，新生代後期の地質構造を変位させている．これは，アラビア西部の海岸地域における地震発生の危険度が高いことを示している（図5.7）．

イエメンやサウジアラビアなどを含むアラビア半島は，従来地震活動のきわめて低調な地域として知られていたが（図5.1参照），1982年に生じた被害地震を契機に歴史地震を調べ直してみると，必ずしも地震活動が不活発とはいえないことが明らかとなってきた（Ambraseys and Melville, 1983）．過去1200年間

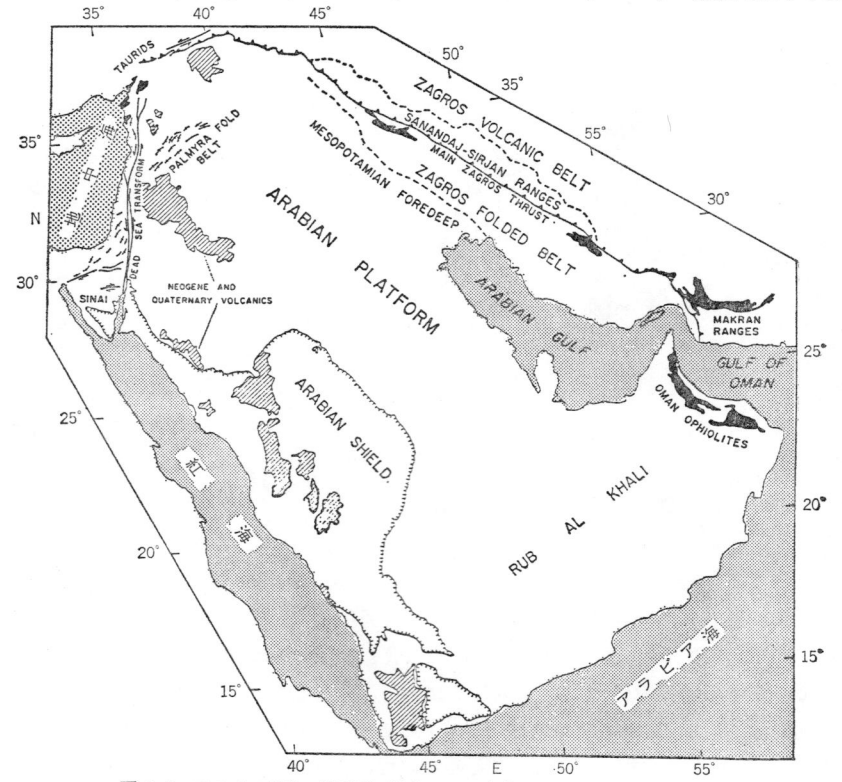

図 5.7 アラビア半島の構造区 (Adams and Barazangi, 1984 に加筆)

にわたるイエメンのおもな地震は中規模で，長く続く余震や火山活動を伴うことが特徴的である．震央部分をみると，Dhamar 地域を通って NE-SW 方向に歴史地震の震央が並び，その間のギャップを最近の地震が埋めているようにみえる．

サウジアラビア北西の Yanbu 付近でも 1979 年に多くの微小地震が記録され，1980 年にも Jeddah 南東で，Ad Damm 断層の北東延長部で多くの微小地震活動があった．

アフリカ側では，アデン湾と紅海トラフとアフリカ大地溝帯の交差する Afar 三重点の Djibouti 近傍，Tadjoura 湾東端で 1929 年 1 月 22 日，$M6$ の地震が発生し，また 1978 年 11 月 6 日から Tadjoura 湾西端付近で，群発地震が発生しはじめた．多くの $M4$ の地震といくつかの $M5$ の地震が生じた．ソマリアの北西では，1980 年 4 月から 5 月にかけてほかの群発地震が発生した．

さらに 1980 年 5 月 3 日には，南のソマリア高地および北の Afar 凹地間の断層境界付近において $M5.3$ の地震が発生し，これらの地域で活発な地震活動が起こっていることを現している．

5.4 アフリカ地域

5.4.1 アフリカ北西部地域

モロッコ～アルジェリア～チュニジアに至る地中海沿岸地域は，Rif 山脈および Atlas 山脈地帯に沿って複雑な大陸衝突運動（中生代～新生代にかけてのアフリカプレートとユーラシアプレートの収れん）の結果，活断層や活褶曲が発達し，多くの被害地震を生じてきた．

モロッコ北部の Rif 山脈地帯は，東方でアルジェリアの Tell Atlas 山脈に連なり，西方では北西方向に湾曲してジブラルタル海峡を横切り，スペイン南部の Betic Cordilleras に続く．本地帯は始新世以降 100 km 以上もの短縮を受け，褶曲やスラストが発達している．火山活動は，新第三紀～第四紀にかけての最後の隆起運動に伴っている（図 5.8）．

アトラス山脈地帯は長さ 2000 km，幅 200～400 km に及び，新生代には一般に褶曲とスラストやナッペ，傾斜移動および走向移動断層など短縮を示す構造が発達し優勢であったが，鮮新世～第四紀にかけては垂直隆起が卓越している．また，両地域における中規模の地震の発震機構は，アフリカとヨーロッパの NS 性の収れんに対応した，いくらか横ずれ成分を含むスラストが卓越している．

この地域および周辺の代表的な地震としては，モロッコに被害を与えた 1969 年 2 月 28 日の地震のようにジブラルタル海峡西方の海域の地震，津波を伴った

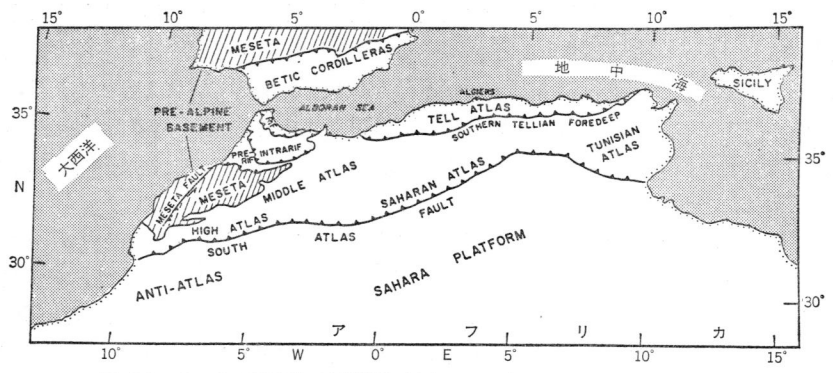

図 5.8 アフリカ北西部の地質構造 (Adams and Barazangi, 1984 に加筆)

大リスボン地震（1755年11月1日），アルジェリアの El Asnam 地震（1980年10月10日）などがある．このほかモロッコ地域は，1年間に $M5$ クラスの地震が1ないし2個，$M4〜5$ クラスが30個程度発生する．近年最も被害の大きかったのは Agadir 地震（1960年2月29日，$M5.9$）で，12000人の死者を出した．チュニジア地域の近年の地震では，1920年と1957年（$M5.6$）にアルジェリアとの国境に近い Jerduba 付近に発生した震度IX(MM) の2回の地震（とくに後者は13人の死者と102人の負傷者を出した），1979年同国北部に生じた地震（M

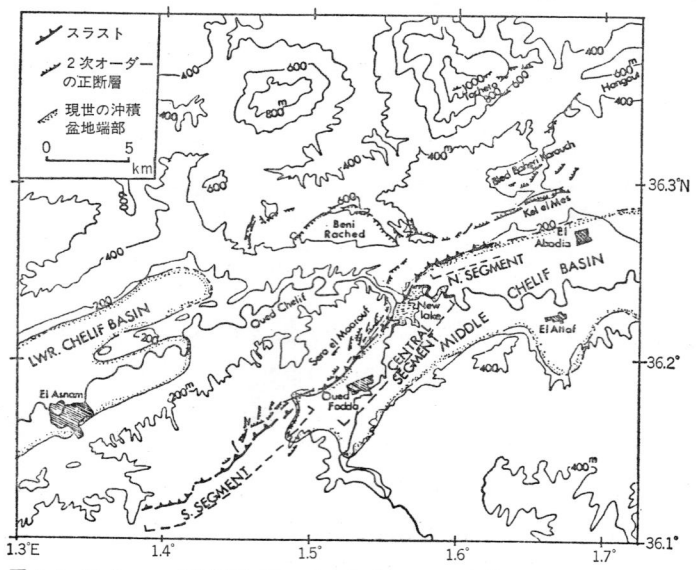

図 5.9 El Asnam 地震断層 (Ouyed, et al., 1983に加筆．佃，1985 より引用)

4.9），およびチュニスの南南西約 350 km に生じた地震（1981年1月，M 4.7）が代表的である．

これらの地震の中で最大の El Asnam 地震について次に紹介する．1980年10月10日にエルアスナムの東方で発生した M 7.3 の地震は，死者 2590人，負傷者 8252人を出すなど，この地域に大きな災害をもたらした，いわゆる直下型の地震であった．地震後1ヵ月間の余震活動は，北へは地中海の海岸近くまで広がり，地震断層の長さの約2倍の領域に分布している．震源の深さは 10±2 km，断層面の走向は N 45°E，傾斜は 52～58°NW である．長周期地震計の波形解析から，この地震はバリヤーモデル（Das and Aki, 1977）で説明できるマルチプルショックであり，三つのセグメントに分割され，この断層の幾何学的配置と地震発生のメカニズムが非常によく対応しているといわれる（図 5.9）．地震断層は，中新世のマールと鮮新世の砂岩層を変形させている非対称背斜の南東翼の麓に，明瞭な逆断層として出現した．地震断層は，走向を南部の N 50°E から北部の N 80°E に変化しながら，全体として約 33 km にわたって現れ，南セグメント，中央セグメント，北セグメントに区分される．中央セグメントでの最大変位量として，断層をまたぐ約 300 m の区間での鉄道線路の傾斜変化から北西側隆起 6 m，シェリフ川の堤防のずれから左ずれ 2.7 m という値を得ている．また，中央セグメントでは逆断層の上盤側のバルジに，2次的な正断層群が発達するという特徴的な断層パターンが現れている．とくに El Asnam 地震断層の場合は，左横ずれ成分を少しもつ「左横ずれ逆断層」であることから，

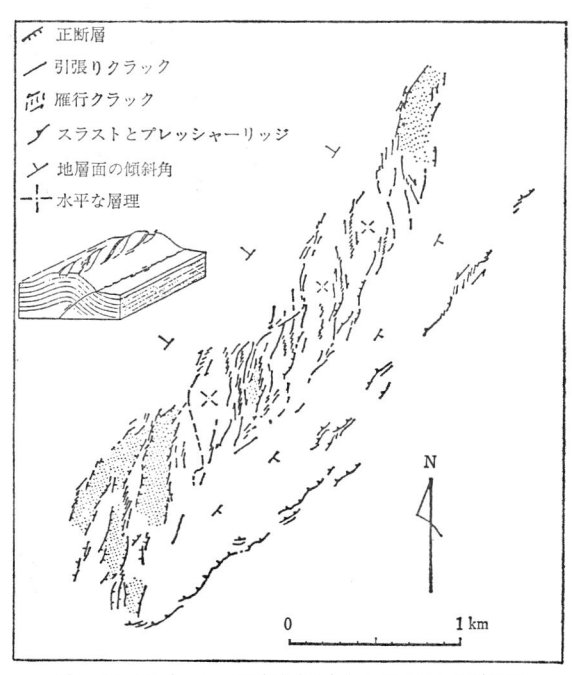

図 5.10 El Asnam 地震断層の中央セグメントの詳細図（Philip and Meghroui, 1983）

2次的正断層群は左ずれパターンの雁行地溝群として現れたのが特徴的である．断層崖の前面の3層の扇状地堆積物との関係から，数十万年前より断層運動を伴った変形が，累積的に継続してきたことが推測されている（図5.10）．

5.4.2 ガーナ地域

ガーナは，近年では首都のアクラ付近においては1939年 (M 6.5)，1964年，1969年の地震が知られているが，過去にも多くの地震が記録されている．これ

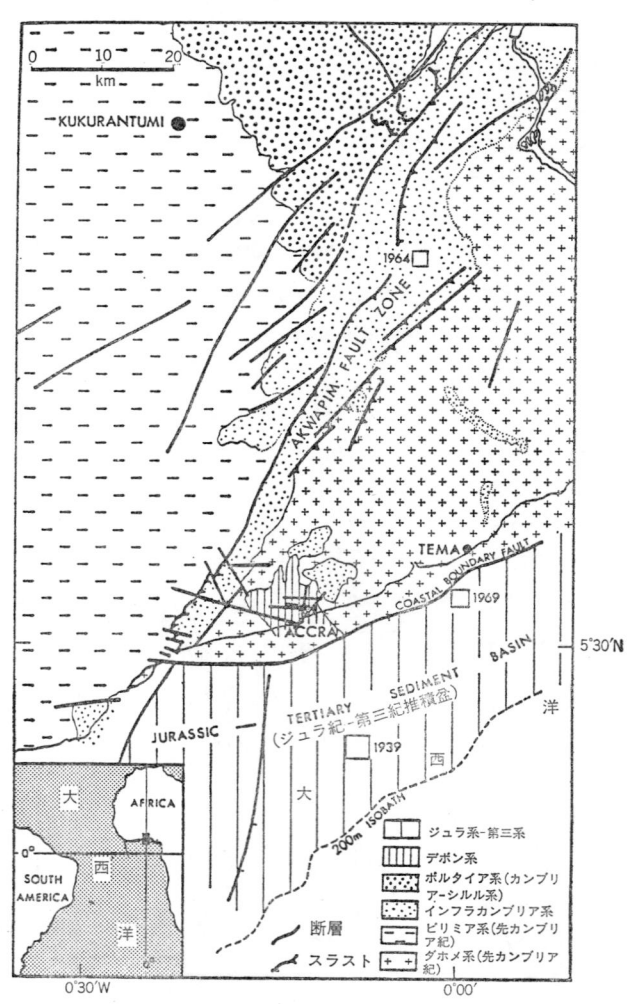

図 5.11 Akwapim 断層および周辺の地質 (Blundell, 1976 に加筆)

らの地震の多くは，活断層とみなされる北東方向へ延びる Akwapim 断層と，南方海域の EW 性の Coastal Boundary 断層に関係する．後者はアクラ西方で前者を切り，さらに東方では Keta (Togo-Dahomey) 盆地の北縁をなす断層に続く．ここでは，重力探査から 4000 m の落差が推定されている．Akwapim 断層は，先カンブリア紀の Pan-African 造山運動の間に形成されたスラストの再活動とする意見もある．

またアクラ近傍には，多くの小規模な断層が発達し，そのいくつかは Akwapim 断層を切っている．さらに Akwapim 断層は，ギニア湾を横切る Romanche 断裂帯の延長とみなされている．Akwapim 断層は，白亜紀初期の南大西洋の開口には何の役割も果たさず，相対的により新しい時期に再活動したものと思われる．南ガーナを通って Togo と Dahomey へ Akwapim 断層に沿う地震活動と Romanche 断裂帯との関係は，中央大西洋海嶺からアフリカプレートへ，約 1000 km ほど延びる活構造線の存在を示唆する．このことからさらに推測するなら，アフリカプレート内のある種の差別的な運動が，中央大西洋海嶺から Romanche 断裂帯に沿って，Akwapim 断層を経てアフリカ大陸内部へ延びてゆく，新しいプレート境界を生じさせつつあるといえる．このことはまだ十分な証拠を必要とするが，大陸の分離が必ずしも海嶺と関係づけられなくてもよい可能性は，今後検討される余地がある（図 5.11）．

5.4.3 東アフリカ地溝帯（アフリカ大地溝帯）地域

東アフリカ地溝帯下の地殻やそれを含めたリソスフィアは薄化しており，地下浅所まで塩基性岩が上昇しているらしいこと，地表部でみられる地溝を画する雁行正断層群や地溝に並走する正断層群，引張り割れ目群の存在および大規模な割れ目噴火などから，本地域が伸張テクトニクスの場にあること，したがって本地溝帯をはさむプレートの東西引張りが推定される．いい換えれば本地溝帯は，分裂しつつある大陸地殻の現れといえよう（図 5.12）．

東アフリカ地溝帯の最北端部はエチオピアの Afar 凹地で，紅海およびアデン湾の地溝（海嶺系）と一点で交わるようにみえるので，これを Afar 三重会合点と呼ぶ．最南端部はモザンビークのザンベジ河口付近に達する．アフリカ大陸東部の台地地域を約 4000 km にわたって縦走し，アフリカ-アラビアリフト系の一部をなす．ニアサ湖北でビクトリア湖をはさんで西部地溝と東部地溝に分岐する．両地溝は，それぞれいくつかの雁行配列する地溝群からなり，さらにそれらの地溝両壁に発達する正断層群も雁行配列をなす.

西部地溝は，北から南へアルバート-ナイルに沿う地溝，アルバート湖および

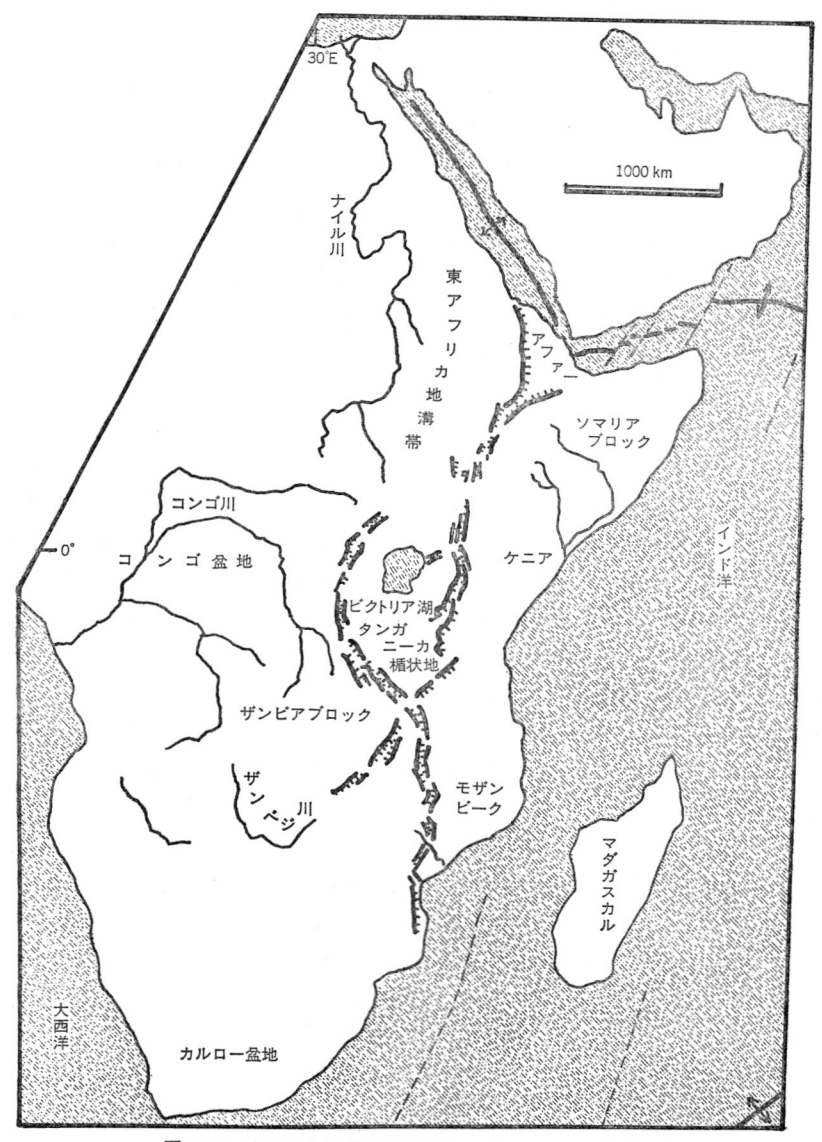

210   5. 中近東・アフリカ地域の地震・地震断層・活断層

図 5.12 東アフリカ地溝帯 (McConnell, 1972 より簡略化)

セムリーキ河に沿う地溝，エドワード湖およびキブ湖に沿う地溝，タンガニーカ湖地溝，ルクワ湖地溝という杉型の雁行配列をする五つの地溝からなる．

東部地溝帯の主部をなすケニアータンザニア間のグレゴリー地溝は，ほぼ南北性で南西部では不明瞭になり，雁行配列するいくつかの沈降帯に分かれる．地溝の幅は約 50 km，正断層による落差は地形的に 1500 m，構造的に 3000〜4000 m である．これに対してケニア西部ビクトリア湖北東岸のカビロンド地溝は，長さ 250 km，幅 25〜30 km，落差は地形的に 400〜700 m，構造的に 1000 m 以下で東西性の走向をもつから，グレゴリー地溝と T 字形に会合する．こうした地溝の交差現象はほかにもみられる．また，グレゴリー地溝における杉型雁行配列をする鮮新世層中の断層パターンから推定された地溝の伸張方向（N 60〜70°W）が，重力異常帯の幅の変化や地震の発震機構から求められたプレートの運動方向と，一致することが指摘されている．グレゴリー地溝の北方延長はエチオピア地溝で，さらに北で Afar 凹地に続く．

結局，東アフリカ地溝帯は多重雁行配列をなす地溝群からなる．すなわち，第 1 次の構造は地溝帯全体で長さ 7000 km，幅 1500 km で，東西両地溝はそのエレメント（長さ 2500 km，幅 150 km）となる．2 次のエレメントは，たとえば上述した西部地溝の五つの地溝群で，長さ数百 km，幅 40 km のオーダーである．以下第 3 次のエレメント（長さ 40〜80 km，幅 2 km），第 4 次のエレメント（長さ 20 km，幅数百 m），… と構成される．

地溝帯に発生する地震のほとんどは震源の深さが 30 km 以内で，発震機構から求められた地殻の伸張方向は，ほぼ地溝帯の延びの方向に直交する（McConnell, 1972；矢入, 1974）．

6. ヨーロッパ地域の地震・地震断層・活断層

おもに地中海沿岸域では，複雑なマイクロプレートの相対的な運動に伴って地震活動が活発である．東岸のアナトリア半島や死海のトランスフォーム断層沿いには，今世紀にも M7 クラスの被害地震が多発し，北岸のスペイン，イタリア，ギリシャなど，およびその周辺地域でも活発である．内陸部では，ドイツの Rhine 地溝帯が顕著な地殻変動地域となっている．

6.1 トルコ地域

トルコを中心とする地中海地域のネオテクトニクスは，基本的にはヨーロッパプレートを南側から北方へ，アラビアおよびアフリカプレートが圧縮することに起因する．しかしその境界付近は，いくつかに分割されたマイクロプレートが，隣接するプレートの運動と相互に影響しあいながらもおのおの独自に運動するため，複雑な様相を呈する．トルコの位置するアナトリア半島では，同半島北部をほぼ東西に走る北アナトリア断層と，同東部を北東-南西に走る東アナトリア断層に画されたアナトリアマイクロプレート（トルコプレート）が西方に移動する形となり，両断層の交差するカローバ東方は，陸上部のいわゆる三重会合点ということになる．このような状況下にあるため，トルコ共和国は世界有数の地震多発国となっている．

南北約 500 km，東西約 1000 km に及ぶアナトリア半島は，北から南へポンタス区，アナトリア区，タウルス区および辺境褶曲区と称される東西性の帯状構造区からなる．ポンタス区は，東部では一部花崗岩の貫入した白亜紀〜古第三紀火山噴出岩類，西部では片麻岩基盤上に古生代堆積岩および白亜紀〜古第三紀火山性堆積岩類が分布する．アナトリア区は，オフィオライトと低度変成岩類上に一部海成中新世層を含むが，おもに陸成堆積物からなる新第三紀層が山間盆地状に散在する．タウルス区は，先カンブリア〜中生代層とオフィオライトがおもで，辺境褶曲区は，エオカンブリアから鮮新世に至る浅海性堆積岩が卓越する．

北および東アナトリア断層は，大局的にはこれらの古い構造区を切って発達し，プレート境界をなす共役なトランスフォーム断層であると考えられている．

北アナトリア断層は，ヨーロッパプレートとアナトリアプレートの境界をな

す．トルコ東部エルジンジャン以西では，ポンタス区とアナトリア区の境界におおよそ一致するが，同以東ではアナトリア区を切り，古い構造とは非調和的である．全体に東西性であるが，北側に緩く突出する弧状を呈し，総延長は1000km以上に達する．現在は右横ずれ変位を示し，総横ずれ変位量は諸説あり確定しないが数十kmのオーダーである．たとえばTater (1978)によれば約50 km, Ketin (1968)によれば1939年以降の累積横ずれ変位量は18mほどになる．また今世紀の同断層の平均横ずれ変位速度は6〜12cm/年 (Brune, 1968 ; North, 1974)と推定されている．北アナトリア断層の発生は1000〜1200万年前といわれるが (Ketin, 1968)，変位方向は一貫して右水平ずれを示したわけではなく，鮮新世中期頃左横ずれの活動をしたこともあるようである (Hancock and Barka, 1980 ; 1981)．

東アナトリア断層はアナトリアプレートとアラビアプレートの境界をなし，タウルス区を切っている．その南方への延長は，アフリカプレートとの境界をなすスラストへ続くとする説と，左水平ずれを示す死海トランスフォーム断層に続くとする説がある (図6.1)．陸上部ではN 60°E〜S 60°W方向に約560 kmほど延び，南部ではスラスト性になるが全般的には左横ずれが卓越する一部雁行配列をなし，ハザール湖などのプルアパートベイスンを発達させる．

トルコの地震は，大別すると①北アナトリア断層の右横ずれの活動に対応する浅発地震，②東アナトリア断層の左横ずれの活動に対応する浅発地震，および③エーゲ海とその沿岸の東西性地溝地帯の正断層群に対応したやや深い地震

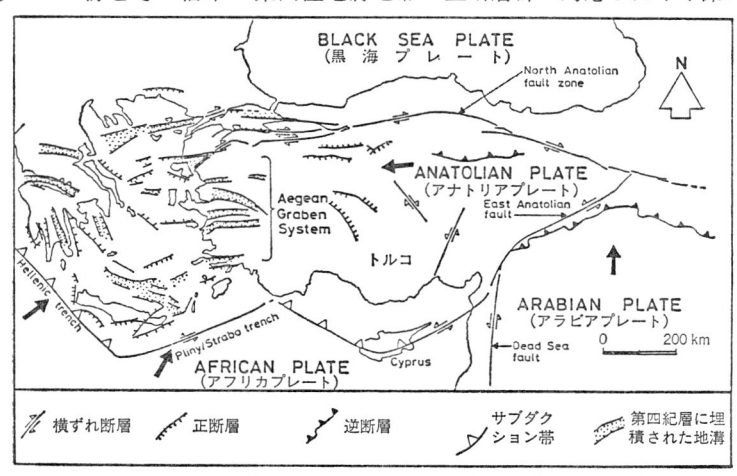

図 6.1　トルコ地域のテクトニクス (Hancock and Barka, 1981)

を含む地震群の三つになる。とくに，1939年北アナトリア断層東部のエルジンジャンで発生した地震は $M7.9$ と今世紀トルコで最大規模をもち，これ以降北アナトリア断層に沿って，①のグループの地震が数年〜10数年おきに生じ，見事な西方への震源移動を示したことは有名である。しかし，最近の地震であるチャルドラン地震（1976）およびホラサン-ナルマン地震（1983年10月30日，M 6〜7.1）は，いずれも北アナトリア断層の北方に位置し，直接の関係はみられない。またリジェ地震（1975）は，東アナトリア断層の南方に位置し，同様に直接の関係はみられない。これらは④のグループともいうべきもので，全体としてプレート間の南北圧縮に起因するプレート内部地震として位置づけられよう。

表 6.1 今世紀のおもなトルコの大地震と地震断層（加藤, 1984）

地震名	年月日	震央 緯度（°N）	震央 経度（°E）	マグニチュード M	深さ (km)	長さ (km)	V (cm)	H (cm)
	1912. 8. 9	40.0 〜40.5	27.0〜27.25	7.25〜7.75		10?		
	1938. 4. 19	39.53	33.95	6.6		12	0	100 R
Erzincan	1939. 12. 26	39.7 〜39.8	39.38〜39.7	7.9 〜8.1	20	300〜350	200 N	370〜420 R
Erbaa- Niksar	1942. 12. 20	40.66〜40.87	36.35〜36.6	7.0 〜7.3	10	50	50 N	175〜200 R
	1943. 6. 20	40.8 〜40.85	30.4 〜30.51	6.25〜6.75	30			
Tosya-Ilgaz	1943. 11. 26	40.97〜41.05	33.22〜34.0	7.2 〜7.6	10	265〜280	100 N	150 R
Bolu-Gerede	1944. 2. 1	40.8 〜41.1	32.2 〜33.22	7.2 〜7.6	10	160〜190	200 N	350〜360 R
	1945. 10. 26	40.9 〜40.99	33.29〜33.33	5.7 〜6.0	50	45?		
	1946. 5. 31	39.33	41.10	5.9		30?		
	1949. 8. 17	39.35〜39.54	40. 5〜40.57	6.5 〜6.8	40	75		
	1951. 8. 13	40.8 〜40.88	32.68〜33.2	6.5 〜6.9	10	20〜60?		
Gönen- Yenice	1953. 3. 18	40.0 〜40.01	27.49〜27.5	7.2 〜7.5	10	50〜60	0	430 R
	1953. 9. 7	40.94〜41.09	33.01〜33.13	6.0 〜6.4	40	60?		
Abant	1957. 5. 26	40.58〜40.67	31.0 〜31.2	7.0 〜7.1	10	40〜50?	40	160 R
	1963. 9. 18	40.71〜40.9	29.09〜29.2	6.0 〜6.3	40	35?		
	1964. 6. 14	38.03〜38.13	38.53〜38.51	5.5 〜6.0	40?			
Manyas	1964. 10. 6	40.2 〜40.3	28.20〜28.23	6.5 〜7.1	10〜34	60?		
Varto	1966. 8. 19	39.17〜39.2	41.48〜41.6	6.5 〜7.25	26〜33	20〜30		30 R
Mudurunu	1967. 7. 22	40.57〜40.67	30.69〜31.0	6.9 〜7.5	33	40〜100	125 N	190〜230 R
Bartin	1968. 9. 3	41.31〜41.81	32.3 〜32.5	6.5 〜6.6	5	<10		
	1968. 9. 24	39.21〜39.30	40.26〜40.30	5.1 〜5.2		6?		10
Alasehir	1969. 3. 28	38.42〜38.55	28.45〜28.46	6.4 〜6.6	4	10〜30	?N	0
Gediz	1970. 3. 28	39.06〜39.21	29.51〜29.54	6.9 〜7.1	18	40〜50	220 N	30 L
Burdur	1971. 5. 12	37.64	29.72	5.9 〜6.0		<10		
Bingöl	1971. 5. 22	38.80〜38.85	40.48〜40.52	6.7	3	15〜35	0	25 L
Lice	1975. 9. 6	38.51	40.77	6.7		10〜15		
Chaldıran	1976. 11. 24	38.51〜39.10	40.77〜44.02	7.3 〜7.6	36	50〜65	50?	330〜350 R
Horasan- Narman	1983. 10. 30	40.07	42.1	6.5 〜7.1	?	12	60 E	100 L

さて，トルコで今世紀に生じたおもな地震断層と，それに伴う地震の諸性質を既存文献からまとめたのが表6.1である．

一般に，地震断層の地表における形態は多重雁行配列をなすから，以下の記述にあたっては次のとおりとする．すなわち，各地震断層の総延長を L_1 とし，みかけ上一続きとみなすこの断層を S_1 セグメントと称する．S_1 セグメントの最大変位量を D_1（D_{1h} が水平成分，D_{1v} が垂直成分を表すが，ここで扱う断層は水平ずれなので $D_1 \fallingdotseq D_{1h}$ である）とする．S_1 セグメントはさらに小規模な S_2 セグメントの雁行配列からなり，先と同様に L_2，D_2 などを定める．以下同様に S_3，$S_4, \cdots, S_n$，$L_3, L_4, \cdots, L_n$，$D_3, D_4, \cdots, D_n$ を定める．自明のことであるが，L_1 はマグニチュードと関係するから，ある断層の L_2 の方が他の断層の L_1 より大きい場合もありうる．

地震断層の位置は，北アナトリア断層や東アナトリア断層の活動と関連する地震によるものでも，それらと厳密に一致するものではないが，ほぼ同断層の破砕帯内，ないしそのごく近傍を並走する．北アナトリア断層沿いでは，地震断層は一般に以前の地震による破断が終了したところから始まるが，若干重複する場合もある．また，断層間にギャップがある場合には，後の地震による破断によって満たされ，1939年以降，西方への震源移動に伴って約 500 km にわたって破断が生じ，29～30°E および 42～43°E にギャップが残るのみである．またトルコにおいては，40 km 以浅の地殻内の地震で，$M \geqq 6.5$ ならば，地表に地震断層の発生が期待される．

地震断層の長さや最大変位量およびマグニチュードの間には相関関係があることが知られているが，トルコの地震断層もその長さ（$\log L_1$）と M の間に第一近似的に直線関係が成り立ち，Toksöz ほか (1979) は $\log L_1 = 0.78 M_S - 3.62$ としている．同様に，第一近似的に最大変位量とマグニチュード間にも直線的な相関（$\log D = cM - d$）があることがいえる．日本の地震断層と比べると，たとえば濃尾地震とエルジンジャン地震はともに $M 7.9$ とされているが，前者の長さは約 80 km，最大変位は 8 m 以上に対して，後者の長さは約 300～350 km，最大変位は 4.2 m である．きわめて大まかに変位量（D_1 cm）と長さ（L_1 km）の比を単純計算してみると，トルコの地震断層は 7 以下（一般に 2～3 以下），日本の地震断層は 10 以上という結果になる．もちろん，この値は暫定的な目安にすぎないが，両者の地表における断層形態に有意な差があることを示す．これは，トルコの地震断層はプレート境界のトランスフォーム断層としての活断層に関連するものであるのに対して，わが国の地震断層は，プレート内部のトランスカレ

ント断層としての活断層に関連するものであることによると考えられる.

地震断層の総延長 (L_1) が約 60 km 以上の S_1 セグメントは，みかけ上一続きではなく，2〜4 の複数の S_2 セグメントに分割されることが多く，結果としてそれらのセグメントの長さはだいたい 100 km 以下となる．そしてこのように分割される S_2 セグメントの配列は，北アナトリア断層が現在，右ずれを示すにもかかわらず，左ずれに対応する雁行配列，右ずれに対応する雁行配列および両者の混在がみられる．L_2 の大きさは，鮮新〜更新世の堆積盆の大きさや石灰岩や火山岩体の大きさに相当し，その位置も内陸盆地辺縁部や地質岩体境界にあるものが多く，この規模の S_2 セグメントの形成は，そうした地質学的な異方性や既存断層に影響される結果と思われる．一方，$L_1 < 60$ km ぐらいの S_1 セグメントを構成する S_2 セグメントの配列は，ほとんど右ずれを示す．

S_3 以下（比較的小規模な S_2 セグメントの一部を含む）のセグメントの配列は，S_1 セグメントの変位に応じて比較的規則正しく，一様に右または左ずれの雁行配列をなす．地表で観察された最小の雁行配列のセグメント S_n の長さ L_n は 10 数 cm〜数 m で，ほとんど横ずれ成分はみられず，オープンクラック状を呈する．もちろん S_1〜S_{n-1} セグメントは，おのおの横ずれが卓越する（図 6.2）．

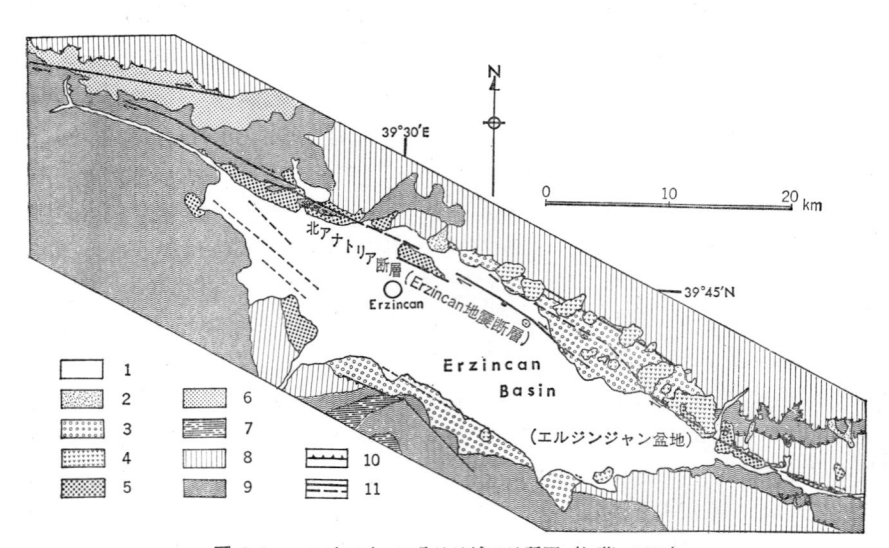

図 6.2 エルジンジャン盆地地域の地質図（加藤，1984）
1：沖積層，2：崩壊堆積物，3：扇状地堆積物，4：第 4 紀火山岩類，5：鮮新-更新世層，6：鮮新世層，7：中新世層，8：先新第三紀層（蛇紋岩を除く），9：蛇紋岩類，10：スラスト，11：活断層および地震断層．

一例として，1939年のErzincan地震断層が生じ，活断層地形も明瞭な北アナトリア断層東部に沿うエルジンジャン盆地について紹介する．本盆地は，標高1150～1300mほどに位置し，WNW-ESE方向に長さ約50km，幅約10kmにわたって細長く延びる山間盆地である．先新第三系の基盤岩類の上に傾斜不整合で載る中新世の海成層の分布は，鮮新世以後の地層と異なって，盆地の延びの方向を支配する断層群（北アナトリア断層を含む）によって規制されていない．鮮新世層は陸成（河成～湖成）でおもに礫岩からなるが，後背地の岩質を反映してその岩相変化が著しく，標高2000m付近で北アナトリア断層に沿うように分布し，北側はスラストによって上部白亜紀のオフィオライトと接し，南側は不整合（一部断層）で蛇紋岩に重なる．

エルジンジャン盆地辺縁部には，別の陸成礫岩層が断層に規制されるように分布する．礫種は蛇紋岩が多く，淘汰はよくない．東西走向で30°以下の緩傾斜をなすが，北アナトリア断層近傍では垂直に近い急傾斜をなし，礫の破断や小断層の発達がみられる．基盤の蛇紋岩に不整合に載り，一部スラストで接する．この礫層は，エルジンジャン盆地と同様，北アナトリア断層に沿って散在する山間盆地に分布するポンタス層群上部（Hancock and Barka, 1980）に相当し，上部鮮新～更新世と思われる．

第四紀火山岩類は断層直上に直線的に配列する．各火山岩体は比較的良好にその外形を保持している．岩質は流紋岩質～石英安山岩質～安山岩質で，溶岩および凝灰岩とその風化物である．当地域の主要地質構造は，北アナトリア断層と付随する地震断層およびスラスト群である．後者のスラスト群の一部は北アナトリア断層に切られ，エルジンジャン盆地の形成に密接な関係がある．

さて，Erzincan地震断層の長さL_1は約300～350kmに及び，大略，北アナトリア断層と一致または近傍を並走するが，西端のエルバ付近では斜交し，全体としては北に凸の緩い弧状を呈する．エルジンジャン盆地北縁部では，$L_2<20$kmのS_2セグメント群からなる．おもなものを西からミハールセグメント，バヒキセグメント，フルールセグメント，アルトゥンテペセグメントおよびタンエリセグメントと名付ける．これらのS_2セグメントの配列，とくに前三者の配列は，現在の北アナトリア断層の右横ずれに対応しない左横ずれタイプの雁行配列をなすことが注目される．ミハールセグメントはN80°W～S80°Eの方向で，他のS_2セグメントより東西性が強い．東隣するバヒキセグメント以下と屈折部をなす（$L_2≒17$kmである）．おもに鮮新世礫岩層を切り，一部基盤の蛇紋岩との境をなす．S_2セグメント中，最も垂直変位量が大きく（$D_{2V}≒2$m），ミハール

図 6.3 Erzincan 地震断層（ミハールセグメント）の逆向き低断層崖

村西方は南側が隆起した高角逆断層を呈しているが，全体としては右水平ずれが卓越する（図 6.3）.

バヒキ北方から東端のクルマナ付近にかけては，東西性の河谷に沿って延び，南北性の小河谷の右ずれオフセットも発達し，地形的にも右横ずれが明瞭である．バヒキセグメントは，全体としては N 60°W～S 60°E の方向性をもちエルジンジャン盆地北東縁にほぼ並行するが，西端付近はより東西性を強める．$L_2 \fallingdotseq 16$ km である．バヒキ村東の涸沢で，直接断層面が観察される．ここでは，破砕された蛇紋岩とそれをおおう崖錐性堆積物からなる．断層はおもなもので数本並走し，破砕帯をなしている．最も顕著な断層面は N 55～65°W, 82°N で面は開離し，5 mm 厚の断層粘土をはがすと明瞭な水平方向の条線が観察される．断層面に近いところでは，風化蛇紋岩が引きずり褶曲状を呈している．

フルールセグメントは，全体としては N 65°W～S 65°E の方向であるが，西端部付近でバヒキセグメントと同様，東西性を強めやや向きを変える．東端部は盆地内の沖積層におおわれ不明となる（$L_2 \geqq 14$ km である）．鮮新～更新世礫岩と蛇紋岩を切り，一部両者の境をなす．ヤルヌッツバーグ北東では，地形的に明瞭な S_2 セグメントの方向は N 70～80°W だが，S_3 セグメントと思われる断層面は N 25～40°W, 70～80°E ほどである．断層の北側に分布する蛇紋岩は著しく粉砕されて粘土化しており，10 m くらいまでがいわゆる断層破砕帯で断層角礫化している．しかも，30 m くらい離れても 50 cm 大ブロック状に破断している．南側の鮮新～更新世礫岩は緩い中粒砂の基質に富み，蛇紋岩角礫や砂質泥岩礫も数

cm 以下と小さく，破断はみられない．

アルトゥンテペセグメントも，沖積堆積物および扇状地堆積物を切って延びているため現在の地表部では確認できないが，地震時の右横ずれを示す地変線で S_2 セグメントの一つと思われる．同セグメント直上，またはごく近傍に北西から南東にかけてウルカテペ (1164 m)，サッテペ (1201 m) およびアルトゥンテペ (1229 m) という小規模な安山岩火山岩体が配列している．方向は N 55°W〜S 55°E で，$L_2 \geqq 11$ km である．

タンエリセグメントは Erzincan 地震断層の東端に位置し，N 55°W〜S 65°E の方向をもつ．チャイコム付近では，断層の南側には断続的に高さ 7〜8 m の小丘が分布し，垂直的累積変位を示すが，全体としては地震断層および活断層とも右横ずれが卓越する（加藤，1983；1984）．

北アナトリア断層は，エルジンジャン盆地から西へ衛星写真からも明瞭なトレースを描いて延びるが，西端部のマルマラ海—アルムトゥル半島地域において地形的に不明瞭になる．これは，西端部付近でいくつかのセグメントに分岐・並走するためである（図 6.4）．Izmit-Sapanca 湖を通るセグメントは，北アナトリア断層の西方延長部のようにみえるが，地形的には不明瞭である．鮮新〜更新世の陸成堆積物を切るが，最上部更新〜完新世の地層には明瞭な変形を与えていない．Gayve-Iznik 湖南岸を切る東西性のセグメントは活動的で，地形的にも明瞭な活断層であるが，少なくとも今世紀に M 7 クラスの地震の発生は知られていない．Bursa を通るセグメントは大地形的に推定される断層線であるが，活動はあまり明瞭ではない（加藤ほか，1986）．

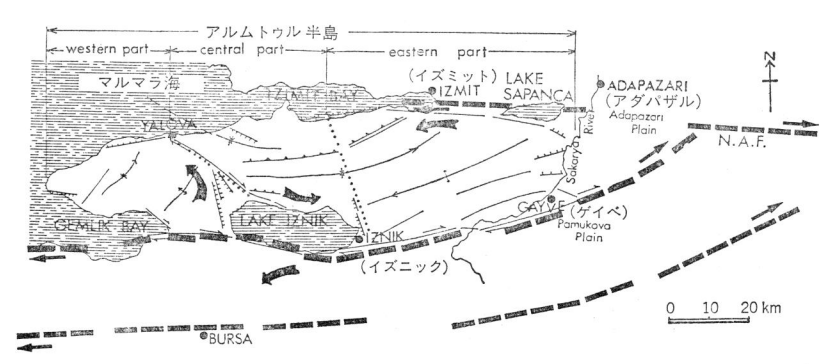

図 **6.4** アルムトゥル半島（北アナトリア断層西端部）および周辺の地質構造（加藤ほか，1986）

6.2 地中海東岸地域

　この地域のテクトニクスを支配するのは，紅海の海洋底拡大に関連するアラビアプレートの運動の現れの一つである，死海（ーヨルダン）トランスフォーム断層系である．新生代を通じて多くの変形時相が，このプレート境界を特徴づけている．すなわち，① 中生代から中新世にかけてのシリア弧に沿う褶曲，② 後期

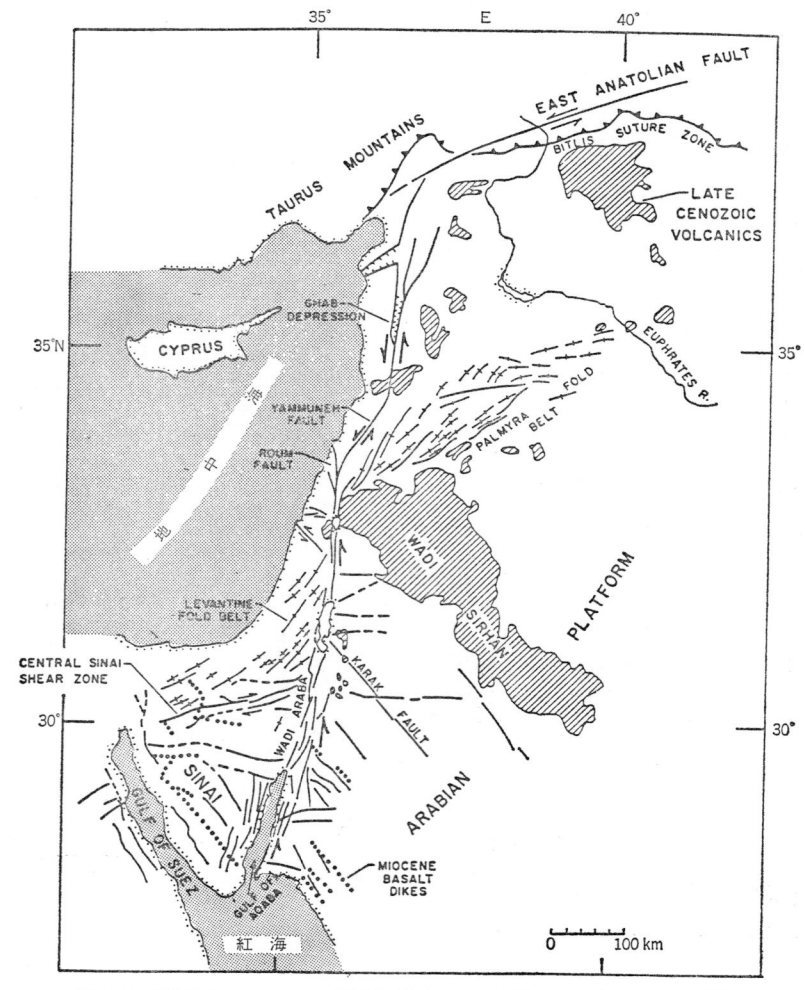

図 6.5 死海トランスフォーム断層系（Adams and Barazangi, 1984 に加筆）

中新世から鮮新世にかけてのNW-SEおよびE-W性のエリスリアン断層系，③新生代中頃から現世にかけてのNS性の死海（-ヨルダン）断層系である（図6.5）．

死海トランスフォーム断層系は，新生代中頃におけるアラビア，アフリカ両プレートの分離の結果生じたもので，わずかに伸張・圧縮および曲隆を伴うが，本質的には左横ずれが卓越する．死海リフト形成に伴って，漸新世（とくに2000～3000万年前）の玄武岩の火山活動，さらに歴史時代にも活動が起こった．こうした火山岩類は，おもに死海リフトの東側に分布している．死海リフトは，厚さ数kmの堆積物が分布する伸張盆地であるAqaba湾で最も幅広い．断層系は，シナイ半島南東では湾にほぼ並走する左横ずれ断層が卓越する．その北方のWadi Arabaでは，無数の左横ずれ断層が分布する．さらに北方の死海，Galilee海およびHula凹地は，基本的には死海リフトに沿うせん断運動の結果できたプルアパートベイスン，または菱形地溝である．Wadi Sirhan北東のYammnneh断層は，圧縮の結果，例外的に隆起したレバノン山脈を横切り，本断層系のほかのNS性左横ずれ断層群とやや走向を変えNE-SW性である．

地震は死海リフト全長にわたって発生し，歴史記録やトレンチによる調査結果も，過去において地震が頻発したことを示している．たとえば聖書にあるソドムとゴモラの地震（2000 B.C., $M_S=7$）も，この断層系に関連する歴史時代最大の地震である．近年ではPalestine地震（1927年7月11日，$M 6.25$）が，死海北方約30 kmの地点で発生した．さらに近年，イスラエル地域に死海地震（1979年4月23日，震央：31.24°N, 35.46°E, $m_b=5.1$）が発生したが，震源断層はやはりNS性の高角左横ずれ断層である．過去2000年間の歴史記録から地震の再来周期をみると，$M_S \geq 4.5$では40年，$M_S \geq 5.75$で400年，そして$M_S \geq 7.0$で4000年くらいと推定される（Ben-Menahem, et al., 1977; Adams and Barazangi, 1984; Arieh, et al., 1982）．

6.3 スペイン南東部地域

地中海西部のジブラルタル弧は，モロッコ北部からスペイン南東部へ延びるNE-SW性の断層群に横切られている．中新世中期から鮮新世にかけて，スペイン南東部は伸張テクトニクスの場にあり，NE-SWおよびNW-SE性正断層群の間に沈降盆地が生まれ，またEW性の正断層が新たに生じてきた．第四紀初期（150～100万年前）には圧縮テクトニクスの場になり，EW性の褶曲・逆断層・横ずれ断層が形成されはじめた．鮮新世以前に形成された正断層群が，部分的に

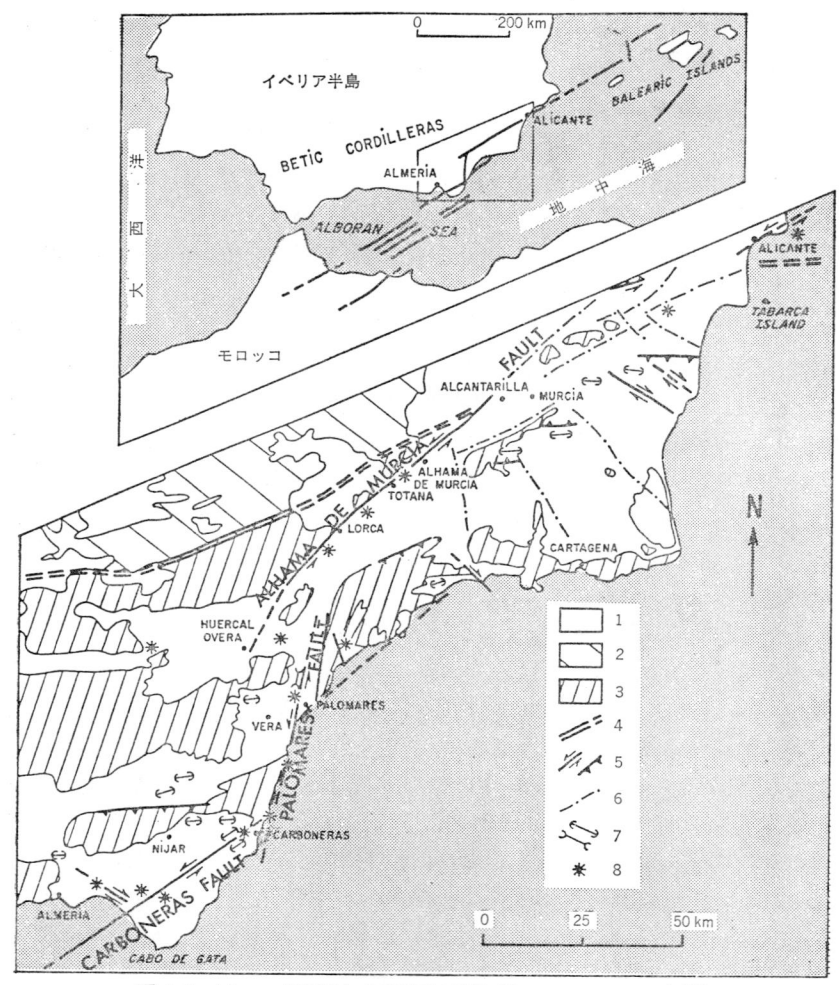

図 6.6 Alboran 断層系および周辺の地質（Bousquet, 1979 に加筆）
1：新第三紀-第四紀堆積物，2：外帯の先新第三系基盤岩類，3：内帯の先新第三系基盤岩類，4：外帯・内帯境界，5：活断層，6：地球物理学的データによる断層（活断層を含む），7：鮮新世-第四紀堆積物の褶曲，8：圧縮テクトニクス下で変形している第四紀中・後期の堆積物．

第四紀になって逆断層や横ずれ断層として再活動したものである．これらの構造変形は場所によって強弱さまざまであるが，概して NS ないし NNW-SSE 方向の短縮を示している．この地域は，地中海のほかの地域に比べて第四紀の垂直運動量は小さかった（図 6.6）．

次に，代表的な三つの活断層について述べる．

i) Carboneras 断層 Almeria 東方を NE-SW 方向に約 40 km 続く断層で，新第三紀の Nijar 盆地から Cabo de Gata 火山山塊を分離させ，Sierra Cabrea 南縁に接する．南西部では，1 km 隔てて並走する二つの高角断層からなり，両者の間は地塁状となる．

地塁の両側では，断層によって鮮新世層は切られたり，引きずられたりしており，ある場所では第四紀層も切られている．現世の斜面堆積物が，中新世の火山岩類と断層で接している部分もある．

南東側の断層は北西に急傾斜し，断層鏡肌は逆(断層)垂直成分をもつ左横ずれを示す．北西側の断層はいくつかの小河川を左横ずれさせ，累積変位量は 100〜200 m に達する．この断層と Almeria の間に，第四紀層を切り El Alquian 断層ネットと称される NW-SE 性の雁行断層系が発達する．これらは，深部での右横ずれ断層に対応するリーデルせん断と考えられている．

中央部は単純で，おもに鮮新世層を切るが，断層の南では陸成の第四紀層が，場所によっては 30〜50° くらいの低角逆断層に切られたり褶曲したりしている．北東部では，いくつかのおおよそ平行な高角断層群が発達する．断層に沿って緩く褶曲した鮮新世〜中新世層中に，水平の断層鏡肌が観察される．二つの主断層セグメント間では，第四紀の段丘が褶曲および断層変形を受けている．この断層の活動によって，8 万年ほど前の海岸線が，現在の海水準より 3〜14 m 上昇している．

ii) Palomares 断層 Vera 盆地における NNE-SSW 性のいくつかの断層セグメントは，中新-鮮新世層を切る長さ約 25 km の横ずれ断層として知られ，その南方延長は，海域に続くと考えられていたが，断層近傍の第四紀の山麓堆積物が変形し，浜成段丘も，同方向の垂直断層に切られており，活断層とみなされるようになった．上部中新世の火山岩による累積水平変位量は，約 8 km と推定される．さらに，中新-鮮新世層堆積以前の変位量は，10〜20 km と推定される．

iii) Alhama de Murcia 断層 この断層は全長 100 km に達し，N 40〜60°E の方向に 1 ないし 2 本の断層帯 (幅 1〜2 km) として，第四紀の陸成堆積物まで切る．基盤の片岩は，10 m にわたって破砕されている．上部中新世層は断層に沿ってほぼ垂直に近く急傾斜するか，または褶曲している．石膏採石場 (Totana 北東) では，左横ずれを示す褶曲が観察される．鮮新世層は欠如しているが，第四紀の陸成堆積物は断層または褶曲変形している．扇状地堆積物も，

LorcaとTotanaの間で断層で切られている．地球物理探査から，Alhama de MurciaとAlicante間でも，沖積堆積物下に，本断層の延長が伏在していることが明らかとなった．また，この地域は，NW-SE性の小規模な断層が，NE-SW性の断層を切って発達している．現世堆積物も，NE-SW性のこの断層の，左横ずれに沿って緩く褶曲している．この断層の始新世または漸新世以降の累積左横ずれ水平変位量は，60 km以上に達する．この断層は，Carboneras断層より活動的である．

一般に，地中海の他地域に比べて地震活動は低調で，今世紀にはM 5以上の地震は，1900年と1971年に知られているのみである．歴史地震をみると，Almeriaは1487，1522，1659および1829年に被害を受け，Veraも1518年に破壊された．1829年にMurcia近傍に発生した地震は震度Ⅸ～Ⅺに達し，数千人の死者と数千の家屋の被害を出した．歴史地震の震央のいくつかは，LorcaとMurciaの間のAlhama de Murcia断層の位置とよく一致する．1977年6月6日のLorca南西の地震は，ここでは北西に傾斜するAlhama de Murcia断層の3 km西に発生し，この断層との関連を示唆している．地震による被害も，断層に沿って生じた．LorcaではNE-SW方向の短縮を示す左または右横ずれ成分をもつ逆断層によって，建造物にひび割れが生じた．Totana近傍では，小さな橋が逆断層によって断層方向に1～2 cmの短縮を受けた．1981年3月5日の地震も，この断層の北方延長の活動とみなされる．しかしながら，以上二つの地震の発震機構は正断層型であり，横ずれ断層型でないことは注目される(Bousquet, 1979; Mezcua, et al., 1984).

6.4 イタリア地域

この地域は，基本的にユーラシアプレートとアフリカプレートの収束に起因する南北方向の圧縮領域に位置するが，イタリア半島の東半分を含むアドリアマイクロプレートをはじめ，いくつかのマイクロプレートに分割・複雑化され，地震活動や火山活動が活発である．

イタリアの歴史地震で最大級の一つはMessina地震（1908年12月28日，震央：38.2°N, 15.6°E，M 7～7.5）で，Calabrian地震（1783年2月5日～3月27日）もそれに匹敵するといわれる．イタリア北東部では，東部アルプス山脈の南東縁を形成するVerona北東からViennaにかけての狭い直線的な地震帯(Venetian Alps地震帯)，アドリア海北西方をWNW-ESE方向に走るSouthern Alps地震帯およびNW-SE性のPiacenza-Forli地震帯が顕著で，とくに

6.4 イタリア地域

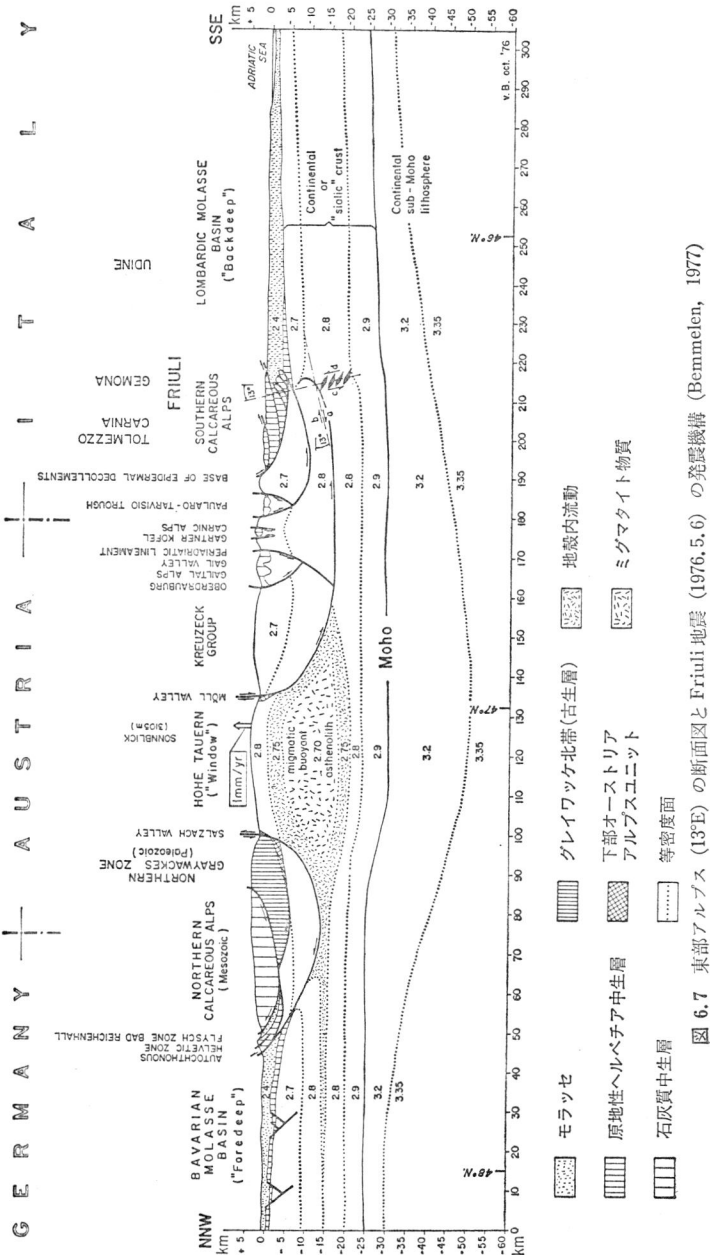

図 6.7 東部アルプス (13°E) の断面図と Friuli 地震 (1976.5.6) の発震機構 (Bemmelen, 1977)

Venetian Alps 地震帯北東部の Friuli 地域では，1000 年以降約 17 回の被害地震が知られている．

最近の例としては，Friuli 地震 (1976 年 5 月 6 日，震央：46.24°N, 13.28°E, M 6.5, 震源の深さ 10～11 km) が有名である．M 4.5 の前震と 7 月 16 日まで続いた余震の発生が知られている．発震機構は低角スラスト型 (N 78°E, 13°N) で，圧縮軸は東部アルプスに直交する．地震断層は明らかでないが，震央の位置する Venetian 平野と Venetian Alps 間には，北へ緩く傾斜するスラスト群が複雑に発達し，白亜紀の石灰質岩が南の第三紀初期のフリッシュより若い地層にのし上げており，地震断層運動と調和的である．Venetian Alps 側の隆起と南北性の短縮は，測量結果からも支持される．これらは，前述のプレートテクトニクス的解釈を支持するようにみえるが，アルプスのアイソスタティックな隆起に伴う gravitational spreading によるマイクロプレートの，受動的沈み込みを強調する見解 (Bemmelen, 1977) もある (図 6.7)．

中央および南イタリア地域では，半島中央部をその延びの方向，すなわち NE-SW 方向に走る地震帯が顕著で，ブーゲー異常の勾配の急なところと一致している．900 年以降の記録から，再来周期は 200 年以上であることが知られているが，いくつかのセグメントではそれより極めて短い周期を示す．例えばあるものでは近年の大地震活動の平均再来周期は約 7 年であり，17 世紀終り頃に最大規模のサイクルに属する五つの地震 (1688, 1694, 1702, 1703, 1706 年) が発生した．1903 年～1980 年にかけて $M_S \geq 6.5$ クラスの地震は発生していなかったが，1980 年 11 月 23 日に $M_S = 6.9$ の被害地震 (震央：40°46′N, 15°18′E, 震源の深さ約 16 km) が生じ，2735 人もの死者を出した．余震分布はアペニン山脈方向 (N 120°E) に約 70 km 伸びており，等震度線図と同様な傾向を示す．余震の深さは 8～16 km に集中した．発震機構はやや複雑で，最初の震源断層運動は NW-SE 性で北東落ちの正断層，第二の断層運動は 40 秒後に NE-SW 性で南東落ちのほぼ垂直な正断層で，そして最後の段階で二つの断層に境されたブロックが 1 m ないしそれ以上落ちたと解釈されている．

イタリア半島南端部からシチリア島，および西方のチレニア海のサイスモテクトニクスは図 6.8 に示されている．ベニオフゾーンは深さ 250 km まではほぼ垂直，250～340 km までは 50°，そして 480 km まで低角で続き，プレートの沈み込みを示している．また，南イタリア沿岸に発達する三つの海成段丘 (海抜 20～35 m, 10～15 m, 3～4 m) は，過去 17 万年間平均して，0.01～0.02 cm/年の隆起速度を表している．こうした海成段丘を生じさせた大地震 (M 8 クラス) は，

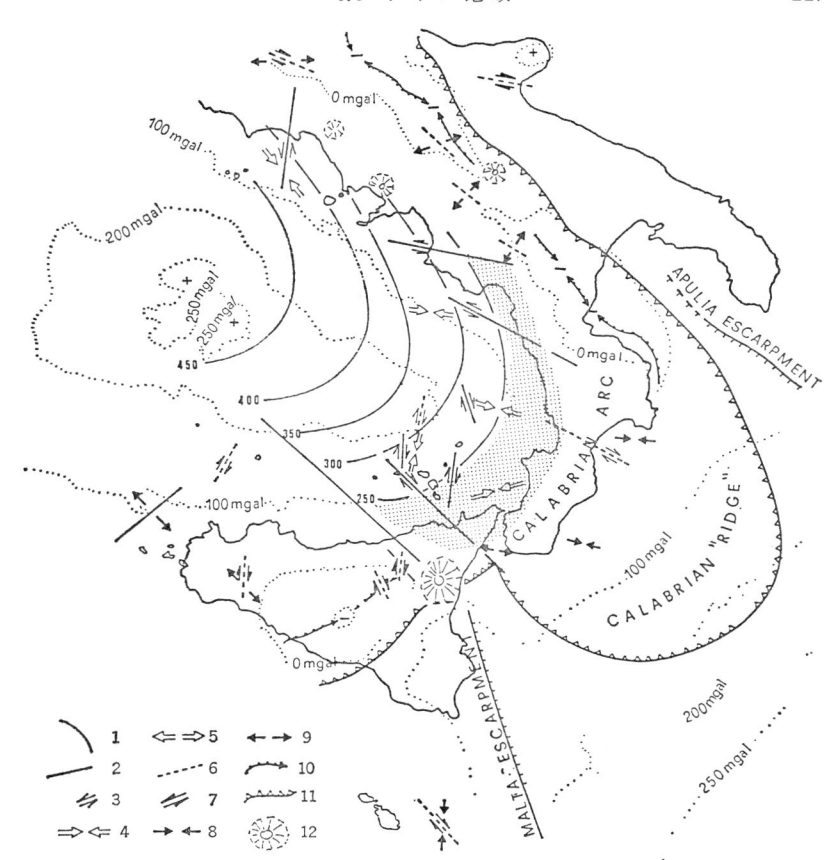

図 6.8 イタリア半島中・南部-シチリア島地域のテクトニクス (Gasparini, et al., 1982)
1：ベニオフゾーンの等深度線，2：発震機構から推定された深部断層，3〜5：中・深発地震の横ずれ，水平PおよびT軸，6：推定断層，7〜9：地殻内地震の横ずれ，水平PおよびT軸，10：重力最小部への主傾斜方向，11：新第三紀の圧縮フロント，12：陸上の第四紀火山．

まだ歴史時代（過去2000年程度）には生じていないといわれている (Bemmelen, 1977; Brogan, et al., 1975 b; Crosson, et al., 1986; Gasparini, et al., 1982; Pezzo, et al., 1983; Rogers and Cluff, 1979).

6.5 ドイツ地域

西部ヨーロッパリフト系の主部をなすRhine地溝系は，upper Rhine地溝，lower Rhine地溝，およびHessian地溝の三つの分岐からなり，前二者は第四紀および現世においても活動的である．upper Rhine地溝の主断層に沿った地

塊の第四紀における垂直変位量は 500 m をこえ，現在も年に 0.5 mm のオーダーの変位速度をもっている．lower Rhine 地溝では，正活断層によって第四紀堆積物が 175 m 以上垂直変位を受けている．現在の変位速度は，年に約 1 mm である．第四紀初期以降，伸張によって側方に開いた距離は 100～200 m である．

Rhine 地溝の発達段階は，大きく二つに区分される（Illies, 1977）．第一の段階は，始新世中期～中新世前期における伸張性地溝の形成期で，中新世中期に伸張が終了するまでに約 4.8 km 側方に広がった．同時期に沈降も終了し，地溝底は河川による侵食を受け，厚さ 4000 m に達する未固結堆積物に埋積された．第二の段階は，鮮新世中期に始まり現在に至る，左横ずれ運動の卓越する時期である．多くの場所で第一段階で形成された傾斜移動断層の断層面上に，第二段階で形成された水平方向の断層鏡肌が重なっているのが観察される．発震機構からも，地溝軸に平行する左横ずれ運動が示されている．部分的に進行した鮮新世後期～現世にかけての急激な沈降は，横ずれ運動に規制されている．軸方向の左横ずれ累積変位は 500 m に達し，共役な右横ずれ断層の水平変位は 400 m 以上と推定されている（図 6.9）．

次に，Rhine 地溝をいくつかのセグメントに区分し，北から南へその概要を紹介する．

北部または Heidelberg セグメントは，南北性で側方伸張と沈降が卓越し，鮮新世後期～第四紀にかけて堆積した地層の最大層厚は 1000 m に及び，沈降速度は年 1 mm に達する．中央部または Baden-Baden セグメントでは，横ずれの進行が圧縮の増加をもたらし，本来傾斜移動を示した東部の主断層はスラスト運動が重ねられ，発震機構も左横ずれとスラスト成分を合わせもつ．南部または Freiburg セグメントでは，再び伸張せん断が優勢となる．更新世～現世の沈降帯は微小地震活動と結び付いており，この構造付近で向きを西方へ変える．このセグメント中央部に位置する中新世火山岩体である Kaiserstuhl の西および北縁には，歴史地震の震央が集中する．

地溝の埋積物を切る破断帯の大部分は，第一の伸張段階でアンティセティックな傾斜移動断層として形成された．それらのうちのいくつかの断層は，特に第 1 次オーダーの横ずれ面と反時計回りのセンスで斜交する断層は，鮮新世～第四紀にせん断によって再活動したもので，地溝内のすべてのセグメント中で現在，2 次オーダーの横ずれ（せん断），ないしリーデルせん断として活動している．

Rhine 地溝は，フランクフルト西方で ENE-WSW 方向の古第三紀に形成されたリフト系によって，北側の Hessen 凹地と 20 km ほどの隔離を示している．現

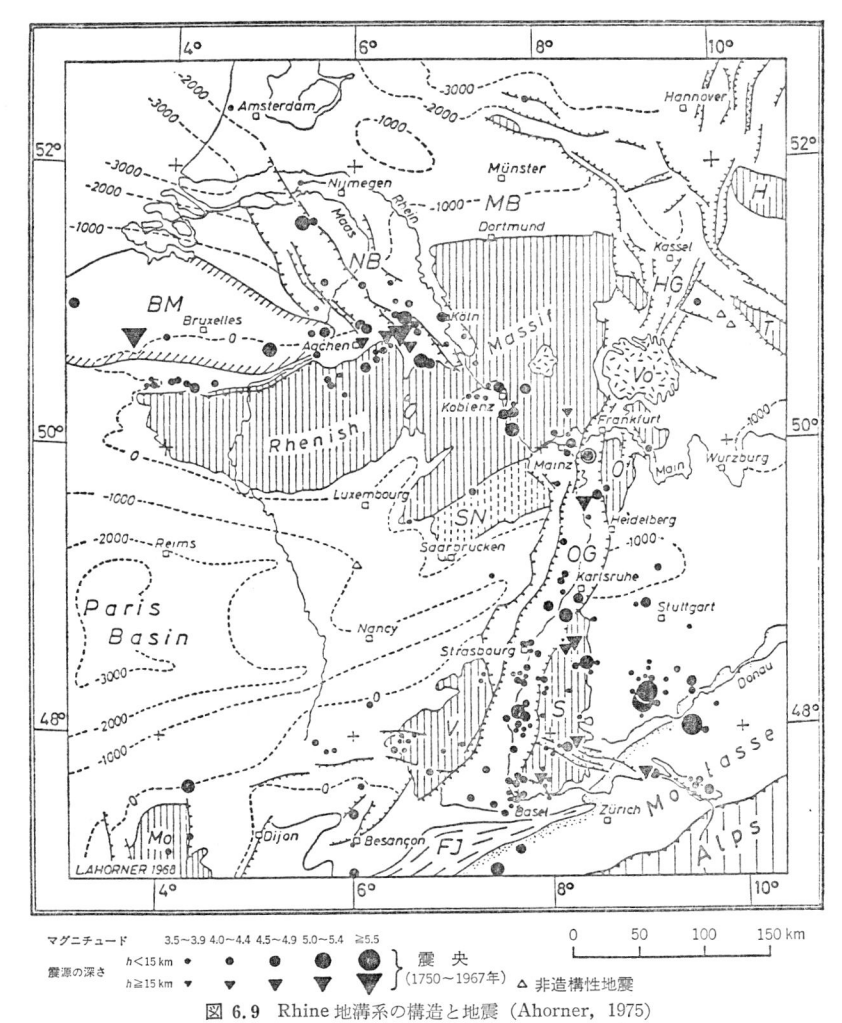

図 6.9 Rhine 地溝系の構造と地震 (Ahorner, 1975)
OG: upper Rhine 地溝, NB: lower Rhine 地溝, HG: Hessian 地溝, Vo: Vogelsberg 火山, 狭い縦線部は古生層の分布域, 点線は中・新生代層分布域下の古生層基盤の等深度線 (その他の記号略).

在, Rhenish 地塊と呼ばれるこの地帯は, 鮮新世後期〜更新世前期にかけて, Rhine 地溝全域が左横ずれ帯として活動していたとき, わずかに反時計回りの再活動をしていた. その後, 更新世中期〜沖積世にかけて, Rhine 地溝の左横ずれがその東縁に限定されるようになった結果, Rhenish 地塊域では軸圧縮方向に平

行な伸張分離がもたらされた．このRhenish地塊を横切る変動帯はボンの近くで，既存の弱線であるライン川下流地域の断層帯に合流する．ここは，ヘルシニア造山期には横断断裂として活動し，白亜紀後期〜中新世にかけて傾動地塊運動によって若返り，第四紀に至って伸張リフト運動と急速な垂直運動を受けた地域である (Illies and Greiner, 1979)．結局，白亜紀後期〜中新世末に至るAlpineプレートの収束と褶曲の過程は，鮮新世以降の造陸隆起とその結果としての山脈の侵食に置き換えられた．

　upper Rhine地溝とlower Rhine地溝は，地震の発生も顕著で，ライン川に沿ってバーゼルからオランダ南部に至るRhenish地震帯を構成している．さらにCologneとAachen間で，西方へBelgium (Belgian)地震帯を分岐させる．両者とも約800 kmの長さをもって弧状にユーラシアプレート内に位置し，震源の深さも数km（最大25 km）しかない．

　中央ヨーロッパの歴史時代における最大の被害地震は，upper Rhine地溝南端部におけるBasel地震（1356年，M 6.5）であるが，これは同地溝ではむしろ例外的に大きい．また発震機構は，NW-SE性の圧縮に対応する地溝軸に平行な左横ずれと，軸に直交する右横ずれが卓越する．しかし，最も典型的な左横ずれ型のRastatt地震（1933年）でも，縦ずれ成分（スラスト）をいくらか伴っている．

　lower Rhine地溝では，横ずれ型と縦ずれ型の地震がほぼ同数発生する．前者は本地溝の軸方向に斜交するWNWまたはNNE方向の断層面に関係し，後者はNW-SE方向，すなわち，軸方向に平行する断層面をもつ伸張型である．やはり発震機構はNW-SE方向の圧縮，SW-NEの引張りに対応し，応力測定結果とも一致する．

　Belgian地震帯の地震活動は，upper Rhine地溝のそれと類似しており，NW-SE性の圧縮に対応した優勢な横ずれ断層運動を示唆するが，1938年のBrussels地震に代表されるややWNW-ENE方向の右横ずれが特徴的である．したがってupper Rhine地溝西方，Belgianせん断帯南方のブロックは，相対的に南西方向へ移動するセンスをもつ (Ahorner, 1975)．

6.6 アイスランド地域

　大規模な火山島とみなせるアイスランドは，北大西洋中央部において，北アメリカプレートとユーラシアプレートの境界をなす大西洋海嶺上に位置する．おもに玄武岩台地からなる島の中央部を横切って，NNE-SSWに延びるギャオと呼

ばれる開口割れ目群（垂直落差なし）や正断層（垂直落差あり），および広域割れ目噴火帯からなる中央帯が発達し，特徴的な東西性伸張テクトニクスの場に置かれている．この中央帯は島の南部で二つに分岐し，浅い地震活動・火山活動・温泉活動などが，少なくとも1万年前頃から現在に至るまできわめて活発な地域である（中村・宝来，1971）．すなわちアイスランドの地殻は，ESE-WNW方向に裂け広がりつつある特異な活動帯といえる．

地震活動はおもに中央帯に集中し，海嶺の地震活動の延長とみなせるが，非常に浅い微小群発地震も含む．M5以上の地震は，Reykjanes海嶺と東部火山帯間のトランスフォーム運動に関係する南～南西アイスランドの帯状区域に分布するグループと，Kolbeinsey海嶺と北部火山帯間のトランスフォーム運動に関係して北海岸沖に分布するグループに分けられる．より小さな地震や群発地震は，これらの帯状区域の外側に生じるが，元来，西部および東部火山帯内に位置する（図6.10）．

しかし，こうした一般的な傾向と異なった地震も発生していることが注目される．それは，アイスランド西部に発生したBorgarfjördur地震（1974年6月12

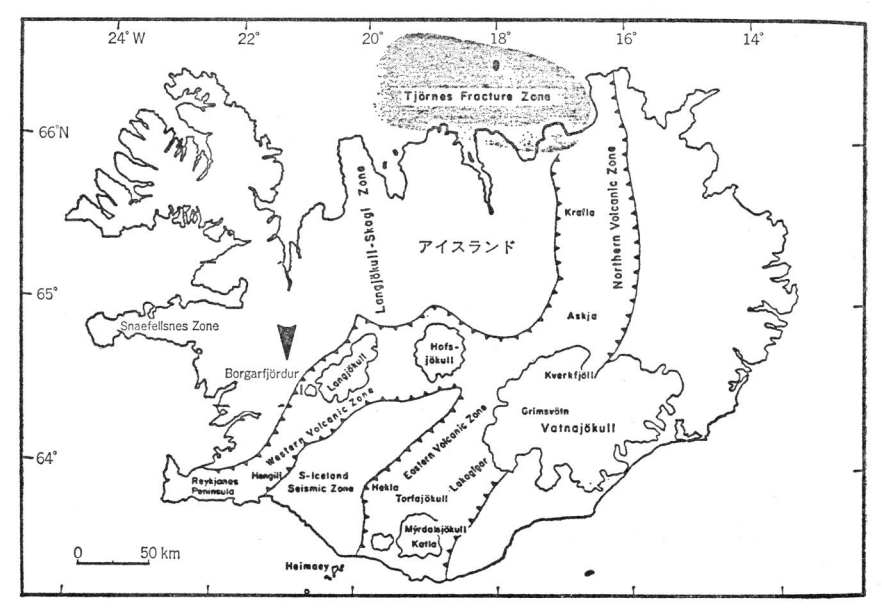

図6.10 アイスランドの火山・地震帯 (Einarsson, et al., 1977に加筆)
黒三角はBorgarfjördur地震の震央．

日，$m_b=5.5$, $M_L=6.3$) である．この震域は，西部火山帯の西方で，北アメリカプレート内部の変形に関連した Snaefellsnes 火山帯の東端近くに位置する．1927年および1928年には群発地震が生じ，それ以降も小地震が記録されているが，$M3.8$ をこえることはなかった．傾斜した第三紀の玄武岩上に，不整合に更新世〜現世に至る火山岩類が載る．後氷期の最も激しい火山活動は Snaefellsnes 半島の西端に位置するが，ほかの後氷期火山活動の大部分は，Borgarfjördur 北部から Breidafjördur 湾岸に，WNW 方向に延びる狭い断層帯に集中する．本断層帯内の各断層や噴火割れ目も同方向を示し，多くの並走する地溝や地塁を形成している．

Borgarfjördur 地震は，前震—主震—余震型の地震と群発地震からなり，特異な構成をしている．地震活動は5月初めから始まり，典型的な群発型を示し6月11日までに終わったが，12日に最大 $m_b=4.8$ のいくつかの前震を伴って本震 ($m_b=5.5$) が発生し，余震が約4日間続いて発生した．この後，さらに群発地震が7月まで続いた．アイスランドにおける群発地震の多くは1週間以下で，最長1ヵ月ほどしか続かないので，このように2ヵ月以上にわたる群発地震は例外的である．震央は長さ25 km，幅4 km にわたって EW 方向に並ぶものと，これを横切って NE-SW 方向に並ぶものに分かれる．震源の深さはほとんど10 km 以浅で，とくに後者の地震は2 km より浅い．

主震の発震機構は NS 性の正断層型を示す．本震央域付近には，NS, NE-SW, WNW-ESE 方向の三つの断層系が発達し，いずれも第三紀に活動した正断層であるが，WNW-ESE 系の断層は後氷期の段丘を数 m 変位させており，活断層とみなされる．本地域の複雑なテクトニクスは，プレート境界の拡大軸が移動したことに起因すると考えられている．

地震断層は震央域の4個所で発見され，いずれも EW 性の走向を示すが明瞭な雁行配置は示さず，横ずれ運動はない．断層の片側が落下することが多く，土壌中に幅1〜3 m，深さ0.5 m 程度の地溝が発達する場合もある．断層の垂直落差は数十 cm 以下である．最大の地震断層である Kviar 断層は，既存の断層に沿って約3.5 km 追跡され，南落ちを示す．Hamrar 断層は約2 km 延びるが北落ちである．発震機構，地震断層および火山活動のいずれも，本地域が水平引張り下にあることを示唆している (Einarsson, et al., 1977).

7. 北・中アメリカ地域の地震・地震断層・活断層

　北アメリカ地域では，とくに太平洋沿岸地域でアラスカのDenali断層，カリフォルニアのSan Andreas断層などのトランスフォーム断層，ないしそれに相当すると考えられている活断層群の横ずれ運動，およびそれらに付随する活断層群に伴う地震活動が活発である．また，メキシコから中央アメリカ地域にかけても海洋プレートの沈み込みに伴って陸域での活断層運動や火山活動が活発で，大被害を生じた地震も頻発している．

　本章では，よく知られ，類書で触れられることも多いアメリカ地域の活断層などについては，簡略に記述するに留める．

7.1 アラスカ地域

　本地域における北アメリカプレートと太平洋プレートの境界は，アリューシャン列島からマッキンレー山付近に至る沈み込み帯と，Queen Charlotte Islands断層の北西延長をなす内陸部のトランスフォーム断層の二つのタイプからなる．後者に沿ってアラスカ中央部から南東部にかけては，右横ずれを示す活断層の発達が著しく地震活動も活発である．とりわけ，東西性のDenali断層とそれに関連する活断層系は，トランスフォーム境界の延長とみなす意見もあり重要である（図7.2）．以下に，代表的な断層のいくつかを紹介する（Brogan, et al., 1975 a）．

1) Denali断層：　アラスカ山脈北縁に沿って北へ緩くカーブして，2200 kmにわたって延びる右横ずれ活断層である．累積水平変位量は，白亜紀最後期以降400ないし700 km，第三紀後期以降10 km以上と諸説あるが，第四紀の氷河堆積物を右横ずれ方向に135 m，傾斜移動方向に4 m変位させているといわれている．1942〜1970年に至る測地学的観測では，5 cm以下の変位を示している．各種の活断層地形の発達が著しく，その解析から少なくとも更新世以後3回の地震断層の発生が識別される．断層帯の幅は1.5 km以上に達するが，活動的な部分の幅は最大約190 mで，平均して47.5 mである．

2) Totschunda断層：　本断層はN 35°W方向に約65 km延び，谷を10 km横ずれさせ，Wrangell溶岩を1.5 km垂直隔離しているが，最新の沖積層には変位を与えていない．以上の二つの断層を，一括してDenali断層系とみなす考

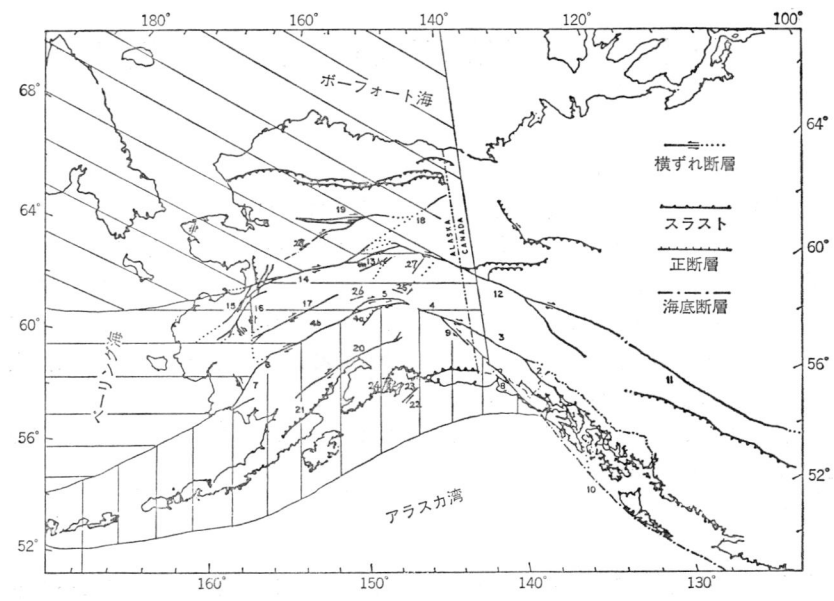

図 7.1 アラスカ地域の活断層 (Brogan, et al., 1975 a; Packer, et al., 1975 より編図)
1：Chatham Strait 断層, 2：Chilkat River 断層, 3：Shakwak 断層, 4：Denali 断層 (4a・4b), 5：Hines Creek 断層, 6：Holitna 断層, 7：Togiake 断層, 8：Fairweather 断層, 9：Totschunda 断層, 10：Queen Charlotte Islands 断層, 11：Rocky Mountain トレンチ, 12：Tintina 断層, 13：Stevens Creek 断層, 14：Kaltag 断層, 15：Yukon Delta 共役断層帯, 16：Aniak-Thompson Creek 断層, 17：Iditarod-Nixon Forke 断層, 18：Porcupine リニアメント, 19：Kobuk 断層, 20：Castle Mountain 断層, 21：Bruin Bay 断層, 22：Patton Bay 断層, 23：Hanning Bay 断層, 24：Johnstone 断層, 25：Donnelly Dome 断層, 26：Healy Creek 断層, 27：Shaw Creek 断層, 28：Huslia 断層.

えもある．

Denali 断層系以南に発達するおもな活断層は次のとおりであるが，その地域の回転と地殻の短縮に寄与している．

3) **Fairweather 断層**： 本断層は長さ約 200 km で N 38°W 方向に延び，氷河や水に満たされた凹地状地形として表される．本断層に隣接する 16 m 以上に達する隆起は，1899 年 9 月 3 日および 10 日の大地震に伴ったものらしい．1958 年 7 月 9 日の地震 ($M_S=7.9$, $M_W=8.2$) に関連して，6.5 m の右横ずれ変位，1 m の垂直変位が報告されている．

4) **Patton Bay および Hanning Bay 断層**： Montague 島に位置し，北東方向に延びる．前者は陸上で約 35 km，海底下で 27 km 続き，後者は約 6 km の長さである．1964 年 3 月 27 日の巨大地震 ($M_S=8.4$, $M_W=9.2$) では，これ

ら北西傾斜の逆断層に沿って，前者では 8 m，後者では 4 m の最大水平変位をもつ地震断層が生じた．

5) **Johnstone 断層**： 本断層は N 35°E 方向に約 70 km 延び，第四紀における最新の活動は北西落ちである．しかし，断層崖に生えた若木は最新の変位は，1964 年のアラスカ地震には関係ないことを示している．

6) **Castle Mountain 断層**： 本断層は，N 55°E 方向で約 45 km 延びる右横ずれ断層であるとされていたが，その後の Lahr ほか (1986) の調査によれば，本断層はさらに東方に追跡され全長 200 km に達し，西側の Susitna セグメントと東側の Talkeetna セグメントからなる．前者は沖積世の変位が明らかで活断層とみなされるが，後者は不明であった．両セグメント間の地表での連続は明らかではないが，深部で連続しているとみなされる．本断層西方近くの歴史地震としては，1933 年 4 月 26 日 ($M7.0$) と 1943 年 11 月 3 日 ($M7.3$) が報告されている．

Susitna セグメント上では，沖積や氷河の堆積物中に南面する断層崖が発達し，トレンチによって 1860±250 年 B.P. の埋没土が露出し，7 m の右横ずれを示すサンドリッジの隔離もみつかった．ほかのトレンチでは，南落ち 1 m の垂直変位と 2.5 m の右横ずれ変位が明らかとなった．また最新の活動は，少なくとも 225 年前よりは古いが 1700 年前よりは新しいことが，断層崖上に成長する樹木の年齢などから推測されている．Talkeetna セグメントでは，地震活動に関連する明瞭な沖積世の変位は知られていなかったが，本断層近傍で Sutton 地震 (1984 年 8 月 14 日，$M_S=5.2$，$m_b=5.7$，震源の深さ 19 km) が発生し，余震も ENE 方向に並ぶ傾向を示した．発震機構からも純粋な右横ずれである．本断層の今後の地震活動が注目される．

Denali 断層以北の活断層は，次のとおりである．

7) **Donnelly Dome 断層**： 本断層は N 55～88°W の方向をもち，長さ約 8 km に達する活正断層である．25000～10000 年前の Donnelly 氷期堆積物を変位させている．北面する Donnelly Dome 断層崖の高さは，Donnelly 氷期堆積物中では 3～9 m，より古いモレーン中では 16 m である．本断層西方のアラスカ山脈北縁では，いくつかの断層を伴った単斜構造が発達する．

8) **Granite Mountain 断層**： 長さ 8 km で北東方向に延び，南上りの純粋な傾斜移動を示す．本断層は Delta 氷期 (40000 年以前) と，Donnelly 氷期の花崗岩質のモレーン堆積物を変位させている．断層崖の高さは 10～16 m で，最近の断層活動の結果とみなされる深さ 1.3～2.6 m, 幅 2.6～3.3 m, 長さ 50 m

の開口引張り割れ目が断層に沿って発達する．本断層は Donnelly Dome 断層と連続していると推定されている．

9) **Healy Creek 断層**： これは，アラスカ山脈北縁に沿って約 18 km 延びる北上りの逆活断層である．更新世の Healy 氷河作用による融氷流水堆積物を切っている．断層崖は高さ 4.5～43 m で，少なくとも 2 回ないしそれ以上の断層活動が推定される．

10) **Shaw Creek 断層**： 本断層は東～中央アラスカの Yukon-Tanana Upland を，北東方向に約 150 km 横断する．Big Delta 北東で，この断層に沿って 100 km ほど地震断層が確認されている．地形的には明瞭であるが，第四紀の氷河のモレーンも変形しておらず，現在の地震活動は低調である．

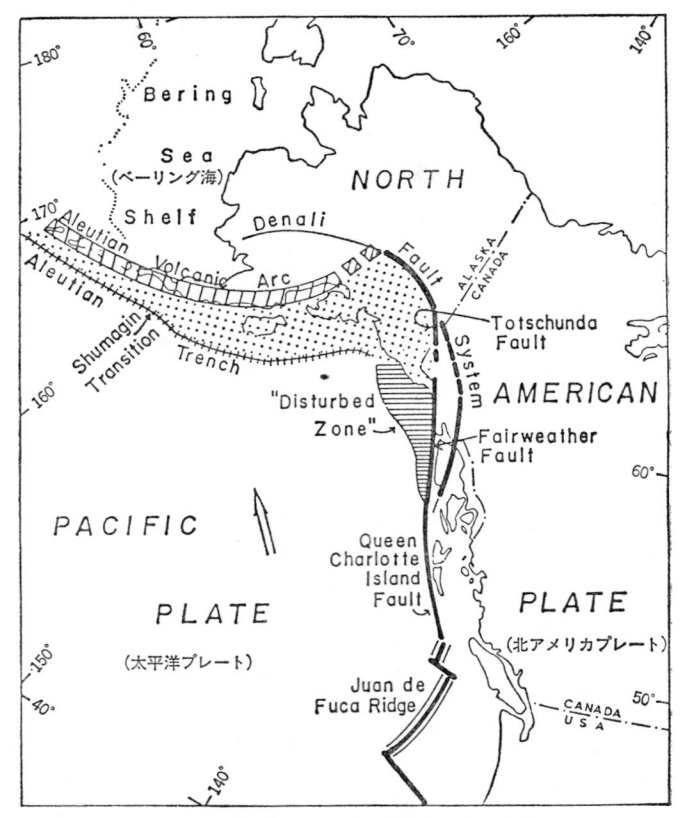

図 7.2 太平洋-北アメリカプレート境界に沿うアラスカ周辺のテクトニクス (Naugler and Wageman, 1973; Packer, et al., 1975 より編図)

11) **Tintina断層系**: 本断層系は，N 25～30°W 方向に約 1000 km にわたって東～中央アラスカからカナダへと連続する．80～100 km オーダーの右横ずれ変位を示すが，その大部分は中期ジュラ紀より若いが，後期白亜紀より古い時期，または後期白亜紀中に生じたとされている．最近の活動は，北西端付近における 6.5～13 m の高さの南面する断層崖として現れている．

12) **Kaltag 断層**: 西～中央アラスカを N 65°E 方向に約 440 km 延び，現世の沖積堆積物をも通過する．白亜紀岩体を 100～130 km ほど右横ずれ変位させているが，活断層は北東端付近である．Tintina 断層とはつながっていない．

13) **Huslia 断層**: N 70°E 方向に 20 km 延び，1958 年 4 月 7 日の M 7.5 の地震時には，本断層近傍に裂か，地表部の崩壊や小規模な垂直断層が生じた．

14) **Kobuk 断層**: 本断層は，西～中央アラスカで東西に約 270 km 延び，河川の屈曲や雁行低断層崖から右横ずれが示唆されている．北または南に面した高さ 1～12 m，傾斜角 4～28°の斜面をもつ断層崖が，氷河堆積物中に発達し，第四紀の活動を裏付けている（図 7.2）．

以上述べたような活断層群，およびその元になった断層群の構造発達史における位置付けについては，見解が分かれ確定していないが，中央および東部アラスカ地域は，Denali 断層と古生代初期にアラスカの大陸南縁をなしていたとされるTintina 断層によって構造的に三分されること，東西性断層群の多くが北へ緩く弧を描くのは，アラスカ湾内における沈み込みに起因する広域応力の結果であるとする見解が優勢になりつつある (Brogan, *et al.*, 1975 a; Packer, *et al.*, 1975)．

7.2 アメリカ西部地域

7.2.1 アメリカ太平洋岸地域

北アメリカプレートと太平洋プレートの境界をなすトランスフォーム断層である San Andreas 断層は，世界最大級の活断層の一つで，アメリカ国内でも地震活動の活発な地域である．北アメリカ大陸太平洋岸のカリフォルニアの海岸山脈をほぼ NW-SE 方向に斜走し，総延長は約 1300 km に達する．北西端部は Mendocino 断裂帯，南東端部は Juan de Fuca 海嶺に連なる同断層の両側は，ほとんど高度差はなく，河川や尾根の右横ずれ変位は明瞭である．断層の北東側はジュラ～白亜系層，南西側はおもに深成岩類で構成され，著しい断層破砕帯が発達する．漸新世以後，一貫して右横ずれ変位を示し，累積変位量は 400 km（中新世以降で 300 km）をこえる．第四紀においても活発な右横ずれ運動を続け，累積変位量 9～16 km，平均変位速度は 1～3 cm/年に及ぶ（図 7.3）．

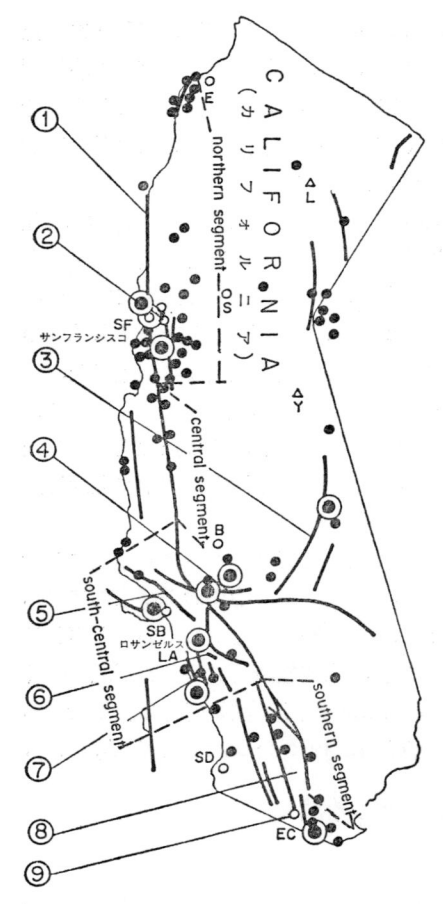

238　　　　7. 北・中アメリカ地域の地震・地震断層・活断層

太い実線：主要な断層
二　重　丸：大地震の震央
黒　　丸：おもな地震の震央
白　　丸：おもな都市
　E　：Eureka
　S　：サクラメント
　SF　：サンフランシスコ
　B　：Bakersfield
　SB　：サンタバーバラ
　LA　：ロサンゼルス
　SD　：サンディエゴ
　EC　：El Contro
白　三　角：おもな山地
　L　：Lassen Peak
　Y　：Yosemite
① San Andreas 断層
　　最も長く続く顕著な大断層．数多くの地震．
② Hayward 断層
　　San Andreas 断層帯の一分枝．
③ Sierra Nevada 断層
　　その分枝である Owens Valley 断層は，
　　1872 年の巨大地震の原因．
④ White Wolf 断層
　　短い，目立たない断層だが 1952 年に大地震．
⑤ Santa Ynez 断層
　　1925 年の Santa Barbara 地震．
⑥ San Fernando 断層
　　White Wolf 断層と同様に 短い 短層だが，
　　1971 年に突然活動し，San Fernando 地震．
⑦ Newport-Inglewood 断層
　　1933 年の Long Beach 地震．
⑧ San Jacinto 断層
　　San Andreas 断層帯の一部で活動的．
⑨ Imperial 断層
　　San Andreas 断層帯の一部で，1940 年の
　　地震により，アメリカ合衆国とメキシコに
　　またがる表層断層が生じた．

図 7.3　カリフォルニアにおけるおもな活断層と大地震（Iacopi, 1971；Seih, 1981；紬野, 1983 より編図）

　San Andreas 断層は，やや詳細にみるとロサンゼルス北西で Big bend と呼ばれる東への屈曲部をもち，その北方では少なくともみかけ上 1 本の直線的断層であるが，南方では分岐あるいは並走する活断層群が発達する．

　San Andreas 断層の運動に直接関連した大地震は 1838 年の地震（詳細不明），フォルトテホン地震（1857 年 1 月 9 日，$M > 8$），およびサンフランシスコ地震（カリフォルニア地震）（1906 年 4 月 18 日，$M 8.3$）の三つである．フォルトテホン地震では，長さ 320〜400 km，最大右横ずれ変位 9 m に達する地震断層が生じ，サンフランシスコ地震では，それより 200 km 離れた場所に，長さ 300〜

430 km, 最大横ずれ変位 6 m, 最大垂直変位 0.9 m に達する地震断層が生じた. 両者の間は地震に伴う断層変位のほとんどみられない区間で, 断層はクリープ変位している. したがって San Andreas 断層南端部が空白域であり, 近い将来の地震発生の危険性が高い.

このほか, San Andreas 断層と共役の関係にある Garlock 断層などや分岐断層・副断層の活動によって, 多くの地震が生じている. これらの地震は, 15 km 以浅のごく浅い震源をもつものが多く, 発震機構もほとんど水平ずれ型である.

7.2.2 ベーズンアンドレンジ地域

San Andreas 断層から東方にグレートバレー, シェラネバダ山脈をこえたカリフォルニア州東部〜ネバダ州〜ユタ州にかけて, 南北性の盆地(地溝)や山脈(地塁)群の並走する半乾燥〜砂漠地域が広がり, ベーズンアンドレンジ地域と呼ばれている. とくに, 北部の広い盆地はグレートベイスンと呼ばれている. この地域の基盤は, 変形・変成されたいわゆるコルディレラ地向斜堆積物からなり, この上位に不整合で新世代の陸成堆積物や火山岩類および第四紀玄武岩類が分布する.

表 7.1 アメリカ合衆国 (アラスカを除く) の地震断層 (Bonilla, 1970; Richter, 1958; 阿部ほか, 1985 による)

地震名 (発生年月日)	地震断層または関連する活断層 〔( )は州名〕	M	長さ (km)	型	変位量 (m)	
					水平	垂直
New Madrid 地震 (1811.12.16) (1812. 1.23) (1812. 2. 7)	(テネシー州)	各8	?	正断層		1.8
unnamed 地震 (1836. 6.10)	Hayward 断層	?	60(?)	右横ずれ	?	
unnamed 地震 (1836. 6. ?)	San Andreas 断層	?	56(?)	右横ずれ	?	
Fort Tejon 地震 (1857. 1. 9)	San Andreas 断層	7	320	右横ずれ	9 R	
Owens Valley 地震 (1872. 3.26)	(カリフォルニア-ネバダ州)	8.3	96	正・横ずれ	4.8〜6 R 3〜5.4 L	6.9W 3.0E
San Jacinto 地震 (1899.12.25)	San Jacinto 断層	?	3.2	右横ずれ	?	
unnamed 地震 (1903. ?)	Gold King 断層	?	5+ (20)	正断層		
San Francisco 地震 (California 地震) (1906. 4.18)	San Andreas 断層	8.3	430	右横ずれ	6 R	0.9

7. 北・中アメリカ地域の地震・地震断層・活断層

地震	断層	M	長さ	ずれ	変位	
San Francisco 地震 (1906. 4.18)	Shelter Cove 断層	?	3.2+	右横ずれ 正断層	+R	1.2
Pleasant Valley 地震 (1915.10. 2)	Pleasant Valley 断層	7.6	32〜64	正断層		4.5 E
Ceder Mountain 地震 (1932.12.20)	Ceder Mountain 断層	7.3	60	右横ずれ 正断層	0.9 R	1.2
Exceisior Mountain 地震 (1934. 1.30)	(ネバダ州)	6.5	1.4	正断層		0.1
Hansel Valley 地震 (1934. 3.12)	(ユタ州)	6.6	8+	正断層		0.5
Imperial Valley 地震 (1940. 5.18)	Imperial Valley 断層	7.1	64+	右横ずれ	5.7 R	1.2
Manix 地震 (1947. 4.10)	?	6.4	1.6	左横ずれ	数 cm L	
Fort Sage 地震 (1950.12.24)	?	5.6	9	正断層		0.6
Superstition Hill 地震 (1951. 1.29)	?	5.6	3.2	右横ずれ	?	
Kern County 地震 (Arvin-Tehachapi 地震) (1952. 7.21)	White Wolf 断層	7.7	53	左横ずれ 正断層 逆断層	0.75 L	1.2 1.2
Rainbow Mountain 地震 (1954. 7. 6)	(ネバダ州)	6.6	18	正断層		0.3
Rainbow Mountain 地震 (1954. 8.23)	(ネバダ州)	6.8	30	正断層		0.75
Fairview Peak 地震 (1954.12.16)	(ネバダ州)	7.1	58	右横ずれ 正断層	4.2 R	3.6
Dixie Valley 地震 (1954.12.16)	(ネバダ州)	6.8	61			2.1
Hebgen Lake 地震 (1959. 8.17)	Red Canyon 断層	7.1	24+	正断層		6
unnamed 地震 (1966. 3. 4)	Imperial 断層	3.6?	10?	右横ずれ	0.02 R	
Parkfield 地震 (1966. 6〜8)	San Andreas 断層	5.5	37	右横ずれ	0.17 R	0.05
Borrego Mountain 地震 (1968. 4. 9)	Coyote Creek 断層	6.4	31	右横ずれ	0.4 R	0.23 SW
San Fernando 地震 (1971. 2. 9)	San Fernando 断層	6.6	20+	逆断層		1 N
Galway Lake 地震 (1975. 5.31)	Galway Lake 断層	5.2	6.8	右横ずれ	0.015 R	0.01
Imperial Valley 地震 (1979.10.15)	Imperial 断層ほか	6.7	30.5	右横ずれ	1 R	0.4
Borah Peak 地震 (1983.10.28)	Lost River 断層	7.3	34+	左横ずれ 正断層	+	2.7 NE

現在の地形を画するのは第三紀に形成された NS 性正断層群であり，この地域の地殻の厚さが 25～30 km と周囲に比べて薄いことと合わせて，ここに EW 性の張力が働いたことが推定されている．正断層群の多くは，現在も活動を継続しているプレート内活断層で，おもに $M6〜7$ クラスの地震を起こしているが，例外的に Owens Valley 地震（1872年3月26日，$M8.3$）という大地震が発生し，横ずれ成分をもつ正地震断層を生じている（表 7.1）．

この地域の南部や西部には右横ずれ断層も若干みられ，San Andreas 断層との関係も議論されている．

このほか，内陸部の地震断層については表 7.1 を参照されたい．

7.3 メキシコ地域

メキシコの大地震は，西岸地域における海洋プレートの沈み込みに伴って頻発する．この沈み込み帯は，少なくとも地震活動に関しては幅数百 km の短冊状の領域に分かれ，それぞれが大地震（余震域を含めて）に対応して互いに独立性をもっている．19世紀以降の地震記録の検討から，それらの間に地震の空白域が指摘されており，推測どおりそれらの空白域を埋めるように，近年 Colima 地震（1973年1月30日，$M_S=7.5$），Oaxaca 地震（1978年11月29日，$M_S=7.8$），Petatlan 地震（1979年3月14日，$M_S=7.6$）および Mexico 地震（1985年9月19日，$M_S=8.1$）などの大地震が発生している（Singh, et al., 1981）．

また，内陸部にも比較的規模の小さな地震が多く発生し，この地域に発達する活断層と密接な関係をもつ．図 7.4 には，Cerro Prieto 断層に関連した Mesa de Andere 地震（1976年12月7日，$M_S=5.7$）を紹介する．この地震に関連する Cerro Prieto 断層は San Andreas 断層に属し，コロラド川の三角州に位置する．やはり San Andreas 断層に属する Imperial 断層の南端付近の，Cerro Prieto 地熱・火山帯からカリフォルニア湾北部の Wagner 盆地にかけて NW-SE 方向に延びる，右横ずれ運動が卓越する．本断層の南のセグメントは地形的にきわめて明瞭であるが，北部の Mesa de Andrade から Cerro Prieto にかけての 50 km ほどは，人工改変を受けて不明瞭である．Mesa de Andrade は小規模な孤立丘で，断層に沿って NW-SE 方向に 7 km ほど延びている．その西方には，Cerro Prieto 地熱・火山帯と似た空中磁気異常もみられる．

Cerro Prieto 地震の主震は複雑で，二つの大きなイベントからなり，前震および余震活動も活発であった．主震発生後4日間の余震は，10 km ほどの長さのゾーンに沿って二つのクラスターに集中し，前震はその北部のクラスターと位置を

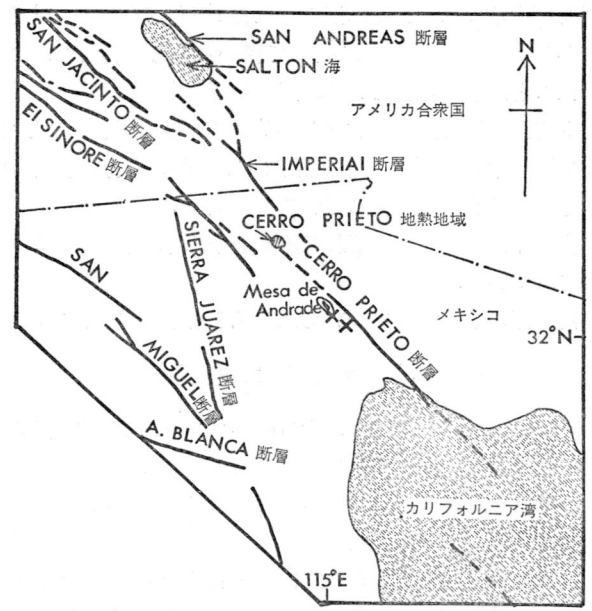

図 7.4 メキシコ−アメリカ合衆国国境付近の活断層
(Gonzalez, et al., 1984 に加筆)
×印は，Mesa de Andere 地震の二つの主震の震央．

同じくしている．震源断層は，本質的に平面状の垂直断層で右横ずれが卓越し，Cerro Prieto 断層の分岐のように思われる (Gonzales, et al., 1984).

7.4 中央アメリカ地域

7.4.1 グアテマラ地域

グアテマラ地域をほぼ東西に走る三つのトランスカレント断層帯 (Chixoy-Polochic 断層帯，Motagua 断層帯，および Jocotan-Chamelecon 断層帯) は，Cayman トラフの陸上延長部とみなされていたが，現在ではカリブプレートと北アメリカプレート間のトランスフォーム断層系とする考えが優勢である．同トラフに沿って，ときたま M 4 から 6 程度の浅い地震が発生し，これらの発震機構は左横ずれ運動を示している (図 7.5).

グアテマラおよび周辺の歴史地震としては，Chinique 地震 (1881 年)，Puerto Barrios 地震 (1929 年)，Quiriguá 地震 (1945 年)，およびホンジュラスの Omoa 地震 (1856 年) が知られている．

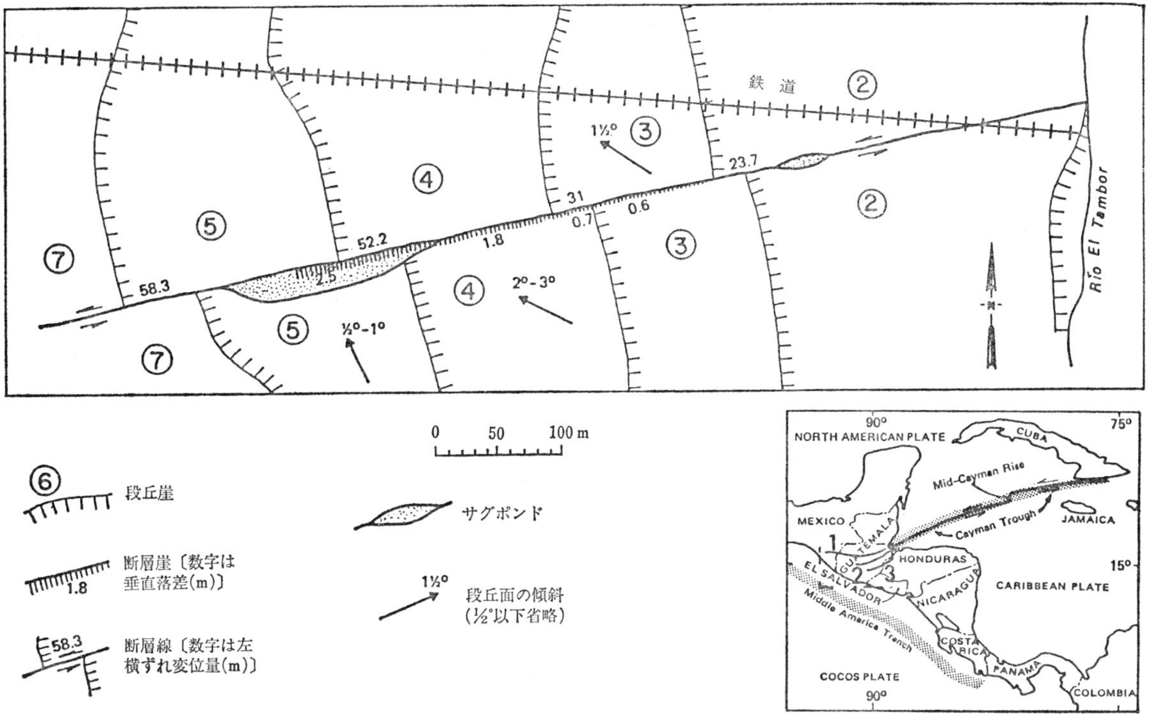

7.4 中央アメリカ地域

図 7.5 グアテマラ地域の活断層 (Schwartz, et al., 1979 より編図)
1：Chixoy-Polochic 断層帯, 2：Motagua 断層帯, 3：Jocotan-Chamelecon 断層帯. 上図は, Motagua 断層帯による Rio El Tambor 段丘の累積変位例. ○中の数字は, 断層の北側と南側の同数字の面が同時代面であり, 数字の大きい方が相対的に古い時代の面を示す.

i) **Motagua 断層帯** この断層は少なくとも長さ 300 km に達し，後期白亜紀にプレートの収束と小規模な海洋盆の閉塞の結果形成された，小規模大陸プレート間の縫合線とみなされている．本断層の北縁部には，南傾斜のスラスト，高角逆断層や横ずれ断層が発達し，ぜい性破断を受けた片麻岩や蛇紋岩，および第三紀の陸成堆積物を切るが，第四紀の変位は発見されていない．

これに対して，断層南縁部は左横ずれを示す活断層地形が発達し，1976 年 2 月 4 日の大地震（$M7.5$）時に大規模な地震断層を生じた．この断層帯は幅 30 m ほどで，古生代の大理石〜片岩，第三紀の砂岩および第四紀の軽石からなる岩石を含む 3〜5 m 幅の破砕帯と，その北側に位置する幅約 30 m 弱の小規模なウォーピング（曲隆）や，南傾斜で落差数 cm の正断層群の発達する 2 次的な変形地帯からなる．

1976 年地震前の第四紀における累積左横ずれ変位は，小河川の隔離からは 25〜140 m（30〜50 m が一般的），閉塞丘から 190〜300 m，段丘から 23.7〜58.3 m の値が得られている．数個所で観察される南面する断層崖は高さ数 m 以下で，長さは数百 m から 2 km ほどで北上りの垂直成分を示す．Rio El Tambor 付近の河岸段丘の変位（図 7.5）から，Motagua 断層の累積変位がうかがえる．各段丘の形成時代の詳細は不明であるが，0.15〜0.6 cm/年程度の平均変位速度が推定されている．

ii) **Chixoy-Polochic 断層帯** この断層は 345 km 以上にわたって延び，北側の褶曲した白亜紀堆積岩と，南側の結晶質岩や堆積岩の境界をなす．Motagua 断層帯と同様，古生代にさかのぼる複雑な構造発達史をもつと思われる．東部セグメントでは，少なくとも 110 km にわたって活断層のトレースが南へ緩く凸部をなして続き，連続する幅の狭い線状トラフ，左横ずれを示す小河川，泉，小地すべりなどで示されている．小河川の隔離から見積られる累積左横ずれ変位は，35〜100 m である．北上りの小垂直変位成分をもつ．中部セグメントもまた，南へ緩く凸部をなし，約 110 km の長さをもつ．本セグメントは，サグポンドや幅の狭い線状トラフ，左横ずれを示す小河川で特徴づけられ，再食された第四紀の軽石や後期更新世，または沖積世の河成堆積物にも発達し，累積変位は，65〜130 m と推定される．西部セグメントは 45 km 以上の長さをもち，Cuilco 付近で雁行配列するが，両端では単一のトレースを示す．

iii) **Jocotan-Chamelecon 断層帯** この断層は，北部の古〜中生代の変成岩と南部の第三紀火山岩，および白亜紀石灰岩を境する北上りの正断層である．第四紀の活動は知られていないが，東方のホンジュラス地域では明瞭な地形をな

し，関連する歴史地震も知られている．

三つの断層帯によって表される第四紀後期のカリブ-北アメリカプレートの変位速度は，0.45～1.8 cm/年と推定される．1976年地震のような大地震は，過去450年間には知られていないが，中小地震の発生は各断層帯とも活発である．歴史地震のデータと1976年地震の断層の平均変位量1.1 m，および第7段丘の大まかな形成時代（1～4万年前）を考えると，Motagua断層系に関連した大地震の再来周期は，180～755年と見積られる．

グアテマラ地震（1976年2月4日，震央：15.27°N, 89.25°W，$M_S=7.5$，$m_b=5.8$）

本地震は，死者23000人，負傷者74000人にのぼる大被害を与えた．この地震に伴う長大な地震断層は，西半球においては1906年のサンフランシスコ地震以来の大規模なものである．地震断層は，約230 kmにわたってMotagua断層の活動として現れ，西端部はグアテマラ市北西以西では新期火山性堆積物と斜面崩壊によって不明となり，東端部は沼沢地や植生によって不明瞭となる．しかし余震分布からみて，地表で観察された地震断層より数十kmも長く延びることはない．

断層の走向は東端でN 65°E，西端でN 80°Wとなり，南方へ緩く凸型の弧をなす．断層は，横ずれ断層に特有な配置の雁行裂かと，局部的にモールトラックを形成する低いプレッシャーリッジからなる．個々の裂かは，断層の方向と35°の角度をなす．裂かの開口は無視できるほどである．裂か帯の幅は概して約1～3 mであるが，最大幅は9 mに達する．断層の変位はほとんど左横ずれで，平均108 cmで最大値は340 cmである．2 m以上の変位を示すものは，断層西端から35～50 kmの部分にかぎられる．部分的にみられる垂直変位は北または南落ちで，たいてい水平変位量の30%以下である．

地震断層は，おおむね，既存の活断層（Motagua渓谷南縁を画すMotagua活断層）に一致するが，詳細にみると1 kmほど位置がずれることもある．また，既知の断層部分より85 kmほど西方に延びている．グアテマラ市の西方10 kmのMixco付近に，北ないしNNE-SSW方向の副断層が生じた．21 kmに及ぶ最も長い断層を，Mixco断層と称している．この断層は東落ち15 cmの正断層で，その変位の大部分は主震時に生じたか2月6日に生じた余震（$m_b=5.8$）によって，その20%ほど変位が付加された．この地震断層群は，更新世の厚い火山灰堆積物中に発達する既存の第四紀後期に，繰り返し起こった垂直変位を表す断層崖に沿って生じた．El Progreso北東で，2 kmの長さにわたって20 cmほどの

左水平ずれ変位量をもつ副断層が，主断層の400m南を並走する．また，主断層を鋭角に横切る分岐断層も，4個所で観察されただけで長さも1km以下である (Plafker, 1976; Schwartz, *et al.*, 1979).

7.4.2 エルサルバドル地域

中央アメリカ地域に発達する活断層は，①弧やそれに沿う（活）火山列にN45～65°W方向の左横ずれ断層群，②弧を横切るN30～45°E方向の右横ずれ断層群，および③南北性（N15°W～N10°E方向）の正断層群の3系統に区分さ

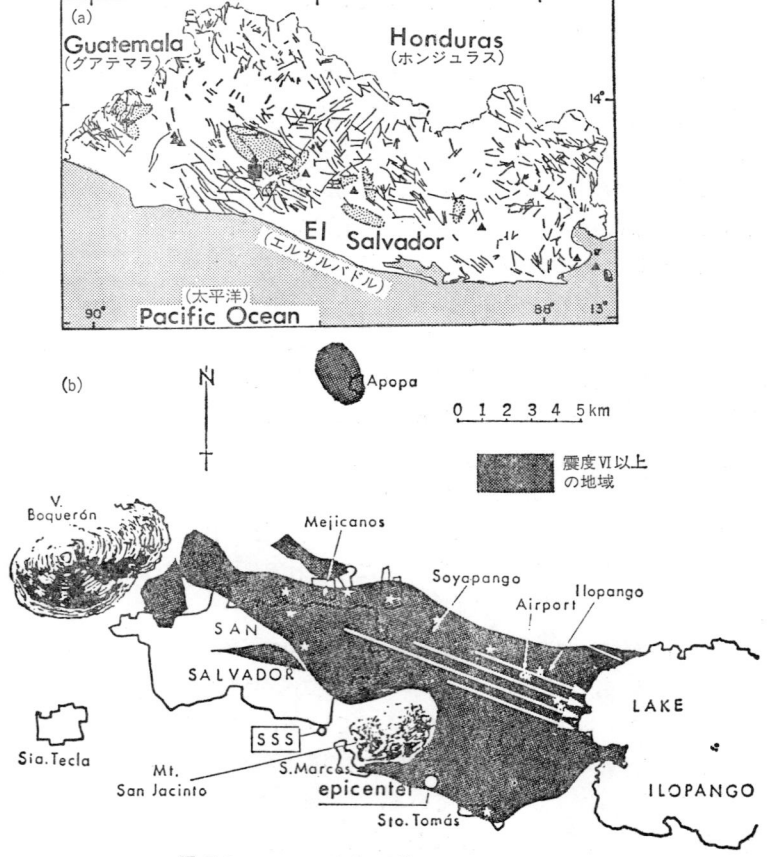

図7.6 エルサルバドル地域のサイスモテクトニクス
(a) サンサルバドル地域の地震と断層 (Carr, 1976に加筆)
　　実線は断層，黒四角はサンサルバドル市，黒三角は活火山，点部は中規模浅発地震の震央域．
(b) 1965年5月3日地震 (Lomnitz and Schulz, 1966)
　　白矢印は軽石の川による堆積の優勢方向，SSS：サンサルバドル地震観測所．

れる．これらの断層群によって，この地域は構造性の凹地（断層盆地など）が発達する．とくに，エルサルバドル地域において最も重要な地震帯は，中央トラフ (median trough) と呼ばれる鮮新世後期〜更新世に形成された構造性凹地内にある．エルサルバドル地域の震央分布は，これらの断層群の方向に支配される．

過去400年間の歴史地震としては，1576年3月23日，1659年9月30日，1707？，1719？，1798年2月2日，1839年3月22日，1854年4月16日，1873年3月4日，1879年12月〜1880年1月，1917年6月7日，および1919年4月28日の地震が知られ，このうち1659年と1917年の地震は，首都のサンサルバドル北西のサンサルバドル火山の噴火を伴い，1879〜1880年の地震も，首都東方のIlopango湖中央の火山の爆発と関連している．この地域における地震の原因を，火山性または構造性に区別することは難しい（図7.6）．

近年の地震では，サンサルバドル地震（1965年5月3日，震央：13°39′N, 89°09′W, M 6〜6.25, 震源の深さ≒10 km）が首都とIlopango湖の間で発生した．2月2日頃からM 1クラスの地震が平均して1日300回ほど起こり，2月7〜8日にピークに達し，1日662回の微小地震が記録された．2週間後には1日に20回程度に落ち着き，3〜4月も同様だった．5月2日夜から3日にかけて，後で前震と解釈されたいくつかの地震が発生した．余震も活発であった．震度がⅥ〜Ⅶ (MM) に達した地域は，中央トラフ内の更新世〜現世に噴出し，水によって再堆積した軽石の分布域に対応していた (Carr, 1976 ; Lomnitz and Schulz, 1966)．さらに，1986年10月10日にも，サンサルバドル付近 (13.67°N, 89.20°W) でM 5.4の地震が発生し，1000人以上の死者を出した．

8. 南アメリカ・オセアニア地域の地震・地震断層・活断層

　南アメリカ大陸北岸-太平洋岸地域では，周辺のプレートどうしの運動によって，その境界部付近に多くの大地震が発生している．また，それによる広域造構応力場を反映して，内陸部に活断層の発達が著しい．ベネズエラのEl Pilar断層やチリのAtacama断層が有名である．

　ニュージーランドでは，南島と北島をNE-SW方向に縦断するトランスフォーム断層であるAlpine断層系と，それに共役な活断層群が発達し地震を生じている．

8.1 南アメリカ北部地域

8.1.1 ベネズエラ北部地域

　ベネズエラ北岸部は，北方のカリブプレートと南方の南アメリカプレートの境界とみなされ，したがってトランスフォーム断層と解釈されるようになったEl Pilar断層が，ENE-WSW方向に走っている．また，南アメリカプレートの西進に起因するEW〜ENE-WSW性の圧縮場に対応したNW-SE性の右横ずれ断層群（Urica断層，San Francisco断層，Los Bojos断層）や，NE-SW性のスラスト群が発達する．Cumana，カラカスおよびAndean Cordillera地域が活発な地震域で，震央と断層分布はよい相関を示す．

　El Pilar断層は，海域にも延長され，Cariaco海溝西端からトリニダード北東端の東方約200 kmの地点まで，全長約700 kmほど延びている．陸上では2個所のみ露出している．すなわち，Muelle de CariacoとYaguaraparoの南の地域では，直線的な河川谷とジュラ紀〜白亜紀変成岩，白亜紀堆積岩と蛇紋岩を含む断層くさびによって特徴づけられる．また，噴気孔や硫黄の堆積物，温泉が断層に沿ってみられ，さらに断層自体，断層破砕帯や破砕された岩石の幅広いゾーンからなる，いくつかの破砕帯で構成されている．Port of SpainとMatura（トリニダード）間では，地形的にはEW性のCaroni向斜，または北部盆地からなる長く真直な凹地を形成する．断層帯は数本の断層群からなり，最も重要なArima断層は，北部山脈の南縁を画する地溝構造の北部境界をなしている．

　El Pilar断層帯の変位については，研究者間で必ずしも一致しないが，おお

むね ① 南方へのスラスト，② 正断層または地溝構造，③ 右横ずれ断層の三つに分けられる．Metz (1968) は，15 km 以下の右横ずれ変位量をもつ南方へのスラスト運動を考えた．Tomblim (1972) は地震活動の解析から，トリニダードの東または北東で，南アメリカの北部境界に沿って延びるトランスフォーム断層運動を想定した．近年では，右横ずれ変位を示すカリブと南アメリカプレート間のトランスフォーム境界で，蝶番断層によって沈み込み帯に接すると考えられるようになってきた．

ベネズエラ北西部に発達する Bocono 断層帯は，幅 1〜5 km 以上と変化し，おおよそ NE〜SW 方向に約 500 km の長さに延び，Merida Andes を縦走し Caribbean 山脈西端部を横切る．本断層帯は，その北東端部の Moron 東方で，Moron 断層帯 (Sebastian 断層または Caribbean 断層) と合する．南東端は，Tachira 凹地中に発達する褶曲やスラストに紛れて終わってしまう．本断層帯に沿う地震は，震源の深さが 35 km より浅く，少なくとも 1945 年から 1971 年にかけては，断層帯に沿って南西から北東方向へ震央が移動した．発震機構は，断層帯に沿う右横ずれを示唆している．本断層帯は，EW ないし ESE-WNW 性の広域圧縮応力場における Merida Andes の隆起によって，プルアパートベイスンを生じた垂直変位と水平変位を合わせもっている．本断層帯の中で，更新〜沖積世の変形を示し地形的にも明瞭な断層を，とくに Bocono 断層と呼ぶ．

Bocono 断層は，50〜500 m 幅の破砕帯をもち，直線的でほぼ垂直な断層面を示す．いくつかの分岐断層が，主断層と鋭角方向に分かれる．傾斜移動成分は常に存在し，場所によって変化するが，積算走向移動成分はその 10〜20 倍大きい．露出した断層面上の断層鏡肌も，明瞭に横ずれを示す．累積右横ずれ変位量は 60〜1000 m 以上と，隔離を示す地形の年代によって変化する．

Merida 氷期に堆積したモレーン (氷堆石) は，後氷期初期の泥炭の ^{14}C 年代から 13000 年より古く，また Merida Andes の 2°南に位置するコロンビアの Cordillera Oriental の調査から，更新世最後の氷河の前進は約 26000 年前に始まり，モレーンの最盛期が，18000 年前と推定されることが明らかとなった．このモレーンの断層による隔離は 75〜250 m (平均して 80 m) に及ぶから，後氷期の右横ずれ変位速度は 0.3〜1.4 cm/年と推定される．さらに，断層に沿うプルアパートベイスンの規模などから，第四紀の右横ずれ変位速度は 0.14〜0.18 cm/年と見積られる．

この断層東部の Cubiro 付近での断層を横切る測量によれば，圧縮と数十 mm (1973〜1975 年) の横ずれ成分が観測された．同地域の断層を横切るトンネルも，

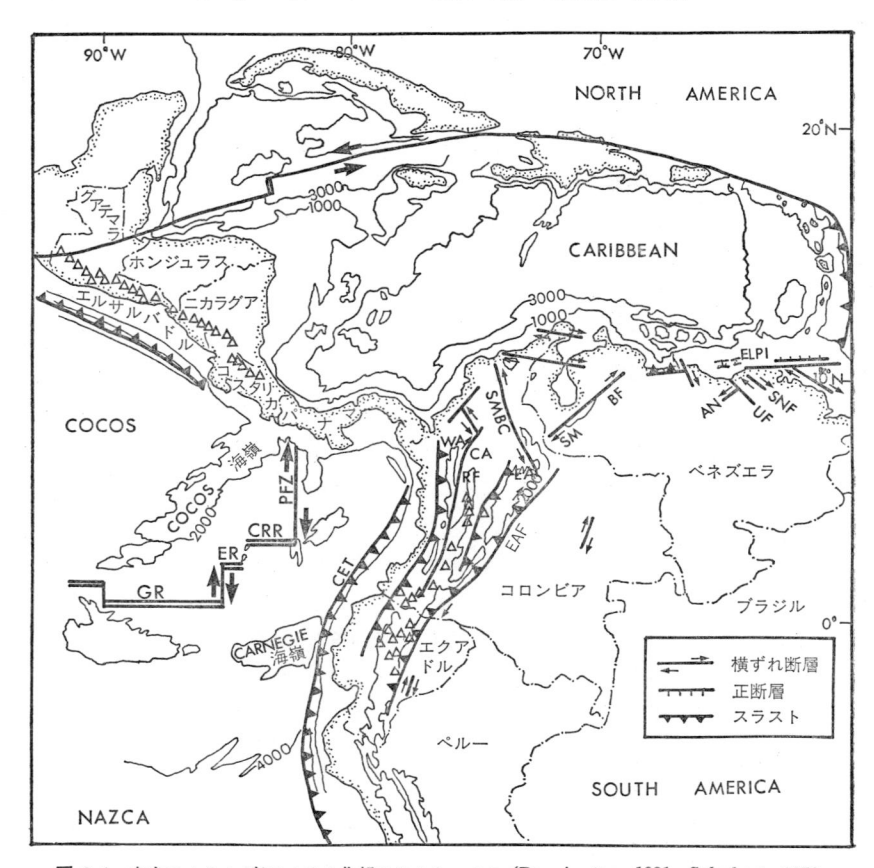

図 8.1 中央アメリカ-南アメリカ北部のテクトニクス (Pennington, 1981; Schubert, 1979; Murany, 1972 より作図)
WA：西部アンデス，CA：中央アンデス，EA：東部アンデス，SM：Serannia de Merida, AN：Anaco 断層，BF：Bocono 断層，RF：Romeral 断層，SMBC：Santa Marta-Bucaramanga 断層，SNF：San Francisco 断層，UF：Urica 断層，EAF：Eastern Andean 前縁断層帯，PFZ：Panama 断裂帯，CRR：Costa Rica 海嶺，ER：Ecuador 海嶺，GR：Garapagos 海嶺，CET：Columbia-Ecuador 海溝.

過去5年間で同様の変位を受けた．さらに Mucubaji 地域でも，1975年から1977年の間に4mmの右横ずれ変位を示した．これは地震活動を伴っていないが，断層のほかのセグメントでは，非地震性変位は報告されていない (Schubert, 1982) (図 8.1).

8.1.2 コロンビア・エクアドル地域

エクアドルとコロンビア南西地域西方の海域におけるナスカプレートと南アメ

リカプレート境界部（コロンビア-エクアドル海溝）は，1906年1月31日の大地震（$M_S=8.7$）によってほぼ全域にわたって一度に破壊されたが，再び1942年5月14日の地震（$M_S=7.9$），1958年1月19日の地震（$M_S=7.8$），および1979年12月12日（$M_S=7.7$）の地震によって南から北へ，3回にわたって破壊された．このような破壊様式の差異は，断層面の異方性によるものとして注目を集めた（Mendoza and Dewey, 1984）．

内陸部においては，コロンビアからエクアドルにかけて，東縁を右横ずれのアンデス前縁断層帯によって境されるアンデス地塊が，東西圧縮下で南アメリカの残りの部分に対して北北東方向へ分離しつつある．これは，Carnegie海嶺のコロンビア-エクアドル海溝への衝突に起因する．また，アンデス地塊を縦走するNE-SW～NNE-SSW性の右横ずれ運動をするRomeral断層，NW-SE性の左横ずれ断層であるSanta Marta-Bucaramanga断層が知られており，それぞれ地震活動が活発である．とくにアンデス前縁断層帯では，東西圧縮に対応したスラスト性，または右横ずれ性の発震機構を示す地震が頻発する．

コロンビア北岸地域では，近年，断層との関係で興味深い地震（1970年9月26日，$M 6.1\sim 6.6$）が発生している．この地震は三つの主震と300以上の余震からなり，コロンビアの地震史上，活断層が地震動で誘発され再活動を示した最初の例であるといわれている．Bahia Salano-Ibague断層は，Bahia Salano湾西岸を通ってNS～NE-SW方向に南方のBajo付近まで続く．北西傾斜の断層で，西側のブロックを太平洋側へ約10 km側方変位させている．Cauca川もこの断層によって流路を変更している．また垂直変位量は明らかではないが，逆断層のセンスをもつらしい．実際には，いくつかの断層セグメントからなる断層帯をなす．震央は，Bahia Salano湾南端のPuerto Mutisの北西10～45 kmの海域であるが，地震動によって陸域のこの断層が再活動したらしい．上盤側に無数の地すべりが発生し，Puerto Mutisの丘陵地帯では，断層の落下側に3～5 cm幅のひび割れが多数生じた（Ramirez, 1971）．

8.2 南アメリカ西部地域

8.2.1 ペルー地域

ペルー西方を南北に走るペルー-チリ海溝沿いは，プレートの沈み込みに伴う典型的な海溝型の大地震が発生し，近年も1966年10月17日の地震（$M 7.5$，震源の深さ38 km），1970年5月31日の地震（$M 7.6$，震源の深さ43 km），1974年10月3日の地震（$M 7.5$，震源の深さ13 km）など，大きな被害を出した地

震が相ついでいる．

内陸地域にも，$M6$クラスの地震が発生し，興味深い地震断層やそれに伴う逆断層の典型例として，Huaytapallana 地震断層を紹介する．

ペルー中央部の Huancayo 北東 30 km 付近で発生した Pariahuanca 地震は，1969 年 7 月 24 日の $M5.6$ の地震と，それに続く 7 月 24 日～10 月 1 日にわたる余震，および 10 月 1 日の $M6.2$ の地震と，それに続く 10 月 1 日～12 月末にわたる余震からなる．

ペルー中央部では，Huaytapallana 断層をはじめとする NS ないし N 130°E 方向の断層群が，白亜紀後期から新生代にかけて形成された巨大な複背斜である Eastern Cordillera 中に位置する．Eastern Cordillera 中に発達する Huaytapallana 断層をはじめとする NS ないし N 130°E 方向の断層群は，アンデス造山期には WSW または ENE に傾斜する逆断層や横ずれ断層（たとえば，Acopalca 地域では右横ずれ）として活動した．

Huaytapallana 地震断層は，第四紀のモレーン堆積物や Huaytapallana Cordillera 南西麓の泥炭土を N 115～130°E 方向に切り，約 3.5 km の長さをもつ地震断層崖は，高さ 1～2 m，幅 1～2 m の急なとう曲崖として現れたが，沼沢地や泥炭地などでは消えてしまった．このとう曲崖は，垂直変位 1.6 m，左水平ずれ変位量 0.7 m の逆断層に一致する (Philip and Megard, 1977)（図 8.2）．

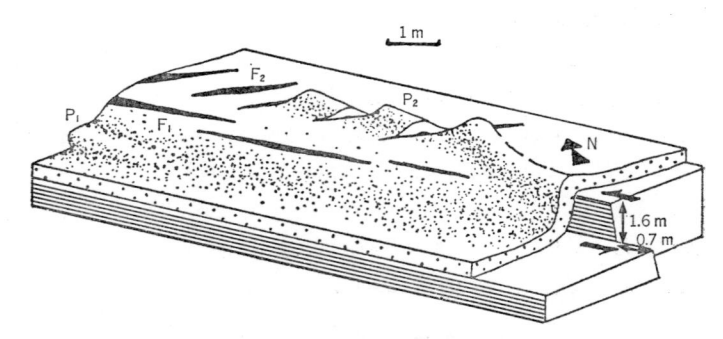

図 8.2　Huaytapallana 断層の地表部の地震断層模式図
(Philip and Megard, 1977 に加筆)

8.2.2　チリ地域

この地域北部に発達する Atacama 断層系は，南北方向に 1000 km 以上にわたって延び，南アメリカ西海岸で最も重要な右横ずれ断層系である．Iquique 北方で，東～北東方向に延びる左横ずれ断層と共役をなす．一部で，最新期の変位は垂直変位が卓越するが，全体を通じると，右横ずれが優勢であるとみなされてき

8.2 南アメリカ西部地域

た.

その証拠として St. Amand と Allen (1960) は, ① 数百 km 以上に及ぶ直線性, ② 断層を横断する方向に一貫した差別的な上昇がみられないこと, ③ 小河川の右横ずれ隔離, ④ モールトラック斜面, ⑤ 広範囲にみられる水平な断層鏡肌などをあげている. 一般に, 右横ずれ運動を支持する研究者が多いが, これに対して以下に略述するように, Okada (1971) は, 従来いわれていたような大規模な右横ずれ断層ではなく, 既存の大断層を利用し, 第四紀後期では場所によって異なるが, 縦ずれ変位が卓越した断層となっていると主張している.

チリ北部では下部第三系の発達は悪く, 上部中新世〜鮮新世にかけての大規模な溶結した火砕流堆積物が, 中央アンデスに広くかつ厚く分布している. 鮮新世の海成層は強く変形し, Mejillones 半島南部の狭い帯状地域に露出している. Arica から Copiapo 付近まで, ほぼ南北に標高 700〜1000 m の平坦面をなして延びる縦谷は造構性凹地であり, 安山岩〜流紋岩質火砕流を含む厚い陸成堆積物で埋積されている. 一部の石灰岩を除いて, 初期更新世とみなされている.

Atacama 断層の活動は後期中生代 (先白亜紀) に始まり, 当初は累積変位量が数十 km に達する右横ずれ運動をした. その後, 第三紀中〜後期に本断層から派生した Taltal 断層に沿って, 約 10 km の左横ずれ運動が起こった. アンデス山脈の隆起を伴った西部アンデスにおける後期新生代火山活動は, 2000 万年前に始まった. 縦谷の沈降はこの直後に生じ, ペルー—チリ海溝も少なくとも過去 2000 万年間存在していたと推定されている.

以上のことは, 中新世に地殻変動の転換があったことを示唆し, 第三紀中期の相対的な静穏期後に, 新たな変動が始まったことを意味する. すなわち, Atacama 断層に沿う後期新世代の断層活動や海岸山脈および周辺地域のネオテクトニクスは, 第三紀後期から始まると思われる. Atacama 断層系は, 海岸山脈中軸に沿って南北方向に 800 km ほど延び, いくつかの雁行配列する断層群や並走・分岐する断層群からなる. これらの断層群の活動度はさまざまで, すべてが活断層というわけではないが, 活断層は既存の断層の再活動によるとみなされる.

活断層の変位について検討してみる. まず, 水平変位からみてみよう. 海岸山脈北端部の副断層である北東走向をもつ Camarous および Chiza 断層は, その左ずれ変位が報告されている. チリーボリビア国境付近で, Pomerape–Parinacota 火山北麓を変位させている N 35°E の走行をもつ断層は, 右横ずれであることが指摘されている. これらの断層は, アンデス造山帯軸部の屈曲に関連したもので, 必ずしも Atacama 断層帯と共役とはみなされない. Atacama 断層系に沿

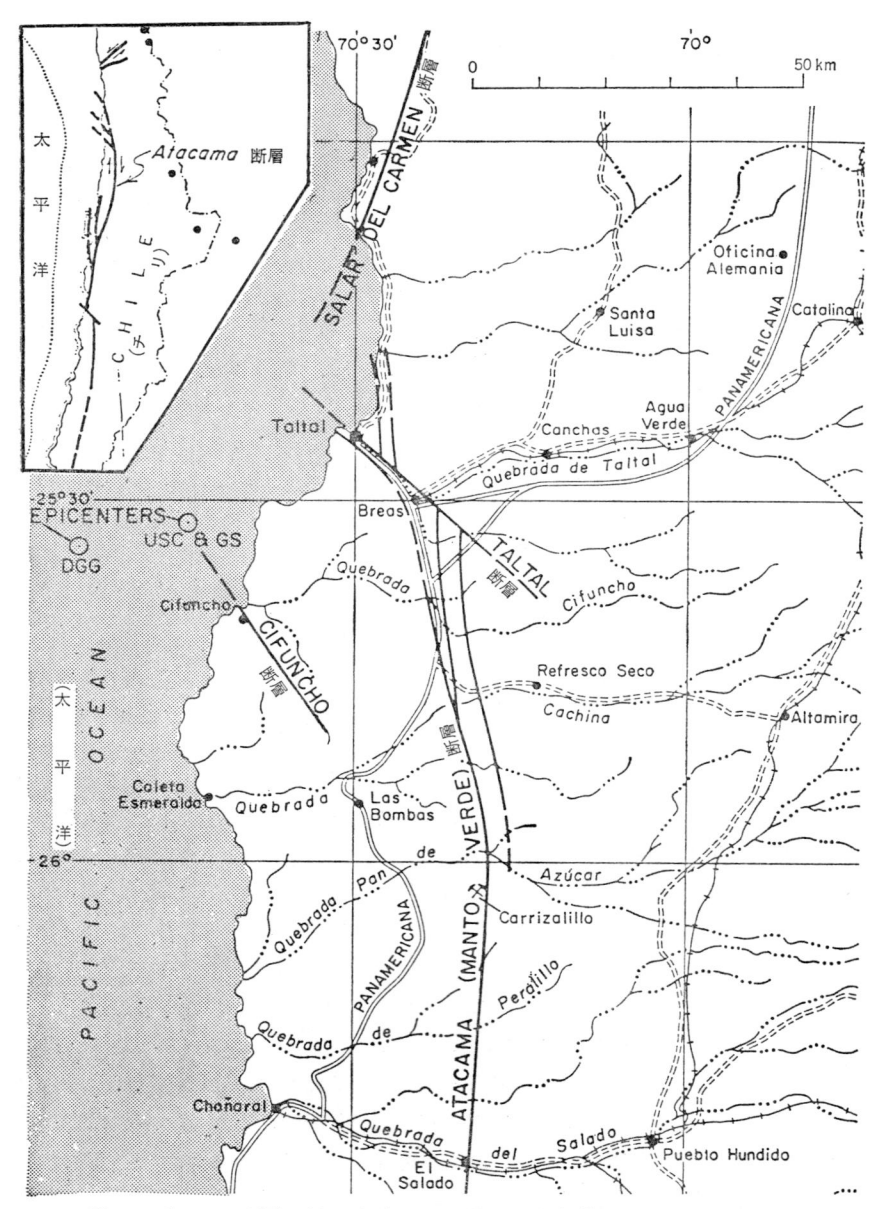

図 8.3 Atacama 断層とそれを左ずれさせる Taltal 断層 (Allen, 1962; Richard, et al., 1968 より加筆・編図)〔震央は Taltal 地震 (1966.12.28)〕

う明瞭な横ずれ変位地形も見出されない．むしろ，最大600mに達する垂直変位が卓越する．これらの断層群は，東西圧縮場における高角逆断層とみなされる (Okada, 1971). Atacama の活断層の変位のセンスについて，今後検討の余地がある．

今世紀最大の地震の一つで，わが国でも津波による被害が出たことで有名なチリ地震（1960年5月22日，震央：39.5°S, 74.5°W, $M_S=8.5$, $M_W=9.5$）の震源断層は，チリ南部の大陸斜面を切って，西に中程度傾く長さ1000km，幅60km以上の，わずかに右横ずれ成分をもつ複雑なスラストであった．この地震による地表部における変形として，海岸に沿って南北に長い数m高の隆起および沈降帯が現れた（Plafker and Savage, 1970).

Taltal 地震（1966年12月28日，震央：70.75°W, 25.55°S, M 7.75, 震源の深さ約46km）は，サンチアゴの北約800kmの海域に震央をもつ．Taltal 近傍では，Atacama 断層は左横ずれ断層である Taltal 断層によって切られ，10 kmほど左ずれを生じている．この地震によって，地表部の活断層には直接の変位は生じなかったが，断層に平行する (N 40°W) 亀裂帯（各3〜7m長，1〜3cm幅)，斜交する (N 70°W) 亀裂帯（各1〜1.5m長，1〜3cm幅)，および部分的にN 30°Eの亀裂帯が生じ，地下深部の断層運動の反映とみなされている (Lemke, et al., 1968)（図8.3).

8.3 ニュージーランド地域

ニュージーランド南島を NE-SW 方向に走る Alpine 断層は，同島北東部から北島にかけていくつかに分岐しながら延びて，全体として長さ1000kmに達する Alpine 断層系をなす．この断層系は，ニュージーランド北東方のトンガーケルマディック海溝と南西方のプイヤギル海溝を結ぶトランスフォーム断層とみなされ，北-西進する太平洋プレートと北進するインド-オーストラリアプレートの相互運動を反映し，複雑な構造発達史をもっている．Alpine 断層の発生はジュラ紀にさかのぼるとされ，右横ずれ累積変位量は約450kmに達すると考えられている．この根拠は，同断層北側の Nelson 地域と同南側の Otago 地域における地質の類似性による．すなわち両地域とも，西部は古生代前期の地層と花崗岩が分布し，東部は古生代後期〜中生代後期の堆積物からなり，変成作用や褶曲構造もきわめてよく共通した特徴をもっている．

Alpine 断層系の最大の特徴は，第四紀における活断層としての活動である．Alpine 断層は，南島北東部で北側から Wairau, Awatere, Clarence および

256   8. 南アメリカ・オセアニア地域の地震・地震断層・活断層

Hope 断層の四つに分岐し，北島では Wellington および West Wairarapa 断層として延長する．南島には幅 50 km，長さ 400 km にわたってサザンアルプス山脈が縦走し，その比高は，3000 m 以上に達する．この北西麓に発達する

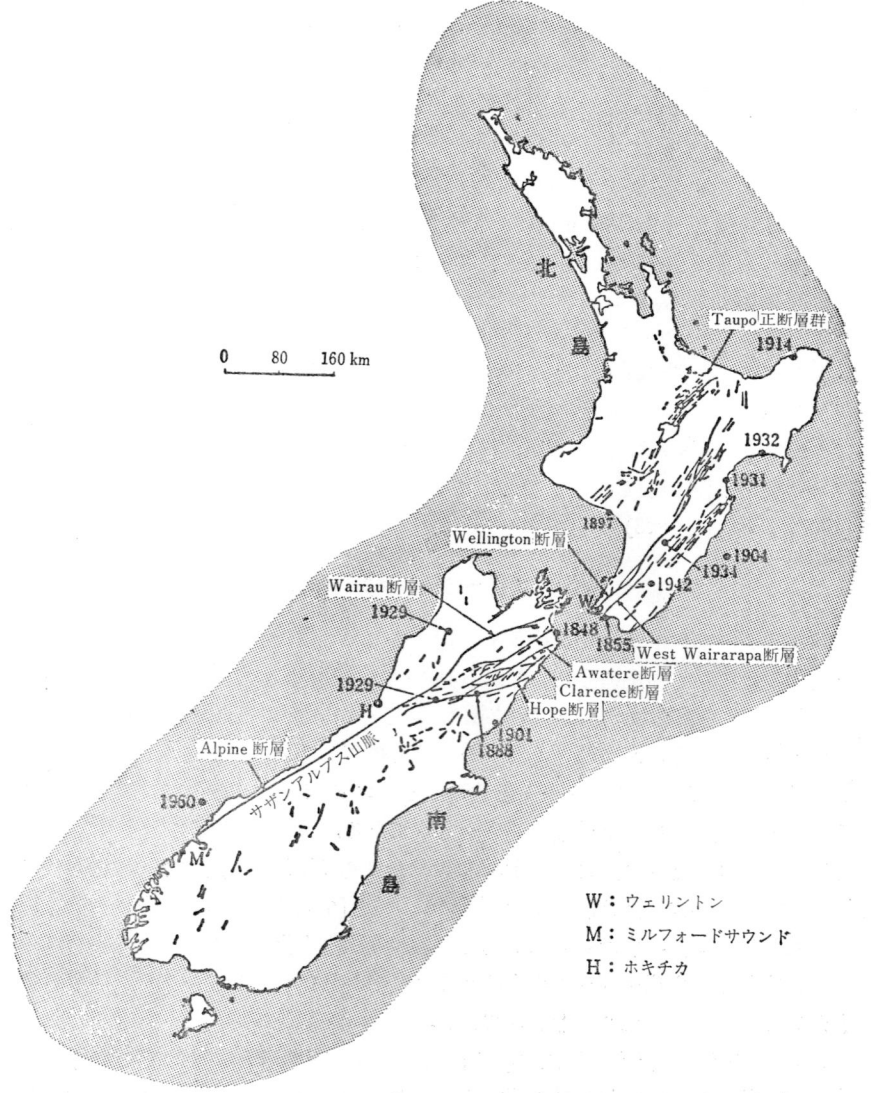

図 8.4　ニュージーランドの活断層（Lensen, 1968；松田・深尾，1971 に加筆）

Alpine 断層は，第四紀のモレーンなどの氷河堆積物や河岸段丘面などを変位させ，第四紀最後の氷期以降現在までに，サザンアルプス山脈側を1000年につき10 mm+ほど隆起させている．これは，断層による山脈の隆起速度としては異常なほど大きいが，Alpine 断層においても北東方にゆくにつれて隆起速度は小さくなる．サザンアルプス山脈の比高と単純に比較すると，本山脈は30万年くらいで形成されたことになり，地質学的事実からも第四紀における山脈形成は支持される．

しかし，一般には本地域を除けば，Alpine 断層系の変位は水平成分の方が垂直成分をはるかに上回る．水平変位はどこでも右横ずれであるが，垂直変位は時代や場所によって隆起する側（南または北側）が異なる．水平変位の卓越する分岐断層の平均変位速度を考えあわせて，Alpine 断層系全体では約 10 mm/年の右横ずれ変位速度が得られた．ただし，こうした平均変位速度が過去のいつまで

表 8.1 ニュージーランドの地震断層（阿部ほか，1985）

No.	年月日	地震名	断層名	M	L (km)	型	変位量 (m) 水平	変位量 (m) 垂直	備考
1	1848.10.19	南島 Awatere 地震	Awatere 断層 / Wairau 断層						両断層にはさまれたブロック沈下し，地溝形成か？
2	1855. 1. 1	北島 1855 年地震	West Wairarapa 断層	>7	144	右横ずれ	?	3 E / 3 W	
3	1888. 9. 1	南島 Amuri 地震	Hope 断層		数 mil	右横ずれ	2.4 R		Alpine 断層の最も南の分岐
4	1929. 6.17	南島 {West Nelson 地震 / Buller 地震 / Murchison 地震}	White Creek 断層	7.8	8+	左横ずれ	2.1 L	4.5 E	この活動以前2万年間は，断層運動の証拠なし，後氷期になって初めての活動
5	1931. 2. 3	Hawke's Bay 地震		7.9	10+	逆断層	2.1 R	2.4 NW	逆断層の雁行配列．局地的に横ずれあり
6	1932. 9.15	Wairoa 地震		6.8	?	右横ずれ	R	SW	
7	1942. 6.24	北島 Wairarapa 地震	East Wairarapa 断層	7.3	1	右横ずれ	?	0.9	
8	1968. 5.23	Inangahua 地震	Glasgow 断層	7.1		逆断層	0.3 L	0.4	

さかのぼって適用されるか，いい換えればAlpine断層系の詳細な構造発達史については，各説あり確定していない．

さて，北島において，Alpine断層系の北西方を多数の正活断層群が並走し，Taupo正断層群と呼ばれている．ここは同時にタウポ火山帯をなし，一部の火山円頂丘は断層によって裂けており，断層活動とともに火山帯の幅が広がる，すなわち島弧が裂け広がっていることを示している．このことは，タウポ火山帯北東方の延長部であるトンガ－ケルマディック海嶺周辺の海底地形から明らかになったもので，第三紀末以降のマントル上昇に起因する地殻の広がりと解釈されている．

ニュージーランドにおける地震活動は，おもに北島と南島西部にかぎられ，とくに北島から南島北端間の地震活動が著しい．中間地域のAlpine断層部においては，歴史時代（19世紀以降）の記録もなくクリープ変位も知られていないことから，地震の再来周期は数百年以上と推定される．歴史的な破壊地震の震央が図8.4に示されているが，いくつかの支断層に沿って分布し，地震断層も右横ずれ変位が卓越している（Wellman，1955；松田・深尾，1971；岡田，1979）（表8.1）．

文　　　献

Abdulah, SH. (1979) : The Chaman-Moqur fault. *Tectonophysics*, **52** : 345-346.
阿部勝正・岡田篤正・垣見俊弘 (1985)：地震と活断層, ISV 株式会社, 760 p.
Acharya, H. K. (1980) : Seismic slip on the Philippine fault and its tectonic implications. *Geology*, 8 : 40-42.
Adams, R. D. and Barazangi, M. (1984) : Seismotectonics and seismology in the Arab region : a brief summary and future plans. *Bull. Seism. Soc.*, **74** : 1011-1030.
Agrawal, P. N. (1983) : A study of the 20 January 1982 earthquake near great Nicobar Island, India. *Bull. Seism. Soc.*, **73** : 1139-1159.
Ahorner, L. (1975) : Present-day stress field and seismotectonic block movements along major fault zones in central Europe. *Tectonophysics*, **29** : 233-249.
相原奎二 (1967)：地震の経過. 地質ニュース, **149** : 12-16.
Allen, C. R. (1962) : Circum-Pacific faulting in the Philippines-Taiwan region. *J. G. R.*, **67** : 4795-4812.
Alsinawi, S. A. and Banno, I. S. (1976) : Letter section the first microearthquake recording in Iraq. *Tectonophysics*, **36** : T 1-T 6.
Alsinawi, S. A. and Ghalib, H. A. A. (1975 a) : Seismicity and seismotectonics of Iraq. *Bull. Coll. Sei.*, **16** : 369-413.
Alsinawi, S. A. and Ghalib, H. A. A. (1975 b) : Historical seismicity of Iraq. *Bull. Seism. Soc. Am.*, **65** : 541-547.
Ambraseys, N. N. (1968) : Early earthquakes in north-central Iran. *Bull. Seism. Soc. Am.*, **58** : 485-496.
Ambraseys, N. N. (1970) : Some characteristic features of the Anatolian fault zone. *Tectonophysics*, **9** : 143-165.
Ambraseys, N. N. and Melville, C. P. (1983) : Seismicity of Yemen. *Nature*, **303** : 321-323.
天池文雄・川部喜朗・春日　茂・古川信雄・西上欽也・竹内文朗・平野憲雄 (1983)：福井地震断層探査―その 4―地震探査. 地震学会講演予稿集, **1** : 22.
Anderson, E. M. (1951) : The Dynamics of Faulting, 2nd ed., Oliver and Boyd, London, 206 p.
新井健司 (1984)：1982 年 3 月 21 日浦河沖地震に伴う地殻変動. 地理評, **57** : 821-830.
荒川洋二 (1982)：岐阜県北部の飛騨変成岩類の変形史. 地質雑, **88** : 753-767.
Arieh, E., Rotstein, Y. and Peled, U. (1982) : The Dead Sea earthquake of 23 April 1979. *Bull. Seism. Soc. Am.*, **72** : 1627-1634.
Asano, S., Ichikawa, K., Okada, H., Kubota, S., Suzuki, H., Nogoshi, M., Watanabe, H., Seya, K., Noritomi, K. and Tazime, K. (1969) : Explosion

seismic studies of the Matsushiro swarm area part I. Explosion seismic observations in the Matsushiro earthquake swarm area, Special Report. *Geol. Surv. Japan*, **5**:1-162.

跡津川断層発掘調査団 (1983): 跡津川断層におけるトレンチ掘削調査(速報). 月刊地球, **5**: 335-340.

粟田泰夫 (1983): 出羽丘陵の第四紀地殻変動. 日本第四紀講演要旨集, **13**: 140-141.

粟田泰夫・佃 栄吉・山崎晴雄・永野清秀 (1986): 阿寺断層の最近の活動史——加子母・付知・坂下・山口におけるトレンチ発掘調査から. 第2回阿寺断層現地シンポジウム報告集, p. 1-11.

粟田泰夫・奥村晃史・佃 栄吉 (1987): 善光寺地震断層系に関する史料と地震断層の現況. 歴史地震, **3**: 166-174.

Aydin, A. and Nur, A. (1982): Evolution of pull-apart basins and their scale independence. *Tectonics*, **1**: 91-105.

Aytun, A. (1980): Creep Measurements in the Ismetpasa Region of the North Anatolian Fault Zone. Multidisciplinary Approach to Earthquake Prediction, p. 279-292.

Bates, R. L. and Jackson, J. A. eds. (1980): Glossary of Geology, 2nd ed., Am. Geol. Int., Virginia, 749 p.

Beck, S. L. and Ruff, L. J. (1984): The rupture process of the great 1979 Colombia earthquake: Evidence for the asperity model. *J. G. R.*, **89**: 9281-9291.

Bemmelen, R. W. Van. (1977): Note on the seismicity of northeastern Italy (Friuli area). *Tectonophysics*, **39**: T 13-T 19.

Ben-Menahem, Ari, Aboodi, Vered, E. M. and Kovach, R. L. (1977): Rate of seismicity of the Dead Sea region over the past 4000 years. *Phys. Earth. Planetary Interiors*, **14**: 17-27.

Berberian, M. (1976): Contribution to the seismotectonics of Iran (part Ⅱ). Documented earthquake faults in Iran. Geol. Surv. Iran Report, No. 39, 517 p.

Berberian, M., Asudeh, I. and Arshadi, S. (1979): Surface rupture and mechanism of the Bob-Tangol (southeastern Iran) Earthquake of 19 December 1977. *Earth and Planet. Sci. Letters*, **42**: 456-462.

Blundell, D. J. (1976): Active faults in west Africa. *Earth and Planet. Sci. Letters*, **31**: 287-290.

Bonilla, M. G. (1970): Surface faulting and related effects. Chap. 3, Earthquake Engineering (Wiegel, R. L. ed.), Prentice-Hall, Englewood Cliffs, pp. 47-74.

Bousquet, J. C. (1979): Quaternary strike-slip faults in southeastern Spain. *Tectonophysics*, **52**: 277-286.

Brogan, G. E., Cluff, L. S., Korringa, M. K. and Slemmons, D. B. (1975 a): Active faults of Alaska. *Tectonophysics*, **29**: 73-85.

Brogan, G. E., Cluff, L. S. and Tayler, C. L. (1975 b): Seismicity and uplift of southern Italy. *Tectonophysics*, **29**: 323-330.

Brune, J. N. (1968): Seismic moment, seismicity and rate of slip along major fault zone. *J. G. R.*, **73**: 777-784.

Buchun, Z., Yuhua, L., Shunmin, G., Wallace, R. E., Bucknam, R. C. and Hanks, T. C. (1986): Fault scarps related to the 1739 earthquake and seismicity of the Yinchuan Graben, Ningxia Huizu Zizhiqu, China. *Bull. Seism. Soc.*, **76**: 1253-1287.
Carr, M. J. (1976): Underthrusting and quaternary faulting in northern central America. *Geol. Soc. Am. Bull.*, **87**: 825-829.
Chandra, U. (1977): Earthquakes of peninsular India-A seismotectonic study. *Bull. Seism. Soc. Am.*, **67**: 1387-1413.
中央気象台 (1931): 昭和五年十一月二十六日北伊豆地震報告 (第二報告). 驗震時報, **5**, 53 p.
Committee of New Zealand Geological Survey (1966): Late quaternary faulting. N. Z. Geol. Surv. Report, **7**, 10 p.
Crosson, R. S., Martini, M., Scarpa, R. and Key, S. C. (1986): The southern Italy earthquake of 23 November 1980: An unusual pattern of faulting. *Bull. Seism. Soc. Am.*, **76**: 381-394.
Crowell, J. C. (1974): Origin of late Cenozoic basins in southern California. Tectonics and Sedimentation (Dickinson, W. R. ed.), *Spec. Publ. Soc. Econ. Paleont. Miner. Tulsa*, **22**: 190-204.
第四紀地殻変動研究グループ (1973): 第四紀地殻変動図及び同説明書, 防災科学技術センター, 167 p.
檀原 毅 (1966): 松代地震に関連した地殻の上下変動. 測地学会誌, **12**: 18-45.
檀原 毅 (1979): 地震による地殻変動範囲とマグニチュードの関係 (改訂式). 地震予知連絡会報, **21**: 167-169.
Einarsson, P., Klein, F. W. and Bjornsson, S. (1977): The Borgarfjördur earthquakes of 1974 in west Iceland. *Bull. Seism. Soc. Am.*, **67**: 187-208.
Friedman, M., Handin, J. W., Min, K. D. and Stern, D. W. (1976): Experimental folding of rocks under confining pressure: Part III, Faulted drape folds in multilithologic layered specimens. *Bull. Geol. Soc. Am.*, **87**: 1049-1066.
藤田至則 (1970): 北西太平洋の島弧周辺における造構運動のタイプとそれらの相関性. 島弧と海洋, 東海大学出版会, 東京, pp. 1-30.
藤田至則 (1979): 島弧変動. 総研〔島弧変動〕研究報告, **1**: 1-13.
藤田至則 (1988): 第四紀の衝上断層. 構造地質 (構造地質研究会誌), **33**: 145-151.
古川信雄・春日 茂・竹内文朗・平野憲雄・天池文男 (1983): 福井地震断層探査—その3 やや長周期微動—. 地震学会講演予稿集, **1**: 221.
Gasparini, C., Iannaccone, G., Scandone, P. and Scarpa, R. (1982): Seismotectonics of the Calabrian Arc. *Tectonophysics*, **84**: 267-286.
Gelfand, I. M., Guberman, Sh. I., Izvekova, M. L., Keilis-Borok, V. I. and Ranzman, E. Ja. (1972): Criteria of high seismicity, determined by pattern recognition. *Tectonophysics*, **13**: 415-422.
Gill, J. E. (1941): Fault nomenclature. *Royal Soc. Canada Trans.*, **35**: 71-85.
Gonzales, J. J., Nava, F. A. and Reyes, C. A. (1984): Foreshock and aftershock

activity of the 1976 Mesa de Andrade, Mexico, Earthquake. *Bull. Seism. Soc. Am.*, **74**: 223-233.

Gutenberg, B. (1945 a): Amplitudes of surface waves and magnitudes of shallow earthquakes. *Bull. Seism. Soc. Am.*, **35**: 3-12.

Gutenberg, B. (1945 b): Amplitude of P, PP and magnitudes of shallow earthquake. *Bull. Seism. Soc. Am.*, **35**: 57-69.

Gutenberg, B. (1945 c): Magnitude determination for deep-focus earthquakes. *Bull. Seism. Soc. Am.*, **35**: 117-130.

萩原尊礼 (1944): 断層の動きと地表傾斜変化の観測. 震研彙報, **22**: 66-71.

濱　修・寒川　旭 (1987): 滋賀県大津市の螢谷遺跡において認められた地震跡. 地質ニュース, **390**: 18-19.

Hancock, P. L. and Barka, A. (1980): Plio-Pleistocene reversal of displacement on the north Anatolian fault zone. *Nature*, **286**: 591-594.

Hancock, P. L. and Barka, A. (1981): Opposed shear senses inferred from neotectonic mesofracture systems in the north Anatolian fault zone. *Struct. Geol.*, **3**: 383-392.

Hanks, T. C., Bucknam, R. C., Loajoie, K. R. and Wallace, R. E. (1984): Modification of wave-cut and faulting controlled landforms. *J. G. R.*, **89**: 5771-5790.

Hanks, T. C. and Wallace, R. E. (1985): Morphological analysis of the Lake Lahontan shoreline and beachfront fault scarps, Pershing County, Nevada. *Bull. Seism. Soc. Am.*, **75**: 835-846.

林　唯一 (1987): 知多半島の中新統師崎層群の堆積時造構造運動. 地学雑, **96**: 278-293.

碧海康温 (1915): 大正三年三月十五日秋田県仙北郡ニ発シタル地震ニ就キテ. 震災予防調査報告, **82**: 1-32.

Hempton, M. R. and Dunne, L. A. (1984): Sedimentation in pull-apart basins: Active examples in eastern Turkey. *Jour. Geol.*, **92**: 513-530.

Hill, M. (1947): Classification of faults. *Am. Assoc. Petroleum Geol. Bull.*, **31**: 1669-1673.

平林照雄 (1969): 北部フォッサ・マグナの松本-長野線と小谷隆起帯について. グリーンタフに関する諸問題, 日本地質学会第76学術大会総合討論会資料, pp. 117-122.

平野信一 (1981): 阿寺断層の第四紀後期の断層活動と地震発生予測. 月刊地球, **28**: 250-257.

平野信一 (1984): 千屋断層系に沿う地震発生時期の推定. 地理学論, **57(Ser. A)-3**: 173-185.

平野信一・中田　高・寒川　旭 (1986): ルソン島中部におけるフィリピン断層の第四期後期の断層運動. 地学雑, **95**: 71-93.

堀口万吉・角田史雄・町田明夫・昼間　明 (1985): 埼玉県深谷バイパス遺跡で発見された古代の"噴砂"について. 埼玉大学紀要 (自然科学編), **21**: 243-249.

星野一男・橋本知昌・松田時彦 (1978): 伊豆半島活断層図 (1:100,000 及び 1:50,000) 及び説明書, 地質調査所, 8 p.

星野一男・村井 勇 (1967)：松代町周辺の断裂系統. 防災科学技術総合研究速報, **5**：37-40.
Hsu, T.L. (1976)：Neotectonics of the longitudinal valley, eastern Taiwan. *Bull. Geol. Sur. Taiwan*, **25**：53-62.
Hutt, L. (1979)：Active earth deformation. *Report N.Z.G.S.*, **89**：1-12.
藤田和夫 (1968)：六甲変動，その発生前後. 第四紀研究, **7**：248-260.
藤田和夫 (1977)：西南日本の第四紀地殻変動とプレートテクトニクス. 地団研専報, **20**：227-238.
藤田和夫 (1983)：日本の山地形成論——地質学と地形学の間，蒼樹書房，東京, 466 p.
Huzita, K., Kishimoto, K. and Shiono, K. (1973)：Neotectonics and seismicity in the Kinki area, southwest Japan. *Geosci. Osaka City Univ.*, **16**：93-124.
Iacopi, R. (1971)：Earthquake Country, Lane Publ., California, 160 p.
市川浩一郎・宮田隆夫 (1973)：中新世前の中央構造線（とくに近畿地方）. 中央構造線（杉山隆二編），東海大学出版会，東京, pp. 87-96.
市川政治 (1966)：日本付近の地震のメカニズムに関する統計的研究と二・三の問題. 気象庁研究時報, **18**：83-154.
伊原敬之助・石井清彦 (1932)：北伊豆震災地調査邦文. 地調報告, **112**, 111 p.
飯田汲事・坂部和夫 (1972)：三河地震における深溝断層の延長部について. 地震（第2輯），**24**：44-55.
池辺 穣・大沢 吉・井上寛生 (1979)：酒田地域の地質. 地域地質研究報告（5万分の1地質図幅），地質調査所, 42 p.
池田安隆 (1979)：大分県中部火山地域の活断層系. 地理評, **52**：10-29.
池谷元伺 (1978)：電子磁気共鳴による年代測定. 応用物理, **47**：979-982.
Illies, J.H. and Greiner, G. (1979)：Holocene movements and state of stress in the Rhine Graben rift system. *Tectonophysics*, **52**：349-359.
今泉俊文・千屋断層発掘調査研究グループ (1983)：陸羽地震（1986年）・千屋断層のトレンチ調査. 地震学会講演予稿集, **1**：215.
今泉俊文・東郷正美・岡田篤正・松田時彦・岡谷断層発掘調査グループ (1984)：糸静線活断層系・岡谷断層（新称）のトレンチ調査結果（その2）. 日本地理学会予稿集, **25**：28.
今泉俊文 (1987)：三浦半島南東部沖金田湾における海底活断層の発見（新称：金田湾断層）. 活断層研究, **4**：28-36.
今村明恒 (1910)：明治42年姉川地震調査報告. 震予報, **70乙**：1-64.
今村明恒 (1911)：安政元年夏の地震. 震予報, **77**：1-16.
今村明恒 (1913)：明治29年の陸羽地震. 震予報, **77**：78-87.
今村明恒 (1915)：大正3年秋田県仙北郡大地震調査報文. 震予報, **82**：1-32.
今村明恒 (1921)：奥羽西部の地震帯. 震予報, **95**：1-102.
今村明恒 (1927)：但馬地震調査報告. 震予報, **101**：1-30.
今村明恒 (1929)：大正12年関東大地震震源の多元性と此地震に関連せる断層系との関係に就いて. 地震, **1**：783-792.
井上宇胤 (1950)：昭和20年1月13日の三河地震について. 験震時報, **14**：49-55.

石川俊夫 (1938): 5月29日地震後の屈斜路地方見聞. 科学, 8: 409-414.
伊藤谷生 (1977): 秋田県二ツ井付近七座背斜の成長と堆積環境の解析. 地質雑, 83: 509-521.
Ito, T., Uesugi, Y., Yonezawa, H., Kano, K., Someno, M., Chiba, T. and Kimura, T. (1987): Analytical method for evaluating superficial fault displacements in volcanic air fall deposits: case of the Hirayama Fault, south of Tanzawa Mountain, central Japan, since 21,500 years B. P.. *J. G. R.*, **92**: 10683-10695.
Jackson, J. A., Fitch, T. J. and McKenzie, D. P. (1981): Active thrusting and the evolution of the Zagros fold belt. Thrust and Nappe Tectonics, Geol. Soc., London, pp. 371-379.
Jaroszewski, W. (1984): Fault and Fold Tectonics (Kirk, W. L. trans. ed.), Halsted Press: a division of John Wiley & Sons, New York, 565 p.
Jennings, C. W. (1973): Preliminary fault and geologic map(1: 750,000). California Division of Mines and Geology, Preliminary Report.
門村 浩・松田磐余・高橋 博 (1983): 実録 安政大地震 その日静岡県は, 静岡新聞社, 静岡, 223 p.
Kailasam, L. N. (1979): Holocene deformation and crustal movements in some type areas of India. *Tectonophysics*, **52**: 211-222.
貝塚爽平 (1972): 島弧系の大地形とプレートテクトニクス. 科学, **42**: 573-581.
垣見俊弘・衣笠善博・鈴木尉元・小玉喜三郎・三梨 昂 (1977): 1974年伊豆半島沖地震に関する地質学的調査. 地質調査所特別報告, **6**: 1-52.
垣見俊弘・衣笠善博・加藤碵一 (1978): 日本活断層図 (1:2,000,000), 地質調査所.
鎌田清吉・細野武男・伊藤公介・早川正己 (1966): 音波探査法による新潟地震震央付近海域の地質構造. 地質調査所特別報告, **3**: 32-42.
Kaneko, S. (1966): Transcurrent displacement along the median line, southwestern Japan. *New Zealand J. G. G.*, **9**: 45-59.
金折裕司・猪原芳樹・宮腰勝義・佐竹義典 (1982): 跡津川断層に伴う断層内物質 (その 1). 応用地質, **23**: 137-155.
金折裕司・宮腰勝義・角田隆彦・佐竹義典 (1978): 断層粘土中の石英粒子の表面構造. 電中研報告, **377011**: 1-21.
笠原慶一 (1968): 地殻変動と発震機構. 地質学論集, **2**: 3-8.
Katili, J. A. and Hehuwat, F. (1967): On the occurrence of large transcurrent faults in Sumatra, Indonesia. *J. Geosci. Osaka City Univ.*, **10**: 5-17.
加藤愛雄 (1938): 昭和13年5月29日の北海道屈斜路湖岸に発せる強震について. 地震, **10**: 321-333.
Kato, H. (1979): Folds of miocene formations in Higashi-Chikuma district, Nagano prefecture, central Japan. *Bull. Geol. Surv. Japan*, **30**: 71-130.
加藤碵一 (1980 a): 日本活断層図 (1:2,000,000, 1978) について, その1—地質及び地震断層. 地調月報, **31**: 1-17.
加藤碵一 (1980 b): 日本活断層図 (1:2,000,000, 1978) について, その2—活断層. 地調月報, **31**: 153-168.

加藤碵一 (1983): トルコの地震と地震断層について. 構造地質 (構造地質研究会誌), **29**: 113-124.
加藤碵一 (1984): 北アナトリア断層 (トルコ) 東部地域の地震断層について. 地学雑, **93**: 17-33.
加藤碵一・赤羽貞幸 (1986): 長野地域の地質. 地域地質研究報告 (5万分の1地質図幅), 地質調査所, 120 p.
加藤碵一・佐藤岱生 (1983): 信濃池田地域の地質. 地域地質研究報告 (5万分の1地質図幅), 地質調査所, 93 p.
加藤碵一・加藤 完・赤羽貞幸 (1986): 長野県善光寺地震断層周辺の建造物の亀裂と α トラック調査. 地震学会講演予稿集, **2**: 131.
加藤碵一・Murat Erendil・Ismail Kuscu (1986): Armutlu 半島 (トルコ) のテクトニクス. 日本地質学会第93年学術大会講演要旨, p. 529.
活断層研究会編 (1980): 日本の活断層——分布図と資料, 東京大学出版会, 東京, 363 p.
活断層研究会編 (1982): 日本の活断層図 (1:2,000,000), 東京大学出版会, 東京, 14 p.
勝又 護・徳永規一 (1971): 震度Ⅳの範囲と地震の規模および震度と加速度の対応. 験震時報, **36**: 89-96.
河角 広 (1970): 関東南部地震69年周期の証明とその発生の緊迫度ならびに対策の緊急性と問題点. 地学雑, **79**: 115-138.
Kerr, R. A. (1985): Unexpected young fault found in Oklahoma. *Science*, **227**: 1187-1188.
Ketin, I. (1968): Relation between general tectonic features and the main earthquake region of Turkey. *Bull. Min. Res. Exp. Inst.*, **71**: 63-67.
岸上冬彦 (1958): 1984年の庄内地震の研究. 震研彙報, **36**: 227-233.
岸本兆方 (1973): 関西地域における地震活動と応力場. 京大防災研年報, **16**: 9-21.
気象庁 (1968): 松代群発地震調査報告. 1965.8-1967.12. 気象庁技術報告, No. 62, 556 p.
小林洋二 (1977): 第三紀・第四紀の日本列島構造発達史を編むにあたっての私見. 地団研専報, **20**: 239.
Koch, T. W. (1933): Analysis and effects of current movement on an active fault in Buena Vista Hills oil field, Kern County, California. *Am. Assoc. Petroleum Ged. Bull.*, **7**: 694-712.
小玉喜三郎・鈴木尉元・宮下美智夫・相馬庸三 (1974): 上・中越地域の水準点変動と地質構造の相関. 地質調査所報告, **250-2**: 37-51.
小出 仁 (1970): 割れ目の発達過程—① 割れ目のパターンと発達過程. 地質ニュース, **192**: 16-23.
小出 仁・山崎晴雄・佃 栄吉・正井義郎 (1978): 1978年伊豆大島近海の地震調査速報. 地質ニュース, **284**: 1-13.
小出 仁・山崎晴雄・加藤碵一 (1979): 地震と活断層の本, 国際地学協会, 東京, 123 p.
Kolotov, B. A., Chmyriov, V. M. and Abdullah, Sh. (1979): The Neogene-quaternary tectonics and regularities of the mineral-water springs arrangement in Afghanistan. *Tectonophysics*, **52**: 344.
河野芳輝 (1983): 中部日本北部の重力異常 (2)—地形, 地震活動, 活断層, 構造線との

比較一. 地震, **36**: 247-253.
小藤文次郎 (1895): 庄内地震に関する地質学上調査報告. 震予報, **8**: 1-22.
Kralik, M., Klima, K. and Riedmuller, G. (1987): Dating fault gouges. *Nature*, **327**: 315-317.
Kuenen, P. H. (1958): Experiments in geology. *Geol. Mag.*, **23**: 1-28.
国富信一 (1928): 北丹後烈震に現われたる断層. 地震, **3**: 43.
倉沢 一・加藤碵一 (1979): 東伊豆・稲取地区の地震断層周辺の地質. 地質調査所特別報告, **7**: 3-6.
黒川 泰・西田良平・赤木三郎 (1983): 鹿野・吉岡断層の再調査と最近の微小地震分布. 地震学会講演予稿集, **1**: 218.
桑原 徹 (1968): 濃尾盆地と傾動地塊運動. 第四紀研究, **7**: 235-247.
京都大学防災研究所 (1983): 濃尾地震断層系のトレンチ調査. 地震予知連絡会会報, **29**: 360-367.
京都大学防災研究所 (1985): 中央構造線 (岡村断層) のトレンチ調査. 地震予知連絡会会報, **33**: 446-454.
Lahr, J. C., Page, R. A., Stephens, C. D. and Fogleman, K. A. (1986): Sutton, Alaska, earthquake of 1984: evidence for activity on the Talkeetna segment of the Castle Mountain fault system. *Bull. Seism. Soc. Am.*, **76**(4): 967-983.
Lemke, R. W., Dobrovolny, E., Alvarez, S. L. and Oritz, O. F. (1968): Geologic and related effects of the Taltal earthquake, Chile, of December 28, 1966. *Bull. Seism. Soc. Am.*, **58**: 851-859.
Lomnitz, C. (1971): The Peru earthquake of May 31, 1970: Some preliminary seismological results. *Bull. Seism. Soc. Am.*, **61**: 535-542.
Lomnitz, C. and Schulz, R. (1966): The San Salvador earthquake of May 3, 1965. *Bull. Seism. Soc. Am.*, **56**: 561-575.
Lyons, J. B. and Snellenburg, J. (1971): Dating faults. *Geol. Soc. Amer. Bull.*, **82**: 1749-1752.
松田時彦 (1966): 跡津川断層の横ずれ変位. 震研彙報, **44**: 1179-1211.
松田時彦 (1967): 松代地震断層の地質学的性質. 震研彙報, **45**: 537-550.
松田時彦 (1972): 1930年北伊豆地震の地震断層. 伊豆半島, 東海大学出版会, 東京, pp. 73-93.
松田時彦 (1973): 活断層としての中央構造線. 中央構造線 (杉山隆二編), 東海大学出版会, 東京, pp. 97-109.
松田時彦 (1974): 1891年濃尾地震の地震断層. 震研速報, **13**: 85-126.
松田時彦 (1975): 活断層から発生する地震の規模と周期について. 地震, **28**: 269-283.
松田時彦 (1976): 活断層と地震——その地質学的研究. 地質学論集, **12**: 15-32.
松田時彦・深尾良夫 (1971): ずれてゆくニュージーランド. 科学, **41**: 119-131.
松田時彦・岡田篤正 (1968): 活断層. 第四紀研究, **7**: 188-199.
松田時彦・岡田篤正 (1977): 断層破砕帯の破砕度階級—野外観察による分類試案—. MTL (中央構造線), **2**: 117-126.
松田時彦・太田陽子・安藤雅孝・米倉伸之 (1974): 元禄関東地震 (1703) の地学的研究.

関東地方の地震と地殻変動(垣見俊弘・鈴木尉元編),ラティス,東京,pp. 175-192.
松田時彦・柴野睦郎(1965):昭和40年4月20日静岡・清水付近地震被害地調査報告——とくに地震学的塊について. 震研彙報, **43**: 625-639.
松田時彦・山科健一郎(1974):1974年伊豆半島沖地震の地震断層. 震研速報, **14**: 135-158.
松田時彦・山崎晴雄・中田 高・今泉俊文(1980):1896年陸羽地震の地震断層. 震研彙報, **55**: 795-855.
松本征夫(1977):九州におけるグリンタフ変動と島弧変動の火山活動. 地団研専報, **20**: 257-264.
松本征夫・坂田輝行・松尾孝一・林 正雄・山崎達雄(1973):大分県九重火山北麓の火山地質. 九大生産研報告, **57**: 1-15.
松本利松(1959):1959年1月3日北海道弟子屈地震の余震観測報告. 震研彙報, **37**: 531-544.
松島義章・伴 信夫(1979):糸魚川-静岡構造線の活動によって変位した諏訪湖南東岸の縄文住居址. 第四紀研究, **18**: 155-160.
McConnell, R.B. (1972): Geological development of the rift system of eastern Africa. *Geol. Soc. Am. Bull.*, **83**: 2548-2572.
McKenzie, D.P., Davies, D. and Molnar, P. (1970): Plate tectonics of the Red Sea and east Africa. *Nature*, **15**: 1-32.
Mendoza, C. and Dewey, J.W. (1984): Seismicity associated with the great Colombia-Ecuador earthquakes of 1942, 1958, and 1979: implications for barrier models of earthquake rupture. *Bull. Seism. Soc. Am.*, **74**: 577-593.
Metz, H.L. (1968): Geology of the El Pilar Fault Zone, State of Sucre, Venezuela (Saunders, J.B. ed.), Trans., 4th Caribbean Geol. Conf., Trinidad, pp. 193-198.
Mezcua, J., Herraiz, M. and Buforn, E. (1984): Study of the 6 June 1977 Lorca (Spain) earthquake and its aftershock sequence. *Bull. Seism. Soc. Am.*, **74**: 167-179.
Mikumo, T. (1973): Faulting mechanism of the Gifu earthquake of September 9, 1969 and some related problems. *J. Phys. Earth.*, **2**: 191-212.
宮村攝三(1943):鹿野断層及び吉岡断層をよぎりての水準測量. 地震, **15**: 285-288.
宮村攝三(1944):昭和18年9月10日の鳥取地震において現われた鹿野・吉岡断層及びその他地震後の変動の精密水準測量による観測. 震研彙報, **22**: 49-59.
宮村攝三・岡田 惇(1956):米代川にそう一部水準路線の測量(第3報)—1955年10月19日二ツ井地震にともなう水準変動—. 震研彙報, **34**: 373-380.
宮沢芳紀・衣笠善博(1977):石廊崎断層の余効的運動. 地質調査所特別報告, **6**: 105-120.
Mogi, K. (1963): Some discussions on aftershocks, and earthquake swarms. *Bull. Earthq. Res. Inst.*, **41**: 615-658.
Molnar, P. and Denq, Q. (1984): Faulting associated with large earthquakes and the average rate of deformation in central and eastern Asia. *J.G.R.*, **89**: 6203-6227.
Moody, J.D. and Hill, M.J. (1956): Wrench-Fault tectonics. *Bull. Geol. Soc. Am.*,

67 : 1207-1248.
村井　勇 (1954)：福井平野周辺地域の地質構造解析．震研彙報, **33** : 121-151.
村井　勇 (1967)：松代群発地震地域のわかれめ系解析．震研彙報, **45** : 505-536.
村井　勇・金子史朗 (1974)：1974年伊豆半島沖地震の震源断層．とくに活断層および構造との関係．震研速報, **14** : 159-203.
村井　勇・金子史朗 (1975)：大分県中・西部の構造地形と大分県中部地震．震研彙報, **50** : 329-342.
村松郁栄 (1963)：濃尾地震激震域の震度分布および地殻変動．岐阜大学学芸学部研究報告―自然科学, **3** : 202-224.
村松郁栄 (1969)：震度分布と地震のマグニチュードとの関係．岐阜大学教育学部研究報告―自然科学, **4** : 168-176.
Murany, E. E. (1972) : Tectonic basis for Anaco fault, eastern Venezuela. *Am. Assoc. Petro. Geol. Bull.*, **56** : 860-870.
武者金吉 (1943)：増訂大日本地震資料, No. 3, 鳴鳳社, 東京, pp. 457-789.
武藤　章・豊蔵　勇・松浦一樹・池戸正行 (1981)：活断層調査の例――柳ヶ瀬断層．応用地質, **22** : 32-51.
長野県建築士会 (1973)：長野市地盤図, 長野県建築士会長野支部, 長野, pp. 211-214.
中村一明・笠原慶一・松田時彦 (1964)：新潟地震による粟島の地変．震研速報, **8** : 73-90.
Nakamura, K. and Tsuneishi, Y. (1966) : Ground cracks at Matsushiro probably of underlying strike-slip fault origin, I -Preliminary report. *Bull. Earthq. Res. Inst.*, **44** : 1371-1384.
Nakamura, K. and Tsuneishi, Y. (1967) : Ground cracks at Matsushiro probably of underlying strike-slip fault origin, II -The Matsushiro earthquake fault. *Bull. Earthq. Res. Inst.*, **45** : 417-471.
中村一明・松田時彦 (1968)：北部フォッサ・マグナとその周辺地域の地質区と地震活動．地質学論集, **2** : 63-69.
中村一明・宝木帰一 (1971)：世界の変動帯．アイスランド―裂けて拡がる変動帯―. 科学, **41** : 185-199.
中村一明 (1984)：日本海・フォッサマグナプレート収束境界説考．地球, **6** : 25-28.
中村新太郎 (1927a)：丹後峰山地震に顕はれたる起震線と地弱線(上)．地球, **7** : 260-272.
中村新太郎 (1927b)：丹後峰山地震に顕はれたる起震線と地弱線(下)．地球, **7** : 431-440.
中根勝見 (1973)：日本における定常的な水平地殻歪．測地学会誌, **19** : 190-208.
Nash, D. B. (1980) : Morphologic dating of degraded fault scarps. *J. Geol.*, **88** : 353-360.
Naugler, F. P. and Wageman, J. M. (1973) : Gulf of Alaska : Magnetic anomalies, fracture zones, and plate interaction. *Geol. Soc. Am. Bull.*, **84** : 1575-1584.
Nikonov, A. A. (1976) : Letter section migration of large earthquakes along the great fault zones in middle Asia. *Tectonophysics*, **31** : 55-60.
仁科良夫 (1973)：大峯変動について．信濃教育, **1040** : 51-64.
North, R. C. (1974) : Seismic slip rate in the Mediterranean and Middle East. *Nature*, **252** : 560-563.

Nowroozi, A. A. (1976): Seismotectonic provinces of Iran. *Bull. Seism. Soc. Am.*, 66: 1249-1276.

Nowroozi, A. A. (1985): Empirical relations beetween maguitudes and fault parameters for earthquakes in Iran. *Bull. Seism. Soc. Am.*, 75: 1327-1338.

小笠原義勝 (1949): 福井地震の被害と地変. 特に地震と断層運動について. 地理調査所時報, **特報 2**: 2-13.

Okada, A. (1971): On the neotectonics of the Atacama fault zone region—Preliminary notes on late Cenozoic faulting and geomorphic development of the coast range of northern Chile—. *Bull. Dep. Geography, Univ. Tokyo*, 3: 48-65.

岡田篤正 (1973): 中央構造線の第四紀断層運動について. 中央構造線, 東海大学出版会, 東京, pp. 49-86.

岡田篤正 (1977): 北部チリのアタカマ断層系および中南部チリ (プエルトモント周辺) の氷河地形調査の問題点. *Quaternary Res.*, 15: 222-224.

岡田篤正 (1977): 中央構造線中央部における最新の断層運動―沖積世の変位地形・変位量・地震との関係について―. MTL 研究連絡誌, 2: 29-44.

岡田篤正 (1979): 愛知県の地質・地盤 (その 4) 〔活断層〕―愛知県と周辺地域における活断層と歴史地震―, 愛知県防災会議地震部会, 愛知, 122 p.

岡田篤正 (1980): 中央構造線活断層系の性質と形成過程. 月刊地球, 2: 510-517.

岡田篤正 (1981): 活断層としての阿寺断層. 地球, 29: 372-382.

岡田篤正・安藤雅孝 (1979): 日本の活断層と地震. 科学, 49: 158-169.

岡田篤正・安藤雅孝・佃 為成 (1981): 鹿野断層の発掘調査とその地形・地質・地震学的考察. 京都大学防災研究所年報, 24: 105-126.

岡田篤正・粟田泰夫・奥村晃史・東郷正美 (1986): 阿寺断層系・萩原断層のトレンチ発掘調査. 地震学会講演予稿集, 2: 133.

岡田篤正・熊木洋太 (1983): 宮川の段丘と跡津川断層の変位. 月刊地球, 5: 411-416.

岡田篤正・松田時彦 (1976): 岐阜県東部, 小野沢峠における阿寺断層の露頭と新期断層運動. 地理評, 49: 632-639.

表 俊一郎 (1955): 鳥取地震予知観測 (第 2 報) (英文). 震研彙報, 33: 641-661.

大橋良一 (1915): 大正三年秋田地震就キテ. 震災予防調査会報告, 82: 37-42.

大橋良一 (1927): 秋田断層, 即ち天長大地震の震源に就て. 地理評, 3: 763-773.

大橋良一 (1928): 文化 7 年の男鹿地震と鮎川断層. 地理評, 4: 190-207.

大橋良一 (1936): 秋田市外高清水丘陵における二条の横辷断層と天長地震との関係. 地理評, 12: 804-813.

大森房吉 (1894): 濃尾地震概報. 地質雑, 1: 425-437.

大森房吉 (1895): 明治 27 年 10 月 22 日庄内地震概報告. 震予報, 3: 79-106.

大森房吉 (1899): 明治二十四年十月二十八日濃尾大地震ニ関スル調査. 震予報, 28: 79-95.

大森房吉 (1900): 明治二十四年十月二十八日濃尾大地震ノ調査 (第二回報告). 震予報, 32: 67-87.

大森房吉 (1921): 大正 7 年信州大町激震調査報告. 震予報, 94: 16-69.

大森房吉 (1922): 大正 7 年信州大町激震調査報告 (第 2 回). 震予報, 98: 23-31.

大森房吉 (1924):弘化四年三月二十四日ノ善光寺大地震.震予報,68乙:93-109.
大沢 穠・池辺 穣・平山次郎・粟田泰夫・高安泰助 (1984):能代地域の地質.地域地質研究報告(5万分の1図幅),地質調査所,91 p.
太田陽子 (1976):ニュージーランドにおける横ずれ活断層による変位地形.地質学論集,12:159-170.
太田陽子・糸静線発掘調査研究グループ (1984):富士見・茅野地区における糸静線活断層系のトレンチ調査.地震学会講演予稿集,1:227.
大塚弥之助 (1942):活動している皺曲構造.地震,14:46-63.
大塚弥之助 (1948):活断層,休断層,癒着断層(又は死断層).科学,18:457-458.
Ouyed, M., Meghraoui, M., Clsternas, A., Deschamps, A., Dorel, J., Frechet, J., Gaulon, R., Hatzfeld, D. and Philip, H. (1981): Seismotectonics of the El Asnam earthquake. *Nature*, **292**: 26-31.
Packer, D., Brogan, G. E. and Stone, D. B. (1975): New data on plate tectonics of Alaska. *Tectonophysics*, **29**: 87-102.
Pennington, W. D. (1981): Subduction of the eastern Panama basin and seismotectonics of northwestern South America. *J. G. R.*, **86**: 10753-10770.
Pezzo, E. D., Iannaccone, G., Martini, M. and Scarpa, R. (1983): The 23 November 1980 southern Italy earthquake. *Bull. Seism. Soc. Am.*, **73**: 187-200.
Philip, H. and Megard, F. (1977): Structural analysis of the superficial deformation of the 1969 Paviahuanca earthquakes (central Peru). *Tectonophysics*, **38**: 259-278.
Philip, H. and Meghroui, M. (1983): Structural analysis and interrekation of the surface deformations of El Asnam earthquake of 10 October 1980. *Tectonics*, **2**: 17-49.
Plafker, G. (1976): Tectonic aspects of the Guatemala earthquake of 4 February 1976. *Science*, **193**: 1201-1208.
Plafker, G. and Savage, J. C. (1970): Mechanism of the Chilean earthquakes of May 21 and 22, 1960. *Geol. Soc. Am. Bull.*, **81**: 1001-1030.
Pollack, H. N. and Chapman, D. S. (1977): On the regional variation of heat flow, geotherms, and lithospheric thickness. *Tectonophysics*, **38**: 279-296.
Quittmeyer, R. C. and Jacob, K. H. (1979): Historical and modern seismicity of Pakistan, Afghanistan, northwestern India, and southeastern Iran. *Bull. Seism. Soc. Am.*, **69**: 773-823.
Ramirez, J. E. S. J. (1971): The destruction of Bahia Salano, Colombia, on September 26, 1970 and the rejuvenation of a fault. *Bull. Seism. Soc. Am.*, **61**: 1041-1049.
Ramsay, J. G. (1987): The Techniques of Modern Structural Geology, Vol. 2: Folds and Fractures, Academic Press, London, 700 p.
Richter, C. F. (1935): An instrumental magnitude scale. *Bull. Seism. Soc. Am.*, **25**: 1-32.
Rogers, D. A. (1980): Analysis of pull-apart basin development produced by en

echelon strike-slip faults. *Spec. Publ. Int. Assoc. Sedimental.*, **4** : 27-41.
貞広太郎・見野和夫 (1983)：福井地震断層探査. その 2：γ 線測定. 地震学会講演予稿集, **1** : 220.
坂部和夫・飯田汲事 (1975)：三河地震における深溝断層について. 地震 (第 2 輯), **28** : 373-378.
坂部和夫・飯田汲事 (1976)：三河地震における深溝断層の延長部と共役な地震断層. 地震 (第 2 輯), **29** : 411-413.
寒川　旭 (1977)：紀ノ川中流域の地形発達と地殻変動. 地理評, **50** : 578-595.
寒川　旭 (1978)：有馬-高槻構造線中・東部地域の断層変位地形と断層運動. 地理評, **51** : 760-775.
寒川　旭 (1986 a)：誉田山古墳の断層変位と地震. 地震 (第 2 輯), **39** : 15-24.
寒川　旭 (1986 b)：寛政 11 年 (1799 年) 金沢地震による被害と活断層. 地震 (第 2 輯), **39** : 653-663.
寒川　旭 (1987)：慶長 16 年 (1611 年) 会津地震による地変と地震断層. 地震 (第 2 輯), **40** : 235-245.
寒川　旭・佃　栄吉 (1987)：琵琶湖西岸の活断層と寛文 2 年 (1662 年) の地震による湖岸地域の水没. 地質ニュース, **390** : 6-12.
寒川　旭・佃　栄吉・葛原秀雄 (1987)：滋賀県高島郡今津町の北仰西海道遺跡において認められた地震跡. 地質ニュース, **390** : 13-17.
佐々憲三 (1944)：鳥取大地震前後の傾斜変動. 科学, **14** : 220-221.
沢村孝之助・垣見俊弘・曽我部正敏・小林　勇・長谷紘和 (1967)：松代地震域の地質と地質構造. 防災科学技術総合研究速報, **5** : 3-11.
佐山　守・河角　広 (1973)：古記録による歴史的大地震の調査（第一報）（弘化四年三月二十四日善光寺地震）. 震研速報, **10** : 1-50.
Scholz, C. H., Beavan, J. and Hanks, T. C. (1979) : Frictional metamorphism, argon depletion, and tectonic stress on the Alpine fault, New Zealand. *J. G. R.*, **84** : 6770-6782.
Schubert, C. (1979) : El Pilar fault zone, northeastern Venezuela : Brief review. *Tectonophysics*, **52** : 447-455.
Schubert, C. (1982) : Neotectonics of Bocono fault, western Venezuela. *Tectonophysics*, **85** : 205-220.
Schwartz, D. P., Cluff, L. S. and Donnelly, T. W. (1979) : Quaternary faulting along the Caribbean-north American plate boundary in central America. *Tectonophysics*, **52** : 431-445.
Seih, E. K. (1981) : A Review of geological evidence for recurrence times of large earthquakes. Earthquake Prediction, Mauvice Ewing Series 4, Am. Geoph. Union, Washington D. C., pp. 181-207.
千田　昇 (1979)：中部九州の新期地殻変動——とくに第四紀火山岩分布地域における活断層について. 岩手大学教育学部研究年報, **39** : 37-75.
仙台管区気象台 (1956)：秋田県米代川下流域地震調査報告. 験震時報, **21** : 27-41.
Sezawa, K. and Nishimura, G. (1929) : On the possibility of the block movements

of the earth crust. *Bull. Earthq. Res. Inst.*, VIII : 13-43.
Sheppard, D. S., Adams, C. J. and Bird, G. W. (1975) : Age of metamorphism and uplift in the Alpine schist belt. *New Zealand Geol. Soc. Am. Bull.*, 86 : 1147-1153.
柴田 賢・高木秀雄 (1988):中央構造線沿いの岩石および断層内物質の同位体年代―長野県分杭峠地域の例―. 地質雑, **94(1)** : 35-50.
島 悦三・柴野睦郎 (1956):二ツ井地震概説. 震研彙報, **34** : 114-129.
Shimazaki, K. and Nakata, T. (1980) : Timepredictable recurrence model for large earthquakes. *Geophys. Res. Lett.*, **7** : 279-282.
島崎邦彦・中田 高・千田 昇・宮武 隆・岡村 真・白神 宏・前杢英明・松木宏彰・辻井 学・清川昌一・平田和彦 (1986):海底活断層のボーリング調査による地震発生時長期予測の研究―別府湾海底断層を事例として―(予報). 活断層研究, **2** : 83-88.
首藤次男・日高 稔 (1971):大分地方の沖積層. とくに別府湾の起源について. 九大理研究報告, **11** : 87-104.
Sibson, R. H. (1975) : Generation of pseudotachylyte by ancient seismic faulting. *Geophys. J. R. Astr. Soc.*, **43** : 775-794.
Sims, J. D. (1973) : Earthquake-induced structures in sediments of Van Norman Lake, San Fernando, California. *Science*, **182** : 161-163.
Sims, J. D. (1975) : Determining earthquake recurrence intervals from deformational structures in young lacustrine sediments. *Tectonophysics*, **29** : 141-152.
Singh, S., Jain, A. K., Singh, V. N. and Srivastava, L. S. (1976) : The Kinnaur earthquake of January 19, 1975. A field report. *Bull. Seism. Soc. Am.*, **66** : 887-901.
Singh, S. K., Astiz, L. and Havskov, J. (1981) : Seismic gaps and recurrence periods of large earthquakes along the Mexican subduction zone : A reexamination. *Bull. Seism. Soc. Am.*, **71** : 827-843.
Sinvhal, H., Khattri, K. N., Rai, K. and Gaur, V. K. (1978) : Neo-tectonics and time-space seismicity of the Andaman-Nicobar region. *Bull. Seism. Soc. Am.*, **68** : 399-409.
Smith, S. W. and Wyss, M. (1968) : Displacement on the San Andreas fault subsequent to the 1966 Parkfield earthquake. *Bull. Seism. Soc. Am.*, **58** : 1955-1973.
St. Amand, P. and Allen, C. R. (1960) : Strike-slip faulting in northern Chile (abs.). *Geol. Soc. Am. Bull.*, **71** : 8965.
Steinbrugge, R. V. and Zacher, E. G. (1960) : Creep on the San Andreas fault. *Bull. Seism. Soc. Am.*, **50** : 389-415.
末廣重二ら (1948):福井地震踏査報告 (1)～(5). 験震時報. **14** (別冊):22-74.
杉村 新 (1974):関東地方と活断層. 関東地方の地震と地殻変動, ラティス, 東京, pp. 157-174.
鈴木康弘・池田安隆・渡辺満久・須貝俊彦・米倉伸之 (1988):トレンチ発掘調査による明治27年庄内地震の再検討. 地震学会講演予稿集, **1** : 222.
多田文男 (1927):活断層の二種類. 地理評, **3** : 983-990.

Tagami, T. and Nishimura, S. (1984): Thermal history of the Ryoke belt by fission track dating. *Rock Magn. Paleogeoph.*, **11**: 103-106.

高橋 博 (1970): 松代の深層ボーリングその後と水の圧入実験. 防災科学技術, **13**: 10-11.

竹村利夫・藤井昭二 (1984): 飛騨山地北縁部の活断層群. 第四紀研究, **22**: 297-312.

Takeuchi, A. (1978): The Pliocene stress field and tectonism in the Shin-Etsu region, central Japan. *J. Geosci. Osaka City Univ.*, **21**: 27-52.

竹内 章・山田敦夫 (1981): 跡津川断層北東部の露頭について. 日本地質学会 第88年学術大会講演要旨, p.478.

竹内文明・平野憲雄 (京大防災研北陸)・古川信夫 (京大防災研) (1983): 福井地震断層探査. その1: 全磁力. 地震学会講演予稿集, **1**: 219.

田中舘秀三 (1938): 昭和13年屈斜路地震, 1. 地震, **10**: 529-543.

田中舘秀三 (1939): 昭和13年屈斜路地震, 2. 地震, **11**: 16-26.

丹那断層発掘調査グループ (1983): 丹那断層 (北伊豆・名賀地区) の発掘調査. 震研彙報, **58**: 797-830.

Tapponnier, P. and Molnar, P. (1977): Active faulting and tectonics in China. *J. G. R.*, **82**: 2905-2930.

Tapponnier, P. and Molnar, P. (1979): Active faulting and Cenozoic tectonics of the Tien Shan, Mongolia, and Bykal regions. *J. G. R.*, **84**: 3425-3459.

Tatar, Y. (1978): Tectonic investigations on the north Anatolian fault zone between Erzincan and Refahiye. *Pub. Inst. Earth Sci. Hocettepe Univ.*, **4**: 1201-1236.

田山利三郎 (1931): 北伊豆地震と地質構造との関係. 斉藤報恩会報告, **11**: 1-54.

Tchalenko, J. S. (1970): Similarities between shear zones of different magnitudes. *Bull. Geol. Soc. Am.*, **81**: 1620-1640.

Tchalenko, J. S. and Braud, J. (1974): Seismicity and structure of the Zagros (Iran): The main recent fault between 33° and 35°N. *Phil. Trans. Roy. Soc. (London)*, **277**: 1-25.

寺田寅彦・宮部直巳 (1932): 秦野に於ける山崩. 震研彙報, **10**: 192-199.

東郷正美・岡田篤正 (1983): 断層変位地形からみた跡津川断層. 地球, **5**: 359-366.

東郷正美・今泉俊文・岡田篤正・松田時彦・岡谷断層発掘調査研究グループ (1984): 糸静線活断層系・岡谷断層 (新称) のトレンチ調査結果 (その1). 日本地理学会予稿集, **25**: 18.

東郷正美・今泉俊文・沢 祥・松田時彦 (1985): 長野県岡谷市・大久保遺跡にあらわれた断層露頭. 活断層研究, **1**: 55-66.

東郷正美・岡谷断層発掘調査研究グループ (1988): 糸静線活断層系・岡谷断層の活動歴. 地震学会講演予稿集, **1**: 223.

Tomblim, J. F. (1972): Seismicity and Plate Tectonics of the Eastern Caribbean (Petzall, C. ed.), Trans., 6th Caribbean Geol. Conf., Porlamar, pp. 277-282.

坪井誠太郎 (1922): 信州大町地震調査概報. 震予報, **98**: 13-21.

佃 栄吉 (1985): 1980年エルアスナム地震の地震断層構造地質. 構造地質研究会誌, **31**: 45-52.

佃　栄吉・杉山雄一・下川浩一 (1986)：トレンチ掘削調査——丹後半島，郷村・山田断層，原子力平和利用に関する研究成果報告書，断層の活動性調査報の標準化に関する研究，地質調査所，pp. 132-168.
佃　為成 (1978)：鹿野・吉岡断層付近の地震活動．京都大学防災研究所年報，21：47-56.
佃　為成 (1983)：跡津川断層の微小地震．地球，5：417-425.
恒石幸正 (1968)：松代地震断層の最近の変位．第5回科学総合シンポジウム講演論文集，pp. 173-175.
恒石幸正 (1976)：岐阜県中部地震に関連した断層．地質学論集，12：129-137.
恒石幸正 (1980)：富士川断層と伊豆半島のテクトニクスについて．地震学会講演予稿集，2：108.
恒石幸正・塩坂邦雄 (1981)：富士川断層と東海地震．応用地質，22：52-66.
Tsuneishi, Y. and Nakamura, K. (1970)：Faulting associated with the Matsushiro swarm earthquakes. *Bull. Earthq. Res. Inst.*, 48：29-51.
角田史雄・堀口万吉 (1981)：関東地方における大地震と小地震の震度分布の比較—埼玉県を例にして—．地質学論集，20：21-45.
津屋弘逵 (1938)：昭和13年5月29日屈斜路地震調査報告．地震，10：285-313.
津屋弘逵 (1944)：鹿野・吉岡断層との付近の地質．震研彙報，22：1-32.
津屋弘逵 (1946)：深溝断層（昭和20年1月13日三河地震の際現れた一地震断層）．震研彙報，24：59-75.
Tsuya, H. ed. (1950)：The Fukui earthquake of June 28, 1948. Report of the Special Committee for the Study of the Fukui Earthquake, Special Comm. for the study of the Fukui Earthquake, Tokyo, 197 p.
卯田　強・茅原一也 (1985)：北部フォッサ・マグナ地域の地震の分布と地質構造．新潟大・理・地鉱研究報告，5：105-122.
上治寅次郎 (1936)：伊賀上野に於ける安政地震碑並に常時の地変に就いて．地球，26：101-104.
植村　武 (1971)：流動研究に関する若干の問題．地質雑，77：273-278.
植村善博 (1985)：郷村・山田断層系の変位地形と断層運動．活断層研究，1：81-92.
梅田康弘・村上寛史・飯尾能久・長　秋雄・安藤雅孝・大長昭雄 (1984)：弥生時代の遺跡に残された地震跡．地震，37：465-473.
Untung, M., Buyung, N., Kertapati, E., Undang and Allen, C. R. (1985)：Rupture along the great Sumatran fault, Indonesia, during the earthquakes of 1926 and 1943. *Bull. Seism. Soc. Am.*, 75：313-317.
宇佐見龍夫 (1975)：資料 日本被害地震総覧，東京大学出版会，東京，p. 327.
宇佐見龍夫・松田時彦・東大資料編纂所・京大防災研上宝地殻変動観測所 (1979)：飛越地震（安政5年2月26日）と跡津川断層．地震学会講演予稿集，1：108.
宇津徳治 (1972)：北海道周辺における大地震の活動と根室南方沖地震について．地震予知連絡会報，7：7-13.
宇津徳治総編集 (1987)：地震の事典，朝倉書店，東京，568 p.
Valdiya, K. S. (1973)：Tectonic framework of India: A review and interpretation of recent structural and tectonic studies. *Geophys. Res. Bull.*, 11：79-114.

Verma, R. K., Mukhopadhyay, M. and Ahluwalia, M. S. (1976) : Seismicity, gravity, and tectonics of northeast India and northern Burma. *Bull. Seism. Soc. Am.*, **66** : 1683-1694.

Wallace, R. E. (1977) : Profiles and ages of young fault scarps, north-central Nevada. *Bull. Geol. Soc. Am.*, **88** : 1267-1281.

Wang-Ping, C. and Molnar, P. (1977) : Seismic moments of major earthquakes and the average rate of slip in central Asia. *J. G. R.*, **82** : 2945-2969.

渡辺久吉・佐藤才止 (1928)：丹後震災地調査報文. 地質調査所報告, **100** : 1-102.

渡辺満久 (1985)：奥羽脊梁山脈と福島盆地の分化に関する断層モデル. 地理評, **58 (Ser. A)** : 1-18.

Wellman, H. W. (1955) : New Zealand quaternary tectonics. *Geol. Rundsch.*, **43** : 248-257.

Wellman, H. W. (1966) : Active wrench faults of Iran, Afghanistan and Pakistan. *Geol. Rundsch.*, **55** : 716-735.

Wesnousky, S. G., Jones, L. M., Scholz, C. H. and Denq, Q. (1984) : Historical seismicity and rates of crustal deformation along the margins of the Ordos block, north China. *Bull. Seism. Soc. Am.*, **74** : 1767-1783.

Willis, B. (1937) : Geologic observations in the Philippine archipelago. *National Res. Council Philippine Bull.*, **13** : 1-127.

Wilt, J. (1958) : Measured movement along the surface trace of an active thrust fault in the Buena Vista Hills, Kern County, California. *Bull. Seism. Soc. Am.*, **48** : 169-176.

Witten, C. A. and Claive, C. N. (1960) : Analysis of geodetic measurements along the San Andreas fault. *Bull. Seism. Soc. Am.*, **50** : 404-416.

矢入憲二 (1974)：アフリカ大地溝にみられる雁行断層系. アフリカ研究, **14** : 21-46.

山崎直方 (1896)：陸羽地震調査概報. 震予報, **11** : 50-74.

山崎直方 (1925 a)：関東地震の地形学的考察. 震予報, **100 乙** : 11-54.

山崎直方 (1925 b)：但馬地震の震源. 地理評, **1** : 517-523.

山崎直方 (1927)：但馬地震ノ震源調査報告. 震予報, **101** : 31-34.

Yamasaki, N. (1928) : Active tilting of land blocks. *Proc. Imperial Acad.*, **Ⅳ** : 60-63.

Yamasaki, N. and Tada, F. (1927) : The Oku-Tango earthquake of 1927. 震研彙報, **4** : 159-177.

山科健一郎・村井 勇 (1975)：1975年大分県中部地震. 阿蘇北部地震のメカニズムについて，とくに活断層との関係. 震研彙報, **50** : 295-302.

山崎晴雄・粟田泰夫・佃 栄吉 (1984)：北伊豆断層系のトレンチ発掘調査. 地球, **6** : 158-164.

山崎晴雄・小出 仁・佃 栄吉 (1979)：「1978年伊豆大島近海地震」の際現れた地震断層. 地質調査所特別報告, **7** : 7-35.

安川克己・西村 進・一戸時雄 (1971)：断層運動の年代推定法. 地震学会講演予稿集, **1** : 61.

横田修一郎・塩野清治・屋舗増弘（1976）：伊賀上野の地震断層．地球科学，**30**：54-56.
横田修一郎・屋舗増弘・松岡数充・増原延昭（1975）：近畿中央部信楽・大和高原における断層系．日本地質学会第82年学術大会講演要旨，p.70.
York, J. E. (1976): Quarternary faulting in eastern Taiwan. *Bull. Geol. Sur. Taiwan*, **25**: 63-72.
吉岡敏和・加藤碩一（1987）：新潟県長岡市南西，親沢町における活断層露頭および断層変位地形．地質雑，**93**：361-367.
Zhou, H., Allen, C. R. and Kanamori, H. (1983): Rupture complexty of the 1970 Tonghai and 1973 Luhuo earthquakes, China, from p-wave inversion, and relationship to surface faulting. *Bull. Seism. Soc. Am.*, **73**: 1585-1597.
Ziony, J. I., Wentworth, C. M., Buchanan-Banks, J. M. and Wagner, H. C. (1974): Preliminary map showing recency of faulting in coastal southern California. *U. S. G. S.*

付　記

スピタク地震

1988年12月7日，ソビエト連邦アルメニア共和国に地震が発生した．$M7.0$，震源の深さ20 km と発表された．直下型の地震なので比較的狭い範囲であるが，多くの人的・物的被害を生じた．死者は4万人以上といわれる．とくに，最大の被災地であるスピタクでは，90%近くもの建造物の倒壊率を示した．震度も5程度と推定されているのに，このような大被害を生じたのは，建築工事などに問題点があったことによると指摘されている．

ソ連科学アカデミーによる地震危険度地図によると，アフガニスタン国境に近いタジク共和国についで，アルメニア共和国のあるコーカサス地方が危険度が高いとされており，$M6.1～7.0$，震源の深さ10～20 km の地震発生の危険性が予想されていたという．

この地震によって延長450 km にわたる裂け目が生じたと報道されているが，これがすべて地震断層であることは疑わしく，おそらく地変を連ねた線と思われる．

タジク地震

1989年1月23日，ソビエト連邦タジク共和国に地震が発生した．パミール高原が大部分を占める地形で，水分を含んだ地盤が地震の衝撃で液状化し，数km にわたって泥流となって流れ，数千ヘクタールの土地が粘土状の土砂に埋もれた．詳細は不明だが，上述のように地震発生危険度の高い地域であった．

索　引

ア　行

会津地震　58
秋田仙北地震　43
Akwapin 断層　209
Atacama 断層系　252
阿寺断層　116
跡津川断層　120
姉川地震　44
Arima 断層　248
Altyn Tagh 断層　164
Alhama de Murcia 断層　223
Alpine 断層　255
α トラック法　55
安政東海地震　50

ESR 法　110
伊賀上野地震　5
異常震域　7
異常震動域　7
伊豆大島近海地震　21
伊豆半島沖地震　23
一志断層系　106
糸魚川-静岡構造線活断層系　112
移　動　89
Ipak 地震断層　199

Wei Ho 地溝　160
羽後仙地震　43

El Asnam 地震断層　207
Erzincan 地震断層　217
El Pilar 断層　248

大町地震　42
オルドス地塊　159

カ　行

海岸山脈断層　178
崖錐堆積層　124
確実度　85
隔　離　89
活傾動地塊　93
活構造区　131
活構造単位　137
活断層　80
活断層区　133
活断層密度　135
金沢地震　57
金田湾断層　131
Khaf 地震断層　197
Camarous 断層　253
Kaltag 断層　237
Carboneras 断層　223
Garun 地震断層　199
Khangai 断層　158
雁行配列　72, 90
Kansu 断層　165
Kang Ting 断層系　165
関東大地震　42

北アナトリア断層　104
北伊豆地震　36
北丹後地震　38
Gissar-Kokshaal 断層　171
岐阜県中部地震　24
ギャオ　230
逆断層　82

Castle Mountain 断層　235

屈斜路地震　35
Kuh Banan 断層　195
Kviar 断層　232
Granite Mountain 断層　235
クリープ運動　102
Great Kavir 断層　194
群発地震　9
Kun Lun 断層　165

江濃地震　44
Kozad 地震断層　197
Kobuk 断層　237

　　　　サ　行

最終活動時期　83
Sagaing 断層　173
Zagros 活褶曲帯　192
Zagros 断層　196
Salmas 地震断層　198
San Andreas 断層　104, 237
Santa Marta-Bucaramanga 断層　251

Xianshui He 断層系　165
死海トランスフォーム断層系　221
地　震　2
地震空白域　10
地震性地殻変動　12
地震断層　16
地震断層系　72
地震波　3
地震モーメント　6
地震山　51
地震予知　14
Shahrud 断層　194
Shanxi 地溝系　161
縦谷断層　178
シュードタキライト　69
Shaw Creek 断層　236
庄内地震　46

Jocotan-Chamelecon 断層帯　244
Johnstone 断層　235
Silakhor 地震断層　197
震　央　2
震　源　2
震源域　2
震源移動　10
震源過程　4
震源断層　4
震生湖　54
震度階　7

正断層　82
截頭河谷　94
Cerro Prieto 断層　241
善光寺地震　53
善光寺地震断層　102
前　震　9

　　　　タ　行

大スマトラ断層　182
第四紀広域造構応力場　146
第四紀断層　83
第四紀地殻変動区　132
但馬地震　41
Dasht-e-Bayaz 地震断層　199
Tabas-e-Golshan 地震断層　201
Talass-Fergana 断層　171
Darafshan 断層　190
断　層　81
断層鞍部　92
断層角礫　99
断層間隙　92
断層陥没池　93
断層丘陵　92
断層粘土　98
断　裂　81

Chixoy-Polochic 断層　244
Chiza 断層　253
Chahak 地震断層　198

索　引

Chaman 断層　190
中央構造線　107
中央構造線活断層系　114
中央 Gobi 断層　158
地　塁　93

低断層崖　75, 92
Tintina 断層系　237
弟子屈地震　29
Denali 断層　233
Derik 地震断層　198
Telemazar 断層　189
電子スピン共鳴法　110

とう曲崖　92
島弧中央断層　180
Doruneh 断層　194
Totschunda 断層　233
鳥取地震　33
Donnelly Dome 断層　235
Torud 地震断層　198
Dorud 地震断層　197
トレンチ発掘調査　16

ナ　行

Naibandan 断層　195
Nayband 断層　195
Nan Shan 断層（系）　165

新潟地震　27
Ningxa 地溝系　161

濃尾地震　48
能代衝上断層群　124
North Alborz 断層　195
North Tabriz 断層　195

ハ　行

バイカルリフト系　155
Baghan-Germab 地震断層　197
破砕帯　98

Hars-Us-Nuur 断層　157
発震機構　3
Patton Bay 断層　234
Bahabad 地震断層　198
Bahia Salano-Ibague 断層　251
Hamrar 断層　232
バルジ　77
Palomares 断層　223
Hanning Bay 断層　234
Hangayn 断層　157
反復性　84

飛越地震　50
東アナトリア断層　213
東アフリカ地溝帯　209
引きずり褶曲　95
Huaytapallana 地震断層　252
Healy Creek 断層　236
Hindu-Kush-Darvar-Karakul 断層　171

Farsinaj 地震断層　199
フィリピン断層　181
風　隙　94
Fairweather 断層　234
Fen Ho 地溝系　161
福井地震　30
Huslia 断層　237
二ツ井地震　29
プリズム層　124
プルアパートベイスン　143
プレートテクトニクス　148
文化男鹿地震　56
噴　砂　59
分離丘陵　92

平均変位速度　82
閉塞丘　94
ベーズンアンドレンジ地域　239
Hetao 地溝系　163
別府地溝　127
Herat 断層　189

変動凹地形　93
変動崖　92
変動凸地形　93

Bogdo 断層　158
Bocono 断層帯　249
Bozqush 地震断層　197
Hovd-Ölgiy 断層　157
Bob-Tangol 地震断層　101, 200
Bolnai 断層　158
Honghe 断層（系）　174

マ 行

マグニチュード　5
松代群発地震　25

三河地震　31
Mishan 地震断層　200

Meers 断層　103

Motagua 断層帯　244
Moron 断層帯　249

ヤ 行

横ずれ断層　82
余震（域）　8

ラ 行

Rhine 地溝系　227

陸羽地震　45
リストリック断層　97
リーデルせん断　72
リニアメント　86

Lung Men Shan スラスト　174

Red River 断層（系）　174

Romeral 断層　251

著者略歴

加藤(かとう)碩(ひろ)一(かず)

1947年　神奈川県に生まれる
1970年　東京教育大学理学部卒業
1975年　通商産業省工業技術院
　　　　地質調査所入所
現　在　同所地質部層序構造課長
　　　　理学博士

地震と活断層の科学（普及版）　　定価はカバーに表示

1989年6月20日　初　版第1刷
1996年4月20日　　　　第5刷
2010年8月30日　普及版第1刷

著　者　加　藤　碩　一
発行者　朝　倉　邦　造
発行所　株式会社　朝　倉　書　店
　　　　東京都新宿区新小川町 6-29
　　　　郵便番号　162-8707
　　　　電　話　03(3260)0141
　　　　FAX　03(3260)0180
　　　　http://www.asakura.co.jp

〈検印省略〉

© 1989 〈無断複写・転載を禁ず〉　　新日本印刷・渡辺製本

ISBN 978-4-254-16267-7　C 3044　　Printed in Japan